U0895933

中国国家标准汇编

2008年修订-54

中国标准出版社　编

中国标准出版社
北京

图书在版编目（CIP）数据

中国国家标准汇编：2008年修订.54/中国标准出版社编.—北京：中国标准出版社，2009

ISBN 978-7-5066-5523-1

Ⅰ.中…　Ⅱ.中…　Ⅲ.国家标准-汇编-中国-2008
Ⅳ.T-652.1

中国版本图书馆CIP数据核字（2009）第186492号

中国标准出版社出版发行
北京复兴门外三里河北街16号
邮政编码:100045
网址 www.spc.net.cn
电话:68523946　68517548
中国标准出版社秦皇岛印刷厂印刷
各地新华书店经销

*

开本 880×1230　1/16　印张 40　字数 1 179 千字
2009年11月第一版　2009年11月第一次印刷

*

定价 200.00 元

出 版 说 明

1.《中国国家标准汇编》是一部大型综合性国家标准全集。自1983年起，按国家标准顺序号以精装本、平装本两种装帧形式陆续分册汇编出版。它在一定程度上反映了我国建国以来标准化事业发展的基本情况和主要成就，是各级标准化管理机构，工矿企事业单位，农林牧副渔系统，科研、设计、教学等部门必不可少的工具书。

2.《中国国家标准汇编》收入我国每年正式发布的全部国家标准，分为“制定”卷和“修订”卷两种编辑版本。

“制定”卷收入上年度我国发布的、新制定的国家标准，顺延前年度标准编号分成若干分册，封面和书脊上注明“20××年制定”字样及分册号，分册号一直连续。各分册中的标准是按照标准编号顺序连续排列的，如有标准顺序号缺号的，除特殊情况注明外，暂为空号。

“修订”卷收入上年度我国发布的、被修订的国家标准，视篇幅分设若干分册，但与“制定”卷分册号无关联，仅在封面和书脊上注明“20××年修订-1，-2，-3，……”字样。“修订”卷各分册中的标准，仍按标准编号顺序排列（但不连续）；如有遗漏的，均在当年最后一分册中补齐。需提请读者注意的是，个别非顺延前年度标准编号的新制定的国家标准没有收入在“制定”卷中，而是收入在“修订”卷中。

读者配套购买《中国国家标准汇编》“制定”卷和“修订”卷则可收齐上一年度我国制定和修订的全部国家标准。

3.由于读者需求的变化，自1996年起，《中国国家标准汇编》仅出版精装本。

4.2008年制修订国家标准共5946项。本分册为“2008年修订-54”，收入新制修订的国家标准45项。

中国标准出版社

2009年10月

目　录

1) 该标准术语索引中的页码是指单行本的页码。

ICS 01.100.01
J 04

中华人民共和国国家标准

GB/T 10609.1—2008
代替 GB/T 10609.1—1989

技术制图 标题栏

Technical drawings—Title blocks

2008-06-26 发布 2009-01-01 实施

中华人民共和国国家质量监督检验检疫总局
中国国家标准化管理委员会 发布

前　言

本部分是对 GB/T 10609.1—1989《技术制图　标题栏》的修订。

本部分从 1989 年发布以后，得到了广泛的应用。本次修订主要是根据我国制造业产品的进出口贸易和技术交流的需要增加了有关条款，并针对在标准文字和编辑上发现的一些问题等，对原标准的内容修改后编制而成。

本部分代替 GB/T 10609.1—1989《技术制图　标题栏》，主要修改的内容有：

——按照 GB/T 1.1 和本部分的内容要求，修改与增加了"范围"和"规范性引用文件"的内容；

——增加了"投影符号"标注的方法、概念和位置；

——在附录 A 中增加了"投影符号"的标注实例；

——另外，还就标准中的相关内容作了文字上的修改。

本部分的附录 A 为资料性附录。

本部分由全国技术产品文件标准化技术委员会提出。

本部分由全国技术产品文件标准化技术委员会归口。

本部分起草单位：中机生产力促进中心、江苏技术师范学院、大连海事大学、吉林大学。

本部分主要起草人：杨东拜、王槐德、邹玉堂、王秀英、奚道云。

本部分所代替标准的历次版本发布情况为：

——GB/T 10609.1—1989。

技术制图　标题栏

1　范围

GB/T 10609 的本部分规定了技术图样中标题栏的基本要求、内容、尺寸与格式。

本部分适用于技术图样中的标题栏。

2　规范性引用文件

下列文件中的条款通过 GB/T 10609 的本部分的引用而成为本部分的条款。凡是注日期的引用文件,其随后所有的修改单(不包括勘误的内容)或修订版均不适用于本部分,然而,鼓励根据本部分达成协议的各方研究是否可使用这些文件的最新版本。凡是不注日期的引用文件,其最新版本适用于本部分。

GB/T 7408—2005　数据元和交换格式　信息交换　日期和时间表示法(ISO 8601:2000,IDT)

GB/T 10609.4　技术制图　对缩微复制原件的要求(GB/T 10609.4—1989,neq ISO 6428:1982)

GB/T 14689　技术制图　图纸幅面及格式(GB/T 14689—2008, ISO 5457:1999,MOD)

GB/T 14691　技术制图　字体(GB/T 14691—1993,eqv ISO 3098-1:1974 eqv ISO 3098-2:1984)

GB/T 14692　技术制图　投影法

GB/T 17450　技术制图　图线(GB/T 17450—1998,idt ISO 128-20:1996)

3　基本要求

3.1　每张技术图样中均应有标题栏。

3.2　标题栏在技术图样中应按 GB/T 14689 中所规定的位置配置。

3.3　标题栏中的字体,签字除外应符合 GB/T 14691 中的要求。

3.4　标题栏的线型应按 GB/T 17450 中规定的粗实线和细实线的要求绘制。

3.5　标题栏中的　年　月　日应按照 GB/T 7408 的规定格式填写。

3.6　需缩微复制的图样,其标题栏应满足 GB/T 10609.4 的要求。

4　内容

4.1　标题栏的组成

标题栏一般由更改区,签字区、其他区、名称及代号区组成,见图 1 和图 2。也可按实际需要增加或减少。

4.1.1　更改区:一般由更改标记、处数、分区、更改文件号、签名和　年　月　日等组成。

4.1.2　签字区:一般由设计、审核、工艺、标准化、批准、签名和　年　月　日等组成。

4.1.3　其他区:一般由材料标记、阶段标记、重量、比例和共　张 第　张和投影符号等组成。

4.1.4　名称及代号区:一般由单位名称、图样名称、图样代号和存储代号等组成。

4.2　标题栏的填写

4.2.1　更改区:更改区中的内容应按由下而上的顺序填写,也可根据实际情况顺延,或放在图样中其他的地方,但应有表头。

4.2.1.1　标记:按照有关规定或要求填写更改标记。

4.2.1.2　处数:填写同一标记所表示的更改数量。

4.2.1.3　分区:必要时,按照有关规定填写。

4.2.1.4 更改文件号:填写更改所依据的文件号。

4.2.1.5 签名和 年 月 日:填写更改人的姓名和更改的时间。

4.2.2 签字区:签字区一般按设计、审核、工艺、标准化、批准等有关规定签署姓名和 年 月 日。

4.2.3 其他区

4.2.3.1 材料标记:对于需要该项目的图样一般应按照相应标准或规定填写所使用的材料。

4.2.3.2 阶段标记:按有关规定由左向右填写图样的各生产阶段。

4.2.3.3 重量:填写所绘制图样相应产品的计算重量,以千克(公斤)为计量单位时,允许不写出其计量单位。

4.2.3.4 比例:填写绘制图样时所采用的比例。

4.2.3.5 共 张 第 张:填写同一图样代号中图样的总张数及该张所在的张次。

4.2.3.6 投影符号:第一角画法或第三角画法的投影识别符号见图1。如采用第一角画法时,可以省略标注。

图1 第一角画法和第三角画法的投影识别符号

4.2.4 名称及代号区

4.2.4.1 单位名称:填写绘制图样单位的名称或单位代号。必要时,也可不予填写。

4.2.4.2 图样名称:填写所绘制对象的名称。

4.2.4.3 图样代号:按有关标准或规定填写图样的代号。

5 尺寸与格式

5.1 标题栏中各区的布置可采用图2的形式,也可采用图3的形式。当采用图1的形式配置标题栏时,名称及代号区中的图样代号和投影符号应放在该区的最下方(见附录A)。

5.2 标题栏各部分尺寸与格式(见图2和图3),也可参照附录A。

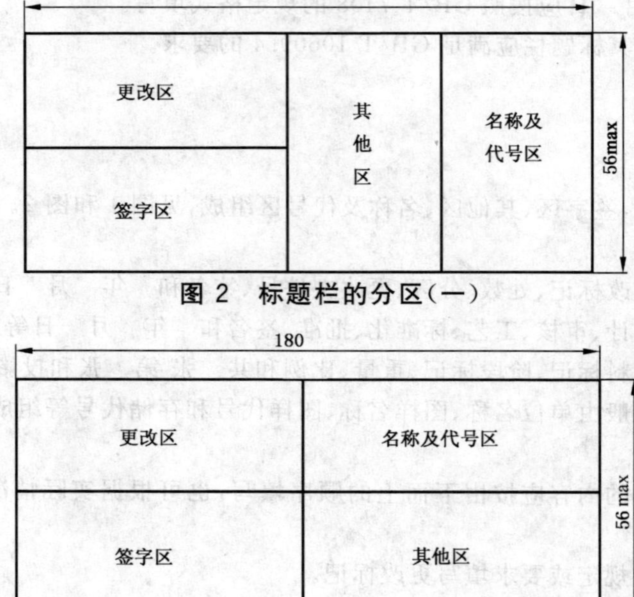

图2 标题栏的分区(一)

图3 标题栏的分区(二)

附 录 A
（资料性附录）
标题栏的格式举例

图 A.1 标题栏的格式

ICS 21.120.30
J 19

中华人民共和国国家标准

GB/T 10614—2008
代替 GB/T 10614—1989

芯型弹性联轴器

Resilient coupling with core element

2008-09-27 发布　　　　2009-05-01 实施

中华人民共和国国家质量监督检验检疫总局
中国国家标准化管理委员会　发布

前　言

本标准是对 GB/T 10614—1989《芯型弹性联轴器》的修订。

本标准与 GB/T 10614—1989 相比主要变化如下：

——在规范性引用文件中删去 GB/T 2828、GB/T 2829、GB/T 6543 等五项标准；

——在规范性引用文件中增加了 GB/T 6388、GB/T 12458、GB/T 13384 等九项标准；

——第 3 章标题改为“分类”，并以文字说明“型式”的方式改为表格中型式；

——取消 3.2.1 和 3.2.2 对“型号”编写方法和“标记示例”的内容，改为“联轴器的型号与标记按 GB/T 12458 的规定”；

——3.3“结构型式、基本参数和结构尺寸”改为第 4 章“基本参数和主要尺寸”；

——第 5 章改为第 6 章，并增加 6.2“型式检验”的内容；

——图 1、图 2 删去 J_1 型轴孔图形部分，将 1989 版的 D 尺寸改为 D_1 尺寸，增加 D 尺寸；

——表 1、表 2 删去许用转速钢和 J_1 的相关尺寸列，将 1989 版的 D 尺寸改为 D_1 尺寸，增加 D 尺寸；

——取消规范性附录 A“联轴器选用说明”的内容。

本标准由全国机器轴与附件标准化技术委员会提出并归口。

本标准起草单位：中机生产力促进中心、乐清市联轴器厂。

本标准主要起草人：明翠新、黄晓静、罗祖均、邓高见。

本标准所代替标准的历次版本发布情况为：

——GB/T 10614—1989。

芯型弹性联轴器

1 范围

本标准规定了芯型弹性联轴器(以下简称联轴器)的分类、代号、标记、基本参数和主要尺寸、技术要求、检验规则、标志、包装和贮存。

本标准适用于联接两同轴线的传动轴系,并具有补偿两轴相对偏移和一般减振的性能。工作温度为−20 ℃～+70 ℃;传递公称转矩为6.3 N·m～8 000 N·m。

2 规范性引用文件

下列文件中的条款通过本标准的引用而成为本标准的条款。凡是注日期的引用文件,其随后所有的修改单(不包括勘误的内容)或修订版均不适用于本标准,然而,鼓励根据本标准达成协议的各方研究是否可使用这些文件的最新版本。凡是不注日期的引用文件,其最新版本适用于本标准。

GB/T 93 标准型弹簧垫圈

GB/T 191 包装储运图示标志(GB/T 191—2008,ISO 780:1997,MOD)

GB/T 699 优质碳素结构钢

GB/T 3639 冷拔或冷轧精密无缝钢管(GB/T 3639—2000,neq DIN 2391/1:1994 DIN 2391/2:1994)

GB/T 3852 联轴器轴孔和联结型式及尺寸

GB/T 4879 防锈包装

GB/T 5782 六角头螺栓(GB/T 5782—2000,eqv ISO 4014:1999)

GB/T 6172.1 六角薄螺母(GB/T 6172.1—2000,eqv ISO 4035:1999)

GB/T 6388 运输包装收发货标志

GB/T 9439 灰铸铁件

GB/T 12458 联轴器 分类

GB/T 13384 机电产品包装通用技术条件

3 分类

3.1 联轴器的型式分为两种型式,见表1。

表 1

型式代号	名 称	图 示
LN	基本型芯型弹性联轴器	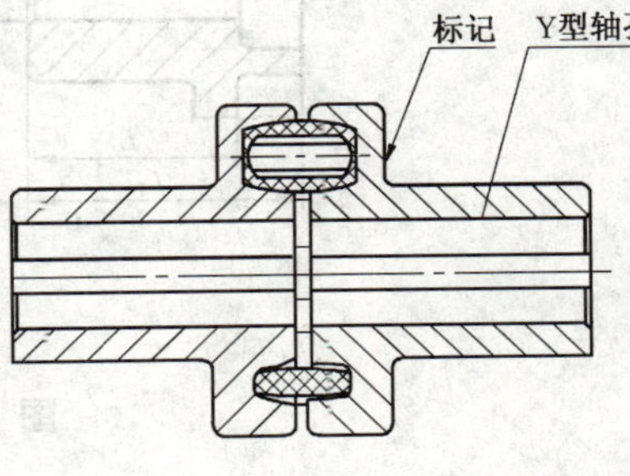 标记 Y型轴孔

表 1（续）

型式代号	名　　称	图　　示
LNS	双法兰芯型弹性联轴器	标记 Y型轴孔

3.2　型号和标记

联轴器的型号与标记按 GB/T 12458 的规定。

4　基本参数和主要尺寸

4.1　LN 型芯型弹性联轴器的基本参数和主要尺寸应符合图 1 和表 2 的规定。

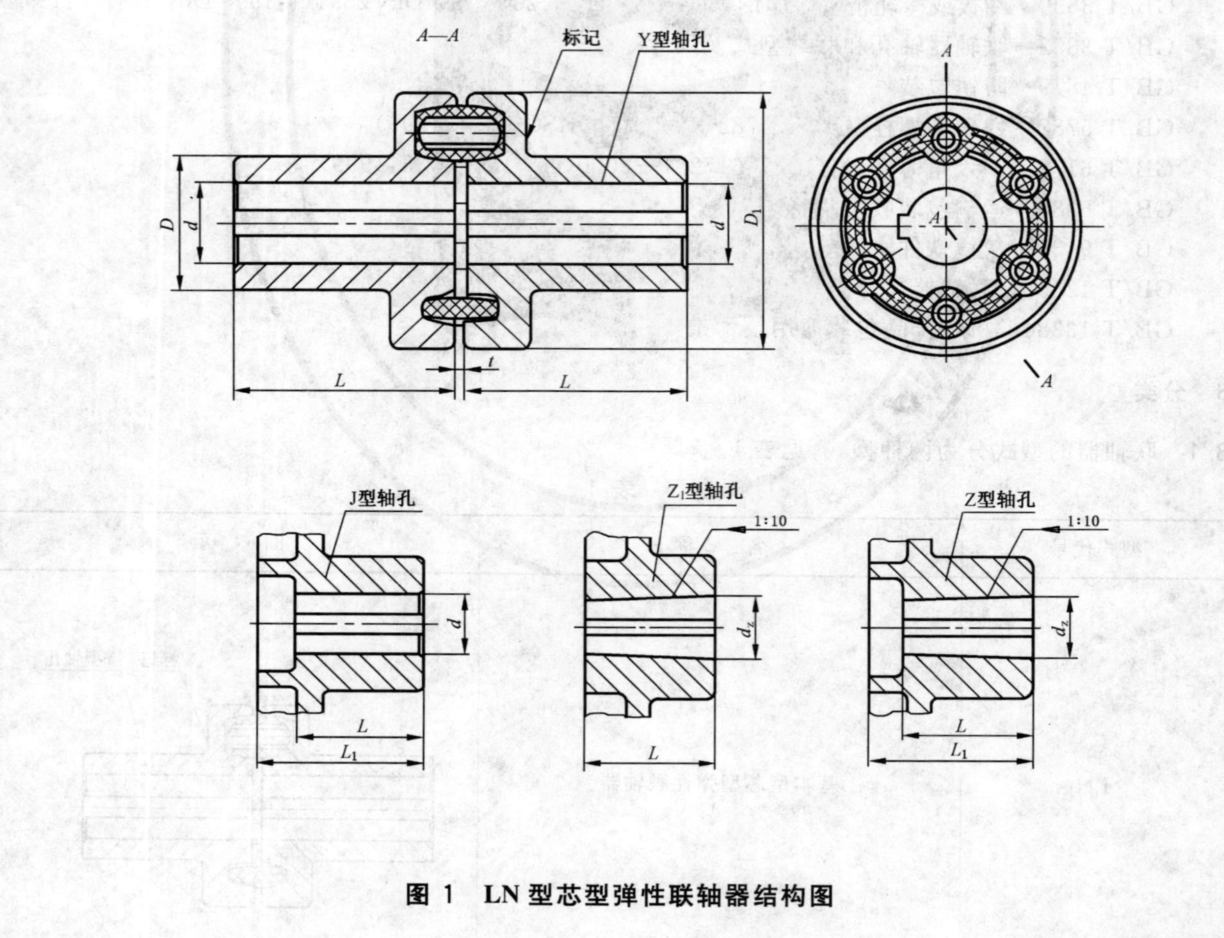

图 1　LN 型芯型弹性联轴器结构图

表 2 LN 型芯型弹性联轴器

单位为毫米

型号	公称转矩 T_n/(N·m)	瞬时最大转矩 T_{max}/(N·m)	许用转速 [n]/(r/min)	轴孔直径 d、d_z	轴孔长度 Y 型 L	轴孔长度 J、Z、Z_1 型 L_1	轴孔长度 J、Z、Z_1 型 L	D	D_1	s	转动惯量 I/(kg·m²)	质量 m/kg
LN1	6.3	20	4 000	10 11	25	—	17*	33	70	3	0.000 6	1.1
				12 14	32		20*					
				16 18 19	42		30					
				20 22	52		38					
LN2	25	80	3 500	16 18 19	42	42	30	42	85	3	0.001 5	2.0
				20 22 24	52	52	38					
				25 28	62	—	44					
LN3	63	180	3 000	20 22 24	52	53	38	52.5	105	3	0.003 9	3.7
				25 28	62	62	44					
				30 32 35	82	—	60					
LN4	100	315	3 000	24	52	52	38	63	120	3	0.008 7	6.0
				25 28	62	62	44					
				30 32 35	82	82	60					
				38		—						
				40 42	112		84					
LN5	160	500	3 000	28	62	62	44	72	140	3	0.169	9.0
				30 32 35 38	82	82	60					
				40 42	112	112	84					
				45 48		—						

表 2（续）

单位为毫米

<table>
<tr><th rowspan="3">型号</th><th rowspan="3">公称
转矩 T_n/
(N·m)</th><th rowspan="3">瞬时最大
转矩 T_{max}/
(N·m)</th><th rowspan="3">许用转速
[n]/(r/min)</th><th rowspan="3">轴孔
直径
d、d_z</th><th colspan="3">轴孔长度</th><th rowspan="3">D</th><th rowspan="3">D_1</th><th rowspan="3">t</th><th rowspan="3">转动
惯量 I/
(kg·m²)</th><th rowspan="3">质量
m/kg</th></tr>
<tr><th>Y 型</th><th colspan="2">J、Z、Z₁ 型</th></tr>
<tr><th>L</th><th>L_1</th><th>L</th></tr>
<tr><td rowspan="10">LN6</td><td rowspan="10">250</td><td rowspan="10">710</td><td rowspan="10">2 500</td><td>32</td><td rowspan="3">82</td><td rowspan="3">82</td><td rowspan="3">60</td><td rowspan="10">84</td><td rowspan="10">160</td><td rowspan="10">3</td><td rowspan="10">0.035 4</td><td rowspan="10">14.1</td></tr>
<tr><td>35</td></tr>
<tr><td>38</td></tr>
<tr><td>40</td><td rowspan="7">112</td><td rowspan="2">112</td><td rowspan="7">84</td></tr>
<tr><td>42</td></tr>
<tr><td>45</td><td rowspan="5">—</td></tr>
<tr><td>48</td></tr>
<tr><td>50</td></tr>
<tr><td>55</td></tr>
<tr><td>56</td></tr>
<tr><td rowspan="9">LN7</td><td rowspan="9">400</td><td rowspan="9">1 120</td><td rowspan="9">2 500</td><td>38</td><td>82</td><td>82</td><td>60</td><td rowspan="9">90</td><td rowspan="9">180</td><td rowspan="9">4</td><td rowspan="9">0.057 5</td><td rowspan="9">16.8</td></tr>
<tr><td>40</td><td rowspan="7">112</td><td rowspan="3">112</td><td rowspan="7">84</td></tr>
<tr><td>42</td></tr>
<tr><td>45</td></tr>
<tr><td>48</td><td rowspan="5">—</td></tr>
<tr><td>50</td></tr>
<tr><td>55</td></tr>
<tr><td>56</td></tr>
<tr><td>60</td><td>142</td><td>107</td></tr>
<tr><td rowspan="9">LN8</td><td rowspan="9">630</td><td rowspan="9">1 800</td><td rowspan="9">2 000</td><td>45</td><td rowspan="5">112</td><td rowspan="2">112</td><td rowspan="5">84</td><td rowspan="9">105</td><td rowspan="9">240</td><td rowspan="9">4</td><td rowspan="9">0.097 1</td><td rowspan="9">24.1</td></tr>
<tr><td>48</td></tr>
<tr><td>50</td><td rowspan="7">—</td></tr>
<tr><td>55</td></tr>
<tr><td>56</td></tr>
<tr><td>60</td><td rowspan="4">142</td><td rowspan="4">107</td></tr>
<tr><td>63</td></tr>
<tr><td>65</td></tr>
<tr><td>70</td></tr>
<tr><td rowspan="10">LN9</td><td rowspan="10">900</td><td rowspan="10">2 240</td><td rowspan="10">2 200</td><td>48</td><td rowspan="4">112</td><td rowspan="4">112</td><td rowspan="4">84</td><td rowspan="10">112.5</td><td rowspan="10">220</td><td rowspan="10">4</td><td rowspan="10">0.141 2</td><td rowspan="10">30.7</td></tr>
<tr><td>50</td></tr>
<tr><td>55</td></tr>
<tr><td>56</td></tr>
<tr><td>60</td><td rowspan="6">142</td><td rowspan="3">142</td><td rowspan="6">107</td></tr>
<tr><td>63</td></tr>
<tr><td>65</td></tr>
<tr><td>70</td><td rowspan="3">—</td></tr>
<tr><td>71</td></tr>
<tr><td>75</td></tr>
</table>

表 2（续）

单位为毫米

型号	公称转矩 T_n/(N·m)	瞬时最大转矩 T_{max}/(N·m)	许用转速 [n]/(r/min)	轴孔直径 d、d_z	轴孔长度 Y 型	轴孔长度 J、Z、Z_1 型		D	D_1	t	转动惯量 I/(kg·m²)	质量 m/kg
					L	L_1	L					
LN10	1 250	3 150	1 600	55	112	112	84	120	240	5	0.230 4	38.5
				56								
				60	142	142	107					
				63								
				65								
				70		—						
				71								
				75								
				80	172		132					
LN11	1 600	4 000	1 600	60	142	142	107	135	250	5	0.288 9	45.2
				63								
				65								
				70		—						
				71								
				75								
				80	172		132					
				85								
				90								
LN12	2 500	6 300	1 600	70	142	142	107	142.5	320	6	0.790 2	76.2
				71								
				75								
				80	172	172	132					
				85								
				90								
				95								
LN13	4 000	10 000	1 600	80	172	172	132	180	360	7	1.471 1	118
				85								
				90								
				95								
				100	212	212	167					
				110								
				120		—						
LN14	8 000	16 000	1 400	100	212	212	167	210	420	7	2.931 2	171.6
				110								
				120								
				125								
				130	252	—	202					
				140								

注 1：带 * 的轴孔长度仅适用于 Z_1 型轴孔。

注 2：质量和转动惯量是按 Y/Y 轴孔组合型式和最小轴孔直径计算的。

4.2 LNS 型芯弹性联轴器

基本参数和主要尺寸应符合图 2 和表 3 的规定。

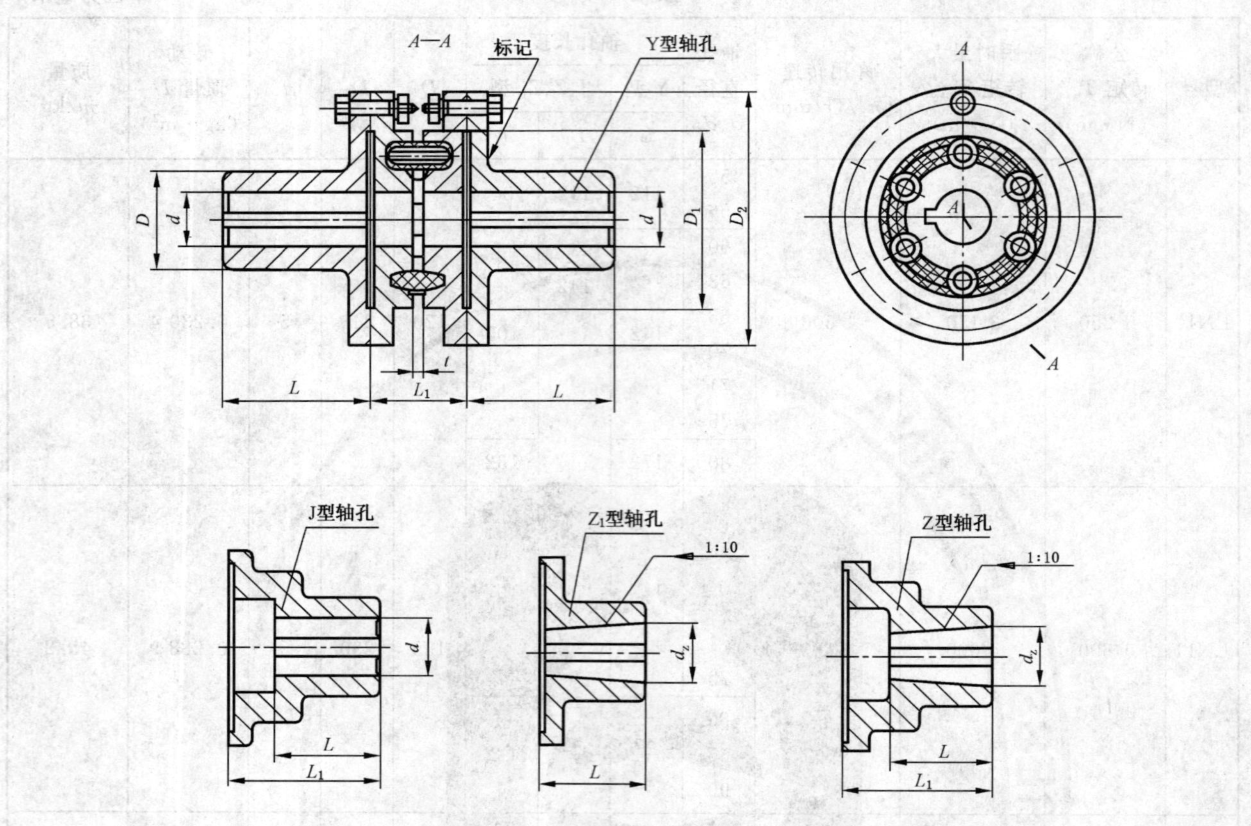

图 2 双法兰型芯型弹性联轴器结构图

表 3 双法兰型芯型弹性联轴器

单位为毫米

代号	公称转矩 T_n/(N·m)	瞬时最大转矩 T_{max}/(N·m)	许用转速 [n]/(r/min)	轴孔直径 d、d_z	轴孔长度 Y型 L	轴孔长度 J、Z、Z_1型 L_1	轴孔长度 J、Z、Z_1型 L	D	D_1	D_2	t	转动惯量 I/(kg·m²)	质量 m/kg
LNS1	6.3	20	4 000	10	25	—	17*	33	70	115	3	0.003 6	2.7
				11									
				12	32		20*						
				14									
				16	42	42	30						
				18									
				19									
				20	52	52	38						
				22									
LNS2	25	80	3 500	16	42	42	30	42	85	120	3	0.005 4	3.8
				18									
				19									
				20	52	52	38						
				22									
				24									
				25	62	62	44						
				28									

表 3（续）

单位为毫米

代号	公称转矩 T_n/（N·m）	瞬时最大转矩 T_{max}/（N·m）	许用转速 [n]/（r/min）	轴孔直径 d、d_z	轴孔长度 Y 型	轴孔长度 J、Z、Z_1 型		D	D_1	D_2	t	转动惯量 I/（kg·m²）	质量 m/kg
					L	L_1	L						
LNS3	63	180	3 000	20 22 24	52	52	38	52.5	105	150	3	0.016 2	7.3
				25 28	62	62	44						
				30 32 35	82	82	60						
LNS4	100	315	3 000	24	52	52	38	63	120	165	3	0.030 1	11.2
				25 28	62	62	44						
				30 32 35 38	82	82	60						
				40 42	112	112	84						
LNS6	250	710	2 500	32 35 38	82	82	60	84	160	215	3	0.101 8	23.7
				40 42 45 48 50 55 56	112	112	84						
LNS7	400	1 120	2 500	38	82	82	60	90	180	235	4	0.165 4	29.6
				40 42 45 48 50 55 56	112	112	84						
				60	142	142	107						
LNS8	630	1 800	2 000	45 48 50 55 56	112	112	84	105	200	255	4	0.275 2	42.1
				60 63 65 70	142	142	107						

表 3（续）

单位为毫米

代号	公称转矩 T_n/（N·m）	瞬时最大转矩 T_{max}/（N·m）	许用转速 [n]/（r/min）	轴孔直径 d、d_z	轴孔长度 Y 型 L	轴孔长度 J、Z、Z_1 型 L_1	轴孔长度 J、Z、Z_1 型 L	D	D_1	D_2	t	转动惯量 I/（kg·m²）	质量 m/kg
LNS10	1 250	3 150	1 600	55 56	112	112	84	112.5	240	300	5	0.584 2	64.1
				60 63 65 70 71 75	142	142	107						
				80	172	172	132						
LNS11	1 600	4 000	1 600	60 63 65 70 71 75	142	142	107	135	250	310	5	0.788 6	75.4
				80 85 90	172	172	132						
LNS12	2 500	6 300	1 600	70 71 75	142	142	107	142.5	320	380	6	1.744 6	120.3
				80 85 90 95	172	172	132						
LNS13	4 000	10 000	1 600	80 85 90 95	172	172	132	180	360	435	7	3.146 2	176.5
				100 110 120	212	212	167						
LNS14	8 000	16 000	1 400	100 110 120 125	212	212	167	210	420	495	7	5.917 4	251.5
				130 140	252	252	202						

注 1：带 * 的轴孔长度仅适用于 Z_1 型轴孔。

注 2：联轴器质量和转动惯量按 Y/Y 轴孔组合型式和最小轴孔直径计算的。

4.3 联轴器的标记方法及轴孔和联结型式与尺寸应符合 GB/T 3852 的规定。

4.4 芯型弹性件的结构型式和尺寸应符合图 3 和表 4 的规定。

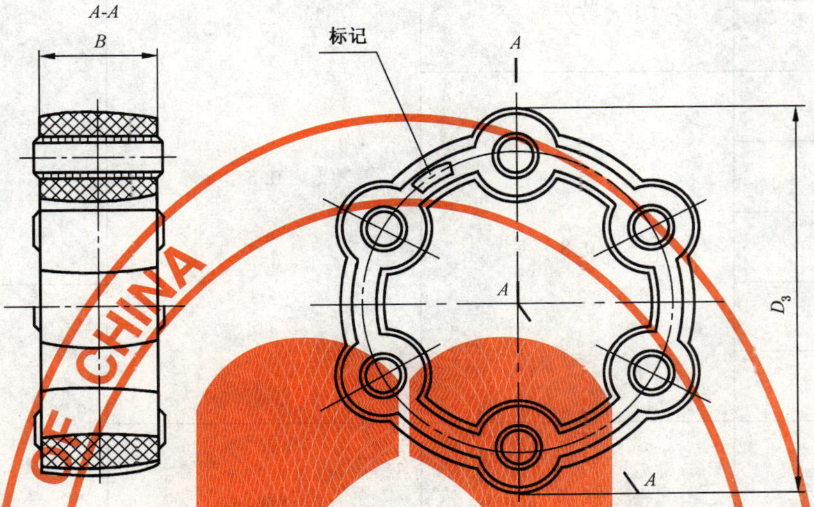

图 3　芯型弹性件

表 4　芯型弹性件结构型式和尺寸

单位为毫米

型　　号	尺　　寸		型　　号	尺　　寸	
	D_3	B		D_3	B
N1	63	17	N8	191	68
N2	78	23	N9	211	68
N3	98	29	N10	231	79
N4	113	37	N11	293	83
N5	133	45	N12	309	96
N6	151	55	N13	349	109
N7	171	62	N14	409	120

4.5　联轴器联结两轴的相对位移量不得大于表 5 的规定。

表 5　许用补偿量

型　号	轴向 Δ*x*/mm	径向 Δ*y*/mm	角向 Δ*α*/(°)
LN1 LNS1	0.5	0.5	1.5
LN2 LNS2			
LN3 LNS3	0.8		
LN4 LNS4			
LN5 LNS5			
LN6 LNS6			1.0
LN7 LNS7			
LN8 LNS8	1.2	1.0	
LN9 LNS9			
LN10 LNS10			0.5
LN11 LNS11			
LN12 LNS12	2.0		
LN13 LNS13			
LN14 LNS14	3.0	1.0	0.5

注 1：表中所列补偿量是指由于安装误差、冲击、震动、零件变形和温度变化等因素所形成的两轴线相对位移量，其安装误差必须小于表中的数值。

注 2：径向补偿量的测量部位在半联轴器最大外圆宽度的二分之一处。

5　技术要求

5.1　联轴器应符合本标准的要求，并严格按规定程序批准的产品图样和技术文件制造。

5.2　联轴器零件的材料性能应符合表 6 的规定。

表 6　联轴器零件材料

零件名称		材　料	标　准　号
半联轴器和中间盘		HT200	GB/T 9439
芯型弹性件	橡胶环	橡胶	—
	芯棒或钢管	45	GB/T 699 GB/T 3639
螺栓		机械性能等级 8.8 级	GB/T 5782
螺母		机械性能等级 8 级	GB/T 6172.1
垫圈		65Mn	GB/T 93

5.3 橡胶环力学性能应符合表7的规定。

表7 橡胶环力学性能

序号	性能名称	单位	指标
1	硬度(邵尔A型)	HA	70±5
2	扯断伸长率	%	≥300
3	扯断强度	MPa	>15.3
4	磨耗量	cm^3/1.61 km	≤0.2
5	老化:100 ℃×70 h 硬度变化	%	0～10
6	压缩永久变形 100 ℃×70 h×20%	%	≤70
7	耐油 100 ℃×70 h 30号油体积变化率	%	≤40

5.4 半联轴器表面不得有裂纹和其他影响强度的铸造缺陷。

5.5 弹性件表面应光滑、平整,内部组织要紧密,不得有杂质、气泡、裂纹和龟裂等缺陷。

6 检验规则

6.1 出厂检验

6.1.1 每套联轴器出厂前,应按图样的要求进行检验。

6.1.2 每套联轴器均应经制造厂检验部门检验合格,并附有产品质量合格证,方可出厂。

6.2 型式检验

系列首制产品或当产品结构、材料、工艺有较大改变时,应进行型式检验。

6.2.1 检验项目

检验项目按第5章的规定。

6.2.2 抽样与组批规则

联轴器首批产量小于10台时抽检1台,10～50台时抽检2台,50台以上抽检3台。首次抽检不合格时,加倍抽检,再不合格时,全数检验。

7 标志、包装、贮存

7.1 标志

7.1.1 两个半联轴器应按图示部位打上型号标记。

7.1.2 每套联轴器和芯型弹性件的合格证上应注明下列内容:

a) 联轴器名称、型号、标准号;
b) 制造厂名称;
c) 出厂日期;
d) 检验合格标记。

7.2 包装

7.2.1 联轴器清洗后应按GB/T 4879的规定进行防锈包装。

7.2.2 包装要求应按GB/T 13384的规定。

7.2.3 联轴器外包装箱上的标志应符合GB/T 191和GB/T 6388的规定。

7.3 贮存

7.3.1 联轴器应放在干燥通风，避免日晒、雨淋的环境中，存放期内避免与酸、碱、有机溶剂等物质接触。

7.3.2 在遵守7.3.1条件的情况下，制造厂应保证产品从出厂日期起，在2年的贮存期内，其性能仍应符合本标准的规定。

ICS 77.040.10
H 22

中华人民共和国国家标准

GB/T 10623—2008
代替 GB/T 10623—1989

金属材料　力学性能试验术语

Metallic material—Mechanical testing—Vocabulary

(ISO 23718:2007,MOD)

2008-05-13 发布　　　　2008-11-01 实施

中华人民共和国国家质量监督检验检疫总局
中国国家标准化管理委员会　发布

前言

本标准修改采用 ISO 23718:2007《金属材料　力学性能试验术语》(英文版)。主要技术内容与之相同,但较详细和具体,编写结构不完全对应。同时参考美国 ASTM E06-03《力学性能试验方法标准术语》和 ASTM E1823-05《疲劳和断裂试验标准术语》两项标准。

本标准根据 ISO 23718:2007 重新起草,为了方便比较,在附录 A 中列出了本国家标准条款和国际标准条款的对照一览表。

由于我国的实际情况需要,本标准在采用国际标准时进行了修改。这些技术性差异用垂直单线标识在它们所涉及的条款的页边空白处。在附录 B 中给出了技术性差异及其原因的一览表以供对照。

为了便于使用,本标准做了下列编辑性修改:

——“本国际标准”一词改为“本标准”;

——用小数点“.”代替作为小数点的逗号“,”;

——删除国际标准的前言和引言。

本标准代替 GB/T 10623—1989《金属力学性能试验术语》。

本标准与 GB/T 10623—1989 相比在以下方面进行了较大修改和补充:

——范围;

——一般术语由原标准的 49 个减为 24 个;

——单轴试验通用术语合并了原标准的拉伸和压缩试验术语,蠕变、持久强度和应力松弛以及扭转试验术语,由原标准的 67 个减为 53 个;

——延性试验通用术语对应于原标准的工艺试验术语,由原来的 32 个减为 19 个;

——硬度试验通用术语由原标准的 18 个增加至 27 个;

——韧性试验通用术语对应于原标准的冲击试验术语和断裂试验术语,由原来的 60 个减为 55 个;

——疲劳试验通用术语由原标准的 83 个减为 40 个;

——删去了原标准中的“第 4 章剪切和弯曲试验”和“第 11 章磨损试验”;

——增加了资料性附录 A 和附录 B;

——中英文索引进行了合并,按照术语的拼音顺序编排,同时列出了各个术语相对应的页码,而不是相应的章节号。

本标准附录 A 和附录 B 均为资料性附录。

本标准由中国钢铁工业协会提出。

本标准由全国钢标准化技术委员会归口。

本标准起草单位:钢铁研究总院、冶金工业信息标准研究院、首钢集团公司、宝钢股份有限公司、武汉钢铁(集团)公司、济南试金集团公司、上海材料研究所、长春试验机研究所、北京航空材料研究院、有色金属研究总院、中国计量科学研究院。

本标准主要起草人:高怡斐、梁新邦、张海龙、张宇春、董莉、王萍、周星、李和平、李荣锋、耿秀英、王滨、王学智、朱亦钢、王福生、张智敏。

本标准于 1989 年 2 月首次发布。

金属材料　力学性能试验术语

1　范围

本标准定义了金属材料力学性能试验中使用的术语，并为标准和一般使用时形成共同的称谓。

2　一般术语

2.1

裂纹增量　crack growth

Δa

裂纹扩展量　crack extension

裂纹长度的增加量。

注：用毫米(mm)表示。

2.2

断裂韧度裂纹长度　fracture toughness crack length

a

〈断裂韧度〉对于紧凑拉伸试样，裂纹长度表示从加载线到裂纹尖端的长度；对于中间裂纹试样，是指从中间裂纹的中心到裂纹尖端的长度；对于弯曲试样，是指从试栏的前端面到裂纹尖端的长度。

2.3

疲劳裂纹长度　fatigue crack length

裂纹尺寸　crack size

a

〈疲劳〉从参考平面到裂纹尖端的主平面尺寸的线性测量。

注：用毫米(mm)表示。

2.4

延性　ductility

指材料在断裂前塑性变形的能力。

2.5

弹性极限　elastic limit

材料在应力完全释放时能够保持没有永久应变的最大应力。

2.6

力　force

F

力学测试中，以大小、方向和力作用点等基础自然属性描述的作用在测试对象的外部，并在其内部产生应力的矢量。

2.7

力学性能　mechanical properties

材料在力作用下显示的与弹性和非弹性反应相关或包含应力-应变关系的性能。

2.8

力学试验　mechanical testing

测定力学性能的试验。

2.9

弹性模量 modulus of elasticity

杨氏模量 Young's modulus

E

低于比例极限的应力与相应应变的比值。

注：杨氏模量为正应力和线性应变下的弹性模量特例。

2.10

泊松比 Poisson's ratio

υ

低于材料比例极限的轴向应力所产生的横向应变与相应轴向应变的负比值。

2.10.1

横向应变 transversal strain

垂直于施加力方向的线性应变量。

2.10.2

轴向应变 axial strain

施加力方向上的线性应变量。

2.10.3

轴向应力 axial stress

施加力方向上的应力分量。

2.11

范围 range

Δ

某变量的最大值和最小值之间的代数差值。

2.12

应变 strain

由外力所引起的试样尺寸和形状的单位变化量。

2.12.1

工程应变 engineering strain

e

按照原始长度的轴向变化量除以原始长度计算的轴向应变。

2.12.2

线性应变 linear strain

给定线性方向的应变分量。

2.12.3

真应变 true strain

ε

在缩颈开始之前，瞬时长度与原始长度之比的自然对数。

2.13

应力 stress

试样上通过某点给定平面上作用的力或分力在该点的强度。

2.13.1

工程应力 engineering stress

S

按照原始横截面面积计算的轴向应力。

2.13.2

正应力　normal stress

垂直于给定平面的应力分量。

2.13.3

真应力　true stress

σ

按照瞬时横截面积计算的轴向应力。

2.14

试件/试样　test piece/specimen

通常按照一定形状和尺寸加工制备的用于试验的材料或部分材料。

2.15

测量不确定度　uncertainty of measurement

U，u

表征合理地赋予被测量之值的分散性，与测量结果相联系的参数。

3　单轴试验通用术语

3.1

蠕变曲线　creep curve

蠕变试验中应变-时间关系曲线。

3.2

蠕变断裂时间　creep rupture time

t_u

在规定的温度下，试样承受规定的拉应力变形直至断裂所需的时间。

注：符号 t_u 的上标可以用规定温度(℃)表示，下标可以用初始应力(σ_0)牛顿每平方米(N/mm^2)表示。

3.2.1

蠕变伸长时间　creep elongation time

t_{fx}

在规定温度(T)和初始应力(σ_0)下，试样达到规定的蠕变伸长率(x)所需的时间。

3.2.2

塑性伸长时间　plastic elongation time

t_{px}

〈蠕变试验〉在规定温度(T)和初始应力(σ_0)下，试样达到规定塑性伸长率所需的时间。

3.3

蠕变强度　creep strength

蠕变试验中在规定的恒定温度和时间内，引起规定应变的应力。

3.4

蠕变试验　creep test

在恒定温度和恒定力或恒定应力下，测量试样蠕变变形量随时间变化的试验。

3.5

伸长　elongation

在试验期间任一时刻的原始标距 L_0 或参考长度 L_r 的增量。

3.5.1

伸长率 percentage elongation

A

原始标距 L_0(或参考长度 L_r)的伸长与原始标距(或参考长度 L_r)之比百分率。

3.5.2

蠕变伸长率 percentage creep elongation

A_f

在规定温度下,某时刻 t 原始参考长度的增量(ΔL_{rt})与原始参考长度(L_{r0})之比的百分率:

$$A_f = \frac{\Delta L_{rt}}{L_{r0}} \times 100\%$$

注 1:A_f 宜以规定温度 T(单位为℃)为上脚标、初始应力 σ_0(单位为 MPa)和时间 t(单位为 h)为下脚标来表示。

注 2:习惯上,蠕变伸长测量的起始点是在初始应力 σ_0 施加到试样的时刻。

3.5.3

蠕变断后伸长率 percentage elongation after creep rupture

A_u

蠕变断裂后,原始参考长度永久增量($L_{ru}-L_{r0}$)与原始参考长度(L_{r0})之比的百分率:

$$A_u = \frac{L_{ru} - L_{r0}}{L_{r0}} \times 100\%$$

注:A_u 宜以规定温度 T(单位为℃)为上脚标、初始应力 σ_0(单位为 MPa)和时间 t(单位为 h)为下脚标来表示。

3.5.4

初始塑性伸长率 percentage initial plastic elongation

A_i

由于试验力的作用而引起原始参考长度的非比例增量,表示为参考长度的百分率。

3.6

引伸计 extensometer

测量试样纵向或横向变形的装置。

3.7

标距 gauge length

L

用于测量试样尺寸变化部分的长度。

3.7.1

引伸计标距 extensometer gauge length

L_e

用引伸计测量变形时的试样平行部分长度。

注:某些情况下 $L_e=L_0$。

3.7.2

断后标距 final gauge length after fracture

L_u

试样断裂后的标距长度。

3.7.3

原始标距 original gauge length

L_0

在施加试验力之前的标距长度。

3.8

初始应力 initial stress

σ_0

〈蠕变试验〉施加的试验力除以试样的原始横截面积。

3.9

最大力 maximum force

F_m

〈材料呈现连续屈服特性〉试样在试验中承受的最大的力值。

3.10

最大力 maximum force

F_m

〈材料呈现不连续屈服特性〉试样在应变硬化开始后承受的最大力。

3.11

平行长度 parallel length

L_c

试样两头部或两夹持部分(不带头试样)之间平行部分的长度。

3.12

规定非比例延伸强度 proof strength, non-proportional extension

R_p

非比例延伸率等于引伸计标距(L_e)规定百分率时的应力。

注:使用的符号应附以下脚注说明所规定的百分率,例如:$R_{P0.2}$。

3.13

比例极限 proportional limit

材料能够承受的没有偏离应力-应变比例特性的最大应力。

注:比例极限依赖于记录数据或试验结果的观测水平。

3.14

断面收缩率 percentage reduction of area

Z

断裂后试样横截面积的最大缩减量(S_0-S_u)与原始横截面积(S_0)之比的百分率:

$$Z_u=\frac{S_0-S_u}{S_0}\times100\%$$

3.15

参考长度 reference length

L_r

用以计算伸长的基础长度。

3.16

应力-应变曲线 stress-strain curve

表示正应力和试样平行部分相应的应变在整个试验过程中的关系曲线。

3.17

抗拉强度 tensile strength

R_m

与最大力 F_m 相对应的应力。

注:通过拉伸试验到断裂过程中的最大试验力和试样原始横截面积之间的比值来计算。

3.18

拉伸试验　tensile test

通过拉力拉伸试样，一般拉至断裂以测定一个或多个拉伸性能的试验。

3.19

屈服强度　yield strength

当金属材料呈现屈服现象时，在试验期间发生塑性变形而力不增加时的应力。应区分上屈服强度和下屈服强度。

3.19.1

下屈服强度　lower yield strength

R_{eL}

在屈服期间，不计初始瞬时效应时的最低应力值。

3.19.2

上屈服强度　upper yield strength

R_{eH}

试样发生屈服而力首次下降前的最高应力值。

3.20

压缩应力　compression stress

试验过程中试样的实际压缩力与其原始横截面积的比值。

3.20.1

规定非比例压缩强度　proof strength，non-proportional compression

R_{pc}

试样标距段的非比例压缩变形达到规定的原始标距百分比时的压缩应力。

注：表示此压缩强度的符号应以下脚标说明，例如 $R_{pc0.01}$、$R_{pc0.2}$ 分别表示规定非比例压缩应变为0.01%、0.2%时的压缩应力。

3.20.2

规定总压缩强度　proof strength，total compression

R_{tc}

试样标距段的总压缩变形(弹性变形加塑性变形)达到规定的原始标距百分比时的压缩应力。

注：表示此压缩强度的符号应附以下脚标说明，例如 $R_{tc1.5}$ 表示规定总压缩应变为1.5%时的压缩应力。

3.20.3

压缩屈服强度　compressive yield strength

当金属材料呈现屈服现象时，试样在试验过程中达到力不再增加而仍继续变形所对应的压缩应力，应区分上压缩屈服强度和下压缩屈服强度。

3.20.3.1

上压缩屈服强度　upper compressive yield strength

R_{eHc}

试样发生屈服而力首次下降前的最高压缩应力。

3.20.3.2

下压缩屈服强度　lower compressive yield strength

R_{eLc}

屈服期间不计初始瞬时效应时的最低压缩应力。

3.20.4

抗压强度　compressive strength

R_{mc}

对于脆性材料，试样压至破坏过程中的最大压缩应力；

对于在压缩中不以粉碎性破裂而失效的塑性材料，则抗压强度取决于规定应变和试样几何形状。

3.21

压缩弹性模量　compressive modulus of elasticity

E_c

试验过程中，应力应变呈线性关系时的压缩应力与应变的比值。

3.22

持久强度极限　stress-rupture limit

σ_{τ}^{t}

在规定温度下，试样达到规定时间而不断裂的最大应力。

3.23

持久断后伸长率　percentage elongation of stress-rupture

A

持久试样断裂后，在室温下标距的伸长与原始标距的百分比。

3.24

持久断面收缩率　percentage reduction of area of stress-rupture

Z

持久试样断裂后，在室温下横截面积最大缩减量与原始横截面积的百分比。

3.25

持久缺口敏感系数　stress-rupture notch sensitivity factor

K_{σ}, K_{t}

缺口持久试样与光滑试样断裂时间相同时的应力比率或应力相同时断裂时间的比率。

3.26

应力松弛　stress relaxation

在规定温度及初始变形或位移恒定的条件下，金属材料的应力随时间而减小的现象。

3.27

初始应力　initial stress

σ_0

应力松弛试验开始时施加全部试验力瞬间试样上的应力。

3.28

剩余应力　remaining stress

σ_{sh}

应力松弛试验中任一时间试样上所保持的应力。

3.29

松弛应力　relaxed stress

σ_{s0}

应力松弛试验中任一时间试样上所减小的应力，即初始应力与剩余应力之差。

3.30

应力松弛曲线　stress relaxation curve

用剩余应力作为时间的函数所绘制的曲线。

3.31

应力松弛速率　stress relaxation rate

V_r

单位时间的应力下降值，即给定瞬间的应力松弛曲线的斜率。

3.32

最大扭矩　maximum torque

T_m

试样在屈服阶段之后所能抵抗的最大扭矩。对于无明显屈服的(连续屈服)金属材料，为试验期间的最大扭矩。

3.33

剪切模量　shear modulus

G

切应力与切应变成线性比例关系范围内切应力与切应变之比。

3.34

规定非比例扭转强度　proof strength，non-proportional torsion

τ_p

扭转试验中，试样标距部分外表面上的非比例切应变达到规定数值时的切应力。

注：表示此应力的符号应附以角注说明，例如 $\tau_{p\,0.015}$、$\tau_{p\,0.3}$ 等，分别表示规定的非比例切应变达到 0.015%和 0.3%的切应力。

3.35

抗扭强度　torsional strength

τ_m

相应最大扭矩的切应力。

3.36

最大非比例切应变　maximum shear strain，non-proportional

γ_{max}

试样扭断时其外表面上的最大非比例切应变。

注：τ_p、τ_{eH}、τ_{eL}、τ_m 使用弹性扭转公式计算，如考虑塑性，使用的计算公式将有所不同。

4　延性试验通用术语

4.1

弯曲试验　bend test

试样经受弯曲塑性变形，直至达到规定弯曲角度的试验。

注：检验试样受拉面无可见裂纹缺陷视为通过了弯曲试验。

4.2

金属管弯曲试验　bend test of tube

将一根全截面的直管绕一规定半径的凹槽弯曲，直至弯曲角度达到相关产品标准所规定值的试验。

4.3

塑性应变比平面各向异性度　degree of planar anisotropy

Δr

金属薄板平面上与主轧制方向成 0°和 90°方向的塑性应变比的算术平均值与 45°方向的塑性应变比之差，并按下式计算：

$$\Delta r = 1/2(r_0 + r_{90}) - r_{45}$$

4.4

金属管扩口试验　drift-expanding test of tube

用圆锥形顶芯扩大管段试样的一端，直至扩大端的最大外径达到相关产品标准所规定值的试验。

4.5

凸耳试验　earing test

从金属薄板或薄带上截取的圆片试样冲成圆柱形杯体，测量杯口处各个凸耳高度的试验。

4.6

埃里克森杯突值　Erichsen cupping index

IE

埃里克森杯突试验中出现穿透裂纹时测得的冲头压入深度。

4.7

埃里克森杯突试验　Erichsen cupping test

用一个端部为球形的冲头对着一个被夹紧在垫模和压模内的试样进行冲压形成杯突，直至出现一条穿透裂纹的试验。

4.8

金属管压扁试验　flattening test of tube

垂直于管的纵轴线方向对规定长度的试样或管的端部施加力进行压扁，直至在力的作用下两压板之间的距离达到相关产品标准所规定的值的试验。

4.9

金属管卷边试验　flanging test of tube

在试样的端部，垂直于管轴线的平面上形成卷边，直至卷边后外径达到相关标准规定值的试验。

4.10

成形性　formability

材料冲压成形到所需要的形状而没有断裂、局部减薄或起皱出现的能力。

4.11

成形性试验　formability test

采用与实际成形过程相似的成形方法，用标准形状和尺寸的模具将试样冲压成形直至裂纹产生，利用试验确定的成形极限比较材料的成形性的试验。

4.12

成形性极限图　forming limit diagram

FLD

FLD是通过对材料进行拉伸、胀形或拉伸加胀形复合成形，根据其成形极限曲线构成的成形极限图。

4.13

塑性应变比　plastic strain ratio

r

试样单轴应力拉伸，宽度方向真实应变和厚度方向真实应变之比。

4.14

管环扩口试验　ring expanding test of tube

用圆锥形顶芯扩大从管端上切取的管环，直至断裂或试样的扩展值达到相关产品标准所规定值的试验。

4.15

应变硬化指数　strain hardening exponent

n

在单轴拉伸力作用下，真实应力 σ 与真实应变 ε 数学方程式中的真实应变指数。

注：此数学方程式表示为 $\sigma = K \cdot \varepsilon^n$

4.16

线材扭转试验　torsion test of wire

将试样两端夹紧并施加拉紧力，两夹头间保持规定的标距长度，一端夹头围绕试样轴线旋转，检测试样扭转断裂时的扭转次数、断面特征、扭转状况的试验。

4.16.1

线材单向扭转试验　simple torsion test of wire

试样绕自身轴线向一个方向旋转的试验。

4.16.2

线材反向扭转试验　reverse torsion test of wire

试样绕自身轴线向一个方向旋转 360°作为一次扭转至规定次数后，向相反方向旋转 360°作为一次扭转至相同次数的试验。

4.17

线材缠绕试验　wrapping test of wire

缠绕试验是将线材试样在符合相关标准规定直径的芯棒上紧密缠绕规定螺旋圈数，以检测其发生断裂、裂纹等缺陷状态的试验。

5　硬度试验通用术语

5.1

布氏硬度　Brinell hardness

HBW

材料抵抗通过硬质合金球压头施加试验力所产生永久压痕变形的度量单位。

注 1：HBW＝0.102×试验力(N)/永久压痕表面积(mm^2)。

注 2：假设压痕保持球形不变，其表面积是根据平均压痕直径和球的直径计算的。

5.2

直接检验　direct verification

测定机器的主要部件或参数(例如：所加力的最大误差、测量的压痕深度或直径、压头的几何尺寸、试验循环等参数)是否在规定允差之内的操作过程。

5.3

硬度　hardness

材料抵抗变形，特别是压痕或划痕形成的永久变形的能力。

5.4

标准硬度计　hardness calibration machine

用于检定硬度标准块的机器，通常与工作硬度计不同之处是：其某些参数(例如：加力的最大误差、测定的压痕深度或尺寸、压头的几何尺寸和试验周期等参数)具有较严的允差。

5.5

硬度计　hardness tester

用于做压痕硬度试验的试验机。

5.6

压痕　indentation

压痕试验中由压头在材料表面上产生的印痕。

5.7

压痕硬度　indentation hardness

H_{IT}

对一个规定几何形状和尺寸的压头，在规定的条件下和试验循环内，施加试验力压入材料中使其产生塑性变形压成压痕，以该压痕平均压力表示的特定的量值单位。

5.8

压痕硬度试验　indentation hardness test

用硬度计进行的压痕试验以测量材料的硬度。

5.9

压痕模量　indentation modulus

E_{IT}

按平面应变压痕模量计算的试样的平均各向同性杨氏模量的估计值。

注：$E_{IT}=(1-\nu^2)E_{IT}{}^*$，式中 ν 为被测材料的泊松比，$E_{IT}{}^*$ 见 5.19。

5.10

压痕试验　indentation test

用压痕硬度计进行的试验，试验时使用规定的力，在规定的条件下和试验周期内，将一个规定形状的压头压入材料表面，用以测定材料的特定参数。

5.11

压痕硬度计　indentation hardness tester

用于进行压痕试验，以测定诸如硬度和(或)弹性模量等参数，经过直接检验和间接检验合格的试验机。

5.12

压头　indenter

在压痕试验过程中用以施加试验力的具有规定几何形状、尺寸和坚硬头部的物体。一般用金刚石、硬质合金(碳化钨)制成，特殊情况下用钢制成。

5.13

压头面积函数　indenter area function

描述作为压痕深度函数的特定压痕面积的列表或数学函数，压痕深度可直接通过测量获得，也可间接地根据从标准块获得的压痕结果进行专门计算。

注：目前使用两种形式的面积函数：投影面积 A_P 和表面积 A_S。

5.14

间接检验　indirect verification

使用标准块进行测量以测定硬度计性能的操作过程。

5.15

试验机机架柔度　testing machine frame compliance

C_f

在压痕硬度计的机架上可测量的柔度(硬度计在加力的状态下通过硬度计测量到的位移量)。

5.16

仪器化压痕试验机　instrumented indentation testing machine

通过装备的仪器可得到各种测量或测定在整个试验周期内各给定点上位移量、力和时间等所有参数的压痕试验机。

5.17

努氏硬度　Knoop hardness

HK

材料抵抗通过金刚石菱形锥体压头施加试验力所产生永久压痕变形的度量单位。

注1：HK＝0.102×试验力(N)/永久压痕投影面积(mm^2)。

注2：假设压痕保持压头理想的几何形状不变，其投影面积是根据长对角线的长度计算的。

5.18

马氏硬度　Martens hardness

HM

材料抵抗通过金刚石棱锥体(正四棱锥体或正三棱锥体)压头施加试验力所产生塑性变形和弹性变形的度量单位。

注1：HM＝试验力(N)/压头过接触零点后的表面积 $A_s(h)$ 。

注2：压头的表面积是根据压痕深度和压头面积函数计算的。

5.19

平面应变压痕模量　plane strain indentation modulus

$E_{IT}{}^*$

通过压痕试验得到的材料的平均各向同性平面应变弹性模量的等效值。

注：$E_{IT}{}^*$ 是根据在卸除力的过程中压痕接触刚度这一特定的量计算的，该计算是应用特定的接触力学模型并需要试验机架柔度和压头面积函数方面的知识。

5.20

标准块　reference block

主要用于压痕硬度计间接检验，带有检定合格的压痕值，块状的标准物质。

5.21

洛氏硬度　Rockwell hardness

HR

材料抵抗通过硬质合金或钢球压头，或对应某一标尺的金刚石圆锥体压头施加试验力所产生永久压痕变形的度量单位。

注：HR＝$N-h/S$，式中 N 和 S 为给定的洛氏硬度标尺常数，h(mm)为在施加并卸除主试验力后初试验力下的压痕深度增量。

5.22

试验力　test force

F

在试验或标定过程中施加的规定力值。

5.23

试验力施加时间　test force application time

从对材料施加试验力开始直到达到试验力的时间段。

5.24

试验力保持时间　test force duration

在硬度试验过程中，保持试验力恒定的时间段，该时间从施加到满试验力时起至该力卸除开始时止，或到开始施加主试验力时止。

注：对于洛氏硬度试验，初试验力的保持时间是在做深度测量时终止。

5.25

试验循环　test cycle

在测量过程中从事机器操作的规定时序，包括施加和卸除力的速率以及试验力保持时间。

5.26

维氏硬度　Vickers hardness

HV

材料抵抗通过金刚石正四棱锥体压头施加试验力所产生永久压痕变形的度量单位。

注 1：HV＝0.102×试验力(N)/永久压痕的表面积(mm^2)。

注 2：假设压痕保持压头理想的几何形状不变，其表面积是根据两对角线的平均长度计算的。

5.27

里氏硬度　Leeb hardness

HL

用规定质量的冲击体在弹性力作用下以一定速度冲击试样表面，用冲头在距试样表面 1 mm 处的回弹速度与冲击速度的比值计算硬度值。

注：HL＝1 000×冲击体回弹速度/冲击体冲击速度表示。

6　韧性试验通用术语

6.1　夏比冲击试验

6.1.1

吸收能量　absorbed energy

K

摆锤冲击前所具有的势能和试样断裂后残留的能量的差，且风阻和摩擦损耗已被补偿，从试验机的读数装置上读出。

6.1.2

实际吸收能量　actual absorbed energy

KV 或 *KU*

通过摆锤冲击试验机试验折断试样时所需要的总能量。

注：它等于试样被折断的过程中，摆锤从起始位置到第一个半周期终止，产生的势能的差。

6.1.3

砧座　anvil

机器的一部分，用于试样适当定位和在冲击力下支承试样。

注：砧座的支承面垂直于试样支座的支承面，并且平行于锤刃刃边。

6.1.4

夏比冲击试验　Charpy impact test

由两个砧座支承试样，测量摆锤冲击并折断试样时所吸收的能量的冲击试验。

6.1.5

冲击试验　impact test

用缺口或预裂纹的试样，测量试样吸收的势能来评价韧性的试验。

6.1.6

侧膨胀值　lateral expansion

LE

试样完全断裂前在缺口背面形成的最终塑性铰链处试样宽度的增量。

6.1.7

脆性断裂百分率　percent brittle fracture

断口脆性部分的面积占试样断口总面积的百分率。

注：脆性断口是由解理断裂或许多晶粒沿晶界断裂而产生的有光泽的断口。

6.1.8

塑性断裂百分率　percent ductile fracture

断口塑性部分的面积占试样断口总面积的百分率。

注：塑性断口是暗淡且无光泽的纤维状剪切断口。

6.1.9

剪切断裂百分率　percent shear fracture

利用已打断夏比V型冲击试样，对其靠近缺口根部(启裂区域)和试样剩余韧带及两侧的最后断裂区域的断裂特征的表面特性(即断口特性)进行量化，用以古册、用以估测体心立方铁基合金的延展性。

注：该术语过去是根据延性断裂或脆性断裂百分率来量化的，但该术语仅对以下情形是有效的，即剪切断裂(延性)区域"图形框"围绕一个相对扁平的解理(脆性)断裂。对现代钢材而言，该术语会产生混乱，因为其形成的扁平断裂区是由延性断裂和脆性断裂混合而成的。

6.1.10

锤刃　striker

摆锤上打击试样的部分。

注：与试样实际接触的刃口半径为2 mm(2 mm冲击刀)或8 mm(8 mm冲击刀)。

6.1.11

试样支座　test piece supports

冲击机给冲击试样提供适当位置的部分，涉及摆锤冲击的中心、冲击锤刃和砧座。

注：支承面垂直于砧座的支承面和冲击刃边。

6.1.12

转变曲线　transition curve

在某一温度范围内材料由韧性断裂向脆性断裂转变，试验温度和吸收能量(或剪切断裂百分率或侧膨胀值)的关系曲线。

6.1.13

转变温度　transition temperature

吸收能量突变，且韧性和脆性断裂模式相互转变时对应的温度。

6.1.14

U型缺口　U-notch

缺口截面呈U型，且规定深度和根部半径。

6.1.15

V型缺口　V-notch

缺口截面呈V型，且规定深度和根部半径。

6.2　**仪器化冲击试验**

6.2.1

屈服力　general yield force

F_{gy}

力-位移曲线从直线上升部分向曲线上升部分增加，转变点时的力。

6.2.2

最大力　maximum force

F_m

〈冲击试验中〉力-位移曲线上力的最大值。

6.2.3

不稳定裂纹扩展起始力　initiation force of unstable crack propagation

F_{iu}

力-位移曲线急剧下降开始时的力。

注：表示不稳定裂纹扩展的开始。

6.2.4

不稳定裂纹扩展终止力　crack arrest force of unstable crack propagation

F_a

力-位移曲线急剧下降终止时的力。

6.2.5

位移特征值　displacement characteristic value

注：位移特征值用 mm 为单位表示。

6.2.5.1

屈服位移　general yield displacement

S_{gy}

与屈服力相对应的位移。

6.2.5.2

最大力时位移　displacement at maximum force

S_m

与最大力相对应的位移。

6.2.5.3

不稳定裂纹扩展起始位移　initiation displacement of unstable crack propagation

S_{iu}

不稳定裂纹扩展开始时的位移。

6.2.5.4

不稳定裂纹扩展终止位移　crack arrest displacement of unstable crack propagation

S_a

不稳定裂纹扩展终止时的位移。

6.2.5.5

总位移　total displacement

S_t

力-位移曲线结束时的位移。

6.2.6

冲击能量特征值　impact energy characteristic value

注：能量特征值用焦耳表示。

6.2.6.1

最大力时的能量　energy at maximum force

W_m

力-位移曲线下，从 $S=0$ 到 $S=S_m$ 的面积。

6.2.6.2

不稳定裂纹扩展起始能量　initiation energy of unstable crack propagation

W_{iu}

力-位移曲线下，从 $S=0$ 到 $S=S_{iu}$ 的面积。

6.2.6.3

不稳定裂纹扩展终止能量　crack arrest energy of unstable crack propagation

W_a

力-位移曲线下，从 $S=0$ 到 $S=S_a$ 的面积。

6.2.6.4

总冲击能量　total impact energy

W_t

力-位移曲线下，从 $S=0$ 到 $S=S_t$ 的面积。

6.3 断裂韧度试验

6.3.1

结构线　construction line

在 J-Δa 或 d-Δa 试验记录上画一条线，代表表观裂纹扩展(即裂纹表面的位移量)，包括裂纹顶端钝化。

6.3.2

裂纹扩展阻力曲线　crack extension resistance curve

R-曲线

d 或 J 与稳定裂纹扩展 Δa 的变化曲线。

6.3.3

裂纹平面取向　crack plane orientation

按照裂纹平面的法向方向和试验中裂纹预期的扩展方向处理裂纹，对于锻造产品参考其特征晶粒流动方向。

6.3.4

裂纹嘴张开位移(CMOD)　crack-mouth opening displacement (CMOD)

V

在裂纹开始缺口附近，测量与原始裂纹平面垂直的裂纹平面的相对位移量。

6.3.5

裂纹尖端张开位移(CTOD)　crack-tip opening displacement(CTOD)

δ

在原始裂纹尖端(即疲劳预裂纹尖端)测量与原始裂纹平面垂直的裂纹平面的相对位移量。

6.3.6

临界 J　critical J

对应裂纹扩展开始时的 J 值。

6.3.7

临界 δ　critical δ

对应裂纹扩展开始时的 d 值。

6.3.8

断裂韧度　fracture toughness

准静态单一加载条件下的裂纹扩展阻力的通用术语。

6.3.9

J-积分　J-integral

与积分路径无关的闭合回路或表面积分，用来表征裂纹前缘周围地区的局部应力-应变场，在塑性效应不可忽视的地方提供能量释放速率。

注：用来表征对应表观裂纹扩展 a 时的势能变化。

J

与 J 积分相当的加载参数，当测定力-加载线位移图时，特指裂纹尖端塑性变形不可忽视条件下的断裂。

注：多数情况下，材料(通过采用塑性变形理论)在变形行为上被视为非线性弹性的。

6.3.10

J-R 曲线　J-R curve

J-Δa 图，在塑性效应不容忽视的地方，用于描述稳定裂纹扩展阻力。

注：δ-Δa 曲线的定义与 J-R 曲线定义相同。

6.3.11

最大疲劳应力强度因子　maximum fatigue stress intensity factor

K_f

在疲劳预裂纹的最后阶段，K 的最大值。

6.3.12

类型　mode

裂纹平面位移三种方式之一。

注：阿拉伯数字 1、2 和 3 用于通常的例子，分别代表拉伸张开型、平面滑动型、剪切型。罗马数字用于特指平面应变型（Ⅰ和Ⅱ）或非平面应变型（Ⅲ）。

6.3.13

平面应变张开型应力强度因子　plane-strain opening-mode stress intensity factor

K_I

对于均匀物体在承受张开型位移（Ⅰ型）时，裂纹尖端平面应变单一弹性应力场大小。

注：它是施加的力，裂纹长度，试样尺寸和形状的函数，单位是力（单位为 N）乘以长度（单位为 mm）的负二分之三次方（$N \cdot mm^{-3/2}$）。

6.3.14

平面应变断裂韧度　plane-strain fracture toughness

K_{IC}

当裂纹尖端的应力状态主要是平面应变状态，塑性变形被限制时，Ⅰ型加载时，材料阻止裂纹扩展的一种量度。

注：这是 K_I 的特殊值。

6.3.15

突进　pop-in

在力位移图上的突然不连续，通常表现为力的下降，位移的突然增加。

6.3.16

试样的弹性柔度　specimen elastic compliance

C

位移增量与力增量的比值。

注：试样刚度的倒数。

6.3.17

试样跨距　specimen span

S

三点弯曲试验装置两支辊（施力点）之间的距离。

6.3.18

试样厚度　specimen thickness

B

试样两平行侧面之间的距离。

6.3.19

试样宽度　specimen width

W

参考平面或参考线（例如，弯曲试样的前边或紧凑试样的加载线）与试样后平面之间的距离。

6.3.20

稳定裂纹扩展　stable crack extension

施加位移的过程被中断时的裂纹扩展量。

6.3.21

应力强度因子　stress intensity factor

K

均匀线弹性体在特定的裂纹扩展类型下理想裂纹尖端应力场的幅值。

6.3.22

应力强度因子范围　stress intensity factor range

ΔK

在一个疲劳循环中最大与最小应力强度因子的代数差。

$\Delta K = K_{\max} - K_{\min} = (1-R)K_{\max}$

6.3.23

伸张区宽度　stretch zone width

SZW

由于裂纹尖端钝化带来的裂纹扩展长度；出现在不稳定裂纹扩展之前，与疲劳预裂纹在同一平面。可见的裂纹扩展伴随着裂纹尖端钝化，钝化发生在非稳定裂纹扩展，突进或慢稳定裂纹扩展之前，并且与原始的疲劳预裂纹有些相似。

6.3.24

不稳定裂纹扩展　unstable crack extension

在有或没有稳定裂纹扩展之前的裂纹突然扩展。

6.3.25

裂纹止裂断裂韧度　crack-arrest fracture toughness

K_a

裂纹刚刚止裂时的应力强度因子值。

6.3.26

平面应变裂纹止裂断裂韧度　plane-strain crack-arrest fracture toughness

K_{Ia}

裂纹前缘处于平面应变状态下的裂纹止裂韧度值。

6.3.27

平面应变裂纹止裂断裂韧度条件值　conditional value of the plane-strain crack-arrest fracture toughness

K_{Qa}

根据试验结果计算得到的 K_{Ia} 条件值，该值还需进行有效性判断。

6.3.28

裂纹启裂应力强度因子　stress intensity factor at crack initiation

K_o

快速断裂开始时的应力强度因子值。

7　疲劳试验通用术语

7.1

振幅　amplitude

a，amp

变化范围的一半。

注：常用作下脚标，如 ε_a，应变振幅。

7.2

循环　cycle

循环性重复作用的力、应力、应变等最小的时间段。

7.3

循环应变硬化指数　cyclic strain hardening exponent

n'

循环曲线 $\lg(\sigma_a)$-$\lg(\varepsilon_{pa})$ 的斜率。

7.4

循环强度系数　cyclic strength coefficient

K'

循环曲线 $\lg(\sigma_a)$-$\lg(\varepsilon_{pa})$ 上相交于 $\varepsilon_{pa}=1$ 的应力值。

7.5

循环屈服强度　cyclic yield strength

σ'_y

循环应力应变曲线 0.2%应变偏置处的屈服强度。

7.6

弹性应变　elastic strain

ε_e

总应变的弹性部分，$\varepsilon_e=\varepsilon_t-\varepsilon_p$。

7.7

疲劳裂纹扩展速率　fatigue crack growth rate

$\mathrm{d}a/\mathrm{d}N$

每个循环周期内裂纹扩展的长度(mm/cycle)。

7.8

疲劳裂纹扩展的门槛值　fatigue crack growth threshold

ΔK_{th}

$\mathrm{d}a/\mathrm{d}N$ 趋近于 0 的时候，ΔK 的渐近线的值。

注：对多数材料门槛值定在 10^{-8} mm/cycle 对应的应力强度因子范围。

7.9

疲劳延性系数　fatigue ductility coefficient

ε'_f

$\lg(\varepsilon_a)$-$\lg(2N_f)$ 曲线上相交于 $2N_f=1$ 的应变值。

7.10

疲劳寿命　fatigue life

N_f

达到疲劳失效判据的实际循环数。

7.11

疲劳极限　fatigue limit

应力振幅的极限值，在这个值以下，被测试样能承受无限次的应力周期变化。

注：见 N 次循环后的疲劳强度(7.14)。

7.12

疲劳缺口系数　fatigue notch factor

K_f

在相同的疲劳寿命下，缺口试样的疲劳强度同光滑试样疲劳强度的比值。

7.13

疲劳强度　fatigue strength

S

在指定寿命下使试样失效的应力水平。

7.14

***N* 次循环后的疲劳强度　fatigue strength at *N* cycles**

σ_N

在规定的应力比下，使试样的寿命为 N 次循环的应力振幅值。

注：一些金属通常显现不出定义中的"疲劳极限"或"耐久极限"。这是因为，在低于此应力作用下，金属可以承受无数此循环。通常情况下，应力曲线中的平台被认为是传统的"疲劳极限"或"耐力极限"，但是在这个应力水平以下也会发生失效。

7.15

疲劳强度指数　fatigue strength exponent

b

曲线 $\lg(\varepsilon_e)$-$\lg(2N_f)$的斜率。

7.16

疲劳试验　fatigue test

在试样上通过施加重复的试验力或变形，或施加变化的力或变形，而得到疲劳寿命、给定寿命的疲劳强度等结果的试验。

7.17

力值比　force ratio

应力比　stress ratio

R

一个循环内力或应力的最小值与最大值的比率。

7.18

频率　frequency

疲劳试验中，单位时间内应力或应变变化的循环次数。

7.19

高周疲劳试验　high-cycle fatigue test

以应力特性为主的，疲劳寿命相对较长的疲劳试验。

7.20

滞后回线　hysteresis loop

一个循环中试样的应力-应变闭合曲线。

7.21

降 *K* 试验　*K*-decreasing test

试验中的规则化 K 梯度值是负值的试验。

注：降 K 试验的进行是在裂纹扩展期间连续降低或逐级减少应力强度因子。

7.22

增 *K* 试验　*K*-increasing test

试验中的规则化 K 梯度值是正值的试验。

注：标准试样的恒幅载荷试验是增 K 试验，其规则化 K 梯度值是正值并在试验中增加。

7.23

低周疲劳试验　low-cycle fatigue test

以循环塑性应变特性为主的,疲劳寿命相对较短的疲劳试验。

7.24

最大应力　maximum stress

σ_{max}, S_{max}

在应力循环中,应力的最大代数值。

7.25

平均应力　mean stress

σ_m, S_m

最大应力与最小应力代数和的一半。

7.26

机械应变　mechanical strain

ε_m

与试样上施加的力有关而与温度无关的应变。

7.27

最小应力　minimum stress

σ_{min}, S_{min}

在应力循环中,应力的最小代数值。

7.28

规则化 *K* 梯度　normalized *K*-gradient

C

K 随裂纹长度增加而变化的比率。

$C=1/K(\mathrm{d}K/\mathrm{d}a)=1/K_{max}(\mathrm{d}K_{max}/\mathrm{d}a)=1/K_{min}(\mathrm{d}K_{min}/\mathrm{d}a)=1/\Delta K(\mathrm{d}\Delta K/\mathrm{d}a)$

注：以 mm^{-1}表示。

7.29

塑性应变　plastic strain

ε_p

在所控应变中的塑性应变分量。

7.30

***S-N* 曲线　*S-N* curve**

应力寿命曲线。

7.31

应变幅　strain amplitude

ε_a

在一个应变循环中,最大应变和最小应变代数差的一半。

7.32

应变比　strain ratio

R_ε

疲劳过程中任一循环最小与最大应变的比值。

$R_\varepsilon=\varepsilon_{min}/\varepsilon_{max}$

7.33

应力幅　stress amplitude

σ_a, S_a

在应力循环中最大应力和最小应力之间代数差的一半。

7.34

应力水平　stress level

S

在试验控制条件下的应力强度。

7.35

应力范围　stress range

$\Delta\sigma$, ΔS

最大应力和最小应力的算术差。

$\Delta\sigma=\sigma_{max}-\sigma_{min}$或$\Delta S=S_{max}-S_{min}$

7.36

应力比　stress ratio

R_S

疲劳试验任一循环中，最小应力与最大应力的比。

$R_S=\sigma_{min}/\sigma_{max}$，也称作载荷比。

7.37

应力级差　stress step

d

当以升降法进行试验时，相邻应力水平的差值。

7.38

热应变　thermal strain

ε_{th}

由于温度变化产生自由膨胀时所对应的应变。

7.39

热机械疲劳试验　thermomechanical fatigue test

TMF

试验部分理论上的均匀温度和外部施加的应变场同时变化和被控制的疲劳试验。

7.40

总应变　total strain

ε_t, ε_{tot}

标距内的长度变化除以原始标距长度。

附 录 A
（资料性附录）
本标准章条编号与 ISO 23718:2007 章条编号对照

表 A.1 给出了本标准章条编号与 ISO 23718:2007 章条编号对照一览表。

表 A.1　本标准章条编号与 ISO 23718:2007 章条编号对照表

本标准章条编号	对应的 ISO 标准章条编号
1	范围
2	1.1
3	1.2
3.1～3.19.2	1.2.1～1.2.19.2
3.20～3.36	—
4	1.3
4.1～4.17	1.3.1～1.3.17
5	1.4
5.1～5.26	1.4.1～1.4.26
5.27	—
6	1.5
6.1	1.5.1
6.1.1～6.1.15	1.5.1.1～1.5.1.15
6.2	—
6.3	1.5.2
6.3.1～6.3.24	1.5.2.1～1.5.2.24
6.3.25～6.3.28	—
7	1.6
7.1～7.8	1.6.1～1.6.8
7.9	—
7.10～7.35	1.6.9～1.6.34
7.36	—
7.37～7.40	1.6.35～1.6.38
—	1.6.39
附录 A	—
附录 B	—
索引	索引

注：表中所列章条编号内容与 ISO 23718:2007 章条编号内容一一对应。

附　录　B
（资料性附录）
本标准与 ISO 23718:2007 技术性差异及其原因分析

表 B.1 给出了本标准与 ISO 23718:2007 技术性差异及其原因的一览表。

表 B.1　本标准与 ISO 23718:2007 技术性差异及其原因

本标准的章条编号	技术性差异	原　因
2.4	修改了定义内容	明确中文表达意义
2.6	修改了定义内容	明确中文表达意义
2.12.1	定义修改为“原始长度的轴向应变”	明确中文表达意义
2.12.2	定义修改为“给定线性方向的应变分量”	明确中文表达意义
3.5.2	计算公式中增加“%”	ISO 公式表达习惯与中国不一样
3.5.3	计算公式中增加“%”	ISO 公式表达习惯与中国不一样
3.6	定义修改为“测量试样纵向或横向变形的装置”	考虑测量横向变形的引伸计
3.7	定义修改为“用于测量试样尺寸变化部分的长度”	综合考虑广义的标距概念
3.7.1	定义修改为“用引伸计测量变形时的试样平行部分长度”	与“标距”概念联系，更具体表达定义
3.7.2	定义修改为“试样断裂后标距长度”	简洁表达术语意义
3.13	公式中增加“%”	ISO 公式表达习惯与中国不一样
3.16	定义修改为“与最大力 F 相对应的应力”	简洁表达术语意义
3.20～3.36	增加了压缩试验与应力松弛试验部分术语	目前仍广泛应用压缩试验与应力松弛试验
5.5	定义修改为“用于做硬度试验的试验机”	修正 ISO 标准定义的局限性
6.2	增加了仪器化冲击试验术语	适应目前仪器化试验的要求
6.3.10	增加“注：δ-Δa 曲线的定义与 J-R 曲线定义相同”	增加了相同于 J-R 曲线的 δ-Δa 曲线术语解释
6.3.17	增加“施力点”	更明确跨距的测量点
6.3.25～6.3.28	增加止裂试验部分术语	适应目前止裂试验的要求
7.9	保留了“疲劳延性系数”术语	适应目前疲劳试验的要求
7.34	定义修改为“在试验控制条件下的应力强度”	直观表现术语意义
7.36	保留了“应力比”术语	适应目前疲劳试验的要求
—	删除了“Wöhler curve”术语	该术语内容同于 S-N 曲线
索引	本国标的索引是按照术语的拼音顺序编排的，同时列出了每个术语相对应的页码，而国际标准的索引是按照术语的英文字母顺序编排的，同时列出了英文术语对应的章节号	本国标的索引编写规则更符合国人检索术语的习惯

索　引

A

B

C

D

Q

R

S

T

U

V

W

X

Y

Z

STANDARDS PRESS OF CHINA

ICS 71.040.40
G 86

中华人民共和国国家标准

GB/T 10628—2008/ISO 6143:2001
代替 GB/T 10628—1989

气体分析 校准混合气组成的测定和校验比较法

Gas analysis—Comparison methods for determining and checking the composition of calibration gas mixtures

(ISO 6143:2001,IDT)

2008-05-15 发布 2008-11-01 实施

中华人民共和国国家质量监督检验检疫总局
中国国家标准化管理委员会 发布

前 言

本标准等同采用 ISO 6143:2001(E)。

本标准代替 GB/T 10628—1989《气体分析　校准混合气组成的测定　比较法》。

本标准对 GB/T 10628—1989 的技术内容进行了全面修订，主要变化如下：

——标准的名称修订为《气体分析　校准混合气组成的测定与检验　比较法》；

——标准的适用范围增加了校准混合气组成的检验和比对(本标准的第 1 章)。

——增加了术语及定义、符号及术语缩写(本标准的第 2 和第 3 章)。

——适用分析函数和分析系统响应类型由仅限于直线和直线段类型，修改为适用于线性函数、二次多项式、三次多项式、幂函数和指数函数等多种函数类型。校准点的数量由单点、两点和多点(最少 3 点)校准修订为由分析函数类型确定：线性函数至少 3 点，二次多项式、幂函数、指数函数至少 5 点，三次多项式至少 7 点(本标准的 5.1；GB/T 10628—1989 的 3.1、3.2、3.3)。

——分析函数参数计算由两参数、回归插值法求解(GB/T 10628—1989 的 3.1、3.2、3.3)修改为多参数(最多 4 参数)，二项加权回归，非线性迭代法求解(本标准的 A.2)。增加了参数的方差、协方差的计算(本标准的 A.3)。

——含量的不确定度由相对偏差合成(GB/T 10628—1989 的 3.1、3.2)，修改为按不确定度的传递计算(本标准的 5.3)。增加了异常不确定度补充说明(本标准的 5.4.1)。

——修改了校准混合气组成测定程序(本标准的 5.3；GB/T 10628—1989 的第 3 章)。

——增加了气体标样相关性和协方差的计算(本标准的 5.3、5.4.2、A.4)。

——增加了分析函数的确认程序(本标准的 5.2、A.5)。

——增加了校准混合气组成的检验以及多个气体标样的比较程序(本标准的 6.1、6.2)。

——增加了试验报告的内容要求(本标准的第 7 章)。

——增加了气体标样不确定度的表示规范与转换(本标准的 A.1)。

——修改了应用实例的内容(本标准的附录 B；GB/T 10628—1989 的附录 A)。

——增加了资料性附录(本标准的附录 C)和参考文献等。

本标准的附录 A 是规范性附录，附录 B 和附录 C 是资料性附录。

本标准由中国石油和化学工业协会提出。

本标准由全国气体标准化技术委员会归口。

本标准起草单位：西南化工设计研究院。

本标准主要起草人：何道善、陈雅丽、张军、代高立。

本标准所代替标准的历次版本发布情况为：

——GB/T 10628—1989。

气体分析　校准混合气组成的测定和校验 比较法

1　范围

本标准规定了：

——用与参考混合气比较的方法，测定校准混合气的组成；

——由比较用参考混合气组成的已知不确定度，计算校准混合气组成的不确定度；

——用与参考混合气比较的方法，检验校准混合气的组成；

——多个校准混合气组成的比较，例如不同方法制备的混合气的比较，或接近相关组成的混合气之间的一致性检验。

注：原则上，本文描述的方法，也（广泛地）用于预期可以作为校准混合气的未知试样（即打算作为校准混合气应用的混合气）的分析。不过，这种应用需要适当的关注和考虑其他的不确定组分，例如，有关校准用参考气和分析样品之间母体差异的影响。

2　术语及定义

本标准使用以下术语及其定义：

2.1

组成　composition

由每一指定混合气组分（被分析物）的种类、含量和补充气体（基体）给定的混合气体的特性。

注：在本标准中，被分析物含量规定用摩尔分数表示。摩尔分数具有与混合气体的压力和温度完全无关的优点，所以被推荐使用。但是，对于特定的测量系统，用其他的组成量度单位（例如质量浓度）可能更为恰当，但它们的应用需要充分关注对压力和温度的依赖性。

2.2

比较法　comparison method

由测量仪器的响应确定指定混合气体组分（被分析物）含量的方法。

2.3

校准　calibration

在规定条件下，为确定测量系统或测量仪器的示值、或实物量具或参考物质的标示值与对应标准值之间的关系的一组操作。

2.4

响应函数　response function

仪器响应和被分析物含量之间的函数关系。

注1：依据因变量和自变量的选择，可以用校准函数或分析函数两种不同的方法表示响应函数。

注2：响应函数为概念性的，不能精确地确定，而是通过校准近似地确定。

2.4.1

校准函数　calibration function

仪器响应以被分析物含量表示的函数。

2.4.2

分析函数　analysis function

被分析物含量以仪器响应表示的函数。

2.5

测量不确定度　uncertainty of measurement

与测量结果相关的参数，表征被测量数值的离散特性。

注：和 GUM 一致，在本标准中，混合气体组成的不确定度以标准不确定度即单个标准偏差表示。

2.6

溯源性　traceability

通过一条具有规定不确定度的不间断的比较链，使测量结果或测量标准的值能够与规定的参考标准，通常是与国家标准或国际标准联系起来的特性。

2.7

测量标准　measurement standard

定义、实现、保存或复现量的一个单位、或一个或多个量值，用作参考的实物量具、测量仪器、参考物质或测量系统。

2.8

参考标准　reference standard

在指定地点或在指定的组织内可以得到的、通常具有最高计量学特征的测量标准，在该处所做的测量均从它导出。

2.9

工作标准　working standard

日常校准或检验使用的实物量具、测量仪器、或参考物质。

注：工作标准通常需要比照参考标准进行校正。

2.10

标准样品　reference material

参考物质　reference material

具有十分均匀和完全确定的一个或多个特征值的材料或物质，用于仪器的校准、测量方法的评价、或材料的赋值。

2.11

校准混合气　calibration gas mixture

作为组分的工作标准使用的、组成十分确定和稳定的混合气体。

2.12

参考混合气　reference gas mixture

作为组分的参考标准使用的、组成十分确定和稳定的混合气体。

3　符号和术语缩写

a_j	校准函数 F 的参数（$j=0,1,\cdots,N$）
b_j	分析函数 G 的参数（$j=0,1,\cdots,N$）
D	灵敏矩阵
F	$y=F(x)$，指定被分析物的校准函数
G	$x=G(y)$，指定被分析物的分析函数
k	覆盖系数，覆盖因子
L	检测限
M_{cal}	校准混合气（试样）
M_{ref}	参考混合气（试样）
Q	变换矩阵

S	加权偏差平方和
S_{res}	加权残差剩余平方和
t	学生型分布t-系数
$U(q)$	$U(q)=ku(q)$，估计量q的扩展不确定度
$u(q)$	估计量q的不确定度，以标准偏差(标准不确定度)表示
$u(p,q)$	两估计量p和q的协方差。
$u^2(q)$	估计量q的方差
ν	方差/协方差矩阵
w	置信范围的半宽度
x	指定被分析物的摩尔分数
(x_i, y_i)	校准点($i=1,2,\cdots,n$)
$(\hat{x}_i, \hat{y}_i)$	校正校准点($i=1,2,\cdots,n$)
y	指定被分析物的仪器响应
Z	正态分布百分数
δ	相对分析准确度
γ	稀释系数
Γ	拟合度

4 原理

混合气体的组成，是通过对每一指定被分析物的摩尔分数的分别测定而被确定的。所以，只叙述了一个指定被分析物摩尔分数测定的程序。其他组分对所考虑的被分析物测量可能的干扰，将由用户考虑并给予足够的估计，但是，本标准不陈述这个问题。

本标准也可以应用除摩尔分数以外的其他的含量单位。不过，最终结果还是推荐以摩尔分数表示。

一个或一组校准混合气试样中指定被分析物的摩尔分数测定的一般程序，按以下概述的步骤顺序进行：

a) 指定所关心的分析范围(即欲测定的摩尔分数x的范围)和可接受的不确定度水平(见5.1，step A)。

b) 指定分析方法和使用的分析系统(见5.1，step B)。

c) 研究有关测量系统响应特性(例如线性度和灵敏度)的有用信息，注意可能的干扰。如果需要，应进行性能评估以检验系统的适应性。依据指定范围响应的描述，指定分析函数的数学类型(见5.1 step C)。

d) 设计校准实验，确定有关的实验参数。例如：

——校准范围(包含分析范围)。

——校准用参考混合气的组成，包括不确定度。

——分析方法的参数。

——测量条件，如果有关的话。

——校准测量的数量和顺序。

e) 进行校准实验，测量选择的参考混合气试样的响应y，计算这些响应值的不确定度$u(y)$(见5.1，step G)。

f) 运用回归分析(见5.1 step G)，由校准数据计算分析函数$x=G(y)$。

g) 检查计算的分析函数与校准数据在相应不确定度以内是否一致。如果结果可以接受，则进行(h)，否则，应修正校准设计(见5.2.1)。

h) 在响应和被分析物含量的相应范围，确定由分析函数预报结果的不确定度的水平。如果结果可以接受,则进行(i),否则,应修正校准计划。

在分析预期校准气体的试样之前,应测试仪器的偏离以确保分析函数对于指定分析任务依然有效(见 5.2.3)。如果结果可以接受,则进行(j),否则,需要重新校准测量系统。

如果预期校准气体含有校准用参考混合气以外的其他组分,应最少使用一个适当组成的追加的参考混合气以确认分析函数的实用性(见 5.2.4)。

注:不需要测试与校准气体样品的每一个分析相关的偏离。测定的频率应依据测量系统稳定性相关的经验。

同样地,用于确认的附加参考混合气的组成,将依赖于测量系统的"交叉-敏感性"有关的经验。

i) 按以下步骤确定预期校准气体的组成:

——测量响应 y;

——确定响应 y 的不确定度 $u(y)$;

——用(f)中确定的分析函数,计算摩尔分数 $x=G(y)$。

——用(h)中获得的结果,计算摩尔分数 x 的不确定度 $u(x)$(见 5.3)。

j) 陈述全部分析的结果(见第 7 章)。

除了测定(预期的)校准混合气的组成以外,一般程序可以用于预先设定组成的检验。为此,采用上述的程序大纲分析所研究的混合物,并将得到的组成与预先设定的组成相比较。第 6 章详细说明了这个程序,对于每一个关心的被分析物,考查由确认分析获得的含量与预先设定含量之间的差异,并将在这个差异上的不确定度与"0 点"的重大偏离相对照。

一般程序也可以用于考查系列校准混合气或参考混合气预先给定组成数据彼此的一致性。第 6 章详细说明了这个程序,对于每一个所关心的被分析物,测量其响应,对考虑中的所有校准气体,检验被分析物的预先设定含量与测量系统的已知响应行为的兼容性。

5 一般程序

5.1 分析函数的确定

对于一个指定的被分析物和指定测量系统(包括有关的操作条件),校准函数 $y=F(x)$,是以参考混合气的已知分析含量 $x_1, x_2, \cdots, x_n$ 近似地表示测量响应 $y_1, y_2, \cdots, y_n$ 的数学函数。反之,分析函数 $x=G(y)$,是以测量响应($y_1, y_2, \cdots, y_n$)近似地表示已知分析含量($x_1, x_2, \cdots, x_n$)的数学函数。用分析函数可从测量响应 y 计算校准混合气的未知含量 x。

分析函数或者直接确定,或者由校准函数转化间接地确定。推荐采用直接法确定分析函数。因此,在本标准的正文中只规定了这个方法。然而,在特殊的应用中,使用校准函数转化确定可能会更好。对于这样的应用,在 A.5 中给出了该方法的择要描述。

以下各项描述了校准实验及其评估摘要,第 4 章详细叙述了原理要点。

a) step A:指定分析范围(即所考虑的校准混合气中被分析组分 x 的范围)和可接受的分析结果的不确定度水平。

b) step B:指定使用的测量系统和它的操作条件,例如样品的压力、温度和流量。

c) step C:从下列函数中,选择、指定分析函数($x=G(y)$)的数学函数类型:

——线性函数,$x=b_0+b_1y$;

——二次多项式,$x=b_0+b_1y+b_2y^2$;

——三次多项式,$x=b_0+b_1y+b_2y^2+b_3y^3$;

——幂函数,$x=b_0+b_1y^{b_2}$;

——指数函数,$x=b_0+b_1e^{b_2y}$。

分析函数的参数 b_j,从校准数据集的数值(即校准实验得到的响应数据和从校准用参考气体得到的组成数据)经由回归分析确定。

数学函数的类型依据测量系统的响应特性(可能为线性或非线性)进行选择。虽然在本标准中描述的方法原则上完全通用，但是推荐它的应用限于线性响应曲线和仅适度偏离直线的非线性响应曲线。

注：在本标准中，只明确考虑了有限数量的函数类型。然而，可经代数转化为上述指定函数类型的其他函数类型，程序一样可以应用。

d) step D：依据分析函数的数学类型的要求，指定校准点(x_i，y_i)的数量。对于所考虑的不同函数类型，推荐校准点的最少数量为：

——3，线性函数；

——5，二次多项式；

——7，三次多项式；

——5，幂函数；

——5，指数函数。

推荐的校准点的数量大于分析函数未定参数的数量，因为所选择的函数也应进行验证。如果校准实验只以校准点的最小数量为基础，将应使用追加的参考混合气以确认分析函数。比较好的办法是把这些"参考点"合并到校准点系列，以减小估计参数的标准不确定度。

比较法大多使用一个"零级气体"来提供一个有效的校准点。

e) step E：选择参考混合气 $M_{\text{ref},1}$，$M_{\text{ref},2}$，…，$M_{\text{ref},n}$，其被分析物含量 x_1，x_2，…，x_n，应跨越设定的校准范围，其间的间距大约相等，其中一个的值低于分析范围的下限，而另一个高于分析范围的上线。

被分析物含量应以最大可能的程度独立地确定。稀释系列只可在 5.4.2 中指定的条件下使用。

如果混合物组分之间的干扰不能完全排除，对于有危险的组分，应使用与所考虑的校准气体有相似组成的参考气体。在任何情况下，推荐所使用参考混合气应具有相同的补充气体。

校准设计使用被分析物含量的相等间距数值，对于很典型的非线性响应情况，不是最适宜的选择，然而，他们对于本标准中考虑的线性和适度非线性响应应当是适合的(见(c) step C)。

f) step F：确定被分析物含量(x_1，x_2，…，x_n)的标准不确定度($u(x_1)$，$u(x_2)$，…，$u(x_n)$)。

对于准备的、或用新近的标准方法分析的参考混合气，其每一个指定组分含量的标准不确定度应包括在混合物组成的证书之中。

对于采用其他不确定度规范(例如以容许限)的参考混合气体，应将其转化为标准不确定度。如果 $x_{\min}$ 和 $x_{\max}$ 为被分析物含量容许限的下限和上限，并且在这个间距内，所有的数值同样有希望作为潜在的真值，那么，推荐使用均值和容许限之间的均匀分布的标准偏差表示被分析物含量和标准不确定度：

$$x=\frac{x_{\max}+x_{\min}}{2},\qquad u(x)=\frac{x_{\max}-x_{\min}}{\sqrt{12}}$$

其他格式不确定度的转换按照 A.1 处理。

如果将补充气体作为"零"含量的参考气，则 $x_{\min}=0$，和 $x_{\max}=L_x$。这里 L_x 表示所用分析方法对可能杂质测定的检测限，即该分析方法不能检测的补充气中被分析物的最大含量。

g) step G：测定对应被分析物含量(x_1，x_2，…，x_n)的响应(y_1，y_2，…，y_n)及响应的标准不确定度($u(y_1)$，$u(y_2)$，…，$u(y_n)$)。

推荐采用在适当重复条件下，独立测量 10 次的单个响应的均值和均值的标准偏差，以确定给定 x_i 的响应值 y_i 和 $u(y_i)$。

$$y_i=\frac{1}{10}\sum_{j=1}^{10}y_{ij}$$

$$u(y_i)=\frac{1}{\sqrt{90}}\sqrt{\sum_{j=1}^{10}(y_{ij}-y_i)^2}$$

要求对每一参考气独立 10 次测量的目的，是为了确保测定的响应值 y_i 和 $u(y_i)$ 具有既定的可接受精度。如果分析系统处在统计控制之下，均值 y_i 可以由较少量的独立测量确定，而标准不确定度 $u(y_i)$

可以由已知方法的标准偏差计算。

适当重复条件的要求，是指在校准实验中测量条件的变异性应当和应用时大致相同。

如果补充气被作为被分析物“零”含量的参考气，以及如果“零”含量（和肯定的非零含量）的响应确知为“零”，y 和 $u(y)$ 的值可以从检测的响应的检测限 L_y 计算：

$$y=\frac{L_y}{2},\qquad u(y)=\frac{L_y}{\sqrt{12}}$$

式中，响应的检测限为“零”响应时的波动上限。

对于单个响应的可靠的独立性，以及对于随机样品的相互影响，例如记忆效应，推荐按不规则的顺序测量参考混合气 $M_{\text{ref},1}, M_{\text{ref},2}, \cdots, M_{\text{ref},n}$ 的响应。

取决于重复测定次数的均值的不确定度的不确定度（即均值的标准偏差的相对标准偏差）可能令人惊讶的大，例如 10 次测量为 24%（见参考文献[2]）。因此，当测定均值的标准偏差时，不要使用较少的重复测定次数。

h) Step H：计算所用分析函数的数学函数参数 b_j。

该计算输入的数据集由以下组成：

——被分析物含量（以摩尔分数表示），$x_1, x_2, \cdots, x_n$；

——被分析物含量的标准不确定度，$u(x_1), u(x_2), \cdots, u(x_n)$；

——被分析物含量的响应，$y_1, y_2, \cdots, y_n$；

——响应的标准不确定度，$u(y_1), u(y_2), \cdots, u(y_n)$。

按照 A.2 中描述的方法，经回归分析计算这些参数。

与普通的最小二乘法回归不同，在本标准中采用的回归方法，同等地接受参考混合气组成的不确定度和响应测量的不确定度。

5.2 确认分析函数

5.2.1 目的

在应用按照 5.1 确定的分析函数之前，进行确认是必须的。确认包括以下不同目的：

——确认响应模型；

——检查与要求的不确定度是否相符合；

——控制测量系统的偏离；

——确认不相匹配校准气体的适应性。

5.2.2 确认响应模型

响应模型应当经过对所选分析函数类型和校准数据集是否一致的检验进行确认：

——被分析物含量（摩尔分数），$x_1, x_2, \cdots, x_n$；

——被分析物含量的标准不确定度，$u(x_1), u(x_2), \cdots, u(x_n)$；

——被分析物含量的响应，$y_1, y_2, \cdots, y_n$；

——响应的标准不确定度，$u(y_1), u(y_2), \cdots, u(y_n)$。

为了对校准数据的计算响应曲线的全部拟合进行评价，比较与相关自由度（等于校准点的数量减去响应曲线参数的数量）联系在一起的加权残差平方和 S_{res}，如 A.2 所述。为此，无论如何，应用以下检验程序，对每一单个校准点都应有满意的拟合：用回归分析确定的分析函数（见 A.2），对每一实验校准点 (x_i, y_i) 计算校正校准点 $(\hat{x}_i, \hat{y}_i)$。校正校准点 $\hat{x}_i$ 和 $\hat{y}_i$ 分别为参考气体 $(M_{\text{ref},i})$ $(i=1,2,\cdots,n)$ 被分析物真实含量和真实响应的估计。通过校正校准点构建计算响应曲线。如果下面的条件对每一个校准点 $(i=1,2,\cdots,n)$ 成立，则认为所选择的响应模型与校准数据集兼容：

$$|\hat{x}_i-x_i|\leqslant 2u(x_i)\quad \text{和}\quad |\hat{y}_i-y_i|\leqslant 2u(y_i)$$

注 1：几乎在所有的情况中，都须要求计算的响应曲线通过每一实验“校准矩形”$[x_i\pm 2u(x_i), y_i\pm 2u(y_i)]$，其中，扩展不确定度 $U=ku$，标准分布系数 $k=2$。

如果模型确认试验失败，一个可能是考察其他的响应模型，直到找到的模型和校准数据集兼容为止，另一个可能是检查和修正(可能的话)校准数据。

为了有效地检验预期的分析函数的兼容性，应计算拟合度Γ，Γ的定义为测量点和校正校准点坐标之间的加权偏差($|\hat{x}_i-x_i|/u(x_i)$和$|\hat{y}_i-y_i|u(y_i)$)的最大值。如果$\Gamma\leqslant 2$，函数可以接纳。

如果有多个考虑的和建立的函数可以接纳，最终的选择按照下述原则：

a) 如果分析系统响应行为的物理模型是可用的，以及如果与该模型相应的函数是可以接纳的，则应用这个函数。

b) 如果没有这样的物理模型可用，以及如果有多个函数给出了大约相同的拟合，即拟合度参数值相近，那么选择应用最简单的，即参数最少的那个函数。

c) 如果没有物理模型可用，而各可接纳函数的拟合非常不一致，那么应用其中拟合最好的，即Γ值最小的那个函数。

注2：个别的加权偏差可以作为鉴别校准数据中的潜在离群数据的诊断工具使用。

除了上述程序以外，对每一计算的响应曲线应进行视觉检查。这个视觉检查，对于揭示“无价值的关联”是必须的，它在校准点拟合曲线的局部检查中可能没有被察觉。这样的“无价值的关联”，很有可能出现在多项式响应函数的情况中，它可能用极好局部拟合展现非单调行为。“无价值的关联”的另一情况可能发生：如果由于过失，校准数据的不确定度之一非常小，因而这个校准点被错误地赋予了很高的权重，从而，使响应曲线强制通过这个相对于其他校准点而言只有很小价值的校准点。

5.2.3 检查与要求的不确定度的一致性

对于指定的分析范围，测定分析函数预报结果的不确定度上限，将该上限与可接受的不确定度相比较。

为了确定这个上限，分别模拟极端响应数据y_{lo}，$u(y_{lo})$和y_{hi}，$u(y_{hi})$，按5.3的描述进行计算。数据y_{lo}，$u(y_{lo})$由在校准实验中测定的、具有最低被分析物含量的参考气体的响应及其标准不确定度给定。类似地，y_{hi}和$u(y_{hi})$由最高被分析物含量的参考气体测定的校准数据给定，从这些响应数据可以计算$u(x_{lo})$和$u(x_{hi})$的值。这两个数值中的较大者$\max[u(x_{lo}),u(x_{hi})]$，即为分析函数预报结果的不确定度的上限。

注：计算不确定度取校准范围界定的最高值(由x_{lo}和x_{hi}给定)。该校准范围应包含指定的分析范围。

5.2.4 测量系统的偏离控制

如果分析系统响应的重大变化不能有效排除，则应进行偏离试验。下面描述了一个简单的单点确认程序，目的是在最小的必要保护条件下，预防由于偏离造成的系统误差。如果有更多的分析系统性能的信息可用，例如由于广泛的监控，将使偏离试验具有更佳的性能。

偏离控制意在检验先前确定的分析函数是否仍然有效，或分析系统的响应是否有显著的改变。

在特殊模式问题中，通过测量参考混合气$M_{ref,1}$，$M_{ref,2}$，…，$M_{ref,n}$(对于研究中的预期校准混合气M_{cal}是特制的)和校准混合气M_{cal}的被分析物含量两者之一的响应，进行偏离控制。

在测量校准混合气M_{cal}响应之前和之后，对所选参考混合气$M_{ref,i}$进行10次独立测量，将由这些数据得到响应的均值y_i(before)和y_i(after)与校准时由$M_{ref,i}$获得的响应均值y_i(calib)相比较，如果[y_i(before)$-y_i$(calib)]、[y_i(calib)$-y_i$(after)]和[y_i(before)$-y_i$(after)]三个中没有一个超过他们的临界值，则通过偏离试验。该临界值由$2.83u[y_i(\text{calib})]$给定。$u[y_i(\text{calib})]$为校准时获得的均值的标准偏差(见5.1 step G)。如果它们中的任何一个大于临界值，那么偏离调整失败，分析系统需要重新进行校准。

注：偏离控制测试假定，在校准混合气测定之前和之后进行的偏离控制中，对混合气$M_{ref,i}$的系列测量中的每一个，其标准偏差与用$M_{ref,i}$进行的系列校准测量大致相同。基于这个假定并取95%的置信水平，三个差的任何一个的临界值由校准中获得的响应均值的标准偏差的$2\sqrt{2}$倍给定。

如果在预期的校准气体测量之前和之后进行10次($n=10$)偏离测量不切实际，测量可以少于10次

($n<10$)，但将导致偏离检测能力的降低。如果取较少测量次数，其差的临界值会因此而变化。此时通过偏离控制测试的条件是：

$$|y_i(\text{before})-y_i(\text{calib})|\leqslant 2\sqrt{1+\frac{10}{n}}\times u[y_i(\text{calib})]$$

$$|y_i(\text{calib})-y_i(\text{after})|\leqslant 2\sqrt{1+\frac{10}{n}}\times u[y_i(\text{calib})]$$

$$|y_i(\text{before})-y_i(\text{after})|\leqslant 2\sqrt{\frac{20}{n}}\times u[y_i(\text{calib})]$$

在不得不抛弃大批测量的风险下，两组偏离控制气体的测量可以扩展到包括多个相似组成预期校准气体的测量。

如果偏离控制测试失败，则应重新校准分析系统。

5.2.5 不匹配校准气体适用性的确认

与确定分析函数所用的参考混合气比较，如果所研究的校准混合气含有其他的组分，则应确认分析函数的适用性。这个确认要求至少追加一个参考混合气，其组成应与预期的校准混合气十分相似，以便确保由于母体失配引起的不确定度被保持在适当控制之下。

确认按如下进行：首先，确定要鉴定的被分析物，它对母体失配很可能是敏感的。第二，测量参考混合气中每一被鉴定物的响应。第三，由响应数据，用分析函数计算被分析物含量 x_{obs} 和标准不确定度 $u(x_{\text{obs}})$。最后，在这些数值的估计不确定度内，将观测值 x_{obs} 与参考混合气被分析物含量的确知标准值 x_{ref} 相比较。如果下列条件对每一被鉴定的分析物为真，则该分析函数可以用于失配混合气组成的测定。

$$|x_{\text{obs}}-x_{\text{ref}}|\leqslant 2\sqrt{u^2(x_{\text{obs}})+u^2(x_{\text{ref}})}$$

5.3 校准混合气组成的测定

校准混合气 M_{cal}（预期的）组成的测定，包括每一个指定被分析物含量 x（摩尔分数）及其标准不确定度 $u(x)$ 的测定。对于任一指定的被分析物，这些数据按以下三个步骤顺序测定：

a) step I：测定被分析物含量的响应 y 及其标准不确定度 $u(y)$。为建立这些数据，推荐采用10次独立测量的单个响应（y_1，y_2，…，y_{10}，）的均值和该均值的标准偏差：

$$y=\frac{1}{10}\sum_{j=1}^{10}y_j$$

$$u(y)=\frac{1}{\sqrt{90}}\sqrt{\sum_{j=1}^{10}(y_j-y)^2}$$

要求10次独立测量的目的，是为了保证响应数据 y 和 $u(y)$ 的测定具有可以接受的精度。如果分析系统处在统计控制下，均值 y 可以从较少次数的独立测量测定，而标准不确定度 $u(y)$ 可以从已知方法的标准偏差计算。

测量条件应与校准实验相同，否则，由于测量条件差异引起结果的差异应予以修正，并把涉及这些修正的不确定度合并到不确定度的计算之中。

响应 y 应当完全落在响应的校准范围内，以确保被分析物含量 x 包含在指定的分析范围之中。

b) step J：按照5.1描述的程序确定的分析函数，计算被分析物含量 $x=G(y)$。为此，输入在(a) step I中测定的响应 y。

c) step K：用涉及测量响应和涉及分析函数参数的不确定度的传递，按下式计算被分析物含量的标准不确定度 $u(x)$：

$$u^2(x)=\left(\frac{\partial G}{\partial y}\right)^2u^2(y)+\sum_{j=0}^{N}\left(\frac{\partial G}{\partial b_j}\right)^2u^2(b_j)+2\sum_{j=0}^{N-1}\sum_{l=j+1}^{n}\left(\frac{\partial G}{\partial b_j}\right)\left(\frac{\partial G}{\partial b_l}\right)u(b_j,b_l)$$

式中：

$u(x)$——由 $x=G(y)$ 计算的被分析物含量 x 的标准不确定度；

$u(y)$——由(a)step I 测定的响应值 y 的标准不确定度；

$u^2(b_j)$——分析函数的参数 b_j 的方差；

$u(b_j,b_l)$——分析函数的参数 b_j、b_l 的协方差。

按照该方程计算标准不确定度 $u(x)$ 要求输入的数据如下：

- 偏导数($\partial G/\partial y$)和($\partial G/\partial b_j$)，从分析函数的数学表达式正规求导得到。
- 响应的标准不确定度 $u(y)$，按照(a) step I 确定。
- 方差 $u^2(b_j)$，按照 A.3 描述的程序，由涉及校准数据的不确定度的传递计算。
- 协方差 $u(b_j,b_l)$，按照 A.3 描述的程序，由涉及校准数据的不确定度的传递计算。

注：一般说来，分析函数的参数是一个独立的物理量，但是，通常，这些估计量是相互依赖的，因为它们以同一批校准数据为基础。所以参数协方差 $u(b_j,b_l)$ 应包括在不确定度推定之中。协方差项的代数符号可以为正或负(正的或负的相关)，因此，它们的贡献可能是加或减。

如果用同一分析函数分析多个预期的校准气体，其结果是有相互关系的。如果这些气体共同地用于同一应用，这个相关性应予以考虑。为此，除了被分析物含量的标准不确定度之外，应知道每一对气体的被分析物含量的协方差。这个协方差，可以由响应测量和分析函数参数的不确定度传递，用一个类似于不确定度计算的方程计算。在 A.3(由不确定度的传递计算分析函数参数之间的协方差)中给出了这个类似的方程。

5.4 补充说明

5.4.1 异常不确定度

在异常的情况中，计算的校准混合气(M_{cal})中被分析物含量的不确定度可能低于某些或者甚至所有参考混合气($M_{ref.1}$，$M_{ref.2}$，…，$M_{ref.n}$)中被分析物含量的标准不确定度。当使用大量的、被分析物含量已被独立确定的参考混合气时，以及高精度比较法产生的响应数据的相对不确定度在参考混合气被分析物含量的不确定度以下时，这个现象可能出现。然而，对相关性估计的失误(例如稀释系列中出现的)，或者低估了响应数据的不确定度，将使任何这样的不确定度的陈述完全无效。因此，以上声称的异常不确定度需要确实的证据：

a) 不同参考混合气被分析物含量之间没有较大的相关性。

b) 响应测量的不确定度没有被低估。

c) 分析函数已经过严格的验证。

如果它们有一个共同的主要的不确定成分，不同参考混合气中被分析物含量间将发生显著相关，这个情况大多常常发生在稀释系列中，见 5.4.2。

如果以重复条件代替适当的再现条件获得测量系列，测量响应的不确定度将被严重低估，见 5.1，step G。

严格的确认包括证实：

——分析函数与校准数据兼容，和

——没有其他来源的重大不确定影响，例如仪器的偏离或母体失配。

5.4.2 参考混合气之间的相关性

注：在本条中，冗长的口头语例如“不同混合气中被考虑的分析物含量之间的相关性”已被简化为“不同混合气之间的相关性”和类相似的简略语。

确定分析函数的程序被限制在无相关或极微弱相关的参考混合气，即不同参考混合气的被分析物含量之间不相关或极其微弱的相关。因此，对所有使用的参考混合气，其被分析物含量应以最大可能的程度被独立地确定。然而，对于在多级校准中经常使用的稀释系列不是这个情况。从同一母混合气稀释制备的混合气总是相关的。因此，测量应界定相关的程度(数量和强度)在以下可接受的水平：

——在参考气的最小组中，即只包括分析函数类型要求的最小数量(见 5.1step D)的组，所有混合气应当完全地独立。在扩大的参考气组中，即包括比最小数量多的组，超过最小组的混合气可能由于稀释而相关。

——由稀释相关的混合气子集，或者为同一母气的两个独立的稀释，或者为该母气的单个稀释。不要使用连续稀释和大于一对的稀释系列子集。对于一对的任一情况，母混合气的相对不确定度将比稀释系数的相对不确定度低得多(系数的 1/3 或更低)。

注 2：在相关参考混合气的情况，在加权回归和不确定度传递中，数据的计算程序应由包含的协方差进行修正。近期的出版物(见参考文献[15])展示，相关性的主要影响在参数的不确定度上，对参数自身的影响非常小。对于微弱的相关，当相关应包括在参数的不确定度的估计之中的时候，参数可以应用没有相关的回归程序估计，这是本标准包括了的。强烈的相关也应包括在回归程序中，这样的程序已经由 BAM 开发(见参考文献[15])，但已超出了本标准的范围。

6 特别程序

6.1 组成预赋值的检验

对于每一所考虑的被分析物测定：

——含量；

——含量的不确定度。

检验测定的含量和含量的预赋值在它们的不确定度限度以内是否一致。

为此，可以使用以下基于覆盖系数 $k=2$ 的一致性判定准则(见 5.2.5)：

$$|x_{\text{det}}-x_{\text{pas}}|\leqslant 2\sqrt{u^2(x_{\text{det}})+u^2(x_{\text{pas}})}$$

在这个不等式中，x_{det} 和 x_{pas} 分别表示测定的含量和含量的预赋值，$u(x_{\text{det}})$、$u(x_{\text{pas}})$ 表示它们的标准不确定度。

如果在不确定度限度以内测定的含量和含量的预赋值一致，则含量的预赋值可以独立确认，其信赖程度取决于不确定度的比：如果 $u(x_{\text{det}})$ 和 $u(x_{\text{pas}})$ 大约相同，那么 $x_{\text{det}}\pm u(x_{\text{det}})$ 与 $x_{\text{pas}}\pm u(x_{\text{pas}})$ 一致大大增加了信赖。这可以用均值及该均值的标准不确定度表示，可以使不可信度减小 $1/\sqrt{2}$ 倍。如果 $u(x_{\text{det}})$ 比 $u(x_{\text{pas}})$ 大许多，那么 $x_{\text{det}}\pm u(x_{\text{det}})$ 和 $x_{\text{pas}}\pm u(x_{\text{pas}})$ 一致不提供更多的信赖。

6.2 多个校准混合气的比较

该法要求分析系统具有已知的响应类型，线性响应更为适宜。为此，对每一校准混合气的每一所考虑的被分析物，测定响应和它们的不确定度。

然后，检验含量的预赋值及不确定度与测量响应及不确定度是否和已知的响应类型一致，更确切地说，是否有一直线通过所有不确定度矩形(见 5.2.1)。

7 试验报告

结果报告应和 ISO 17025 的要求一致。校准混合气的制备证书应和 ISO 6141 的要求一致。

试验报告应包含下列信息：

——所用分析系统的说明；

——校准用参考混合气的组成，包括不确定度；

——所用分析函数的数学函数类型；

——本标准的参考文献，即 ISO 6143:2001。

在分析结果的陈述中，被分析物含量 x 最好以摩尔分数表示。被分析物含量的不确定度应以标准不确定度 $u(x)$ 表示，即以标准偏差表示。另外，扩展不确定度由 $U=ku(x)$ 给定，推荐的覆盖系数 $k=2$，所用的这个覆盖系数应予以说明。不确定度可以用绝对值或者相对值表示。

第 6 章特别程序的结果报告应按其相应要求设计。

附 录 A
（规范性附录）
数据处理程序

A.1 参考混合气的不确定度规范

A.1.1 转化为标准不确定度

本标准要求，对于在考虑中的被分析物，不确定度 $u(x_1)$，$u(x_2)$，…，$u(x_n)$（归属于校准用参考混合气 $M_{ref,1}$，$M_{ref,2}$，…，$M_{ref,n}$ 中被分析物含量 x_1，x_2，…，x_n）以标准不确定度表示。

参考混合气的生产者和厂商通常使用标准不确定度以外的规范表示被分析物的不确定度。

本附录就通常使用的不确定度规范转换为标准不确定度给予指导。

A.1.2 扩展不确定度

当不确定度以扩展不确定度 $U(x_i)=ku(x_i)$ 表示时，生产者应在证书上说明所引用的覆盖系数 k 的值。

在这个情况下，标准不确定度由下式给定：

$$u(x_i)=\frac{U(x_i)}{k}$$

如果证书没有标明测定引证的不确定度所用的覆盖系数，那么假定覆盖系数为 2 是合理的。

A.1.3 置信限

被分析物含量的不确定度，可以用具有指定置信概率的置信限 $x_i \pm w(x_i)$ 的形式表示，即 x_i 的真值表示为以指定概率落在 $x_i-w(x_i)$ 到 $x_i+w(x_i)$ 范围。此时，假定被鉴定数值的真值的估计服从正态分布。标准不确定度可以由置信范围的半宽分区 $w(x_i)$ 除以系数 Z 确定。Z 为双侧正态分布表中指定概率的列表值。

$$u(x_i)=\frac{w(x_i)}{Z}$$

大多普遍采用置信概率为 95％水平，其 Z 的列表值为 1.96。

注：作为第一近似，它与覆盖系数为 2 的扩展不确定度等价。

有时候也使用关联自由度的学生型分布系数 t 来代替 Z，此时不确定度等于 $w(x_i)$ 除以适当的 t 值。

A.1.4 分析准确度

被分析物含量常常和给定分析准确度一起引述，例如 $x_i(1\pm 10\%)$。此时，应假定真值以相同的概率落在 $x_i(1-10\%)$ 到 $x_i(1+10\%)$ 范围内。

在 $x_i(1\pm\delta\%)$ 的一般情形，x_i 的真值指望落在均值 x_i 和半范围 $\delta_{x_i}/100$ 的均匀分布内。因为 2α 宽度的均匀分布的方差由 $\alpha^2/3$ 给定，则标准不确定度由下式给定：

$$u(x_i)=\frac{\delta_{x_i}}{100\sqrt{3}}$$

A.1.5 范围或容许差

如果被分析物的浓度用范围或容许差定义，例如 $(x_{max}-x_{min})$，那么应假定 x_i 的真值以相同的概率落在这个范围内。

此时，x_i 的真值指望落在作为被分析物浓度被鉴定值的均值 $(x_{max}-x_{min})/2$ 和半范围 $(x_{max}-x_{min})/2$ 的均匀分布以内。由于 2α 宽度的均匀分布的方差由 $\alpha^2/3$ 给定（见 4.3.7，文献 2），则标准不确定度由下式给定：

$$u(x_i)=\frac{x_{\max}-x_{\min}}{2\sqrt{3}}=\frac{x_{\max}-x_{\min}}{\sqrt{12}}$$

A.2 分析函数参数的计算

分析函数的参数按照 Deming's 一般的最小二乘法(见参考文献[8])计算。该法新近的应用在参考文献[9]到[14]中给出。

这个方法的原理如下:对每一个被确定的校准点(x_i,y_i),其校正点$(\hat{x}_i,\hat{y}_i)$为使相应的离差平方和为最小的点,这里的离差平方和由相关不确定度倒数的平方加权而得:

$$s=\sum_{i=1}^{n}\left[\frac{|\hat{x}_i-x_i|^2}{u^2(x_i)}+\frac{|\hat{y}_i-y_i|^2}{u^2(y_i)}\right]=\text{minimum}$$

其中的条件是,校正点$(\hat{x}_i,\hat{y}_i)$满足分析函数预先确定的方程:

$$\hat{x}_i=G(\hat{y}_i),i=1,2,\cdots,n$$

在线性分析函数的情况,这个条件指校正点落在一条直线上。对于非线性模型的函数,校正点落在相应的响应曲线上。

将 $\hat{x}_i=G(\hat{y}_i)$代入残差平方和 S 的表达式,则一般的最小二乘法问题的形式为:

$$s=\sum_{i=1}^{n}\left[\frac{|G(\hat{y}_i)-x_i|^2}{u^2(x_i)}+\frac{|\hat{y}_i-y_i|^2}{u^2(y_i)}\right]=\text{minimum}$$

分析函数 G 依赖于不确定参数$(b_0,b_1,\cdots,b_N)$。因而问题的实质是同时确定令残差平方和 S 最小的校正点参数 b_j 和 y-坐标 $\hat{y}_i$ 的最适宜的值。为此,修改方程体系(所谓的正规方程)中未知参数 b_j 和 y-坐标 $\hat{y}_i$,以便使 S=minimum。

当和每一变量或参数有关的函数的偏导数为零时,独立变量或参数的函数的最小值即被指定。由下列$(N+1)+n$ 个方程体系的解决方案给出的参数 b_j 和 y-纵坐标 $\hat{y}_i$ 是最适宜的值:

$$\frac{\partial s}{\partial b_j}=0,\quad (j=0,1,\cdots,N)$$

$$\frac{\partial s}{\partial \hat{y}_i}=0,\quad (i=1,2,\cdots,n)$$

这些方程采用下面说明的数值法求解。缺少的 x_i-坐标 $\hat{x}_i$,从 y-坐标 $\hat{y}_i$ 用之前确定的分析函数计算。

注:在一般的最小二乘法中,即便对于线性分析函数,正规方程也总是非线性的,因而没有严正的求解方法可用,应使用数值法。不管用何种方法,如果使用个人计算机进行计算是没有问题的。

推荐的数值程序为二步迭代法,当在第二步中相匹配的估计被调整的时候,分析函数参数的估计在第一步中被重新计算。该两步交替反复进行,直至达到收敛为止。

上述的方法提供了分析函数参数 $b_j(i=1,2,\cdots,N)$的无偏估计。另外,对于每一参考混合气 $M_{\text{ref},i}$ $(i=1,2,\cdots,n)$,该方法提供了被分析物含量真值的估计 $\hat{x}_i$,和响应的真值的估计 $\hat{y}_i$。

加权偏差的残差平方和 S_{res},即收敛后得到的最小值,提供了对拟合的全面衡量。这个最小量的预期为 $n-N$,且不应超过这个值的 2 倍。本标准要求,无论怎样,最后接受的检验为 5.2.2 中规定的拟合度检验,在这个程序中,将对每一单独的校准点检查拟合度。

A.3 方差和协方差参数的计算

A.3.1 概要

分析函数参数的方差和协方差从校准数据按下式计算:

$$u^2(b_j)=\sum_{i=1}^{n}\left(\frac{\partial b_j}{\partial x_i}\right)^2u^2(x_i)+\sum_{i=1}^{n}\left(\frac{\partial b_j}{\partial y_i}\right)^2u^2(y_i)+2\sum_{i=1}^{n-1}\sum_{h=i+1}^{n}\left(\frac{\partial b_j}{\partial x_i}\right)\left(\frac{\partial b_j}{\partial x_h}\right)u(x_i,x_h)$$

$$u(b_j,b_l)=\sum_{i=1}^{n}\left(\frac{\partial b_j}{\partial x_i}\right)\left(\frac{\partial b_l}{\partial x_i}\right)u^2(x_i)+\sum_{i=1}^{n}\left(\frac{\partial b_j}{\partial y_i}\right)\left(\frac{\partial b_l}{\partial y_i}\right)u^2(y_i)+$$
$$\sum_{i=1}^{n-1}\sum_{h=i+1}^{n}\left[\left(\frac{\partial b_j}{\partial x_i}\right)\left(\frac{\partial b_l}{\partial x_h}\right)+\left(\frac{\partial b_l}{\partial x_i}\right)\left(\frac{\partial b_j}{\partial x_h}\right)\right]u(x_i,x_h)$$

式中：

$u^2(x_i)$——参考混合气 $M_{\mathrm{ref},i}$ 被分析物含量 x_i 的方差。

$u^2(y_i)$——对应响应 y_i 的方差。

$u(x_i,x_h)$——参考混合气 $M_{\mathrm{ref},i}$ 和 $M_{\mathrm{ref},h}$ 中被分析物含量 x_i 和 x_h 的协方差。

在大多数情况中，这两个方程的第三项可能为零，因为通常不同参考混合气被分析物含量是独立确定的。然而，也有其他情况例如稀释的系列。如果两个子气体 $M_{\mathrm{ref},i}$ 和 $M_{\mathrm{ref},h}$ 源自同一母气体，那么，母气体的被分析物含量的不确定度将以（肯定的）相互关联方式传递给子气体，其结果是，相应的协方差 $u(x_i,x_h)$，将不会为零，应包括在计算之中。

依照这些方程，计算方差和协方差参数应输入的数据如下：

导数 $(\partial b_j/\partial x_i)$，$(\partial b_j/\partial y_i)$，从在 A.2 中描述的回归方法给定的函数 $b_j=f_j(x_1,\cdots,x_N,y_1,\cdots,y_N)$ 由数值微分法计算。

方差 $u^2(x_i)$ 和 $u^2(y_i)$，由标准不确定度的平方给定，即 $u^2(x_i)=[u(x_i)]^2$、$u^2(y_i)=[u(y_i)]^2$。

协方差 $u(x_i,x_h)$，如果存在相关，由依赖于双方的被分析物含量变量的不确定度的传递计算。在 A.4 中描述了这个计算程序。

实际上，推荐采用下面的方法求解上述程序。

A.3.2 变换矩阵法

在这个方法中，利用变换矩阵 Q，按照以下方程，从关联回归计算输入变量的方差/协方差矩阵 ν_{in}，计算关联回归计算的输出变量的方差/协方差矩阵 ν_{out}：

$$\nu_{\mathrm{out}}=Q\cdot\nu_{in}\cdot Q^T$$

这里，输出变量为分析函数参数 b_j 和校正过的校准点 y—坐标 $\hat{y}_i$。输入变量为校准用参考气体被分析物含量 x_i 和对应的响应 y_i。

变换矩阵 Q 从关联正规方程（见 A.2）的敏感矩阵 D_{in} 和 D_{out} 计算。它们是由二阶导数 $\partial^2 s/\partial p\partial q$ 组成的矩阵，S 为最小化的目标函数，在 D_{out} 的情况，p 为输出变量之一，q 为另一个输出变量。反之，在 D_{in} 的情况，q 为输入变量之一。依据这些敏感矩阵，变换矩阵由下式给定：

$$Q=D_{\mathrm{out}}{}^{-1}\cdot D_{in}$$

这个程序的一个主要问题是矩阵 D_{out} 的倒置。

参数的方差和协方差 $u^2(b_i)$ 和 $u(b_j,b_l)$，构成输出方差/协方差矩阵 ν_{out} 的对角块。

A.3.3 数值微分法

这个方法基于：有关变量的偏导数 $\partial F/\partial z$ 和标准不确定度 $u(z)$ 的乘积 $(\partial F/\partial z)u(z)$，可以近似地由下式计算：

$$(\partial F/\partial z)u(z)\approx\Delta_z=F[z+u(z)/2]-F[z-u(z)/2]$$

由于方差为标准不确定度的平方 $u^2(z)=[u(z)]^2$，而协方差可以表示为两个标准不确定度和相关系数 r 的乘积：$u(z,z')=r(z,z')u(z)u(z')$。在包括参考气体相关性（协方差）项的情况，对于分析函数参数的方差 $u^2(b_j)$ 和协方差 $u(b_j,b_l)$ 的表达式为两个这样的复合项和附加因子 r 的乘积之和。

以下应用这个方法计算参数的方差 $u^2(b_j)$ 和协方差 $u(b_j,b_l)$：

相继改变校准数据 x_i 和 y_i，首先增加各自的 $u/2$，而后减去 $u/2$，此时其他的校准数据保持它们初始值。对这些局部改变的校准数据集的每一个，计算分析函数参数。从这个作为结果的数据集（即在 n 个校准点的情况中分析函数参数值的 $4n$ 集合），计算参数的方差和协方差的近似值。

推荐采用电子计算机程序进行计算。

A.4 参考气体之间的相关性

一般说来，不同参考混合气中的被分析物含量是独立确定的。但是，也有例外的情况，例如稀释的系列。如果两个子气体 $M_{\text{ref},i}$ 和 $M_{\text{ref},h}$ 源自同一母气体，那么母气体的被分析物含量误差将以（肯定的）相关方式传递给子气体，其结果是协方差 $u(x_i, x_h)$ 不为零，在不确定度计算中，除了要计算标准不确定度 $u(x_i)$ 和 $u(x_h)$ 以外，还应包括协方差。这些协方差应按照 A.3 计算。

对于确认不同参考气体之间是否相关，以及计算关联的协方差的一般程序概述如下：

a) 如果不同参考气体的被分析物含量依赖于同一量或者共同组的量，以及如果这些量的不确定度是重要的，则相关性为实质性的。

b) 协方差由共同变量的不确定度的传递计算。如果被分析物含量 x_i 和 x_h 依赖于共同量 p，q，…，那么协方差 $u(x_i, x_h)$ 由下式给定：

$$u(x_i, x_h) = \left(\frac{\partial x_i}{\partial p}\right)\left(\frac{\partial x_h}{\partial p}\right)u^2(p) + \left(\frac{\partial x_i}{\partial q}\right)\left(\frac{\partial x_h}{\partial q}\right)u^2(q) + \cdots$$

式中：

$u^2(p)$，$u^2(q)$ 为量 p 和 q，…的方差。

例：如果参考混合气 $M_{\text{ref}2}$ 为另一个参考混合气 $M_{\text{ref.}1}$ 稀释而来，因为 x_1 的误差将传递给 x_2，所以被分析物含量 x_1 和 x_2 是相关的。如果 x_2 表示为 $x_2 = \gamma x_1$，γ 为稀释系数，则方差 $u^2(x_1)$ 和 $u^2(x_2)$ 由下式计算：

$$u^2(x_1) = [u(x_1)]^2$$

$$u^2(x_2) = \gamma^2[u(x_1)]^2 + x_1^2[u(\gamma)]^2$$

式中：

$u(x_1)$——为被分析物含量 x_1 的标准不确定度；

$u(\gamma)$——为稀释系数 γ 的标准不确定度。

除了这些项之外，非零项协方差为：

$$u(x_1, x_2) = \gamma[u(x_1)]^2$$

如果另有一参考混合气 $M_{\text{ref.}3}$ 也源于 $M_{\text{ref.}1}$（用不同的稀释系数 γ'），那么，$M_{\text{ref},2}$ 和 $M_{\text{ref},3}$ 的被分析物含量之间的协方差由下式给定：

$$u(x_2, x_3) = \gamma\gamma'[u(x_1)]^2$$

多步稀释序列可以类似地处理，但与本标准不相关。

A.5 分析函数的间接确定

分析函数的间接确定分两步进行：第一步，用回归分析从校准数据确定校准函数 $y = F(x)$，第二步，将校准函数逆变为分析函数 $x = G(y)$。这个程序有两个主要缺点：

——分析函数的间接确定大多常常导致分析结果较大的不确定度；

——校准函数的逆变可能有困难，例如多项式的情况。

基于这些理由，本标准推荐直接确定分析函数。

但是，在特殊的情况，间接确定分析函数可能会更好，例如，如果有好的理由假定分析系统的响应行为可以用特殊类型的非线性校准函数非常精确的描述。如果这个函数模型可以代数转化，其逆函数将被用作预期的分析函数。但是，如果代数转化不可能，这个模型函数只可能用作预期的校准函数。此时，参数 a_j 用 A.2 描述的方法（稍作修改）由下述的回归确定。

校准函数的参数 a_j，由消去 $\hat{y}_i$ 得到的 S 表达式为最小确定：

$$S = \sum_{i=1}^{n}\left[\frac{|\hat{x}_i - x_i|^2}{u^2(x_i)} + \frac{F(\hat{x}_i) - y_i)|^2}{u^2(y_i)}\right] = \text{minimum}$$

这里，校准函数 F，依赖于不确定参数 $a_0, a_1, \cdots, a_N$ 指定的数量。困难在于同时确定这些参数和校正点 x—坐标 $\hat{x}_i$ 的最适宜的值。y—坐标 $\hat{y}_i$，可用先前确定的校准函数从 $\hat{x}_i$ 计算。

在校准函数 $y=F(x)$ 的参数（估计）确定之后，毫无疑问，是要将其逆变为分析函数（估计）$x=G(y)$。但是，这个逆变只可能是数值上的。单个的输入 y 值，逐点求解等式 $y=F(x)$，给出对应输出值 $x=G(y)$。为此，任何方程的求解，通常都期望能够应用数学软件程序。

间接确定的分析函数，用 5.3 描述的不确定度的计算应进行相应的修改：

$$u^2(x)=\left(\frac{\partial G}{\partial y}\right)^2 u^2(y)+\sum_{j=0}^{N}\left(\frac{\partial G}{\partial a_j}\right)^2 u^2(a_j)+2\sum_{j=0}^{N-1}\sum_{l=j+1}^{N}\left(\frac{\partial G}{\partial a_j}\right)\left(\frac{\partial G}{\partial a_l}\right)u(a_j,a_l)$$

在这个方程中，G 是由数值计算逆变而来的校准函数，而 a_j 是校准函数的参数。

由于 G 是从 F 由数值逆变得到，偏导数 $\partial G/\partial y$ 和 $\partial G/\partial a_j$ 也应用数值方法计算。

校准函数参数的方差 $u^2(a_j)$ 和协方差 $u(a_j,a_l)$，依据校准数据由不确定度的传递计算，A.3 描述了这个类似的程序。

附 录 B
(资料性附录)
实 例

B.1 一般事项

以下的实际例子,为本标准推荐方法的应用举例。此外,它们也可为定制软件性能测试提供参考。这些实际例子,取自于采用不同分析方法的不同的实验室。

所有的计算,按照本标准的方法,采用 B-LEAST 计算机程序(程序的描述见附录 C)。该程序经过广泛的测试和确认,它以很好的信誉被成功的应用,不含有已知的错误。但这并不意味对任何契约承担任何担保,也不为商业行为提供软件许可担保,特别不担保它没有缺陷。

此外, B-LEAST 或者任何其他的编制软件的使用者,在执行本标准的方法时,需告知以下事项:

——甚至对于线性模型函数,解决不能适应最小二乘法问题的方法是用迭代法。因此,在依赖于应用数值运算法则和应用舍位准规则时,得到的结果可能有微小的差异。

——B-LEAST 没有想让用户解决通常的最小二乘法问题,如果同样地应用(特殊问题已超出本标准的范围),使用者对此应给予应有的关注,而且对舍位准则以及最初推测的结果(可能的)信赖进行适当的检查是他们的职责。

——B-LEAST 是短的处理时间和结果的准确性之间的一个有力的折衷。当对特殊应用担忧时,使用者应当调整准确度(由改变舍位准则),以长的数据处理时间为代价。生硬的数据集甚至可能要求变更初始的推测(缺省设置),而病态问题可招致程序的意外终止。

注:标准不确定度能以超过 10% 的相对精度被严格的评估,所以,标准不确定度 $u(x)$ 将不多于两位阿拉伯数字,对于相应数据 x 的小数位,应当和 $u(x)$ 相匹配。然而,为了比较的目的,在例子中计算机程序 B-LEAST 的输入和输出,将给出更多小数位的阿拉伯数字。

B.2 例子

B.2.1 例 1

在本例中,将第 5 章描述的主要程序应用于氮中一氧化氮含量的测定,从 5.1 的 step A~H、5.2.1 的确认程序、以及 5.3 的 step I~K。在相应的步骤概述了操作、结果和简要注释。

a) step A:测定 N_2 中 NO 含量(摩尔分数),测量范围 10^{-6}(约 5 μmol/mol 到 50 μmol/mol)。

b) step B:测量方法:UV 吸收,波长 190.5 μm,分析仪光谱带宽 2 μm。

c) step C:紫外吸收强度已知在上述宽的范围是被分析物含量的线性函数。因此,采用线性模型函数。

d) step D:因为是直线,校准点的最小数量为 3,最小校准设计使用 3 个参考混合气(没有空白)。

e) step E+F:选择的参考混合气、被分析物含量以及它们的标准不确定度给定在表 B.1。

表 B.1

参考气编号	x_i	$u(x_i)$
1	4.5	0.045
2	18.75	0.187 5
3	50	0.5

f) step G:测定被分析物含量的响应(10 次独立测量的均值)和响应的不确定度(相应的标准偏差),在表 B.2 给出。

表 B.2

参考气编号	y_i	$u(y_i)$
1	0.196 9	0.003 938
2	0.787 4	0.015 748
3	2.022 8	0.040 456

g) step H:确定分析函数参数及其不确定度的全部数据集在表 B.3 给出。

表 B.3

x_i	$U(x_i)$	y_i	$U(y_i)$
4.5	0.045	0.196 9	0.003 938
18.75	0.187 5	0.787 4	0.015 748
50	0.5	2.022 8	0.040 456

参数由回归分析(见 A.2)用 B-LEAST 计算,得到的函数参数和它们的不确定度如下:

截距 b_0: $-3.574\,7\times10^{-1}$

斜率 b_1: $2.461\,2\times10$

截距的标准不确定度: $1.571\,6\times10^{-2}$

斜率的标准不确定度: $4.804\,8\times10^{-1}$

截距和斜率间的协方差: $-5.692\,1\times10^{-2}$

h) 确认步骤(见 5.2.1):对于计算的回归线,(加权)残差平方和 S_{res} 为 0.674 3,其值足够小,拟合是好的。来自有关被分析物含量和响应相对应的校准点的校正点的不确定度即加权偏差,见表 B.4。

表 B.4

参考气编号	被分析物含量 x_i 的加权偏差	响应 y_i 的加权偏差
1	4.52×10^{-2}	-9.73×10^{-2}
2	-2.75×10^{-1}	5.68×10^{-1}
3	2.31×10^{-1}	-4.60×10^{-1}

拟合度量 Γ(上表 6 个值中绝对值最大者)为 0.568,远小于临界值 2,标志回归线与校准数据有极好的兼容性。因此,线性模型函数可以用于预期校准混合气被分析物含量的测定。

i) step I:选择预期的校准混合气,测定其响应和响应的不确定度(10 次独立测量的均值和标准偏差)。选择 3 个混合气,结果列于表 B.5。

表 B.5

混合气编号	分析仪相应 y_i	不确定度 $u(y_i)$
1	$2.580\,0\times10^{-1}$	$5.160\,0\times10^{-3}$
2	$6.000\,0\times10^{-1}$	$1.200\,0\times10^{-2}$
3	1.800 0	$3.600\,0\times10^{-2}$

j) step J+K:对于所选混合气,用 5.3 中 step H 确立的分析函数,采用 B-LEAST 计算被分析物含量和它的不确定度。获得的数值列于表 B.6。

表 B.6

混合气编号	x 的赋值	不确定度 $u(x)$
1	5.992 3	$1.637\,7\times10^{-1}$
2	$1.440\,9\times10$	$3.559\,9\times10^{-1}$
3	$4.394\,3\times10$	1.163 1

鉴于这个事实：三个混合气中测定的 NO 含量被用于同一校准，被赋值将具有协方差。其协方差如下：

——混合气 1 和 2 之间的值：1.16×10^{-2}；

——混合气 1 和 3 之间的值：1.48×10^{-2}；

——混合气 2 和 3 之间的值：1.37×10^{-1}。

如果混合气在一系列规格内对于更多校准一起应用，它们之间的协方差应予以适当地考虑。

B.2.2 例 2

在本例子中，采用气相色谱(GC)法测定人造天然气中的氮(N_2)。使用装备有热导检测器的色谱仪。校准数据集由参考混合气(标准的)测量的 7 个数据点和空白测量组成，见表 B.7。

表 B.7

x_i	$u(x_i)$	y_i	$u(y_i)$
1.500	9.000×10^{-4}	6.000×10	3.500×10
1.888	4.500×10^{-4}	7.786×10^{3}	1.357×10^{2}
1.990	4.000×10^{-3}	8.170×10^{4}	3.670×10
3.796	3.900×10^{-2}	1.562×10^{5}	2.232×10^{2}
5.677	1.250×10^{-2}	2.333×10^{5}	1.372×10^{2}
7.118	1.250×10^{-2}	2.930×10^{5}	2.455×10^{2}
9.210	2.000×10^{-2}	3.806×10^{5}	1.251×10^{2}
1.090	2.500×10^{-2}	4.497×10^{5}	3.218×10^{2}

数据点的数量，允许用 4 种模型函数类型来拟合这些数据。用本标准推荐的方法确定的线性分析函数，得到的参数如下：

截距 b_0：　$3.918\,9\times10^{-4}$

斜率 b_1：　$2.428\,6\times10^{-5}$

截距的标准不确定度　$1.145\,8\times10^{-3}$

斜率的标准不确定度　$2.416\,01\times10^{-8}$

截距和斜率间的协方差：　$-7.274\,7\times10^{-12}$

剩余偏差平方和 S_{res} 为 6.169 7，标志拟合可以接受。拟合度的估计为 1.632 2，比临界值 2 低。所以，其兼容性可以接受，预期校准混合气被分析物含量的测定可以使用线性模型函数。对选择的两个混合气的测定结果列于表 B.8。

表 B.8

分析仪相应 y	不确定度 $u(y)$	x 的赋予值	不确定度 $u(x)$
70 000	40	1.700 4	$2.024\,4\times10^{-3}$
370 000	200	8.986 3	$9.971\,8\times10^{-2}$

为了比较,采用二阶多项式模型函数对同一数据进行拟合。多项式的系数和它们的不确定度为:

系数	数值	不确定度
b_0	$-1.403\ 7\times10^{-4}$	1.175×10^{-3}
b_1	$2.440\ 3\times10^{-5}$	5.901×10^{-8}
b_2	$-4.109\ 6\times10^{-13}$	1.895×10^{-13}

多项式系数间的协方差为:

协方差(b_0,b_1): -2.057×10^{-11}

协方差(b_0,b_2): 4.667×10^{-17}

协方差(b_1,b_2): -1.020×10^{-20}

剩余偏差平方和 S_{res} 仅为 1.468 7。相对地,拟合度量 Γ 为 0.367 8,标志有好的兼容性。

采用二阶多项式分析函数,对选择的混合气得到的数值见表 B.9。

表 B.9

分析器响应 y	不确定度 $u(y)$	x 赋予值	不确定度 $u(x)$
70 000	40	1.706 [illegible]	$3.291\ 0\times10^{-3}$
370 000	200	8.972 7	$1.177\ 62\times10^{-2}$

作为一种期待,用二阶多项式模型函数使拟合得到了某些改进。但是发现,因增加二阶项,重要的系数 b_1 几乎没有改变(即改变低于 0.5%)。这里,多项式的处理是标准的(非正交),保留二阶项可能不是很重要。此外,直线和二次模型函数两者的数据在它们的不确定度以内是一致的。在没有任何(客观的)需要考虑事项建议或要求应用二阶多项式时,推荐选择参数量最少的模型函数(见 5.2.1)。

在本例中,校准用的一套标样中某些标样有共同的来历,因此,这些标样的赋值的协方差非零。气体标样 4 和 7 来自母体连续稀释(标样 7 被稀释约 3 倍)。标样 5 和 8,可追朔到同一组(初始)标样,例如它们的值由共同的校准确定。这些标样间的协方差为:

协方差(标样 4,标样 7):0.000 16。

协方差(标样 5,标样 8):0.000 1。

按照本标准中推荐的方法,当用不确定度传递的方法计算标准不确定度和分析函数参数的协方差时,应当计入这些协方差。至于在计算的这一阶段考虑它们,函数参数自身将不会变化。对于早先确定的直线分析函数,得到下列数值:

截距 b_0: $3.918\ 9\times10^{-4}$

斜率 b_1: $2.428\ 6\times10^{-5}$

截距的标准不确定度: $1.146\ 3\times10^{-3}$

斜率的标准不确定度: $2.549\ 8\times10^{-6}$

截距和斜率间的协方差: $-7.601\ 8\times10^{-12}$

用直线分析函数和这些确定参数,得到表 B.10 的数据。

表 B.10

分析仪响应 y	不确定度 $u(y)$	x 的赋值	不确定度 $u(x)$
70 000	40	1.700 4	$2.092\ 6\times10^{-3}$
370 000	200	8.986 3	$1.040\ 6\times10^{-2}$

预计,赋值的不确定度会略有增加。

B.2.3 例 3

本例给出了校准数据为非线性的例子。如同例 1,为测定 N_2 中 NO 含量。但是,本例的分析方法为非色散红外(IR)吸收。校准数据集由参考混合气测量(不包含空白测量)的 12 个数据点组成,结果在表 B.11 中给出。

表 B.11

x_i	$u(x_i)$	y_i	$u(y_i)$
1.000 6	0.001 34	963.798 8	14
1.001 0	0.001 1	966.258 5	12.5
1.999 5	0.003 2	1 912.569 2	16.8
3.001 8	0.003 4	2 846.930 6	11.6
3.998 2	0.005 8	3 754.938 6	10.8
4.004 3	0.005 8	3 764.590 5	12.1
4.998 1	0.005 8	4 647.151 1	14.4
5.996 1	0.007 8	5 529.999 1	12.1
7.997 4	0.008 4	7 246.008 2	11.9
7.999 5	0.010	7 240.476 7	10.7
9.998 0	0.012	8 884.695 5	10.1
10.006 0	0.010 4	8 902.691 6	14.1

采用直线分析函数拟合这些数据，其残差平方和 S_{res} 高达 272.639 2，不能令人满意。而且拟合度量 Γ 为 6.835 2，超出临界值的 3.5 倍。在它们的不确定度内，数据和直线分析函数是不相容的。

为此，检验了两个非线性函数类型：幂函数和指数函数。指数函数给出了对数据的极好拟合。参数及其标准不确定度的为：

系数	数值	不确定度
b_0	$-4.801\,9\times10$	$7.965\,4\times10^{-2}$
b_1	$4.802\,4\times10$	$7.252\,5\times10^{-2}$
b_2	$2.126\,1\times10^{-5}$	$3.621\,0\times10^{-11}$

系数之间的协方差为：

协方方差(b_0,b_1)：$-5.767\,9\times10^{-3}$

协方方差(b_0,b_2)：　$5.026\,4\times10^{-15}$

协方方差(b_1,b_2)：$-4.821\,6\times10^{-15}$

残差平方和 S_{res} 为 0.658 1，相应测量的拟合度为 0.355 2，标志兼容性极好。

数据与合身的分析函数间的兼容性，用指数函数同样也能达到，此时参数和它们的标准不确定度为：

系数	数值	不确定度
b_0	$-1.212\,8\times10^{-1}$	$1.782\,1\times10^{-2}$
b_1	$5.121\,3\times10^{-4}$	$2.369\,3\times10^{-5}$
b_2	$8.498\,6\times10^{-2}$	$4.974\,5\times10^{-3}$

系数之间的协方差为：

协方方差(b_0,b_1)：$-3.826\,5\times10^{-7}$

协方方差(b_0,b_2)：　$7.932\,6\times10^{-5}$

协方方差(b_1,b_2)：$-1.178\,0\times10^{-7}$

残差平方和 S_{res} 为 8.380，相应测量的拟合度 Γ 为 1.159 4，后者的数值低于临界值，标志满意的兼容性。

假定对这些数据，两个函数类型都可以用作分析函数，对所选混合气，获得的结果在表 B.12 中给出。

表 B.12

分析仪响应 y	不确定度 $u(y)$	x 的赋值	不确定度 $u(x)$
4 950.6	11		
使用幂函数		5.345 6	$1.414\ 1\times10^{-2}$
使用指数函数		5.335 7	$1.329\ 1\times10^{-2}$

结果表明，两个赋值相互落在另一个值的单个标准不确定度的正、负范围内。因此，在它们的不确定度范围内，赋予值可以看作是一样的。

鉴于上述结果，可以推断指数函数为本例的“选择函数”（达到优秀拟合）。计算的分析函数的指数 b_2 是小的且为正数，即校准函数的相应参数为负数，从而可以处理 NO 高浓度范围某些检测器的饱和指示。

附 录 C
（资料性附录）
推荐方法的计算机程序

实施本标准描述的推荐方法的有效计算机程序，可以通过德国标准化组织 DIN 得到。咨询联系地址如下：

Normenausschu Materialprufung (NMP),
Im DIN Deutsches Institut fur Normung e. V.,
D-10772 Berlin,
Germany。

程序通常用 3.5″双面高密度磁盘提供，但也可能有其他的形式。说明书和单册价格可以申请得到。

程序在 IBM 兼容个人计算机和 MS-DOS 操作系统下开发，在 IBM 兼容 PC 和 MS-DOS6.22 下运行。测试表明，程序可以在向下兼容的早期的 MS-DOS 4.01 下运行，也可以在 Windows95/98/NT 的 DOS 中运行。

程序语言为 Power BASIC，版本 2.10a。用同一版本的 Power SASIC 编译器将源代码转换为执行代码。

该程序由以下部分组成：

——校准模块，执行本标准推荐的、从校准数据确定分析函数或校准函数的方法。

——探测器模块，执行本标准推荐的、由测量响应数据确定适用分析函数参数的方法。

——函数图表形象化工具和打印工具。

输入数据文件为 ASCII 码。应以明确定义的方式安排数据(见描述)。标准输出文件也是 ASCII 码。

输入数据的单位没有限制，因此，输出的数据的单位将与输入相同，或者(如有关拟合参数)为同一单位的派生单位。

程序由材料研究与测试联邦协会(BAM)1.01 部的 Wolfram Bremer 博士开发。程序技术资料咨询 E-mail 地址：wolfram. bremser@bam. de 。

本程序已经过下列确认：

——经过应用人造的和真实的两套数据进行大量的系列测试；

——经过和蒙地卡罗(Monte-Carlo)模拟的结果的比较；

——经过和科学出版物中报导的相似计算结果的比较。

此外，本程序经过 ISO/TC 158 专家周密的测试。

使用者若对确认研究详细资料感兴趣，请与 BAM 联系(E-mail 地址同上)。

在很大程度上，程序自身就是很明白的。程序内还可以得到若干帮助。

但是，强烈推荐使用者在用本程序工作之前，研究本标准，并查阅关于程序的安装、输入/输出文件格式和程序模块的使用等全部信息的说明。这个说明包含在程序磁盘上的自述文件之中，纸质文本随磁盘一起提供。

注 1：虽然本程序及其关联的实验数据文件已成功得到很好的确认，但是在契约或其他商业活动中对它的使用并没有暗含担保，不保证它们全部无错，但是，在出版时，它们已经历过测试，而且没有包含已知的错误。

注 2：到目前为止，本标准推荐的、不同数据函数类型对数据的拟合方法的应用，在科学出版物中只有线性和多项式函数报导，因此，与已发表结果的比较仅限定在这个范围。

参 考 文 献

[1] International vocabulary of basic and general terms in metrology (VIM). BIPM, IEC, IFCC, ISO, IUPAC, IUPAP, OIML, 2nd ed., 1993.

[2] Guide to the expression of uncertainty in measurement (GUM). BIPM, IEC, IFCC, ISO, IUPAC, IUPAP, OIML, 1st edition, corrected and reprinted in 1995.

[3] ISO Guide 30, Terms and definitions used in connection with reference materials, 2nd ed., 1992.

[4] ISO 6141, Gas analysis—Requirements for certificates for calibration gases and gas mixtures.

[5] ISO/IEC 17025, General requirements for the competence of calibration and testing laboratories.

[6] ISO 11843-1, Capability of detection—Part 1: Terms and definitions.

[7] EURACHEM Guide, Quantifying uncertainty in analytical measurements, 2nd ed., 2000.

[8] DEMING W. Statistical Adjustment of Data. Wiley. New York, 1943.

[9] GANS P. Data Fitting in the Chemical Sciences. Wiley, Chichester, 1992.

[10] PRESS W., TEUKOLSKY S., VETTERLING W, and FLANNERY B. Numerical Recipes—The Art of Scientific Computing. Cambridge University Press, 2nd ed,., 1992.

[11] RIPLEY B. and THOMPSON M. Regression techniques for the detection of analytical bias. Analyst, 112, 1987, pp. 377-383.

[12] POWELL D. and MACDONALD J. R. A rapidly convergent iterative method for the solution of the generalised nonlinear least squares problem. Comput. J., 15, 1972, PP. 148-155.

[13] LYBANON M. A better least-squares method when both variables have uncertainties. Am. J. PHYS., 52, 1984, pp. 22-26.

[14] SOUTHWELL W. H. Fitting data to nonlinear functions with uncertainties in all measurement variables. Comput. J., 19, 1976, pp. 69-73.

[15] BREMSER W. and HASSELBARTH W. Shall we consider covariances? Accred. Qual. Assur., 3, 1998, pp. 106-110.

ICS 67.260
X 99

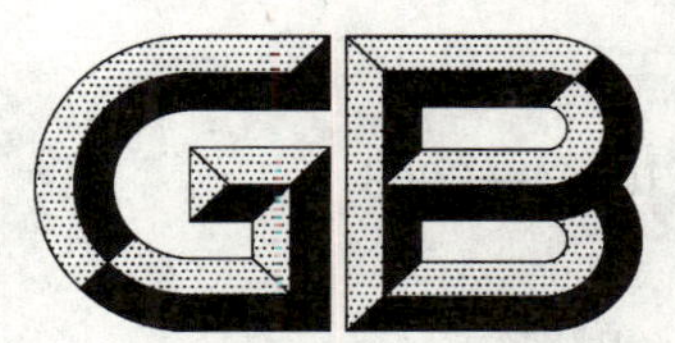

中华人民共和国国家标准

GB/T 10644—2008
代替 GB/T 10644—1989

电热食品烤炉

Electric heating food ovens

2008-06-03 发布　　　　2008-12-01 实施

中华人民共和国国家质量监督检验检疫总局
中国国家标准化管理委员会　发布

前言

本标准是对 GB/T 10644—1989《电热食品烤炉通用技术条件》的修订。本标准与 GB/T 10644—1989 的技术差异有：

——本标准对适用范围作了调整，适用范围修改为工业和商用电热食品烤炉，也适用于其他能源型式的烤炉；

——标准条文进行了重新编排，技术要求重点突出烤炉的安全卫生、节能环保要求。增加了术语和定义、警示列表、使用信息等章内容；

——引用了最新标准和标准的最新版本，技术要求和测量方法尽量引用现行国家标准的相关条款。

本标准自实施之日起，代替 GB/T 10644—1989。

本标准由中华人民共和国商务部提出。

本标准由全国商业机械标准化技术委员会归口和解释。

本标准起草单位：浙江工商大学、北京市服务机械研究所、裕富宝厨具设备(深圳)有限公司。

本标准主要起草人：傅玉颖、何阳春、李继萍、洪詠平、刘旭、颜华、王玉波、刘洪伟、周红卫 、马爱进。

本标准所代替标准的历次版本发布情况为：

——GB/T 10644—1989。

电热食品烤炉

1 范围

本标准规定了工业和商用电热食品烤炉的警示列表、技术要求、试验方法、检验规则、使用信息。

本标准适用于以电作为能源进行连续或间歇烘烤作业的烤炉。

利用其他能源形式(例如燃气或燃油)的烤炉,如适用,其技术要求也在本范围之内。

本标准所涉及的商用电热食品烤炉的电气安全应符合 GB 4706.1《家用和类似用途电器的安全 第一部分:通用要求》、GB 4706.34《家用和类似用途电器的安全 商用电强制对流烤炉、蒸汽炊具和蒸汽对流炉的特殊要求》、GB 4706.39《家用和类似用途电器的安全 商用电烤炉和烤面包炉的特殊要求》、GB 4706.52《家用和类似用途电器的安全 商用电炉灶、烤箱、灶和灶单元的特殊要求》的要求。而工业烤炉的电气安全,则应采用本标准的规定。

2 规范性引用文件

下列文件中的条款通过本标准的引用而成为本标准的条款。凡是注日期的引用文件,其随后所有的修改单(不包括勘误的内容)或修订版均不适用于本标准,然而,鼓励根据本标准达成协议的各方研究是否可使用这些文件的最新版本。凡是不注日期的引用文件,其最新版本适用于本标准。

GB/T 191 包装储运图示标志

GB/T 1804—2000 一般公差 未注公差的线性和角度尺寸的公差(eqv ISO 2768-1:1989)

GB/T 3768—1996 声学 声压法测定噪声源声功率级 反射面上方采用包络测量表面的简易法(eqv ISO 3746:1995)

GB 4706.1 家用和类似用途电器的安全 第一部分:通用要求(GB 4706.1—1998,eqv IEC 60335-1:1991)

GB 4706.34 家用和类似用途电器的安全 商用电强制对流烤炉、蒸汽炊具和蒸汽对流炉的特殊要求(GB 4706.34—2003,IEC 60335-2-42:1994,IDT)

GB 4706.39 家用和类似用途电器的安全 商用电烤炉和烤面包炉的特殊要求(GB 4706.39—2003,IEC 60335-2-48:1995,IDT)

GB 4706.52 家用和类似用途电器的安全 商用电炉灶、烤箱、灶和灶单元的特殊要求(GB 4706.52—2001,idt IEC 60335-2-36:1993)

GB 5226.1 机械安全 机械电气设备 第1部分:通用技术条件(GB 5226.1—2002,IEC 60204-1:2000,IDT)

GB 16798 食品机械安全卫生

GBZ 1—2002 工业企业设计卫生标准

3 术语和定义

下列术语和定义适用于本标准。

3.1

食品烤炉 food oven

通过热的传导、对流、辐射完成食品烘烤的机械设备,简称烤炉。按热源不同,有电热烤炉、燃气烤炉、燃油烤炉等。

3.2

工业烤炉　industrial oven

主要用于工业化生产的食品企业，以大批量连续或间歇烘烤为特征。通常额定输入功率＞24 kW，由专职人员操作。

3.3

商用烤炉　commercial oven

主要用于中小型食品生产企业，以多品种、小批量间歇生产为特征。通常额定输入功率在 2 kW～24 kW 之间，这类烤炉也常用于超市、面包房、大型饭店、食堂等场所。

3.4

箱式炉　fixed oven

烤炉外形如箱体，炉膛内用支架支承烤盘。食品烤制时，烤盘内食品与电热元件间没有相对运动。这类烤炉结构简单，间歇操作，生产能力小。

3.5

旋转炉　horizontal whirl oven

烤炉外形如箱体，炉膛内设有立式回转烤盘支架，烤盘小车置于其内。食品烤制时，烤盘内食品与电热元件间做相对回转。这类烤炉烘烤均匀，生产能力较大，间歇操作。

3.6

热风炉　hot wind oven

强制对流炉　forced convection oven

烤炉外形呈箱体状，通过外部加热使管内空气升温并由风机鼓动形成循环热风，热风在烤炉内流动实现食品的烘烤。这类烤炉热效率较高，烘烤效果好，间歇操作。

3.7

摇篮炉　cradle oven

风车炉　windmill oven

烤炉外形呈箱体状，炉膛内设有卧式回转轴及烤篮支架，多个烤篮绕轴作周向平动。食品烤制时，烤篮内食品与电热元件间做相对运动，间歇操作。

3.8

隧道炉　tunnel baking oven

烤炉炉体很长，烤室为一狭长的隧道，隧道内有一条连续运转的输送机。食品烤制时，食品与电热元件之间有相对运动。这类烤炉连续生产，生产效率高，节省人力，烘烤品质稳定。

3.8.1

钢带炉　metal strip tunnel baking oven

隧道炉的一种，烘烤时食品以钢带为载体，钢带靠设置在隧道两端的滚筒驱动下沿隧道连续运动。钢带采用冷轧薄钢板，或镂空的冷轧薄钢板焊接而成。

3.8.2

网带炉　net tunnel baking oven

隧道炉的一种，烘烤时食品以钢丝网带为载体，网带靠设置在隧道两端的滚筒驱动下沿隧道连续运动。

3.8.3

链条炉　chain cutter bar tunnel baking oven

隧道炉的一种，烘烤时食品以烤盘或烤篮为载体，烤盘或烤篮在链条牵引下沿隧道连续运动。

4 警示列表

本标准列举了烤炉使用中的常见危险。如果烤炉有其他危险，制造商应针对危险提供相应的预防措施。

4.1 机械结构危险

4.1.1 危险区域

烤炉炉门开启、烤盘进出炉、烘烤输送带移动、机械传动装置工作、设备及烤盘清洗等过程中将会造成机械结构危险。

烤炉工作过程中出现的危险至少可能发生在以下场合：

——区域1：炉体(包括外壁、保温层和内壁)

当炉体保温层材料性能较差或厚度不够时，将加大炉内热量的损失，引起炉体外壁或外壳表面温度过高，操作人员触及有烫伤的危险，并造成能耗提高和工作环境恶化。

当金属构架炉体的保温材料充填不紧实，或保温材料因震动下垂造成松紧不均时，将引起保温效果下降。

——区域2：炉门

当启闭炉门方式不合理，或启闭不灵活时，有因用力不当而碰伤、夹伤身体的危险。

当炉门密封不好时，将加大热量损失，对食品烘烤质量不利，炉门附近表面温度过高，有触及烫伤身体的危险。

开启炉门的瞬间，有被炉内喷出的热气烫伤身体的危险。

从炉内取出烤盘和食品时，有被电热元件或炉体内壁烫伤的危险。

开启炉门后，有被炉内转动件碰触烫伤的危险。

——区域3：电热元件

电热元件的松动移位、下垂变形，陶瓷管和石英管电热元件的脆性断裂，将影响食品烘烤空间和运动空间，严重的将造成安全事故。

——区域4：旋转轴及旋转部件

转动部件转动时，其零件松动脱落并甩出，将引起炉内其他零部件损坏和伤及人身。

——区域5：隧道炉的输送机及输送链带

输送机滚筒或链轮的旋转，有可能夹住衣物或身体部位造成人身伤害的危险。

输送带边缘或输送链条移动时有刮伤、夹伤身体的危险。钢带和网带运转时有跑偏甚至掉带而造成设备损坏和人身伤害的危险，钢带和网带张紧力不够将引起打滑影响食品烘烤质量。

——区域6：传动系统

采用带传动或齿轮传动时，有被夹住衣物、夹住身体的危险。

当遇到停电、意外断电、设备故障时，因传动系统不能正常工作，使炉内食品不能及时取出，引起食品质量或食品卫生的不利后果。

——区域7：排潮系统

食品烤制产生大量的二次蒸汽，如不能及时排除将影响食品烘烤，如弥漫在生产场所将恶化环境，间接造成机械和电气性能的下降。

——区域8：控制系统

控制系统控制精度不高，将影响食品的烘烤质量。控制系统失灵，将产生不合格的食品，严重的将造成烤炉损坏的危险。

4.1.2 稳定性

由于烤炉放置或安装时稳定性不佳，将引起烤炉倾翻，造成身体被压伤和设备被损坏的危险。

4.1.3 安装和操作

由于烤炉安装和操作方法不当，造成安装人员和操作人员的身体伤害。

4.1.4 清洁

由于需清洗或清理的表面存在尖角、毛刺、裁剪留下的毛边等，清洗时有划伤人手的危险。包括食品载体、炉门及拉手、炉体内壁、炉体外壳、操纵手柄、动作按钮等区域。

4.2 电气危险

4.2.1 电气元件质量造成的危险

电气元件质量可能造成电气元件工作精度下降或工作失灵，使得食品生产过程中断，严重的将引起食品加工的质量与安全事故。烤炉中安装有电气元件的区域包括：

——供电部分，如熔断器、空气开关、变压器、电动机、风机等；

——电热部分，如电热元件(包括裸露电阻丝)；

——传感部分，如温度、湿度、压力、流量等传感器或变送器；

——控制部分，如电阻、电容、集成电路芯片、定时器、继电器、接触器等；

——显示部分，如模拟显示器、数字显示器、声光报警器等。

4.2.2 人身触电危险

人体直接或间接与电气元件、电路、机械外壳、操纵手柄等接触时造成触电危险。在以下场合，可能出现上述情况：

——电气元件与电路绝缘措施欠缺，或绝缘方式不当，或绝缘失效；

——电气元件布置不当导致电气间隙、爬电距离过小，或泄漏电流过大；

——裸露电阻丝加热元件，有因电阻丝熔断、变形脱出，或电阻丝布线槽开裂导致电阻丝离开工作位置而接触到金属零件的可能；

——软导线绝缘护套因布置不当而划伤，或运动磨损；

——接地措施欠缺，或接地方式不当，或接地失效；

——导线接线端无标志，或标志不清，或标志脱落，因接线错误造成设备损坏及触电危险。

4.2.3 工作环境造成的危险

电气元件在潮湿或较高的温度下工作时，其电气性能将会明显下降，甚至引起元件的损坏或造成人身触电危险。在以下场合，可能出现上述情况：

——烤炉工作中内部产生的二次蒸汽泄漏到电气元件和电路工作空间；

——进行湿度调节的烤炉，水管接头连接处泄漏致使水渗漏到电气元件和电路工作空间；

——设备、场地清洗时清洗水溅入或滴入到电气元件和电路工作空间。

电气元件在较高温度下工作时，温度漂移、电阻值变化等引起其电气性能的改变，造成食品加工质量的改变。产生较高温度的场合有：

——烤炉内加热高温通过热传导(炉壁、保温层)、热对流(泄漏)传入电气元件和电路工作空间；

——电气元件工作时产生的温升。

4.3 忽视卫生要求造成的危险

4.3.1 对操作者的危险

操作者工作时卫生环境将影响操作者的身体健康。操作者工作过程中的危险主要包括：

——吸入面粉、糖等原辅料的粉尘状固体；

——吸入食品烤制产生的油烟气体；

——吸入用于清洁消毒的清洁剂挥发性气体。

4.3.2 对消费者的危险

食品中如含有毒有害物质，将危害消费者的身体健康。食品中有害物质除来源于食品原辅料外，主要包括：

——制造烤炉材料含有有毒成分，将会污染食品；

——食品烤盘、食品烤篮、钢带、钢丝带等因清理或清洗不完全由食物残留引起的食品污染；

——烤炉箱体内壁、旋转炉内小车污物不能及时清理而掉落引起食品污染；
——对于金属构架炉体，保温层保温材料的泄漏、脱落引起食品污染；
——对于砖砌炉体和预制构件炉体，内壁的水泥涂层不平整时，造成卫生清洁困难，如果水泥涂层脱落，将有掉入食品中而污染食品的危险；
——烤炉带有远红外涂层的电热元件，其表面涂层的脱落引起食品污染；
——烤炉机械结构设计不合理造成清洗困难、食物残留引起食品污染；
——烤炉传动件的润滑油泄漏引起食品污染。

4.4 忽视人体工程学造成的危险

忽视人体工程学，在操作时可以因承载压力过重、工作姿势不正确等对操作者造成身体伤害。

烤炉中与人体工程学相关的主要方面：
——烤炉炉门位置；
——隧道炉输送带高度；
——食品烤盘的大小；
——旋转炉小车的重量、进出烤炉方式；
——控制开关、操纵杆的位置。

4.5 噪声

噪声过大，可以造成人员的永久性失聪、耳鸣、疲劳、压力等危害。

烤炉主要噪声源有：
——电动机转动；
——机械传动部件的运动；
——热空气的强制循环流动；
——炉门启闭与烤盘的装卸；
——有触点接触器等电气元件工作。

5 技术要求

5.1 一般要求

烤炉应符合本标准的要求，并按照规定程序批准的图样和技术文件制造。

5.2 机械安全

为了防止机械使用过程中对人造成伤害，机械安全必须符合以下要求。

5.2.1 危险区域

5.2.1.1 区域1

炉体保温层应采用保温性能较好的材料，其厚度应满足良好的保温要求。

金属构架炉体的保温材料应铺设均匀、平整、紧实。对直立壁面内的保温材料，铺设后还应采取有效的固定措施以防止震动或在长期使用过程中下垂，以避免局部保温失效。

5.2.1.2 区域2

炉门开启应方便、灵活，食品出入炉方便，炉门与炉体应吻合严密。

炉门开启瞬间，为避免被炉内喷出的蒸汽灼伤，当蒸汽量较大时，应在炉门上方安装排风机，并设有炉门开启自动启动排风机工作的装置。炉内带有强制循环风机的烤炉，应设置炉门开启时自动停止风机工作的联锁装置。

为避免身体被夹伤或烫伤，旋转炉、摇篮炉应设有炉门开启时能自动停止旋转支架转动、电热元件加热的联锁装置。

从炉内取出烤盘或直接取出食品时，为避免烫伤身体，烤炉应配备专用的烤盘夹具、食品铲具。

5.2.1.3 区域3

电热元件安装到烤炉前,应仔细检查电热元件,尽可能避免存在裂纹、变形、断丝等缺陷的电热元件安装到烤炉内,安装时电热元件应保证位置固定防止松动,拧紧螺母应避免用力过大。

5.2.1.4 区域4

旋转轴及旋转支架应转动灵活,其上零件应固定可靠。

5.2.1.5 区域5

隧道炉进出口两端输送机滚筒或链轮,输送带边缘或输送链条,应采取设置防护罩、挡板等措施。

钢带炉或网带炉应有防止带跑偏和便于带张紧的装置或相应措施。

应具有带、链的调速装置,以适应烘烤品种或工艺改变。

5.2.1.6 区域6

传动系统运动机构应运行平稳,无异常振动和声响。

齿轮、轴承等转动件应设有加注润滑剂的装置或结构,以减小摩擦磨损。

齿轮传动、带传动、链传动等运动机构,应采取设置防护罩、密闭箱体等防护措施,以避免可能危及周围人员的安全。

应设有适当的装置,当停电、意外断电、设备故障时,能及时将炉内食品取出。

5.2.1.7 区域7

当烤炉烘烤食品产生大量蒸汽时,应选择合适的方式和方位设置排潮装置,以尽量减少热量的损失。

5.2.1.8 区域8

控制装置装配到烤炉前应进行测试,以保证其动作灵敏、测控精度达到控制要求。

烤炉应设置温度控制装置,有湿度调节要求的烤炉应设置湿度控制装置。隧道炉应设置多节点温度控制装置和链、带运动速度控制装置。

温度控制装置应有温度超限保护功能,一旦达到极限温度自动采取保护措施。

5.2.2 稳定性

烤炉应具有足够的稳定性,烤炉放置或安装后在使用过程中应不会有倾翻的可能。

装有轮子或类似装置的烤炉应在停留时配备有效的锁定装置,以防烤炉意外移动。

5.2.3 安装和操作

烤炉安装操作(装配)人员应按规定程序进行安装,保证所有运动部件都安装在可提供安全保护的正确位置上。

烤炉操作人员应按规定的操作规程进行操作,操作时应避免引起人身伤害或设备损坏的动作。

制造商应在用户手册或产品使用说明书中提供如何正确安装、使用、调整的说明,并进行相关人员培训。

5.2.4 清洁

使用过程中为保证安全清除食物残留,食品载体、炉门及拉手、炉体内壁、炉体外壳、操纵手柄、动作按钮等区域,表面应光滑,不应有尖角、毛刺、毛边等。焊接部位应打磨平整。

5.3 电气安全

5.3.1 安装到产品上的电气元器件,如元器件是取证产品,均应选用具有安全认证或生产许可证的产品。

5.3.2 电气元器件应按产品要求正确安装,并位于便于检修、更换的地方,但不得妨碍机械运动和设备的维修调整。

5.3.3 电气装置的结构和外壳应可靠地用绝缘体与带电部件隔开。带电部件与炉体之间的绝缘电阻应≥2 MΩ。

5.3.4 烤炉冷态时应能承受工频交流试验电压为1 250 V的电气强度试验1 min,不得有闪络、击穿现象。

5.3.5 烤炉额定功率的偏差应在－10%～＋5%范围内。

5.3.6 在正常工作中接触到的各部位温升应符合表1规定。

表 1

部 位	温升/K
金属材料手柄	≤35
陶瓷或玻璃材料手柄	≤45
模制材料、橡胶或木制的手柄	≤60
烤炉外部任一部位	≤65
注：玻璃门、排气孔周围100 mm内，隧道炉出入炉端除外。	

5.3.7 烤炉在工作温度下的泄漏电流应不大于0.75 mA/kW，最大限值10 mA。

5.3.8 烤炉在工作温度下应能承受工频交流试验电压为1 000 V的电气强度试验1 min，不得有闪络、击穿现象。

5.3.9 带电部分应有防护罩或相应的保护措施。操作使用或维护保养时需开启的防护罩和控制柜门应使用工具才能打开。

5.3.10 带电裸导线通过的金属孔应安装绝缘串珠和类似的陶瓷绝缘体，而且绝缘体应被固定或支撑。电阻丝加热元件应可靠固定，采取措施防止电阻丝因熔断、变形、或布线槽开裂而造成离开原位置导致触电的危险。

5.3.11 带绝缘护套导线的布置应固定良好、排列整齐、美观、合理，便于检查。

导线应采用套管或绝缘衬套保护通过孔洞或搁置在窄边零件上。应有效地防止导线与运动部件接触，也应防止运动的导线在无保护措施下与其他零部件发生摩擦而损坏绝缘。

5.3.12 烤炉应有可靠的接地措施，以防万一绝缘失效引起的触电危险。烤炉的接地端子附近应有接地标志。

接地端子应通过导线与电源的接地端子连接，或直接与大地可靠接触连接。接地端子的夹紧装置应充分牢固，以防止意外松动。接地端子不应与接地导线或其他金属相接触而引起腐蚀危险。

接地端子与接地金属部件之间的连接，应具有低电阻，其电阻值不应超过0.1 Ω。

烤炉的接地端子不应与电源中性线（零线）相连。

5.3.13 导线应根据不同用途，采用不同颜色的导线。连接导线的两端都应有标号，其标号应与电气原理图或接线图上的一致，标号应清晰耐久。

5.3.14 电气元件（传感器、加热元件除外）和电路应与烤炉加热室隔开，烤炉炉体内壁一般应密封，即使二次蒸汽泄漏也不能直接到达电气元件工作空间，以防止湿度改变影响电气性能。产生蒸汽冷凝液体时，应保证不影响电气绝缘性能。

5.3.15 加水管伸入到炉体时，应远离电气元件工作空间，有接头时密封连接应可靠。控制水阀应易检查。

5.3.16 应采取防护罩、电器箱等措施防止设备或场地清洗时清洗液进入电气元件工作空间。

5.3.17 炉体内壁与电气元件工作空间之间应有足够的隔热措施。

5.3.18 工作时温升较大的电气元件，如变压器、电动机、固态继电器等，应有散热措施，必要时应设置散热风扇。

5.4 卫生

5.4.1 烤炉应由符合GB 16798的规定要求的材料制造。

5.4.2 烤炉炉门、多段装配式炉体间、电热元件孔隙等处的密封材料应符合食品卫生要求。

5.4.3 食品烤盘的结构应便于清洗，盘（篮）底应光滑平整，内部不应有尖角。摇篮炉和链条炉的食品烤篮、网带炉的网带,应便于清理或清洗,一般应设有手动(或点动)装置使烤篮逐个、网带逐段进行清理。钢带炉的钢带接缝处焊接后打磨光滑,不能留有孔隙和缝隙。

5.4.4 烤炉箱体内壁、旋转炉小车等为保证定期清理或清洗,应有一定的清洗或清理操作空间。

5.4.5 对于金属构架炉体,炉体内壁和炉体外壁应消除拼接缝隙,保证保温材料不外露、不泄漏、不脱落。对于砖砌炉体和预制构件炉体,炉体内壁的水泥涂层应有较高的耐热性能,表面要保持平整光滑。

5.4.6 带远红外涂层的电热元件,应采用涂层不易脱落的电热元件。

5.4.7 需清洗或清理区域不得有易于积存食物残渣的转角、沟槽等,应避免使用螺钉、铆钉、键等联接件。

5.4.8 传动部件及轴承用润滑油不能因泄漏而造成食品污染和设备污染。

5.5 人体工程学

烤炉应按人体工程学要求进行设计,使操作人员轻松操作,以避免给操作者造成身体伤害。

应合理确定炉门位置、隧道炉输送带高度等尺寸,应正确选择食品烤盘的大小、旋转炉小车的重量以及进出烤炉方式。应合理确定控制开关、操纵杆的工作位置。

5.6 噪声

5.6.1 烤炉设计和制造时应考虑将噪声污染减小到最低程度,尤其要重点控制噪声源。

5.6.2 烤炉正常工作时噪声的声功率级应≤75 dB(A),带风机的烤炉正常工作时噪声的声功率级应≤85 dB(A)。

注:上述要求不适用于强制对流隧道炉,对于此类烤炉正常工作时其工作地点噪声声级卫生限值应符合 GBZ 1—2002 的要求。

5.7 性能

5.7.1 烤炉在设计与制造过程中应坚持节能降耗原则,积极采用新技术、新方法、新材料,如合理的热量分布、高效发热元件、性能良好的保温材料等。

5.7.2 温控器的动作误差不超过±5 ℃。

5.7.3 超温保护装置的动作误差不超过±30 ℃。

5.7.4 产品说明中应标明烤炉在空载下保持 200 ℃恒定温度时的散热功耗值。若烤炉正常工作温度低于 200 ℃,则取正常工作温度下的散热功耗值。实测值应不大于制造厂规定值的 15%。

5.7.5 产品说明中应标明烤炉在空载 200 ℃温度下停止加热并保温 1 h 后的温度下降数值。若烤炉正常工作温度低于 200 ℃,则应标明厂家规定的正常工作温度状态下的温度下降数值。实测值应不大于制造厂规定值的 15%。

5.8 结构

5.8.1 烤炉结构应设计合理,具有足够的强度和刚度,在受热膨胀、变形、氧化时不影响正常工作性能。

5.8.2 烤炉设计应满足起重、运输的要求。

5.8.3 烤炉所有操作部件应位于安全且便于操作的位置。易磨损、变形或断裂的零件和需定期检修的零件,应便于调整和更换。

5.9 质量

5.9.1 表面质量

5.9.1.1 烤炉主要外表面应平整、光滑,无尖角锐边。

5.9.1.2 金属构架炉体的主要外表面(多段装配式烤炉,以每段炉体为测量范围)平面度公差应不大于 1 000 : 5,长度公差按 GB/T 1804—2000 中的 C 级(粗糙级)。采用表面涂漆的烤炉,漆膜应无剥离、脱落、流痕、皱折、发粘的现象。

5.9.1.3 砖砌炉体或预制构件炉体,应保持炉体外壁的水泥层平整不脱落。

5.9.2 烘烤质量

烘烤产品的质量应包括产品色泽的均匀性、一致性。烘烤质量应符合相关食品标准的规定,卫生指标应符合食品的有关规定。

6 试验方法

6.1 试验条件

试验应在环境温度为15℃～40℃,相对湿度不大于90%的室内条件下进行。

6.2 接地电阻的测量

试验按GB 4706.1相应条款进行。

6.3 绝缘电阻的测量

试验按GB 5226.1相应条款进行。

6.4 冷态电气强度的试验

烤炉置于室温条件下不少于48 h,在所有带电部件和易触及金属部件之间施加试验电压。试验初始,施加的电压不超过规定值的一半,然后迅速升高到满值。试验电压应由最小额定值为500 V的变压器供电,不宜经受该试验元件应在试验前断开。

6.5 功率偏差的测量

烤炉在额定电压下工作,直至达到稳定状态。烤炉全部电热元件同时工作时,用功率表测定输入功率,计算输入功率偏差。

6.6 泄漏电流的测量

烤炉在额定电压下工作,直至达到稳定状态,按GB 4706.1的相应条款的要求进行测量,测量时炉体与大地绝缘且不连接保护接地线。

注:工业烤炉不进行断相试验。

6.7 热态电气强度的试验

烤炉在额定电压下工作,直至达到稳定状态,然后切断电源并立即在所有带电部件和易触及金属部件之间施加试验电压,其他试验方法同6.4条的规定。

6.8 噪声的测量

噪声测量表面按GB/T 3768—1996的7.3条平行六面体测量表面选择,测量方法和声功率级的计算按GB/T 3768—1996的7.5条和第8章进行。

6.9 温控装置的测量

将温控器分别整定在正常工作温度范围的上限和下限,测量其动作温度,最后计算温度动作误差。

烤炉在温控器失效状态下工作,测量超温保护装置动作温度,最后计算温度动作误差。

6.10 散热功耗的测量

烤炉温控器预置200 ℃。烤炉在空载下通电连续工作,直至炉内温度达到200 ℃的稳定状态并维持半小时,然后开始计时,测试随后1 h内烤炉的电能功率消耗值。若烤炉的正常工作温度低于200℃,则温控器预置烤炉正常工作时的温度。

6.11 烤炉保温性能的测量

烤炉温控器预置200 ℃。烤炉在空载下正常工作,直至炉内温度达到200 ℃的稳定状态并维持半小时,然后使烤炉停止加热并开始计时,测试1 h后烤炉的温度下降数值。若烤炉的正常工作温度低于200 ℃,则烤炉加热到该正常工作温度再进行上述测试。

6.12 表面温度的测定

烤炉在额定电压下工作直至达到稳定状态,用温度计对容易触及的、可能有较高温度的部位进行测量。

7 检验规则

7.1 试验应按本标准的规定进行。如果某一项特有的试验明显地不适用,则可以不进行该项试验。当烤炉利用其他形式的能源(如:燃气或燃油)时,则必须考虑消耗其他能源对器具所带来的影响,相关标准另行规定。本标准未规定的试验项目和试验方法,如必要,可在企业标准中另行规定。

7.2　产品检验分出厂检验和型式试验。

7.3　出厂检验按本标准的5.2.1.1、5.2.1.2、5.2.1.4、5.2.1.6、5.2.4、5.3.3、5.3.4、5.3.10、5.3.11、5.3.12、5.4.3、5.7.4、5.7.5、5.9.1.2进行。每台烤炉必须经过出厂检验且全部项目合格方可出厂。非电热源部分的出厂检验项目,按照相关标准另行规定。

7.4　凡属下列情况之一应进行型式试验:

——新产品鉴定;

——烤炉的设计、工艺或所用材料发生重要改变可能影响到烤炉性能;

——间隔一年以上再次生产;

——对成批生产的烤炉每年进行一次;

——国家质量监督机构提出型式试验要求时。

7.5　除新产品鉴定可另行规定抽样方法外,型式试验的样机应从企业正常生产批量中随机抽取1台进行试验。

7.6　型式试验项目按本标准的5.2、5.3、5.4、5.5、5.6、5.7、5.8、5.9条进行。

7.7　本标准5.2.1.2、5.2.1.8、5.2.2、5.3.3、5.3.4、5.3.7、5.3.8、5.3.9、5.3.12中的项目及5.4条中的所有项目为关键项,其他为一般项。样品经型式试验,有任一关键项不合格,则判定该产品不合格;关键项全部合格,一般项不合格数大于总项数的15%,也判定该产品不合格;关键项全部合格,一般项不合格数小于或等于总项数的15%,则判定该产品为合格。

注:本标准规定的出厂检验和型式试验以外的其他性质检验,其判定规则可另行制定。

8　使用信息

8.1　指示手册

制造厂应提供详细的用户手册或产品使用说明书。

8.1.1　基本指示信息

手册中基本指示信息包括:

——设备的特点、工作原理和用途;

——设备的主要参数、炉体结构示意图;

——设备的散热功耗值;

——设备保温1 h后烤炉的温度下降数值;

——设备的电气原理图、电气接线图;

——设备的易损件列表和提供备件的品种与数量;

——设备可能发生安全、卫生危险的部位以及警告标志的说明信息。

8.1.2　包装、运输、贮存信息

手册中包装、运输、存贮有关信息包括:

——包装材料及其结构、尺寸要求的说明信息;

——包装的防水、稳定性、防震要求的说明信息;

——包装装箱内容要求的说明信息,如产品质量合格证、使用说明书和装箱单;

——适宜的运输工具要求的说明信息;

——有关装货、卸货、搬运应注意事项的说明信息;

——有关设备贮存的条件、场所、防护措施的说明信息;

——符合GB/T 191规定的包装储运图示标志的位置及说明信息。

8.1.3　安装信息

手册中安装有关信息包括:

——如何检查可分离电气元件的安装是否正确；
——如何检查连接电缆的规格与长度是否符合要求；
——如何检查接地电路的连接是否正确；
——其他特殊安装要求。

8.1.4 设备信息

手册中设备有关的信息包括：
——适宜加工食品的种类；
——设备的基本构成，各种装置的基本描述；
——详尽的设备允许和禁止使用情况说明。

8.1.5 操作使用信息

手册中操作使用信息包括：
——指示使用者在正常使用过程中如何使用安全防护装置，并提供合适的培训信息；
——操作、清洁过程中可能会造成危险的装置或部位的信息；
——需清洁的部位与清洁方法；
——需装拆的零部件的拆卸、装配的顺序和方法；
——指明烤炉工作环境的卫生条件，如温度、湿度、采光与通风等要求，对于烘烤过程产生影响操作者身体健康的粉尘、不良气体时，提醒用户采取必要的强制通风设施。

8.1.6 维护保养信息

手册中的维护信息包括：
——维修保养不当可能引起危险的信息；
——润滑油种类、使用频度、润滑部位的信息；
——维修保养的级别、时间间隔；
——备件种类列表；
——电路图。

8.2 铭牌标志

应在烤炉明显易见的位置牢固地固定铭牌，铭牌上应清楚地标有：
——烤炉的名称和型号；
——生产率，kg/h；
——工作温度范围，℃；
——电源性质符号，～、2～、3～、3 N～；
——额定电压，V；
——额定频率，Hz；
——额定输入功率，kW；
——外形尺寸，mm；
——重量，kg；
——出厂编号；
——出厂日期；
——制造厂名称(出口时标国名)；
——生产许可证标志及编号。

ICS 67.260
X 99

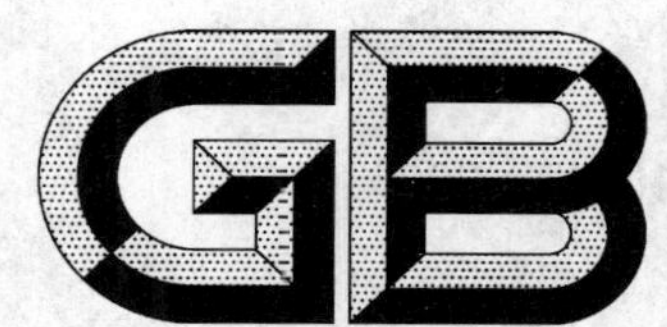

中华人民共和国国家标准

GB/T 10645—2008
代替 GB/T 10645—1989

电热食品烤炉型号编制方法

Electric heating food ovens—Method of draw up model

2008-06-03 发布　　　　2008-12-01 实施

中华人民共和国国家质量监督检验检疫总局
中国国家标准化管理委员会　发布

前言

本标准是对 GB/T 10645—1989《电热食品烤炉型号编制方法》的修订。本标准与 GB/T 10645—1989 相比,技术内容作了如下修订:

——增加了“规范性引用文件”一章;

——增加了“术语和定义”一章;

——增加附录 A。

本标准与 GB/T 10646《电热食品烤炉型式与主要参数》共同构成电热食品烤炉产品的基础通用性标准。

本标准的附录 A 为资料性附录。

本标准从实施之日起,代替 GB/T 10645—1989。

本标准由中华人民共和国商务部提出。

本标准由全国商业机械标准化技术委员会归口和解释。

本标准起草单位:浙江工商大学、北京市服务机械研究所。

本标准主要起草人:傅玉颖、李继萍、刘洪伟、洪詠平、陈广杰、刘红涛、马爱进。

本标准所代替标准的历次版本发布情况为:

——GB/T 10645—1989。

电热食品烤炉型号编制方法

1 范围

本标准规定了电热食品烤炉产品的型号编制方法。

本标准适用于 GB/T 10644 中规定的电热食品烤炉的型号编制。

2 规范性引用文件

下列文件中的条款通过本标准的引用而成为本标准的条款。凡是注日期的引用文件，其随后所有的修改单(不包括勘误的内容)或修订版均不适用于本标准，然而，鼓励根据本标准达成协议的各方研究是否可使用这些文件的最新版本。凡是不注日期的引用文件，其最新版本适用于本标准。

GB/T 10644 电热食品烤炉

3 术语和定义

GB/T 10644 确立的以及下列术语和定义适用于本标准。

3.1

企业(或商标)代号 code of enterprise (or trade mark)

表示企业(商标)名称的代号。

3.2

规格代号 code of specification

表示电热食品烤炉产量的代号。

3.3

类型代号 code of type

表示电热食品烤炉分类的代号。

3.4

设计序号 a series number of design

表示企业(商标)代号、规格代号、类型代号相同的电热食品烤炉的设计顺序号。

3.5

企业自定代号 self-determined code by enterprise

表示电热食品烤炉改进的顺序号及对烤炉的特征、系列等需要区别的代号。

4 型号编制方法

电热食品烤炉产品型号由企业(或企业已注册的商标)代号、规格代号、类型代号、设计序号及企业自定代号组成，构成形式见图 1。

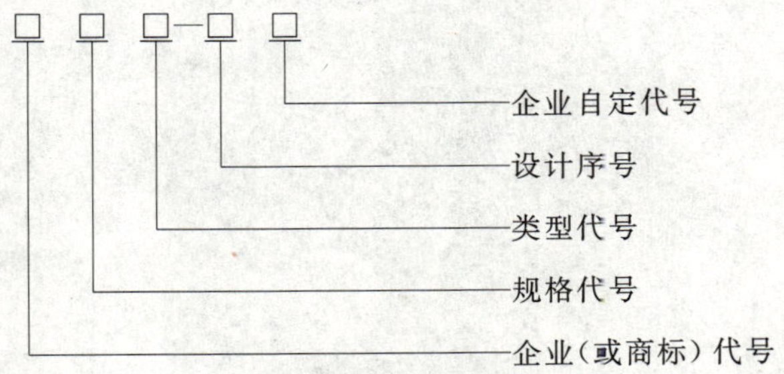

图 1 型号构成形式

4.1 企业(或商标)代号

采用企业(或商标)名称中两个或三个汉字的大写汉语拼音首位字母表示。合资企业可采用企业英文商标中两个或三个字母表示。

4.2 规格代号

指烤炉烘烤的主要品种每小时产量,单位为千克每小时(kg/h)。

4.3 类型代号

表示烤炉的型式,用名称中具有代表性汉字的大写汉语拼音字母表示。类型代号见表1。

表1 类型代号

种类		型式		类型代号
名称	代号	名称	代号	
热风炉	R	箱式热风炉	X	RX
		旋转热风炉	Z	RZ
箱式炉	X	电烤箱	省略	X
		分层烘炉	C	XC
		电焗炉	J	XJ
旋转炉	Z	立式旋转炉	L	ZL
摇篮炉(风车炉)	Y	摇篮炉	省略	Y
		卧式旋转炉	W	YW
隧道炉	S	钢带炉	G	SG
		网带炉	W	SW
		链条炉	L	SL

4.4 设计序号

设计序号应用间隔号"—"与前面类型代号隔开,并采用阿拉伯数字1、2、3……依次表示产品的设计顺序,当设计序号为1时应省略。

4.5 企业自定代号

企业根据需要选用大写英文字母或数字表示,位数自定。

附 录 A
（资料性附录）
型号编制示例和实例

本附录给出了电热食品烤炉的型号编制示例和实例。

示例 1：

ABC 牌商标，产量 100 kg/h，第一次设计的箱式热风炉，ABC100RX—B10[1]

示例 2：

DEF 企业，产量 50 kg/h，第二次设计的旋转热风炉，DEF50RZ—2A5[2]

示例 3：

HIJ 企业，产量 25 kg/h，第一次设计的电烤箱，HIJ25X

示例 4：

ABC 牌商标，产量 200 kg/h，第一次设计的摇篮炉，ABC200Y

示例 5：

ABC 牌商标，产量 50 kg/h，第一次设计的卧式旋转炉，ABC50YW

实例 1：

新南方牌商标，产量 40 kg/h，箱式分层烘炉，第一次设计，二层四盘，XNF40XC—0204

实例 2：

一喜牌商标，产量 100 kg/h，旋转热风炉，一次放 32 个烤盘，第一次设计，YX100RZ—A32

---

1) B10 指烤炉层数和托盘数量的代码，代表双层 10 个托盘，由企业自定。

2) A5 指烤炉层数和托盘数量的代码，代表单层 5 个托盘，由企业自定。

ICS 67.260
X 99

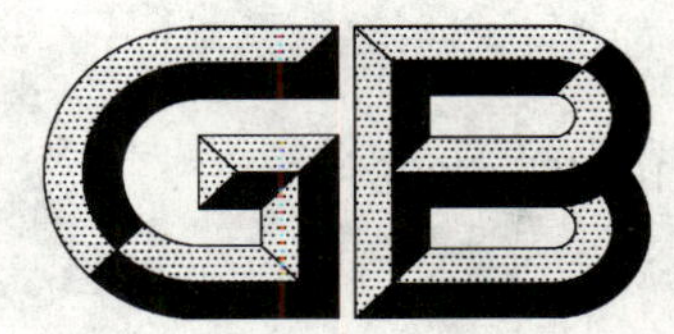

中华人民共和国国家标准

GB/T 10646—2008
代替 GB/T 10646—1989

电热食品烤炉型式与主要参数

Electric heating food ovens—Types and principal parameters

2008-06-03 发布　　　　2008-12-01 实施

中华人民共和国国家质量监督检验检疫总局
中国国家标准化管理委员会　发布

前　言

本标准是对 GB/T 10646—1989《电热食品烤炉型式与主要参数》的修订。本标准与 GB/T 10646—1989 相比，技术内容作了如下修订：

——增加了"术语和定义"一章；

——细化了烤炉型式；

——增加了散热功耗值等参数。

本标准与 GB/T 10645《电热食品烤炉型号编制方法》共同构成电热食品烤炉产品的基础通用性标准。

本标准从实施之日起，代替 GB/T 10646—1989。

本标准由中华人民共和国商务部提出。

本标准由全国商业机械标准化技术委员会归口和解释。

本标准起草单位：浙江工商大学、北京市服务机械研究所。

本标准主要起草人：傅玉颖、刘旭、王玉波、洪詠平、刘红涛、陈广杰、马爱进。

本标准所代替标准的历次版本发布情况为：

——GB/T 10646—1989。

电热食品烤炉型式与主要参数

1 范围

本标准规定了电热食品烤炉产品的型式与主要参数。

本标准适用于GB/T 10644中规定的电热食品烤炉。

2 规范性引用文件

下列文件中的条款通过本标准的引用而成为本标准的条款。凡是注日期的引用文件，其随后所有的修改单(不包括勘误的内容)或修订版均不适用于本标准，然而，鼓励根据本标准达成协议的各方研究是否可使用这些文件的最新版本。凡是不注日期的引用文件，其最新版本适用于本标准。

GB/T 321　优先数和优先数系

GB/T 10644　电热食品烤炉

GB/T 10645　电热食品烤炉型号编制方法

3 术语和定义

GB/T 10644规定的术语和定义适用于本标准。

4 烤炉分类

4.1 商用烤炉

4.1.1　热风炉，包括：箱式热风炉、旋转热风炉。

4.1.2　箱式炉，包括：电烤箱、分层烘炉、电焗炉。

4.1.3　旋转炉，又称立式旋转炉。

4.1.4　摇篮炉，又称卧式旋转炉。

4.1.5　其他。

4.2 工业烤炉

4.2.1　热风炉，包括：箱式热风炉、旋转热风炉。

4.2.2　旋转炉。

4.2.3　摇篮炉，又称风车炉。

4.2.4　隧道炉，包括：钢带炉、网带炉、链条炉。

4.2.5　其他。

5 主要参数

5.1　烤炉的额定电压为220 V、380 V，额定频率为50 Hz、60 Hz，电源种类为～、3～、3 N～。

5.2　烤炉的额定输入功率、散热功耗值、温度下降值为制造厂规定值，应符合GB/T 10644的规定。

5.3　烤炉烘烤主要品种产量采用GB 321中的R5系列，单位为kg/h。

5.4　烤炉配用的烤盘应优先选用400 mm×600 mm、460 mm×720 mm、475 mm×475 mm、500 mm×600 mm、560 mm×560 mm、630 mm×630 mm、710 mm×710 mm、560 mm×630 mm、630 mm×710 mm系列的烤盘。

5.5 钢带隧道炉、网带隧道炉、链条隧道炉参数应符合下述规定：

a) 链条炉应能与优先选用的烤盘配合使用。

b) 钢带或网带的宽度应优先选用 600 mm、1 000 mm、1 200 mm、1 400 mm。

c) 单列式烤炉每节长度应优先选用 2 m、3 m 或 4 m，双列式烤炉每节长度应优先选用 1 m 或 2 m。整体安装的烤炉不受限制。

ICS 65.120
B 46

中华人民共和国国家标准

GB/T 10647—2008
代替 GB/T 10647—1989

饲料工业术语

Feed industry terms

2008-06-17 发布　　　　2008-10-01 实施

中华人民共和国国家质量监督检验检疫总局
中国国家标准化管理委员会　发布

前　言

本标准代替 GB/T 10647—1989《饲料工业通用术语》。

本标准与 GB/T 10647—1989 相比主要变化如下：

——标准名称改为“饲料工业术语”；

——增加了饲料添加剂、饲料加工工艺术语；

——对饲料营养和饲料原料术语进行了补充，并对部分术语重新定义；

——对饲料产品和饲料质量术语进行了补充，并对部分术语重新定义；

——对饲料质量管理体系和饲料安全管理体系的部分术语作为资料性附录列出，以方便使用和推广。这部分术语直接引自 GB/T 19000—2000 和 GB/T 22000—2006。

本标准的附录 A 为资料性附录。

本标准由中华人民共和国农业部提出。

本标准由全国饲料工业标准化技术委员会归口。

本标准起草单位：中国饲料工业协会、河南工业大学、国家饲料质量监督检验中心(武汉)、国家饲料质量监督检验中心(北京)。

本标准主要起草人：沙玉圣、王卫国、辛盛鹏、牟永义、杨清峰、粟胜兰、姚继承、常碧影、佟建明。

饲料工业术语

1 范围

本标准规定了饲料工业常用术语及定义。

本标准适用于饲料行业科研、教学、生产、贸易及管理。

2 饲料营养术语和定义

2.1

饲料 feed

能提供动物所需营养素，促进动物生长、生产和健康，且在合理使用下安全、有效的可饲物质。

2.2

营养素 nutrient

饲料中的构成成分，以某种形态和一定数量帮助维持动物生命。饲料营养素主要包括蛋白质、脂肪、碳水化合物、矿物元素和维生素。

2.3

总能 gross energy；GE

饲料完全燃烧所释放的热量。

2.4

消化能 digestible energy；DE

从饲料总能中减去粪能后的能值，亦称"表观消化能(apparent digestible energy；ADE)"。

2.5

代谢能 metabolizable energy；ME

从饲料总能中减去粪能和尿能(对反刍动物还要减去甲烷能)后的能值，亦称"表观代谢能(apparent metabolizable energy；AME)"。

2.6

净能 net energy；NE

从饲料的代谢能中减去热增耗(heat increment；HI)后的能值。

2.7

理想蛋白质 ideal protein

饲料中各种氨基酸之间的比例与动物营养需要相一致的蛋白质。

2.8

必需氨基酸 essential amino acid

在动物体内不能合成或能合成但不能满足需要，必须通过外源提供的氨基酸。

2.9

非必需氨基酸 nonessential amino acid

动物生命过程必需，但可在动物体内合成，无需从外源提供即能满足动物需要的氨基酸。

2.10

限制性氨基酸 limiting amino acid

饲料中蛋白质供给的氨基酸量与动物的需要量之比值小于1的必需氨基酸，比值最小的必需氨基酸为第一限制性氨基酸，其次为第二限制性氨基酸等。

2.11

可消化氨基酸　digestible amino acid

饲料中可为动物消化、吸收的氨基酸。

2.12

可利用氨基酸　available amino acid

饲料中可为动物利用的氨基酸。

2.13

氨基酸平衡　amino acid balance

饲料中的各种氨基酸之间在数量和比例上与动物特定需要相协调的状态。

2.14

氨基酸颉颃　amino acid antagonism

由于饲料中某一种或几种氨基酸的过量而降低动物对另一种或另几种氨基酸利用的现象。

2.15

必需脂肪酸　essential fatty acid

在动物体内不能合成或能合成但不能满足需要，必须通过外源提供的脂肪酸。

2.16

必需矿物元素　essential mineral

动物生理和代谢过程需要，且必须由外源提供的矿物元素。

2.17

常量元素　macro-mineral

正常情况下，占动物体活重大于和等于0.01％的矿物元素。

2.18

微量元素　micro-mineral

正常情况下，占动物体活重小于0.01％的矿物元素。

2.19

总磷　total phosphorus；TP

饲料中以无机态和有机态存在的磷的总和。

2.20

有效磷　available phosphorus；AP

饲料总磷中可被饲养动物利用的部分。

2.21

维生素　vitamin

动物代谢必需且需要量极少的一类低分子有机化合物，以辅酶或催化剂的形式参与体内代谢，缺乏时动物会产生缺乏症。分为水溶性维生素和脂溶性维生素两类。

2.22

抗营养因子　anti-nutritional factor

饲料中存在的阻碍营养素消化、吸收和利用的物质。

2.23

营养需要量　nutrient requirement

动物在维持正常生理活动、机体健康和达到特定生产性能时对营养素需要的最低数量，也称最低需要量(minimum requirement)。

2.24

维持需要量　maintenance requirement

动物维持机体健康和体重不变的营养需要量。

3 饲料原料术语和定义

3.1

单一饲料 single feed

饲料原料 feedstuff(s)

以一种动物、植物、微生物和矿物质为来源，经工业化加工或合成(谷物等籽实类可不经加工)，但不属于饲料添加剂的饲用物质。

3.2

饲料组分 feed ingredient

构成饲料产品的各种单一饲料(饲料原料)或饲料添加剂。

3.3

能量饲料 energy feed

干物质中粗蛋白质含量低于20%，粗纤维含量低于18%，每千克饲料干物质含消化能在1.05 MJ以上的饲料原料。

3.4

蛋白质饲料 protein feed

干物质中粗蛋白质含量等于或高于20%，粗纤维含量低于18%的饲料原料。

3.5

矿物质饲料 mineral feed

可供饲用的天然的、化学合成的或经特殊加工的无机饲料原料或矿物元素的有机络合物原料。

3.6

单细胞蛋白 single-cell protein;SCP

通过工业方法增殖培养酵母、非病原细菌以及单细胞藻类等微生物而获得的菌体蛋白质。

3.7

粗饲料 roughage

天然水分含量在60%以下，干物质中粗纤维含量不低于18%的饲料原料，如农作物秸秆、牧草、稻壳等。

3.8

鱼粉 fish meal

以新鲜的全鱼或鱼品加工过程中所得的鱼杂碎为原料，经或不经脱脂，加工制成的洁净、干燥和粉碎的产品。

3.9

豆饼 soybean cake(expeller)

以大豆为原料，经机械压榨法取油后所得的饼状产品。

3.10

豆粕 soybean meal(solvent)

以大豆为原料，经预榨-溶剂浸提法或直接浸提法取油、脱溶剂、干燥后得到的产品。

3.11

棉籽饼 cottonseed cake(expeller)

以棉籽为原料，经脱壳或部分脱壳后再以压榨法取油后所得的饼状产品。

3.12

棉籽粕 cottonseed meal(solvent)

以棉籽为原料，经脱壳或部分脱壳后再以预榨-浸提法或直接浸提法取油、脱溶剂、干燥后得到的产品。

3.13

菜籽饼　rapeseed cake(expeller)

以油菜籽为原料,经压榨法取油后所得的饼状产品。

3.14

菜籽粕　rapeseed meal(solvent)

以油菜籽为原料,再以预榨-浸提法或直接浸提法取油、脱溶剂、干燥后得到的产品。

3.15

骨粉　bone meal

由洁净、新鲜的动物骨骼经高温高压蒸煮灭菌、脱脂和(或)经脱胶、干燥、粉碎后的产品。

3.16

肉骨粉　meat and bone meal

由洁净、新鲜的动物组织和骨骼(不得含排泄物、胃肠内容物及其他外来物质)经高温高压蒸煮灭菌、干燥、粉碎制成的产品。

3.17

血粉　blood meal

洁净、新鲜的动物血液(不得含有毛发、胃内容物及其他外来物质)经干燥等加工处理制成的产品。

3.18

水解羽毛粉　hydrolyzed feather meal

家禽屠宰所得的羽毛,经清洗、水解处理、干燥、粉碎制成的产品。

3.19

乳清粉　dried whey powder

乳清经脱水干燥后的粉状物。

3.20

蚕蛹粉　silkworm pupa meal

蚕蛹经干燥、粉碎后的产品。

3.21

甜菜渣　dried beet pulp

甜菜提取糖分后的残渣,经干燥制成的产品。

3.22

干粗酒糟　distiller's dried grain;DDG

由酵母发酵的某种谷物或谷物混合物蒸馏提取酒精后剩下的残液中分离出的粗渣,经干燥所得的产品。通常应在该名称前标出最主要的谷物名称,如玉米干粗酒糟。

3.23

干酒糟可溶物　distiller's dried solubles;DDS

由酵母发酵的某种谷物或谷物混合物中蒸馏提取酒精后剩下的残液中分离出的细小可溶性物,经浓缩、干燥后所得的产品。通常应在该名称前标出最主要的谷物名称,如玉米干酒糟可溶物。

3.24

干全酒糟　distiller's dried grain with solubles;DDGS

由酵母发酵的某种谷物或谷物混合物中蒸馏提取酒精后,将剩余的残液中至少四分之三的固形物浓缩、干燥后所得的产品。通常应在该名称前标出最主要的谷物名称,如玉米干全酒糟。

4 饲料添加剂术语和定义

4.1

饲料添加剂　feed additive

为满足特殊需要而在饲料加工、制作、使用过程中添加的少量或者微量物质，包括营养性饲料添加剂和非营养性饲料添加剂。

4.2

营养性饲料添加剂　nutritive feed additive

用于补充饲料营养成分的少量或者微量物质，包括饲料级氨基酸、维生素、微量矿物元素、酶制剂、非蛋白氮等。

4.3

非营养性饲料添加剂　non-nutritive feed additive

为保证或改善饲料品质，促进饲养动物生产，保障动物健康，提高饲料利用率而加入饲料中的少量或微量物质，包括一般饲料添加剂和药物饲料添加剂。

4.4

一般饲料添加剂　common feed additive

为保证或改善饲料品质，提高饲料利用率而加入饲料中的少量或微量物质。

4.5

药物饲料添加剂　medical feed additive

为预防动物疾病或影响动物某种生理、生化功能，而添加到饲料中的一种或几种药物与载体或稀释剂按规定比例配制而成的均匀预混物。

4.6

酶制剂　enzyme preparation

为提高动物对饲料的消化、利用效率或改善动物体内的代谢效能而加入饲料中的酶类物质。

4.7

益生菌　probiotic

直接饲喂微生物　direct-fed microbials

活的微生物制剂，当以恰当剂量摄入时，能产生有益于宿主健康的影响。

4.8

益生素　prebiotics

不能被消化的食物成分，能够通过选择性刺激已定植于结肠的某一种或有限几种菌种的生长和（或）活性来改善宿主的健康。

4.9

合生素　synbiotics

益生菌与益生素的混合物，通过促进饲粮中活的微生物补充剂在宿主胃肠道中的生存和定植来产生对宿主健康有益的影响。

4.10

抗氧化剂　antioxidant

为防止饲料中某些成分被氧化变质而加入饲料的添加剂。

4.11

防腐剂　preservative

为延缓或阻止饲料发酵、腐败而加入饲料的添加剂。

4.12

防霉剂 mould inhibitor

为防止饲料中霉菌繁殖而加入饲料的添加剂。

4.13

调味剂 flavoring agent

为改善饲料适口性、增进动物食欲而加入饲料的添加剂。

4.14

着色剂 colorant

为改善动物产品或饲料的色泽而加入饲料的添加剂。

4.15

粘结剂 binder

为增加粉状饲料成型能力或颗粒饲料抗形态破坏能力而加入饲料的添加剂。

4.16

抗结块剂 anti-caking agent

为保持饲料或饲料原料具有良好的流散性而加入饲料的添加剂。

4.17

非蛋白氮 non-protein nitrogen;NPN

为补充反刍动物瘤胃中微生物繁殖所需氮源，节省真蛋白质资源而加入饲料的非蛋白质态含氮化合物。

4.18

稀释剂 diluent

与高浓度组分混合以降低其浓度的可饲物质。

4.19

载体 carrier

能够接受和承载微量活性成分，改善其分散性，并有良好的化学稳定性和吸附性的可饲物质。

4.20

青贮添加剂 silage additive

为防止青贮饲料腐败、霉变并促进乳酸菌系繁殖，提高饲料营养价值而加入饲料的添加剂。

4.21

除臭剂 de-ordoring additive

为减少动物排泄物中臭味而加入饲料的添加剂。

5 饲料加工工艺术语和定义

5.1

清理 cleaning

用筛选、风选、磁选或其他方法除去饲料中所含杂质。

5.2

筛选 screening

利用饲料之间或饲料与杂质之间几何尺寸的差别，用过筛的方法将饲料分级或去除杂质。

5.3

风选 aspirating

利用饲料之间或饲料与杂质之间悬浮速度的差别，用空气(风力)将饲料分级或去除杂质。

5.4

磁选　magnetic separating

利用磁力去除饲料中的磁性金属杂质。

5.5

包衣　coating

给饲料颗粒表面覆盖保护层。

5.6

微胶囊化　micro capsulizing

给微小活性饲料组分颗粒表面覆盖保护层。

5.7

辐射　irradiating

将饲料置于特定辐射环境中进行处理。

5.8

压饼　wafering

将预处理的粗饲料压制成饼状，通常其直径或横截面长度大于厚度。

5.9

碾压　rolling

压片　flaking

利用成对压辊之间的挤压作用改变籽粒状饲料原料的形状和(或)尺寸，可预先进行着水或调质处理。

5.10

干法碾压　dry rolling

干法压片　dry flaking

对未经湿热处理的籽粒状饲料原料直接进行碾压。

5.11

汽蒸　steaming

用蒸汽直接加热饲料，提高物料的温度和水分，以改变其理化特性。

5.12

汽蒸碾压　steam rolling

汽蒸压片　steam flaking

将籽粒状饲料原料先经蒸汽处理，再进行碾压。

5.13

烘烤　toasting

将饲料置于火、热气、电或辐射线等加热环境中，进行烘焙、干燥。

5.14

微波处理　microwaving

将饲料置于微波辐射环境中处理，以改变其理化特性。

5.15

爆裂　popping

在不加水分的条件下，通过加热或烘炒，使谷物熟化、体积膨大、表面出现裂缝。

5.16

脱水　dehydrating

用机械方法或加热方法等去除饲料中的水分。

5.17

干燥　drying

去除饲料中的水分或其他液体成分。

5.18

粉碎　grinding

通过撞击、剪切、磨削等机械作用，使饲料颗粒变小。

5.19

微粉碎　micro-grinding

将饲料粉碎至全部通过0.42 mm筛孔的粉碎操作。

5.20

超微粉碎　super micro-grinding

将饲料粉碎至95%通过0.15 mm筛孔的粉碎操作。

5.21

先配料后粉碎　post-grinding

将饲料原料(组分)按配方计量配料(混合)后再粉碎。

5.22

先粉碎后配料　pre-grinding

将饲料原料(组分)分别粉碎后再按配方计量配料与混合。

5.23

一次粉碎工艺　one-step grinding

对饲料只用一道粉碎工序加工的方法。

5.24

二次粉碎工艺　two-step grinding

采用两道粉碎工序，对第一道粉碎机粉碎的饲料筛分，将筛上物送入第二道粉碎机再次粉碎的加工方法。

5.25

循环粉碎工艺　cycle grinding

属二次粉碎工艺的一种，对粉碎机粉碎的饲料筛分，将筛上物继续送至原粉碎机粉碎的加工方法。

5.26

配料　proportioning

根据饲料配方规定的配比，将两种或两种以上的饲料组分依次计量后堆积在一起或置于同一容器内或同时计量配料。

5.27

容积式配料　proportioning by volume

用计量体积的方式配料。

5.28

重量式配料　proportioning by weight

用称重的方式配料。

5.29

分批配料　batch proportioning

配料过程为周期性作业。

5.30

连续配料　continuous proportioning

配料过程为不间断作业。

5.31

自动配料　automatic proportioning

配料过程完全由机电设备自动完成。

5.32

配料周期　period of proportioning

完成一个批次的完整配料过程(包括各组分计量加料、卸料、关闭秤门)所需的时间。

5.33

自动微量配料　automatic micro-proportioning

使用高精度专用机电配料设备对微量组分进行自动配料。

5.34

混合　mixing

将两种或两种以上的饲料组分拌合在一起,使之达到特定的均匀度的过程。

5.35

冲洗　flushing

在加有药物或药物饲料添加剂的饲料生产后,使用特定数量的流动性好的原料(如玉米粉、麸皮等)冲刷混合机及有关生产线设备,以减少药物残留和交叉污染。

5.36

液体添加　liquid addition

将液体组分(如糖蜜、油脂等)定量、均匀地加入固态饲料中。

5.37

载体预处理　preprocessing of carrier

按照载体的质量要求对载体原料进行粉碎、干燥等加工。

5.38

稀释　diluting

将稀释剂与被稀释物混合,降低被稀释物的浓度。

5.39

预混合　premixing

为有利于某种或某些微量饲料组分能均匀分散在配合饲料中,而先将其与载体和(或)稀释剂进行均匀混合。

5.40

制粒　pelleting

将粉状饲料经(或不经)调质,挤出压模模孔,制成颗粒饲料。

5.41

调质　conditioning

通过湿、热处理改善饲料理化性质。

5.42

冷却　cooling

用强制流动的自然空气降低饲料的温度,同时也降低水分。

5.43

碎粒　crumbling

为适应专门的饲养需要,并为降低能耗,将冷却后的较大颗粒饲料轧碎成小颗粒。

5.44

颗粒分级　pellet grading

将成型颗粒饲料中的过大颗粒和细粉筛出,或将经破碎的颗粒依粒度分成若干部分。

5.45

颗粒液体喷涂　liquid spraying for pellets

在颗粒饲料表面喷涂油脂、糖蜜、维生素或其他液体。

5.46

制块　blocking

将饲料原料或混合料压制或浇注成块状饲料。

5.47

压摺片　crimping

使用对辊将物料压制成波形片。

5.48

挤压膨化　extruding

将饲料经螺杆推进、增压、增温处理后挤出模孔，使其骤然降压膨化，制成特定形状的膨化料。

5.49

干法挤压膨化　dry extruding

将饲料不经调质或添加少量水分后进行挤压膨化，一般出模前物料的水分低于18%。

5.50

湿法挤压膨化　wet extruding

将饲料调质后，再进行挤压膨化，一般出模前物料的水分不低于18%。

5.51

挤压膨胀　expanding

将饲料经螺杆增压挤出环形隙口，使其适度降压而膨大，制成不规则物料。通常，挤压膨胀的压力和温度低于挤压膨化。

5.52

气流膨化　air expanding

将物料送入密闭式容器内加压、加热，调质一定时间，当物料由容器排出时，由于骤然降压而膨化，由此可改善物料的理化性质。

5.53

热喷　steam exploding

将原料装入蒸煮罐内，充入蒸汽使压力、温度升高至额定值，对物料调质一定时间，当卸料闸门打开时，物料被高压气流喷入常压接料罐或室，因骤然降压而膨化，由此可改善物料的理化性质。

5.54

熟化　ripening

蒸煮　cooking

在特定设备中对饲料进行特定时间的湿热和(或)加压处理，使淀粉糊化、蛋白质变性和灭菌。

5.55

舍内风干　barn-curing

在室内对粗饲料进行强制通风干燥。

5.56

装罐　canning

对饲料进行加工、包装、密封、灭菌等处理，以便用罐或类似容器保藏。

5.57

浓缩　condensing

通过去除水分或其他液体成分来增加主体组分的浓度。

5.58

脱氟　defluorinating

将矿物性磷源饲料中的氟含量降至安全水平以下。

5.59

脱胚　degerming

全部或部分分离籽实中的胚。

5.60

干法炼制　dry-rendering

将动物组织残余物在开放式夹套加热容器中蒸煮至水分完全去除，再将脱水残渣经压榨排除脂肪。

5.61

氨化　ammoniated；ammoniating

将粗饲料用氨或氨化物进行处理，改善其品质，提高其利用率。

5.62

青贮　ensiling

将青绿植物切碎，放入容器内压实排气，在缺氧条件下进行乳酸发酵，以供长期储存。

5.63

蒸发　evaporating

通过汽化或蒸馏得到浓缩物质的过程。

5.64

发酵　fermenting

应用酵母、霉菌或细菌在受控制的有氧或厌氧环境条件下，增殖菌体、分解物料或形成特定代谢产物的过程。

5.65

糊化　gelatinizing

通过水、热和压力的复合作用，有时是机械力的作用，使淀粉颗粒完全膨胀破坏的过程。

5.66

均质　homogenizing

将颗粒破碎并分裂成均匀分布的足够小的球粒，使其能长时间保持乳化状态。

5.67

水解　hydrolyzing

复杂的分子在催化剂的作用下，与水进行化学反应，分解成为更简单的分子。

5.68

压榨　pressing

压制　pressed

用压力将饲料压实、成型或将饲料中的液体挤出。

6　饲料产品术语和定义

6.1

配合饲料　formula feed

根据饲养动物的营养需要，将多种饲料原料和饲料添加剂按饲料配方经工业化加工的饲料。

6.2

浓缩饲料　concentrate

主要由蛋白质饲料、矿物质饲料和饲料添加剂按一定比例配制的均匀混合物，与能量饲料按规定比例配合即可制成配合饲料。

6.3

精料补充料　concentrate supplement

为补充以饲喂粗饲料、青饲料、青贮饲料等为主的草食动物的营养，而用多种饲料原料和饲料添加剂按一定比例配制的均匀混合物。

6.4

添加剂预混合饲料　additive premix

由两种(类)或两种(类)以上饲料添加剂与载体或稀释剂按一定比例配制的均匀混合物，是复合预混合饲料、微量元素预混合饲料、维生素预混合饲料的统称。

6.5

复合预混合饲料　compound premix

由微量元素、维生素、氨基酸中任何两类或两类以上的组分与其他饲料添加剂及载体和(或)稀释剂按一定比例配制的均匀混合物。

6.6

微量元素预混合饲料　trace mineral premix

由两种或两种以上微量元素与载体和(或)稀释剂按一定比例配制的均匀混合物。

6.7

维生素预混合饲料　vitamin premix

由两种或两种以上维生素与载体和(或)稀释剂按一定比例配制的均匀混合物。

6.8

液体饲料　liquid feed

可作饲料原料用或可直接饲喂动物的流体物质。

6.9

粉状饲料　mash feed

将多种饲料原料经清理、粉碎、配料和混合工序加工而成的粉状产品。

6.10

颗粒饲料　pelleted feed

硬颗粒饲料　hard pellet

将粉状饲料经调质、挤出压模模孔制成的规则粒状饲料产品。

6.11

软颗粒饲料　soft pellet

有较高液体组分含量的颗粒饲料，需要立即除去粉末和冷却。

6.12

碎粒饲料　crumbles

将颗粒饲料破碎、筛分得到的不规则小粒状饲料产品。

6.13

块状饲料　block

将饲料压制或经化学硬化凝集而成，足以保持块状固体形态的饲料产品。

6.14

膨化颗粒饲料　extruded feed

经调质、增压挤出模孔和骤然降压过程制成的规则膨松颗粒饲料。

6.15

膨胀饲料　expanded feed

经调质、增压挤出环形隙口和适度降压过程制成的不规则膨松饲料。

6.16

沉性颗粒饲料　sinking pellet

因密度较大而在水中发生沉降的颗粒饲料。

6.17

浮性颗粒饲料　floating pellet

因密度较小而可漂浮在水面或悬浮在水中的颗粒饲料。

6.18

片状饲料　flake

由籽粒状谷物或豆类经(或不经)调质、用压辊轧制而成的薄片。

6.19

加药饲料　medicated feed

为满足特殊要求而加有药物饲料添加剂的饲料。

7　饲料质量术语和定义

7.1

水分　moisture

饲料在 103 ℃±2 ℃烘至恒重所失去的游离水等物质。

7.2

干物质　dry matter;DM

从饲料中扣除水分后的物质。

7.3

粗蛋白质　crude protein;CP

饲料中含氮量乘以 6.25。

7.4

真蛋白质　true protein

粗蛋白质中由氨基酸构成的蛋白质部分。

7.5

粗脂肪　ether extract;EE;crude fat

饲料中可溶于石油醚或乙醚的物质的总称,包括脂肪、类脂等。

7.6

粗灰分　crude ash

饲料经 550 ℃灼烧后的残渣。

7.7

粗纤维　crude fiber;CF

饲料经稀酸、稀碱处理后剩下的不溶性有机物,包括纤维素、半纤维素、木质素等。

7.8

无氮浸出物　nitrogen free extract;NFE

饲料中可溶于水或稀酸的碳水化合物。通常由干物质总量减去粗蛋白质、粗脂肪、粗纤维和粗灰分后所得。

7.9

感官指标　sensory index

对饲料原料或饲料产品的色泽、气味、外观、霉变和掺杂等指标所作的规定。

7.10

营养指标　nutritive index

对饲料原料或饲料产品的营养成分含量或营养价值所作的规定。

7.11

卫生指标　hygienic index

为保证动物健康和动物产品对人的安全性及避免环境污染，对饲料中有毒、有害物质及病原微生物等规定的允许量。

7.12

加工质量指标　processing quality index

对饲料原料或饲料产品加工过程中所发生的物理或化学变化所作的规定，如粒度、混合均匀度、糊化度等。

7.13

磁性金属杂质　magnetic metal impurity

混入饲料的危害饲料质量、加工设备和动物健康的磁性金属物。

7.14

粒度　particle size

饲料原料、饲料添加剂或饲料产品的粗细程度。

7.15

混合均匀度　mixing uniformity

饲料产品中各组分分布的均匀程度。

7.16

自动分级　segregation

已混合均匀的饲料产品在贮运过程中引起混合均匀度降低的现象。

7.17

颗粒饲料粉化率　percentage of powdered pellets

在特定测试条件下，颗粒饲料的粉末质量占试样总质量的百分比。

7.18

颗粒饲料水中稳定性　water durability of pellets

在特定测试条件下，颗粒饲料在水中抗溶蚀的能力。

7.19

颗粒饲料硬度　hardness of pellet

在特定测试条件下，颗粒饲料对所受外压力引起变形的抵抗能力。

7.20

有毒有害物质　toxic and harmful substance

饲料中所含有的直接或间接影响动物机体健康、动物产品质量，危害人体健康及污染环境的物质。

7.21

交叉污染　cross contamination

在加工、运输、贮藏过程中不同饲料原料或产品之间，或饲料与周围环境中的其他物质发生的相互污染。

7.22

常规分析　proximate analysis

概略分析　proximate analysis

用常规方法测定饲料中的水分、粗蛋白质、粗脂肪、粗灰分、粗纤维和用差值法计算无氮浸出物含量的方法。

7.23

风干样品　air dried sample

将饲料样品经风干、晾晒或在 65 ℃±2 ℃恒温下烘干后，在室内回潮，使其水分达到相对平衡的样品。

7.24

绝干样品　absolute dry sample

在 103 ℃±2 ℃烘至恒重后的饲料样品。

7.25

实验室样品　laboratory sample

从一批样品中缩分抽取的、代表其质量状况的、为送往实验室做分析检验或其他测试的样品。

7.26

试样　test sample

将实验室样品通过分样器或手工分样，必要时经磨样后的有代表性的样品。

7.27

试料　test portion

从试样(或实验室样品)取得的有代表性的物料。

7.28

保质期　shelf life

在规定的贮存条件下，能保证饲料产品质量的期限。在此期限内，产品的成分、外观等应符合标准的要求。

7.29

产品成分分析保证值　guaranteed values of analyzed composition of product

生产者根据规定的保证值项目，对其产品成分必须作出的明示承诺和保证，保证在保质期内，采用规定的分析方法均能分析得到符合标准要求的产品成分值。

7.30

不合格产品　defective product

质量达不到所执行的产品标准或标签规定的产品。

8　其他术语和定义

8.1

生物学利用率　bioavailability

饲料中某种营养素在动物体内被消化、吸收和利用的程度。

8.2

日粮　ration

单个饲养动物在一昼夜(24 h)内按所需营养确定的应采食的饲料总量。

8.3

日粮配合　ration formulation

根据动物营养需要和各种饲料的特性，将多种饲料原料和饲料添加剂科学搭配组成日粮的过程。

8.4

饲粮　diet

按日粮中各种饲料组分的比例配制的饲料。

8.5

蛋白能量比　protein-calorie ratio

饲料的粗蛋白质(g/kg)与代谢能(MJ/kg)的比值。

8.6

能量蛋白比　calorie-protein ratio

饲料中消化能(kJ/kg)与粗蛋白质(%)的比值。

8.7

饲料转化比　feed conversion ratio;FCR

饲料报酬　feed reward

消耗单位风干饲料质量与所得到的动物产品质量的比值。

8.8

国际雏鸡单位　international chick unit;ICU

以 0.025 μg 结晶维生素 D_3 对雏鸡所产生的作用为一个国际雏鸡单位。

8.9

饲料标签　feed label

以文字、图形、符号说明饲料内容的一切附签及其他说明物。

附 录 A
（资料性附录）
饲料质量与安全管理体系部分术语

A.1

质量 quality

一组固有特性满足要求的程度。

注1：术语“质量”可使用形容词如差、好或优秀来修饰。

注2：“固有的”(其反义是“赋予的”)就是指在某事或某物中本来就有的，尤其是那种永久的特性。

[GB/T 19000—2000，定义 3.1.1]

A.2

要求 requirement

明示的、通常隐含的或必须履行的需求或期望。

注1：“通常隐含”是指组织、顾客和其他相关方的惯例或一般做法，所考虑的需求或期望是不言而喻的。

注2：特定要求可使用修饰词表示，如产品要求、质量管理要求、顾客要求。

注3：规定要求是经明示的要求，如在文件中阐明。

注4：要求可由不同的相关方提出。

[GB/T 19000—2000，定义 3.1.2]

A.3

顾客满意 customer satisfaction

顾客对其要求已被满足的程度的感受。

注1：顾客抱怨是一种满意程度低的最常见的表达方式，但没有抱怨并不一定表明顾客很满意。

注2：即使规定的顾客要求符合顾客的愿望并得到满足，也不一定确保顾客很满意。

[GB/T 19000—2000，定义 3.1.4]

A.4

质量管理体系 quality management system

在质量方面指挥和控制组织的管理体系。

[GB/T 19000—2000，定义 3.2.3]

A.5

质量方针 quality policy

由组织的最高管理者正式发布的该组织总的质量宗旨和方向。

注1：通常质量方针与组织的总方针相一致并为制定质量目标提供框架。

注2：本标准中提出的质量管理原则可以作为制定质量方针的基础。

[GB/T 19000—2000，定义 3.2.4]

A.6

质量目标 quality objective

在质量方面所追求的目的。

注1：质量目标通常依据组织的质量方针制定。

注2：通常对组织的相关职能和层次分别规定质量目标。

[GB/T 19000—2000，定义 3.2.5]

A.7

质量管理 quality management

在质量方面指挥和控制组织的协调的活动。

注：在质量方面的指挥和控制活动，通常包括制定质量方针和质量目标以及质量策划、质量控制、质量保证和质量改进。

[GB/T 19000—2000，定义 3.2.8]

A.8

质量策划 quality planning

质量管理的一部分，致力于制定质量目标并规定必要的运行过程和相关资源以实现质量目标。

注：编制质量计划可以是质量策划的一部分。

[GB/T 19000—2000，定义 3.2.9]

A.9

质量控制 quality contorl

质量管理的一部分，致力于满足质量要求。

[GB/T 19000—2000，定义 3.2.10]

A.10

质量保证 quality assurance

质量管理的一部分，致力于提供质量要求会得到满足的信任。

[GB/T 19000—2000，定义 3.2.11]

A.11

质量改进 quality improvement

质量管理的一部分，致力于增强满足质量要求的能力。

注：要求可以是有关任何方面的，如有效性、效率或可追溯性。

[GB/T 19000—2000，定义 3.2.12]

A.12

持续改进 continual improvement

增强满足要求的能力的循环活动。

注：制定改进目标和寻求改进机会的过程是一个持续过程，该过程使用审核发现和审核结论、数据分析、管理评审或其他方法，其结果通常导致纠正措施或预防措施。

[GB/T 19000—2000，定义 3.2.13]

A.13

可追溯性 traceability

追溯所考虑对象的历史、应用情况或所处场所的能力。

注：当考虑产品时，可追溯性可涉及到：

——原材料和零部件的来源；

——加工过程的历史；

——产品交付后的分布和场所。

[GB/T 19000—2000，定义 3.5.4]

A.14

预防措施 preventive action

为消除潜在不合格或其他潜在不期望情况的原因所采取的措施。

注 1：一个潜在不合格可以有若干个原因。

注 2：采取预防措施是为了防止发生，而采取纠正措施是为了防止再发生。

[GB/T 19000—2000，定义 3.6.4]

A.15

纠正措施 corrective action

为消除已发现的不合格或其他不期望情况的原因所采取的措施。

注 1：一个不合格可以有若干个原因。

注 2：采取纠正措施是为了防止再发生，而采取预防措施是为了防止发生。

注 3：纠正和纠正措施是有区别的。

[GB/T 19000—2000，定义 3.6.5]

A.16

质量手册　quality manual

规定组织质量管理体系的文件。

注：为了适应组织的规模和复杂程度，质量手册在其详略程度和编排格式方面可以不同。

[GB/T 19000—2000，定义 3.7.4]

A.17

质量计划　quality plan

对特定的项目、产品、过程或合同，规定由谁及何时应使用哪些程序和相关资源的文件。

注 1：这些程序通常包括所涉及的那些质量管理过程和产品实现过程。

注 2：通常，质量计划引用质量手册的部分内容或程序文件。

注 3：质量计划通常是质量策划的结果之一。

[GB/T 19000—2000，定义 3.7.5]

A.18

食品安全　food safety

食品在按照预期用途进行制备和(或)食用时，不会对消费者造成伤害的概念。

注：食品安全与食品安全危害的发生有关，但不包括与人类健康相关的其他方面，如营养不良。

[GB/T 22000—2006，定义 3.1]

A.19

食品链　food chain

从初级生产直至消费的各环节和操作的顺序，涉及食品及其辅料的生产、加工、分销、贮存和处理。

注 1：食品链包括食源性动物的饲料生产和用于生产食品的动物的饲料生产。

注 2：食品链也包括与食品接触材料或原材料的生产。

[GB/T 22000—2006，定义 3.2]

A.20

食品安全危害　food safety hazard

食品中所含有的对健康有潜在不良影响的生物、化学或物理的因素或食品存在状况。

注 1：术语"危害"不应和"风险"混淆。对食品安全而言，"风险"是食品暴露于特定危害时，对健康产生不良影响的概率(如生病)与影响的严重程度(如死亡、住院、缺勤等)之间构成的函数。风险在 ISO/IEC 导则 51 中定义为伤害发生的概率与其严重程度的组合。

注 2：食品安全危害包括过敏原。

注 3：对饲料和饲料配料而言，相关食品安全危害是指可能存在或出现于饲料和饲料配料中，再通过动物消费饲料转移至食品中，并由此可能导致人类不良健康后果的因素。对饲料和食品的间接操作(如包装材料、清洁剂等的生产者)而言，相关食品安全危害是指按所提供产品和(或)服务的预期用途，可能直接或间接转移到食品中，并由此可能造成人类不良健康后果的因素。

[GB/T 22000—2006，定义 3.3]

A.21

食品安全方针　food safety policy

由组织的最高管理者正式发布的该组织总的食品安全宗旨和方向。

[GB/T 22000—2006，定义 3.4]

A.22

控制措施　control measure

〈食品安全〉能够用于防止或消除食品安全危害或将其降低到可接受水平的行动或活动。

[GB/T 22000—2006,定义 3.7]

A.23

前提方案　prerequisite program;PRP

前提条件　prerequisite

〈食品安全〉在整个食品链中为保持卫生环境所必需的基本条件和活动,以适合生产、处理和提供安全终产品和人类消费的安全食品。

注:前提方案决定于组织在食品链中的位置及类型,等同术语如:良好农业规范(GAP)、良好兽医规范(GVP)、良好操作规范(GMP)、良好卫生规范(GHP)、良好生产规范(GPP)、良好分销规范(GDP)、良好贸易规范(GTP)。

[GB/T 22000—2006,定义 3.8]

A.24

操作性前提方案　operational prerequisite program;operational PRP

为减少食品安全危害在产品或产品加工环境中引入和(或)污染或扩散的可能性,通过危害分析确定基本的前提方案。

[GB/T 22000—2006,定义 3.9]

A.25

关键控制点　critical control point;CCP

〈食品安全〉能够进行控制,并且该控制对防止、消除食品安全危害或将其降低到可接受水平所必需的某一步骤。

[GB/T 22000—2006,定义 3.10]

A.26

关键限值　critical limit;CL

区分可接收和不可接收的判定值。

注:设定关键限值保证关键控制点(CCP)受控。当超出或违反关键限值时,受影响产品应视为潜在不安全产品。

[GB/T 22000—2006,定义 3.11]

参 考 文 献

[1] GB/T 19000—2000/ISO 9000:2000 质量管理体系 基础和术语
[2] GB/T 22000—2006/ISO 22000:2005 食品安全管理体系 食品链中各类组织的要求

中 文 索 引

T

W

X

Y

Z

英 文 索 引

E

F

G

H

I

L

M

N

ICS 65.120
B 46

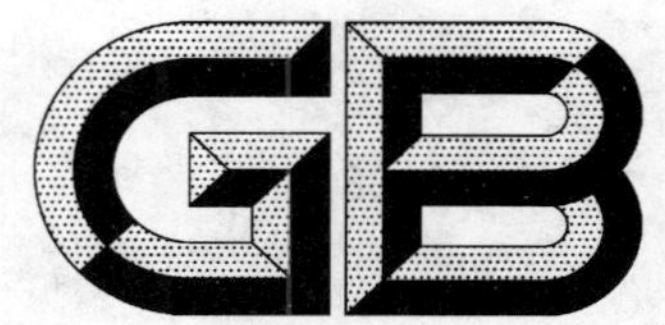

中华人民共和国国家标准

GB/T 10649—2008
代替 GB/T 10649—1989

微量元素预混合饲料混合均匀度的测定

Determination of mixing homogeneity for mineral premix

2008-08-01 发布　　　　2008-11-01 实施

中华人民共和国国家质量监督检验检疫总局
中国国家标准化管理委员会　发布

前 言

本标准代替 GB/T 10649—1989《微量元素预混合饲料混合均匀度测定法》。

本标准与 GB/T 10649—1989 相比主要变化如下：

——标准名称改为“微量元素预混合饲料混合均匀度的测定”；

——增加了前言部分；

——在标准的适用范围中增加了“本标准规定了微量元素预混合饲料混合均匀度的测定方法”的描述；

——对规范性引用文件部分增加了对试样制备的新的国家标准的引用；

——在原理中增加了“以同一批次试样中铁含量的差异来反映所测产品的混合均匀度”的描述；

——对文字表述、试样制备、测定步骤的内容进行了部分修改；

——按 GB/T 20001.4 的要素要求重新编写了标准的章节。

本标准由全国饲料工业标准化技术委员会提出并归口。

本标准起草单位：江南大学。

本标准主要起草人：谢正军、徐学明、袁信华、朱建平、赵建伟。

本标准所代替标准的历次版本发布情况为：

——GB/T 10649—1989。

微量元素预混合饲料混合均匀度的测定

1 范围

本标准规定了微量元素预混合饲料混合均匀度的测定方法。

本标准适用于含铁盐的微量元素预混合饲料混合均匀度的检测。

2 规范性引用文件

下列文件中的条款通过本标准的引用而成为本标准的条款。凡是注日期的引用文件,其随后所有的修改单(不包括勘误的内容)或修订版均不适用于本标准,然而,鼓励根据本标准达成协议的各方研究是否可使用这些文件的最新版本。凡是不注日期的引用文件,其最新版本适用于本标准。

GB/T 6682 分析实验室用水规格和试验方法(GB/T 6682—1992,neq ISO 3696:1987)

GB/T 20195 动物饲料 试样的制备

3 原理

本法通过盐酸羟胺将样品液中的铁还原成二价铁离子,再与显色剂邻菲啰啉反应,生成橙红色的络合物,用比色法测定铁的含量,以同一批次试样中铁含量的差异来反映所测产品的混合均匀度。

4 试剂

以下试剂除特别注明外,均为分析纯。水为蒸馏水,符合 GB/T 6682 的三级用水规定。

4.1 浓盐酸。

4.2 盐酸羟胺溶液(100 g/L):称取 10 g 盐酸羟胺溶于水中,再用水稀释至 100 mL,摇匀,保存于棕色瓶中并置于冰箱内保存。

4.3 乙酸盐缓冲溶液(pH 约为 4.5):称取 8.3 g 无水乙酸钠溶于水中,再加入 12 mL 冰乙酸,并用水稀释至 100 mL,摇匀。

4.4 邻菲啰啉溶液(1 g/L):称取 0.1 g 邻菲啰啉溶于约 80 mL 80 ℃的水中,冷却后用水稀释至 100 mL,摇匀,保存于棕色瓶中并置于冰箱内保存。

5 仪器和设备

5.1 分析天平:感量 0.1 mg。

5.2 分光光度计:带 1 cm 比色皿。

6 采样

6.1 本法所需样品应单独采制。

6.2 每一批饲料抽取 10 个有代表性的原始样品,每个样品的数量 50 g~100 g。样品的采集应考虑代表性,但每一个样品应由一点集中取样。取样时不允许有任何翻动或再混合。

7 试样制备

样品的制备应按 GB/T 20195 的规定进行。将上述每个样品在实验室内充分混匀,称取 1 g~10 g(以按第 8 章中所测试液吸光度值在 0.2~0.8 以内为准)试样进行测定。

8 测定步骤

称取试样 1 g～10 g(准确至±0.000 2 g)于 250 mL 烧杯中，加少量水润湿，慢慢滴加 20 mL 浓盐酸(4.1)，防样液溅出，充分摇匀后再加入 50 mL 水搅匀，充分转移到 250 mL 容量瓶，用水稀释至 250 mL，摇匀，过滤。移取 2 mL 滤液于 25 mL 容量瓶中，加入盐酸羟胺溶液(4.2)1 mL，充分混匀，5 min 后加入乙酸盐缓冲溶液(4.3)5 mL，摇匀，再加入邻菲啰啉溶液(4.4)1 mL(对于高铜的预混合饲料邻菲啰啉溶液可酌情提高用量至 3 mL～5 mL)，用水稀释至 25 mL，充分混匀，放置 30 min，以试剂空白作参比，用分光光度计(5.2)在 510 nm 波长处测定试液的吸光度值。按此步骤依次测定出同一批次的 10 个试液中的吸光度值 $A_1, A_2, A_3, \cdots, A_{10}$。

9 结果计算

由于试液中铁离子含量与其吸光度值存在线性关系，所以以下计算直接以试液吸光度值进行。

9.1 单位质量的吸光度值 X_i

单位质量的吸光度值 X_i 按式(1)计算：

$$X_i = \frac{A_i}{m_i} \qquad \cdots\cdots(1)$$

式中：

A_i——第 i 个试液的吸光度值；

m_i——第 i 个试样的质量，单位为克(g)。

9.2 单位质量的吸光度值平均值 $\overline{X}$

单位质量的吸光度值平均值 $\overline{X}$ 按式(2)计算：

$$\overline{X} = \frac{X_1 + X_2 + X_3 + \cdots + X_{10}}{10} \qquad \cdots\cdots(2)$$

9.3 单位质量的吸光度值的标准差 S

单位质量的吸光度值的标准差 S 按式(3)计算：

$$S = \sqrt{\frac{(X_1 - \overline{X})^2 + (X_2 - \overline{X})^2 + (X_3 - \overline{X})^2 + \cdots + (X_{10} - \overline{X})^2}{10 - 1}} \qquad \cdots\cdots(3)$$

9.4 混合均匀度值

混合均匀度值以同一批次的单位质量的吸光度值的变异系数 CV 值表示，CV 值越大，混合均匀度越差。

10 个试液单位质量的吸光度值的变异系数 CV 值(%)按式(4)计算：

$$CV = \frac{S}{\overline{X}} \times 100 \qquad \cdots\cdots(4)$$

计算结果保留到小数点后两位。

ICS 67.080.10
B 31

中华人民共和国国家标准

GB/T 10650—2008
代替 GB/T 10650—1989

鲜　梨

Fresh pears

2008-08-07 发布　　　　2008-12-01 实施

中华人民共和国国家质量监督检验检疫总局
中国国家标准化管理委员会　发布

前言

本标准代替 GB/T 10650—1989《鲜梨》。

本标准与 GB/T 10650—1989 相比主要变化如下：

——增加了原标准适用范围的具体主要品种；

——删除了原标准中的分类和品种部分；

——对部分术语进行了增减和修改；

——删除了各等级果实横径之间的具体尺寸差异规定，增加了大小整齐度要求；

——根据当前我国鲜梨质量有较大提高的生产实际，提高了对果实表面缺陷的总体要求；

——删除鲜梨质量理化指标中的总酸量和固酸比，添加了新增品种鲜梨的果实硬度和可溶性固形物含量的参考指标；

——把容许度单独作为一章，并且从文字到内容都作了简化；

——删除了运输与保管部分。

本标准的附录 A 和附录 B 均为资料性附录。

本标准由中华全国供销合作总社提出。

本标准由中华全国供销合作总社济南果品研究院归口。

本标准起草单位：中华全国供销合作总社济南果品研究院。

本标准主要起草人：冯建华、徐新明、季向阳、郁网庆、姜桂传。

本标准所代替标准的历次版本发布情况为：

——GB/T 10650—1989。

鲜　　梨

1　范围

本标准规定了收购鲜梨的质量要求、检验方法、检验规则、容许度、包装、标志和标签等内容。

本标准适用于鸭梨、雪花梨、酥梨、长把梨、大香水梨、茌梨、苹果梨、早酥梨、大冬果梨、巴梨、晚三吉梨、秋白梨、南果梨、库尔勒香梨、新世纪梨、黄金梨、丰水梨、爱宕梨、新高梨等主要鲜梨品种的商品收购。其他未列入的品种可参照执行。

2　规范性引用文件

下列文件中的条款通过本标准的引用而成为本标准的条款。凡是注日期的引用文件，其随后所有的修改单(不包括勘误的内容)或修订版均不适用于本标准，然而，鼓励根据本标准达成协议的各方研究是否可使用这些文件的最新版本。凡是不注日期的引用文件，其最新版本适用于本标准。

GB 2762　食品中污染物限量

GB 2763　食品中农药最大残留限量

GB/T 5009.38　蔬菜、水果卫生标准的分析方法

GB 7718　预包装食品标签通则

GB/T 8855　新鲜水果和蔬菜　取样方法

3　术语和定义

下列术语和定义适用于本标准。

3.1

品种特征　characteristics of the variety

不同品种的梨成熟时具有的本品种的各项特征。包括：果实形状、果径大小；果面色泽和果点的大小、疏密、果皮厚薄、果梗粗细长短、萼洼深浅、果肉和果核的比例以及肉质风味等。

3.2

成熟　mature

果实完成生长发育，呈现出固有的色泽、风味等基本特征。

3.3

成熟度　degrees of ripe

表示梨果实成熟的不同程度，一般分为可采成熟度、食用成熟度、生理成熟度。

可采成熟度是果实完成了生长和化学物质的积累过程，果实体积不再增大且已经达到最佳贮运阶段，但未达到最佳食用阶段，该阶段呈现本品种特有的色、香、味等主要特征，果肉开始由硬变脆。

食用成熟度是果实已具备该品种固有的色泽、风味并达到适合食用的阶段。

生理成熟度是果实在生理上已达到成熟时的状态。

3.4

刺伤　puncture

果实采摘时或采后果皮被刺破或划破，伤及果肉而造成的损伤。

3.5

碰压伤　bruising

果实由于碰撞或受压而造成的损伤。轻微碰压伤是指果皮未破，伤面轻微凹陷，色稍变暗，无汁液

外溢现象。

3.6

磨伤 rubbing

由于枝、叶磨擦而形成的果皮损伤。伤处呈块状或网状，严重者磨伤处呈深褐色或黑色。块状按占有面积计算，网状按分布面积计算。

3.7

药害 chemicals injury

喷洒的农药在果面上留下的药斑，轻微者是指细小而稀疏的斑点和变色不明显的网状薄层。

3.8

日灼 sun burn

果面上因受强烈日光照射而形成的变色斑块，轻微者晒伤部分多数呈浅褐色，重者灼伤部位变软。

3.9

雹伤 hail damage

果实在生长期间被冰雹击伤。轻微者是指伤处已经愈合，形成褐色小块斑痕，或果皮未破，伤处略现凹陷。伤部面积大以及未愈合良好者为重度雹伤。

3.10

病害 diseases

果实遭受的生理性和侵染性伤害。果实的病害分为生理性病害和浸染性病害。

3.10.1

生理性病害 physiological disorde

由于不良环境因素、自身生理代谢失调或遗传因素引起的病害，又叫生理失调。主要有斑点病、黑心(黑肉)病、果肉变褐、黑皮病、糠心、冷害、二氧化碳中毒等。

3.10.2

侵染性病害 infectious diseases

由病原微生物引起的传染病害。主要有轮纹病、青绿霉病、黑星病、黑腐病、炭疽病等。

3.11

虫伤 insect bites

梨黄粉虫、卷叶蛾、梨果象甲(梨象虫、梨虎)、食皮螟、椿象、梨园介壳虫等危害果实的害虫蛀食果皮和果肉引起的损伤，虫伤面积包括伤口周围已木栓化面积。

3.12

虫果 maggoty fruit

被梨小、苹小、桃小等食心虫危害的果实，果面上有虫眼，周围变色，入果后蛀食果肉或果心，虫眼周围或虫道中留有虫粪，影响食用。

3.13

外来水分 abnormal external moisture

果实经雨淋或用水冲洗后在梨果表面留下的水分，不包括由于温度变化产生的轻微凝结水。

3.14

容许度 tolerances

人为规定的对某项要求的允许限度。

4 要求

4.1 质量等级要求

鲜梨质量分三个等级，各质量等级见表1。凡不符合表1质量等级规定的均视为等外品。

表 1　鲜梨质量等级要求

项目指标	优等品	一等品	二等品
基本要求	具有本品种固有的特征和风味；具有适于市场销售或贮藏要求的成熟度；果实完整良好；新鲜洁净，无异味或非正常风味；无外来水分		
果　形	果形端正，具有本品种固有的特征	果形正常，允许有轻微缺陷，具有本品种应有的特征	果形允许有缺陷，但仍保持本品种应有的特征，不得有偏缺过大的畸形果
色　泽	具有本品种成熟时应有的色泽	具有本品种成熟时应有的色泽	具有本品种应有的色泽，允许色泽较差
果　梗	果梗完整（不包括商品化处理造成的果梗缺省）	果梗完整（不包括商品化处理造成的果梗缺省）	允许果梗轻微损伤
大小整齐度	各等级果的大小尺寸不作具体规定，可根据收购商要求操作，但要求应具有本品种基本的大小。而大小整齐度应有硬性规定，要求果实横径差异＜5 mm		
果面缺陷	允许下列规定的缺陷不超过 1 项：	允许下列规定的缺陷不超过 2 项：	允许下列规定的缺陷不超过 3 项：
①刺伤、破皮划伤	不允许	不允许	不允许
②碰压伤	不允许	不允许	允许轻微碰压伤，总面积不超过 0.5 cm^2，其中最大处面积不得超过 0.3 cm^2，伤处不得变褐，对果肉无明显伤害
③磨伤（枝磨、叶磨）	不允许	不允许	允许不严重影响果实外观的轻微磨伤，总面积不超过 1.0 cm^2
④水锈、药斑	允许轻微薄层总面积不超过果面的 1/20	允许轻微薄层总面积不超过果面的 1/10	允许轻微薄层，总面积不超过果面的 1/5
⑤日灼	不允许	允许轻微的日灼伤害，总面积不超过 0.5 cm^2。但不得有伤部果肉变软	允许轻微的日灼伤害，总面积不超过 1.0 cm^2。但不得有伤部果肉变软
⑥雹伤	不允许	不允许	允许轻微者 2 处，每处面积不超过 1.0 cm^2
⑦虫伤	不允许	允许干枯虫伤 2 处，总面积不超过 0.2 cm^2	干枯虫伤处不限，总面积不超过 1.0 cm^2
⑧病害	不允许	不允许	不允许
⑨虫果	不允许	不允许	不允许

4.2　理化指标

果实硬度和可溶性固形物理化指标暂不作为鲜梨收购的质量指标。具体规定参见附录 A。

4.3 卫生指标

按 GB 2762、GB 2763 水果类规定指标执行。

5 试验方法

5.1 质量等级要求检验

5.1.1 检验程序

将检验样品逐件铺放在检验台上，按标准规定检验项目检出不合格果，在同一果实上兼有两项及其以上不同缺陷与损伤项目者，可只记录其中对品质影响较重的一项。以件为计算单位分项记录，每批样果检验完后，计算检验结果，评定该批果品的等级品质。

5.1.2 评定方法

5.1.2.1 果实的基本要求、果形、色泽、成熟度、果梗均由感官鉴定。

5.1.2.2 果面缺陷和损伤由目测结合测量确定。

5.1.2.3 果实大小整齐度用分级标准果板测量确定。

5.1.2.4 病虫害用肉眼或用放大镜检查果实的外表征状，如发现有病虫害症状，或对果实内部有怀疑者，应检取样果用小刀进行切剖检验，如发现有内部病变时，应扩大切剖数量，进行严格检查。

5.1.3 不合格果率的计算

检验时，将各种不符合规定的果实检出分项计数（果重或果数），并在检验单上正确记录，以果重或果数为基准计算其百分率，如包装上标有果数时，则百分率应以果数为基准计算，算至小数点后一位。

计算见式(1)：

$$单项不合格果率(\%) = \frac{单项不合格果重量(或个数)}{检验总重量(或总果数)} \times 100 \qquad \cdots\cdots\cdots\cdots\cdots\cdots(1)$$

各单项不合格果百分率的总和即为该批鲜梨不合格果总数的百分率。

5.2 理化指标检验

参照附录 B 检验。

5.3 卫生指标检验

按 GB/T 5009.38 规定执行。

6 检验规则

6.1 收购检验以感官鉴定为主，按 4.1 条所列各项对样果逐个进行检查，根据检验结果评定质量和等级。理化、卫生检验分析果实的内在质量，作为评定的科学数据。

6.2 同品种、同等级、同一批收购的鲜梨作为一个检验批次。

6.3 生产单位或生产户在交售产品时，应分清品种、等级，自行定量包装，写明交售件数和重量。凡与货单不符、品种和等级混淆不清，数量错乱，包装不符合规定者，应由生产单位或生产户重新整理后再进行验收。

6.4 分散零担收购的梨，也应分清品种、等级，按规定的质量指标分等验收。验收后由收购单位按规定要求重新包装。

6.5 抽样

6.5.1 抽取样品应具有代表性，应参照包装日期在全批货物的不同部位按 6.5.2 规定数量抽样，样品的检验结果适用于整个抽验批。

6.5.2 抽样数量：每批在 50 件以内的抽取 2 件，51 件～100 件抽取 3 件，100 件以上的以 100 件抽取3 件为基数，每增 100 件增抽 1 件，不足 100 件者以 100 件计。分散零担收购时，取样果数不少于 100 个。

6.5.3 在检验中如果发现问题，可以酌情增加抽样数量。

6.5.4 理化检验取样：按 GB/T 8855 取样，在检验大样中选取该批梨果具有成熟度代表性的样果

30个～40个，供理化和卫生指标检验用。

6.6 检重：在验收时，每件包装内的果实应符合规定重量和数量，如有短缺，应按规定补足。

6.7 经检验评定不符合本等级规定品质条件的梨，应按其实际规格品质定级验收。如交售一方不同意变更等级时，应进行加工整理后再重新抽样检验，以重验的检验结果为评定等级的根据，重验以一次为限。

7 容许度

7.1 质量容许度

7.1.1 优等品允许3%的果实不符合本等级规定的质量要求，其中，虫伤果不得超过1%。

7.1.2 一等品允许5%的果实不符合本等级规定的质量要求，其中，轻微碰压伤、虫伤果不得超过2%，长果梗型品种梨应带有果梗。

7.1.3 二等品允许8%的果实不符合本等级规定的质量要求，其中，虫果和轻微虫伤果、刺伤果、病害果不得超过5%，不得有严重碰压伤、裂口未愈合、病果和烂果，另外，允许果梗损伤果不超过20%，长果梗型品种梨应带有果梗。

7.2 大小容许度

各等级允许有5%的果实不符合本等级规定的大小整齐度规定要求。

7.3 各等级鲜梨容许度规定允许的不合格果，应符合下一相邻等级的质量要求，不得有隔等果。

7.4 容许度的测定是抽检每一个包装件后，按抽检数综合计算的平均数，以果实的重量或个数加以确定。

8 包装、标志和标签

8.1 包装

8.1.1 包装容器应采用纸箱、塑料箱、木箱进行分层包装，应坚实、牢固、干燥、清洁卫生，无不良气味，对产品应具充分的保护性能。内外包装材料及制备标记所用的印色与胶水应无毒性。

8.1.2 同一批货物应包装一致(有专门要求者除外)，每一包装件内应是同一产地、同一批采收、同一品种、同一等级规格、同等成熟度的鲜梨。

8.1.3 包装时切勿将树叶、枝条、纸袋、尘土、石砾等杂物或污染物带入容器，避免污染果实，影响外观。

8.1.4 用于冷藏的鲜梨，可根据冷库的具体情况选择采用适宜的贮藏容器，出库后再按规定进行分级包装。

8.2 标志

同一批货物的包装标志，在形式上和内容上应完全统一。每一外包装应印有鲜梨的标志文字和图案，对标志文字和图案暂无统一规定，但标志文字和图案应清晰、完整，不能擦涂，集中在包装的固定部位。

8.3 标签

按GB 7718执行。如有按照果数规定者，也应标明装果数量。标签上的字迹应清晰、完整、准确。

附 录 A
（资料性附录）
鲜梨各主要品种的理化指标参考值

表 A.1 鲜梨各主要品种的理化指标参考值

品 种	项 目 指 标	
	果实硬度/(kg/cm^2)	可溶性固形物/% ≥
鸭梨	4.0～5.5	10.0
酥梨	4.0～5.5	11.0
茌梨	6.5～9.0	11.0
雪花梨	7.0～9.0	11.0
香水梨	6.0～7.5	12.0
长把梨	7.0～9.0	10.5
秋白梨	11.0～12.0	11.2
新世纪梨	5.5～7.0	11.5
库尔勒香梨	5.5～7.5	11.5
黄金梨	5.0～8.0	12.0
丰水梨	4.0～6.5	12.0
爱宕梨	6.0～9.0	11.5
新高梨	5.5～7.5	11.5

附 录 B
（资料性附录）
鲜梨理化检验方法

B.1 果实硬度

B.1.1 仪器

果实硬度计(须经计量部门检定)。

B.1.2 测试方法

检取果实 15 个～20 个，逐个在果实相对两面的胴部，用小刀削去直径约为 12 mm 的薄薄果皮，尽可能少损及果肉。持果实硬度计垂直地对准果面测试处，缓慢施加压力，使测头压入果肉至规定标线为止，从指示器所指处直接读数，即为果实硬度，统一规定以"kg/cm^2"表示测试结果，取其平均值，计算至小数点后一位。

B.2 可溶性固形物

B.2.1 仪器

手持糖量计(手持折光仪)。

B.2.2 测定方法

校正好仪器标尺的焦距和位置，打开辅助棱镜，从果样中挤滤出汁液 1 滴～2 滴，仔细滴在棱镜平面中央，迅速关合辅助棱镜，静置 1 min，朝向光源或明亮处，调节消色环，使视野内出现清晰的分界线与分界线相应的读数，即试液在 20 ℃下所含可溶性固形物的百分率。当环境不是 20 ℃时，可根据仪器所附补偿温度计表示的加减数进行校正。每批试验不得少于 10 个果样，每一试样应重复 2 次～3 次，求其平均值。使用仪器连续测定不同试样时，应在使用后用清水将镜面冲洗洁净，并用干燥镜纸擦干以后，再继续进行测试。

ICS 67.080.10
B 31

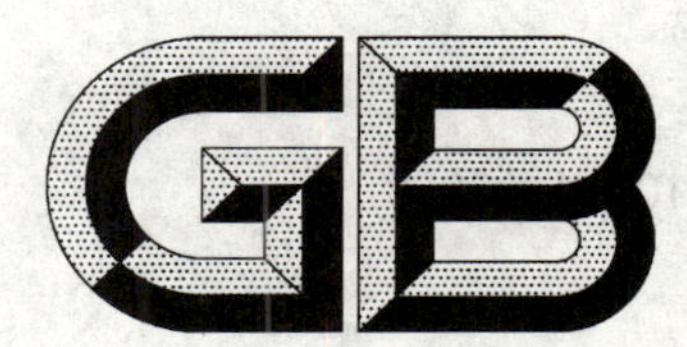

中华人民共和国国家标准

GB/T 10651—2008
代替 GB/T 10651—1989

鲜苹果

Fresh apple

2008-05-04 发布 2008-10-01 实施

中华人民共和国国家质量监督检验检疫总局
中国国家标准化管理委员会 发布

前言

本标准是对 GB/T 10651—1989《鲜苹果》的修订。与 GB/T 10651—1989 相比，主要变化如下：

——修改了原标准的适用品种范围，增添当前主栽的华夏、粉红女士、嘎拉系、珊夏、乔纳金等新品种；

——对部分术语进行了增减和修改；

——将苹果主栽品种各等级的色泽要求（详见附录 A）做了较大改动，提高了对果面最小着色比例的要求，补充了新增加的品种的果面最小着色比例要求；

——提高了各级苹果的最小果径的规定。对各品种可按大型果品种优等果和一等果≥70 mm，二等果≥65 mm 分级；中小型果按优等果和一等果≥60 mm，二等果≥55 mm；

——根据当前我国苹果质量有较大提高的生产实际，提高了对苹果表面缺陷的总体要求，包括：①对果锈在各级的要求作了适当调减，删去了原标准对水锈的单独规定。②果面缺陷中对二等品的刺伤规定修订为无。③优等品和一等品允许的碰压伤规定修订为无，二等品修订为总面积不超过 1.0 cm^2，最大面积不超过 0.3 cm^2。④优等品和一等品的磨伤缺陷规定修订为无，二等品修订为 1.0 cm^2。⑤优等品和一等品的日灼、药害、雹伤缺陷规定修订为无，二等品的日灼、药害、雹伤的总面积均由不超过 2.0 cm^2 修订为 1.0 cm^2。⑥一等品和二等品的裂果缺陷规定修订为无。优等品和一等品虫伤缺陷规定修订为无。⑦增加对裂纹的限制，删去了对重锈斑的单独规定等；

——为进一步提高苹果质量规格的一致性，对一等品苹果在产地验收质量的容许度修订为 5%，二等品修订为 8%。在自起运点至港站验收的质量容许度规定中一等品苹果修订为 8%。苹果大小的容许度规定中，允许有高于或低于规定果径差别的范围的比例修订为 5%；

——删去苹果质量的理化指标的酸度，添加了新增加的品种的最低果实硬度和可溶性固形物含量的要求。删去了卫生限量的具体规定及相关检测方法方面的内容；

——运输和贮藏不是本标准的重点，因此删去“8 运输与贮存”部分。

本标准的附录 A 和附录 C 为规范性附录，附录 B 为资料性附录。

本标准主要起草单位：中华全国供销合作总社济南果品研究院、中国标准化研究院食品与农业标准化研究所、陕西省果业管理局、中国农业科学院果树研究所、北京市林果研究所、山东省果茶站、西北农林科技大学。

本标准主要起草人：杜卫东、席兴军、郭民主、聂继云、魏钦平、刘俊华、孔庆信、徐凌飞。

本标准所代替标准的历次版本发布情况为：

——GB/T 10651—1989。

鲜 苹 果

1 范围

本标准规定了鲜苹果各等级的质量要求、容许度、包装和外观及标识等内容。

本标准适用于富士系、元帅系、金冠系、嘎拉系、藤牧1号、华夏、粉红女士、澳洲青苹、乔纳金、秦冠、国光、华冠、红将军、珊夏、王林等以鲜果供给消费者的苹果(*Malus domestica* Borkh.),用于加工的苹果除外。其他未列入的品种也可参照使用。

2 规范性引用文件

下列文件中的条款通过本标准的引用而成为本标准的条款。凡是注日期的引用文件,其随后所有的修改单(不包括勘误的内容)或修订版均不适用于本标准,然而,鼓励根据本标准达成协议的各方研究是否可使用这些文件的最新版本。凡是不注日期的引用文件,其最新版本适用于本标准。

GB 2762 食品中污染物限量

GB 2763 食品中农药最大残留限量

3 术语和定义

下列术语和定义适用于本标准。

3.1

不正常的外来水分 abnormal external moisture

果实经雨淋或用水冲洗后在苹果表面留下的水分,不包括由于温度变化产生的轻微凝结水。

3.2

成熟 mature

果实完成生长发育阶段,体现出果实的色泽、风味等固有基本特征。

3.3

成熟度 maturity

苹果果实成熟的不同程度,一般分为可采成熟度、食用成熟度和生理成熟度。

3.3.1

可采成熟度 harvest maturity

果实完成了生长和化学物质的积累过程,果实体积不再增大且已经达到最佳贮运阶段但未达到最佳食用阶段,该阶段呈现本品种特有的色、香、味等主要特征,果肉开始由硬变脆。

3.3.2

食用成熟度 eatable maturity

果实已具备该品种固有的色泽、风味和芳香,营养价值较高并达到适合食用的阶段,此时采收的果实可当地销售和短途运输。

3.3.3

生理成熟度 physiological maturity

果实在生理上已达到充分成熟的状态,果肉开始变软变绵不适宜作贮藏运输的阶段。

3.4

果锈 russeting

由于外部环境或药害导致果皮细胞的不正常分裂产生木栓形成层,使角质层龟裂剥落形成的无光泽的暗褐色木栓化薄层或点状物的一种生理性病害。

注：果锈主要分为片状锈斑和网状浅层锈斑。片状锈斑是指果面上形成的大小不等、形状不规整的浅褐色轻微粗糙的连片锈斑；网状浅层锈斑是指在果面上分布的平滑的网状浅层锈斑。

3.5

果面缺陷　skin defects

对果实表皮造成的各种损伤。

3.6

刺伤　skin puncture

果皮被刺破或划破，伤及果肉而造成的损伤。

3.7

碰压伤　bruising

受碰击或外界压力而对果皮造成的人为损伤。

注：轻微碰压伤系指果实受碰压以后，果皮未破，伤面稍微凹陷，变色不明显，无汁液外溢现象。

3.8

磨伤　rubbing

由于果皮表面受枝、叶摩擦而形成的褐色或黑色伤痕。

注：磨伤可分为块状磨伤和网状磨伤，块状磨伤按合并面积计算，网状磨伤按分布面积计算。轻微磨伤系指细小色浅不变黑的瑕疵或轻微薄层，十分细小浅色的痕迹可作果锈处理。

3.9

日灼　sun burn

果实表面因受强烈日光照射形成变色的斑块。晒伤部分轻微者呈桃红色或稍微发白，严重者变成黄褐色。

3.10

药害　spray burn

因喷洒农药在果面上残留的药斑或伤害，轻微药斑是指点粒细小、稀疏的斑点和不明显的轻微网状薄层。

3.11

雹伤　hail damage

果实在生长期间受冰雹击伤，果皮被击破及果肉伤者为重度雹伤。果皮未破，伤处略显凹陷，皮下果肉受伤较浅，而且愈合良好者为轻微雹伤。

3.12

裂果　cracky fruit

表皮上开裂并深达果肉组织的果实。

3.13

裂纹　little cracks

表皮上开裂形成未深达果肉组织的细小裂痕。

3.14

病果　diseased fruit

遭受生理性病害和侵染性病害的侵害的果实。

3.14.1

生理性病害　physiological diseases

由不适宜的环境因素或有害物质危害或自身遗传因素引起的病害。主要有褐烫病（虎皮病）、苦痘病、红玉斑点病、褐心病、水心病（蜜果病）、缺硼缩果病、冷害、二氧化碳中毒等。

3.14.2

侵染性病害　infectious diseases

由病原生物引起的可传染病害。主要有炭疽病、轮纹病、褐腐病、青霉病、绿霉病、红、黑点病等。

3.15

虫果　maggoty fruit

受苹小、梨小、桃小等食心虫危害的果实。

注：虫果果面上有虫眼，周围变色，幼虫入果后蛀食果肉或果心，虫眼周围或虫道中留有虫粪，影响食用。

3.16

虫伤　insect bites

危害果实的卷叶蛾、椿象、金龟子等蛀食果皮和果肉的虫伤。

注：虫害面积的计算，应包括伤口周围的已木栓化部分。

3.17

容许度　tolerances

人为规定的一个低于本等级质量要求的允许限度。

3.18

等外果　cullage

品质低于二等果规定指标及容许度的果实。

3.19

大型果　large-sized fruit

果径相对较大的苹果品种，如富士系、元帅系及乔纳金等品种。

3.20

中小型果　medium-sized and small-sized fruit

除大型果品种以外的其他苹果品种，如华冠和粉红女士等品种。

4　质量要求

4.1　基本要求

4.1.1　具有本品种固有的特征和风味。

4.1.2　具有适于市场销售或贮存要求的成熟度。

4.1.3　果实保持完整良好。

4.1.4　新鲜洁净，无异味或非正常风味。

4.1.5　不带非正常的外来水分。

4.2　质量等级要求

鲜苹果质量分为三个等级，各质量等级要求见表1。

表1　鲜苹果质量等级要求

项　　目	等　　级		
	优等品	一等品	二等品
果形	具有本品种应有的特征	允许果形有轻微缺点	果形有缺点，但仍保持本品基本特征，不得有畸形果
色泽	红色品种的果面着色比例的具体规定参照附录A；其他品种应具有本品种成熟时应有的色泽		
果梗	果梗完整（不包括商品化处理造成的果梗缺省）	果梗完整（不包括商品化处理造成的果梗缺省）	允许果梗轻微损伤

表 1（续）

项目	等级		
	优等品	一等品	二等品
果面缺陷	无缺陷	无缺陷	允许下列对果肉无重大伤害的果皮损伤不超过 4 项
① 刺伤（包括破皮划伤）	无	无	无
② 碰压伤	无	无	允许轻微碰压伤，总面积不超过 1.0 cm^2，其中最大处面积不得超过 0.3 cm^2，伤处不得变褐，对果肉无明显伤害
③ 磨伤（枝磨、叶磨）	无	无	允许不严重影响果实外观的磨伤，面积不超过 1.0 cm^2
④ 日灼	无	无	允许浅褐色或褐色，面积不超过 1.0 cm^2
⑤ 药害	无	无	允许果皮浅层伤害，总面积不超过 1.0 cm^2
⑥ 雹伤	无	无	允许果皮愈合良好的轻微雹伤，总面积不超过 1.0 cm^2
⑦ 裂果	无	无	无
⑧ 裂纹	无	允许梗洼或萼洼内有微小裂纹	允许有不超出梗洼或萼洼的微小裂纹
⑨ 病虫果	无	无	无
⑩ 虫伤	无	允许不超过 2 处 0.1 cm^2 的虫伤	允许干枯虫伤，总面积不超过 1.0 cm^2
⑪ 其他小疵点	无	允许不超过 5 个	允许不超过 10 个
果锈	各本品种果锈应符合下列限制规定		
① 褐色片锈	无	不超出梗洼的轻微锈斑	轻微超出梗洼或萼洼之外的锈斑
② 网状浅层锈斑	允许轻微而分离的平滑网状不明显锈痕，总面积不超过果面的 1/20	允许平滑网状薄层，总面积不超过果面的 1/10	允许轻度粗糙的网状果锈，总面积不超过果面的 1/5
果径（最大横切面直径）/mm 大型果	≥70		≥65
果径（最大横切面直径）/mm 中小型果	≥60		≥55

注：苹果达到成熟时，应符合基本的内在质量要求，本标准给出了当前商品量较大的 11 个品种的果实硬度和可溶性固形物的质量指标供参考，详见附录 B。

5 容许度要求

5.1 质量容许度

5.1.1 产地验收的质量容许度

a) 优等品苹果允许有 3%的果实不符合本等级规定的质量要求。其中磨伤、碰压伤、刺伤不合格果之和不得超过1%。

b) 一等品苹果允许有5%的果实不符合本等级规定的质量要求。其中磨伤、碰压伤、刺伤不合格果之和不得超过1%。

c) 二等品苹果允许有8%的果实不符合本等级规定的质量要求。其中磨伤、碰压伤、刺伤不合格果之和不得超过5%，下列缺陷的果实合计不得超过1%：

1) 食心虫果及为害果肉的苦痘病等生理病害；

2) 未愈合的轻微损伤。

5.1.2 自起运点至港站验收的质量容许度

a) 优等品苹果允许有5%的果实不符合本等级规定的质量要求。其中磨伤、碰压伤、刺伤不合格果之和不得超过2%。

b) 一等品苹果允许8%的果实不符合本等级规定的质量要求。其中磨伤、碰压伤、刺伤不合格果之和不得超过5%。

c) 二等品苹果允许10%的果实不符合本等级规定的质量要求。其中磨伤、碰压伤、刺伤不合格果之和不得超过7%，下列缺陷的果实合计不得超过2%：

1) 食心虫果及为害果肉的苦痘病等生理病害；

2) 未愈合的轻微损伤。

5.2 大小的容许度

各等级对果径有规定的苹果，允许有5%高于或低于规定果径差别的范围，但在全批货物中果实大小差异不宜过于显著。

5.3 各级苹果容许度规定允许的不合格果，只能是邻级果，不允许隔级果。

5.4 容许度的测定以检验全部抽检包装件的平均数计算。容许度规定的百分率一般以重量或果数计算。

注：试验方法和检验规则见附录C。

6 卫生要求

鲜苹果中农药和污染物限量卫生指标应符合GB 2762和GB 2763及相关标准的规定。

7 包装和外观要求

7.1 包装容器应采用纸箱、塑料箱、木箱进行分层包装，应坚实、牢固、干燥、清洁卫生，无不良气味，对产品应具充分的保护性能。内外包装材料及制备标记所用的印色与胶水应无毒性，无害于人类食用。

7.2 产品应按同一产地、同一批采收、同一品种、同一等级规格进行包装。

7.3 分层包装的苹果，果径大小的差别为同一等级苹果之间相差不超过5 mm。

7.4 包装时切勿将树叶、枝条、纸袋、尘土、石砾等杂物或污染物带入容器，避免污染果品，影响外观。

8 标识规定

8.1 标志

同一批货物的包装标志，在形式上和内容上应完全统一。每一外包装应印有鲜苹果的标志文字和图案，对标志文字和图案暂无统一规定的，标志文字和图案应清晰、完整，集中在包装的固定部位，不能擦涂。

8.2 标签

应标明产品名称、品种、商标、等级规格、净重、生产单位名称、产地、检验人姓名和包装日期等，如有按照果数规定者，应标明装果数量。标签上的字迹应清晰、完整、准确。

附 录 A
（规范性附录）
苹果各主要品种和等级的色泽要求

表 A.1 苹果各主要品种和等级的色泽要求

品 种	等 级		
	优等品	一等品	二等品
富士系	红或条红 90%以上	红或条红 80%以上	红或条红 55%以上
嘎拉系	红 80%以上	红 70%以上	红 50%以上
藤牧 1 号	红 70%以上	红 60%以上	红 50%以上
元帅系	红 95%以上	红 85%以上	红 60%以上
华夏	红 80%以上	红 70%以上	红 55%以上
粉红女士	红 90%以上	红 80%以上	红 60%以上
乔纳金	红 80%以上	红 70%以上	红 50%以上
秦冠	红 90%以上	红 80%以上	红 55%以上
国光	红或条红 80%以上	红或条红 60%以上	红或条红 50%以上
华冠	红或条红 85%以上	红或条红 70%以上	红或条红 50%以上
红将军	红 85%以上	红 75%以上	红 50%以上
珊夏	红 75%以上	红 60%以上	红 50%以上
金冠系	金黄色	黄、绿黄色	黄、绿黄、黄绿色
王林	黄绿或绿黄	黄绿或绿黄	黄绿或绿黄

附 录 B
(资料性附录)
苹果各主要品种的参考理化指标

表 B.1 苹果主要品种的理化指标参考值

品　种	指　标	
	果实硬度/(N/cm²) ≥	可溶性固形物/% ≥
富士系	7	13
嘎拉系	6.5	12
藤牧 1 号	5.5	11
元帅系	6.8	11.5
华夏	6.0	11.5
粉红女士	7.5	13
澳洲青苹	7.0	12
乔纳金	6.5	13
秦冠	7.0	13
国光	7.0	13
华冠	6.5	13
红将军	6.5	13
珊夏	6.0	12
金冠系	6.5	13
王林	6.5	13
注：未列入的其他品种，可根据品种特性参照表内近似品种的规定掌握。		

附 录 C
（规范性附录）
试验方法和检验规则

C.1 试验方法

C.1.1 等级规格检验

C.1.1.1 检验程序

将抽取样品称重后，逐件铺放在检验台上，按标准规定项目检出不合格果和腐烂果，以件为单位分项记录，每批样果检验完毕后，计算检验结果，判定该批苹果的等级品质。

C.1.1.2 操作和评定

C.1.1.2.1 果实的外观指标和成熟程度由感官鉴定。

C.1.1.2.2 果实横径用标准分级果板测量确定。

C.1.1.2.3 果实单果重用电子秤称量确定。

C.1.1.2.4 果实果面的机械和自然损伤由目测或用量具测量确定。

C.1.1.2.5 果实色泽的测量由目测或用量具测量确定。全红品种的着色百分比，应以该品种特有的着色良好的全红色泽覆盖的果皮面积计算，其中色泽较该品种特有的良好的全红色或条红色浅的苹果，应该归入满足其最小着色百分比的等级，并且应与该等级规定的果实具有同样良好的外观。条红品种的着色百分比应以有条纹果皮面积计算，其中该品种特有色泽条纹应比淡红、青色及黄色条纹占绝对的优势，但着色浅于该品种特有色泽的果实，亦可划为某一等级，条件是：其着色面积超出这一等级所要求的特有色泽最低百分比，并足以使其与该品种特有的良好条红最低百分比的果实同样美观。淡褐色条纹不作着色计算。

C.1.1.2.6 对果实外部表现有病虫害症状，或外观尚未发现变异而对果实内部有怀疑者，都应检取样果用小刀进行切剖检验，如发现有内部病变时，可扩大检果切剖数量，进行严格检查。

C.1.1.2.7 在同一个果实上兼有两项或两项以上不同缺陷与损伤项目者，可只记录其中对品质影响较重的一项。

C.1.1.2.8 检出的不合格果，按记录单分项以果重为基准计算其百分率，如包装上标有果数时，则百分比应以果数为基准计算，精确到小数点后一位。

计算见式(C.1)：

$$\text{单项不合格果}(\%)=\frac{\text{单项不合格果重(或果数)}}{\text{检验批总果重(或总果数)}}\times 100 \quad \cdots\cdots\cdots\cdots(\text{C.1})$$

各单项不合格果百分率的总和，即该批苹果不合格果总数的百分率。

C.1.2 理化检验

C.1.2.1 试样制备

于每批大样中选取成熟度适中的苹果 3 kg～5 kg，将果实洗净晾干后，从中选取中等大小具有代表性的苹果 20 个，作为测定果实硬度的样果。硬度测定后的苹果逐个纵向分切成 8 瓣，每一果实取 2 瓣，一瓣作为测定可溶性固形物的试样，另一瓣去皮和剜去果心不可食部分后，将可食部分用不锈钢小刀切成 1 cm×1 cm 的小块或擦成细丝，以四分法取试样 100 g，加 1：1 蒸馏水置入高速组织捣碎机中，或用研钵迅速研磨成浆，装入洁净的磨口玻璃广口瓶内，作为测试总酸量的试样，制备的样品应在当天进行测试。

C.1.2.2 果实硬度的测定

C.1.2.2.1 仪器：硬度压力计(须经计量部门检定)。

C.1.2.2.2 测定方法:将样果在果实胴部中央阴阳两面的预测部位削去薄薄的一层果皮,尽量少损及果肉,削部略大于压力计测头的面积,将压力计测头垂直地对准果面的测试部位,徐徐施加压力,使测头压入果肉至规定标线为止,从指示器所示处直接读数,即为果实硬度,统一规定以"N/cm^2"表示测试结果。每批试验不得少于10个样果,求其平均值,计算至小数点后一位。

C.1.2.3 可溶性固形物的测定

C.1.2.3.1 仪器:手持糖量计(手持折光仪)。

C.1.2.3.2 测定方法:校正好仪器标尺的焦距和位置,打开辅助棱镜,从果样中挤滤出汁液1滴~2滴,仔细滴在棱镜平面中央,迅速关合辅助棱镜,静置1 min,朝向光源或明亮处,调节消色环,使视野内出现清晰的分界线,与分界线相应的读数,即试液在20℃下所含可溶性固形物的百分率。当环境不是20℃时,可根据仪器所附补偿温度计表示的加减数进行校正。每批试验不得少于10个果样,每一试样应重复2次~3次,求其平均值。使用仪器连续测定不同试样时,应在使用后用清水将镜面冲洗洁净,并用干燥镜纸擦干以后,再继续进行测试。

C.2 检验规则

C.2.1 产地收购新鲜苹果时按本标准规定进行检验,凡同品种、同等级、一次收购的苹果作为一个检验批次。

C.2.2 生产单位或果农户交售产品时,应分清品种、等级,自行定量包装,写明交售件数和重量。凡与货单不符、品种等级混淆不清、件数错乱、包装不符合规定者,应由生产单位或生产户重新整理后,经销商再予验收。

C.2.3 对于产地分散或小生产户生产的苹果,允许零担收购,但应分清品种、等级,按规定的质量指标分等验收。验收后由经销商按规定要求重新包装。

C.2.4 抽样

C.2.4.1 以一个检验批次作为相应的抽样批次。抽取样品应具有代表性,应在全批货物的不同部位,按C.2.4.2规定的数量抽取,样品的检验结果适用于整个抽验批。

C.2.4.2 抽样数量:50件以内的抽取1件,51件~100件的抽取2件,101件以上者以100件抽取2件为基数,每增100件增抽1件,不足100件者以100件计。分散零担收购的苹果,可在装果容器的上、中、下各部位随机抽取,样果数量不得少于100个。

C.2.4.3 在检验中如发现苹果质量问题,需要扩大检验范围时,可以增加抽样数量。

C.2.4.4 抽样人员在抽样同时进行检重,每件包装内的果重应符合规定重量,如重量不足应予添补。并同时按包装技术要求进行包装检查。

C.2.5 苹果收购检验以感官鉴定为主,按本标准等级规格规定的各项技术要求,对样果进行精密检查,根据检验结果评定质量和等级。

C.2.6 经检验不符合本等级质量条件,并超出容许度规定范围的苹果,应按其实际质量定级验收。如交售一方不同意变更等级时,可经加工整理后再申请经销商抽样重验,以重验结果为准,重验以一次为限。

ICS 71.040.40
G 76

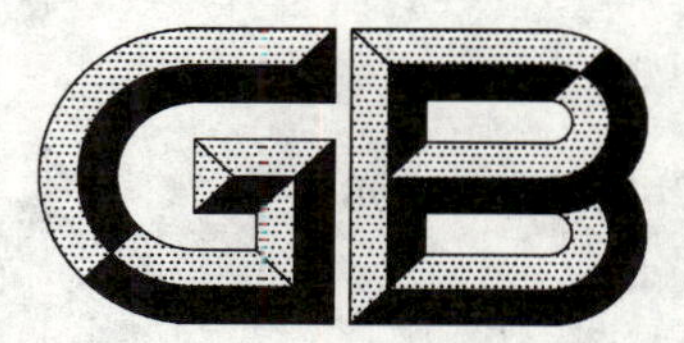

中华人民共和国国家标准

GB/T 10656—2008
代替 GB/T 10656—1989

锅炉用水和冷却水分析方法　锌离子的测定　锌试剂分光光度法

Analysis of water used in boiler and cooling system—Determination of zinc—Zincon spectrophotometry

2008-04-01 发布　　2008-09-01 实施

中华人民共和国国家质量监督检验检疫总局
中国国家标准化管理委员会　发布

前 言

本标准代替 GB/T 10656—1989《锅炉用水和冷却水分析方法　锌离子的测定　锌试剂分光光度法》。

本标准与 GB/T 10656—1989 相比，在技术内容上并无变化，只是针对标准文本的结构和文字进行了修改。

本标准由中国石油和化学工业协会提出。

本标准由全国化学标准化技术委员会水处理剂分会(SAC/TC 63/SC 5)归口。

本标准负责起草单位：天津化工研究设计院。

本标准主要起草人：李琳、朱传俊、邵宏谦。

本标准所代替标准的版本发布情况为：

——GB/T 10656—1989。

锅炉用水和冷却水分析方法 锌离子的测定 锌试剂分光光度法

1 范围

本标准规定了锅炉用水和冷却水中锌离子的测定方法。

本标准适用于锅炉用水和冷却水中锌含量为 0.4 mg/L～5.0 mg/L 的测定。

2 规范性引用文件

下列文件中的条款通过本标准的引用而成为本标准的条款。凡是注日期的引用文件，其随后所有的修改单(不包括勘误的内容)或修订版均不适用于本标准，然而，鼓励根据本标准达成协议的各方研究是否可使用这些文件的最新版本。凡是不注日期的引用文件，其最新版本适用于本标准。

GB/T 602 化学试剂 杂质测定用标准溶液的制备(GB/T 602—2002,ISO 6353-1:1982,NEQ)

GB/T 603 化学试剂 试验方法中所用制剂及制品的制备(GB/T 603—2002,ISO 6353-1:1982,NEQ)

GB/T 604 化学试剂 酸碱指示剂 pH 变色域测定通用方法

GB/T 6682 分析实验室用水规格和试验方法(GB/T 6682—1992,neq ISO 3696:1987)

3 原理

在 pH 为 8.5～9.5 的溶液中，锌试剂与锌离子生成蓝色络合物，在波长 620 nm 处用分光光度法测定其吸光度。

4 试剂和材料

本标准所用试剂和水，除非另有规定，仅使用分析纯试剂和符合 GB/T 6682 三级水的规定。

试验中所需杂质标准溶液、制剂及制品，在没有特殊注明时，均按 GB/T 602、GB/T 603 之规定制备。

安全提示：本标准所用的强酸和强碱具有腐蚀性，使用时应注意。溅到身上时，用大量水冲洗，避免接触皮肤。

4.1 盐酸溶液：1+1。

4.2 硫酸溶液：1+35。

4.3 氢氧化钠溶液：40 g/L。

4.4 过硫酸铵溶液：4 g/L，现用现配。

4.5 硼酸-氯化钾-氢氧化钠缓冲溶液：pH 值为 8.8～9.0。

按 GB/T 604 配制。

4.6 锌标准贮备溶液：0.1 mg/mL。

4.7 锌标准溶液：0.01 mg/mL。

移取 10.00 mL 锌标准贮备溶液于 100 mL 容量瓶中，用水稀释至刻度，混匀。该溶液现用现配。

4.8 甲基橙指示液：1 g/L。

4.9 锌试剂溶液：0.8 g/L 乙醇溶液。

称取 0.2 g 锌试剂溶于 250 mL 无水乙醇中，放置过夜，使其全部溶解，贮存于棕色瓶中，可稳定一个月。若溶液由红变黄，则已失效。

5 仪器

一般实验室用仪器和下列仪器。

5.1 分光光度计：可在 620 nm 处测定，棱镜型或光栅型。

5.2 吸收池：光程长为 20 mm。

6 校准曲线的绘制

分别移取 0 mL、1.00 mL、2.00 mL、3.00 mL、4.00 mL 及 5.00 mL 锌标准溶液于 6 只 50 mL 容量瓶中，加入约 30 mL 水。此系列溶液分别含有 0 mg、0.01 mg、0.02 mg、0.03 mg、0.04 mg、0.05 mg 锌。分别加入 10.0 mL 硼酸-氯化钾-氢氧化钠缓冲溶液和 5.00 mL 锌试剂溶液，用水稀释至刻度，摇匀，放置 10 min。于 620 nm 处，用 2 cm 吸收池，以试剂空白为参比，测定其吸光度。

以吸光度为纵坐标，锌含量(mg)为横坐标，绘制校准曲线。

7 分析步骤

7.1 含有机膦酸盐的试样的分析步骤

移取适量体积的试样于 100 mL 烧杯中，加入 0.5 mL 硫酸溶液及 1 mL 过硫酸铵溶液，加水至溶液总体积约为 30 mL。在电炉上煮沸 5 min，取下，冷却至室温。加入 1 滴甲基橙指示液，用氢氧化钠溶液调至溶液呈黄色。将溶液全部转移至 50 mL 容量瓶中，加入 10.0 mL 硼酸-氯化钾-氢氧化钠缓冲溶液和 5.00 mL 锌试剂溶液，用水稀释至刻度，摇匀，放置 10 min。于 620 nm 处，用 2 cm 吸收池，以空白试验为参比，测定其吸光度，从校准曲线上查出相应的锌的含量(mg)。

7.2 不含有机膦酸盐的试样的分析步骤

移取适量体积的试样，于 50 mL 容量瓶中，加入 30 mL 水，以下操作按照第 6 章中从“加入 10.0 mL硼酸-氯化钾-氢氧化钠缓冲溶液……”开始，进行操作。以空白试验为参比。于 620 nm 处，测定其吸光度。

注：测定水样中总锌时，先用 0.5 mL 盐酸溶液溶解沉淀，再用氢氧化钠溶液调节 pH 至甲基橙指示剂呈黄色；只测水样中可溶性锌离子时，水样要用慢速滤纸过滤。

8 结果计算

试样中锌离子含量以质量浓度 ρ 计，数值以 mg/L 表示，按下式计算：

$$\rho = \frac{m}{V} \times 1\,000$$

式中：

m——从校准曲线上查出的锌离子含量的数值，单位为毫克(mg)；

V——试样的体积的数值，单位为毫升(mL)。

9 允许差

取平行测定结果的算术平均值为测定结果。两次平行测定结果的绝对差值应符合表 1 的规定。

表 1

单位为毫克每升

锌离子含量(ρ)	允许差
$0.40<\rho\leqslant0.80$	<0.13
$0.80<\rho\leqslant1.50$	<0.10
$1.50<\rho\leqslant2.00$	<0.09
$2.00<\rho\leqslant3.50$	<0.08
$3.50<\rho\leqslant5.00$	<0.14

ICS 71.060.50
G 12

中华人民共和国国家标准

GB/T 10666—2008
代替 GB/T 10666—1995

次氯酸钙(漂粉精)

Calcium hypochlorite

2008-06-04 发布 2008-12-01 实施

中华人民共和国国家质量监督检验检疫总局
中国国家标准化管理委员会 发布

前　言

本标准与美国 ASTM E1229—1993《次氯酸钙》一致性程度为非等效。

本标准代替 GB/T 10666—1995《次氯酸钙(漂粉精)》。

本标准与 GB/T 10666—1995 相比主要变化如下:

——钠法产品增加水分和粒度检验项目和指标(前版的 3.2,本版的 3.2);

——批次规定不同(前版的 5.2,本版的 4.1);

——将检验规则章分采样章和检验规则章(前版的第 5 章,本版的第 4 章、第 6 章);

——钠法产品出厂检验项目不同(前版的 5.7,本版的 6.2);

——标志标签条款增加出厂的次氯酸钙产品应附有安全技术说明书和质量证明书(本版的 7.1.2);

——包装不同(前版的 6.2,本版的 7.2);

——增加运输条款(本版的 7.3);

——删除贮存条款中次氯酸钙产品一年内有效氯降低的规定(前版的 6.4)。

本标准由中国石油和化学工业协会提出。

本标准由全国化学标准化技术委员会氯碱分会(SAC/TC 63/SC 6)归口。

本标准起草单位:锦西化工研究院、中国石化江汉油田分公司盐化工总厂、江苏索普(集团)有限公司。

本标准主要起草人:陈沛云、许建平、葛立新、李富荣、胡立明、田友利。

本标准 1989 年首次发布,1995 年第一次修订。

请注意本标准的某些内容有可能涉及专利。本标准的发布机构不应承担识别这些专利的责任。

次氯酸钙(漂粉精)

警告——次氯酸钙具有腐蚀性、氧化性和刺激性,操作者应采取适当的安全和健康措施,接触人员应佩戴防护眼镜、橡胶手套等防护用品。

1 范围

本标准规定了次氯酸钙(漂粉精)的要求、采样、试验方法、检验规则及标志、标签、包装、运输、贮存。

本标准适用于次氯酸钙(漂粉精)产品。次氯酸钙主要用于漂白、消毒杀菌及污染物的生化处理等。

主要成分:$Ca(ClO)_2$

相对分子质量:142.92(按2005年国际相对原子质量)

2 规范性引用文件

下列文件中的条款通过本标准的引用而成为本标准的条款。凡是注日期的引用文件,其随后所有的修改单(不包括勘误的内容)或修订版均不适用于本标准,然而,鼓励根据本标准达成协议的各方研究是否可使用这些文件的最新版本。凡是不注日期的引用文件,其最新版本适用于本标准。

GB 190　危险货物包装标志

GB/T 191　包装储运图示标志(GB/T 191—2000,eqv ISO 780:1997)

GB/T 601　化学试剂　标准滴定溶液的制备

GB/T 603　化学试剂　试验方法中所用制剂及制品的制备(GB/T 603—2002,ISO 6353-1:1982,Reagents for chemical analysis—Part 1:General test methods,NEQ)

GB/T 1250　极限数值的表示方法和判定方法

GB/T 6003.1　金属丝编织网试验筛(GB/T 6003.1—1997,eqv ISO 3310-1:1990)

GB/T 6679　固体化工产品采样通则

GB/T 6682　分析实验室用水规格和试验方法(GB/T 6682—1992,ISO 3696:1987,NEQ)

GB 19109　次氯酸钙包装要求

3 要求

3.1 外观:次氯酸钙为白色或微灰色固体。

3.2 次氯酸钙应符合表1给出的指标要求。

表1 次氯酸钙指标　　质量分数/%

项目		指标					
		钠法			钙法		
		优等品	一等品	合格品	优等品	一等品	合格品
有效氯(以Cl计)	≥	70.0	65.0	60.0	65.0	60.0	55.0
水分		4～10			≤3		≤4
稳定性检验有效氯损失	≤	—	—	—	8.0	10.0	12.0
粒度	≥	90 (355 μm～1.4 mm)	85 (355 μm～1.4 mm)	—	90 (355 μm～2 mm)	—	—

4 采样

4.1 产品按批检验。生产企业以每天或每一生产周期生产的次氯酸钙产品(同一原料、同一工艺生产)为一批。用户以每次收到的同一批次的次氯酸钙产品为一批。

4.2 次氯酸钙从活动盖塑料桶、钢桶、纤维板桶(包括纸板桶)、由塑料内包装和纤维板箱组成的组合包装(包括瓦楞纸箱)或最大净重为 120 kg 的活动盖塑料罐中采样时,从批量总桶或总罐数中按下述规定的采样单元数进行随机采样。当批量总数小于 500 时,按表 2 确定;大于 500 时,以公式$(n)=3\times\sqrt[3]{N}$(N 为批量总数)确定,如遇小数进为整数。

表 2

总桶或总罐数	采样桶或罐数	总桶或总罐数	采样桶或罐数
1~10	全部	182~216	18
11~49	11	217~254	19
50~64	12	255~296	20
65~81	13	297~343	21
82~101	14	344~394	22
102~123	15	395~450	23
124~151	16	451~512	24
152~181	17		

4.3 采样时,采用 GB/T 6679 中适宜的采样探子自桶或罐的中心插入 3/4 深处采取有代表性的样品。

4.4 将所采样品混匀后,以四分法缩分到不少于 500 g,将样品装于清洁、干燥带塞的棕色瓶中,瓶上注明:生产厂名称、产品名称(标注:钠法或钙法)、批号或生产日期、采样日期及采样人等。

5 试验方法

除非另有说明,在分析中仅使用确认为分析纯试剂和 GB/T 6682 中规定的三级水或相当纯度的水。

试验中所需标准溶液、制剂及制品,在没有其他规定时,均按 GB/T 601、GB/T 603 规定制备。

5.1 外观

在自然光下目视观察。

5.2 有效氯的测定

5.2.1 原理

在酸性介质中次氯酸钙的次氯酸根与碘化钾反应析出碘,以淀粉为指示剂,用硫代硫酸钠标准滴定溶液滴定,蓝色消失即为终点。反应式如下:

$$ClO^- + 2I^- + 2H^+ = H_2O + Cl^- + I_2$$

$$I_2 + 2S_2O_3^{2-} = S_4O_6^{2-} + 2I^-$$

5.2.2 试剂和溶液

5.2.2.1 碘化钾溶液:100 g/L。

称取 100 g 碘化钾,溶于 1 000 mL 水中。

5.2.2.2 硫酸溶液:3+100。

量取 30 mL 硫酸,缓缓注入 1 000 mL 水中,冷却、摇匀。

5.2.2.3 硫代硫酸钠标准滴定溶液:$c(Na_2S_2O_3)=0.1$ mol/L。

5.2.2.4 可溶性淀粉溶液:10 g/L。

5.2.3 仪器

一般实验室仪器。

5.2.4 分析步骤

5.2.4.1 试样溶液制备

称取约 3.5 g 试样(精确到 0.000 1 g),置于研钵中,加少量水,研磨呈均匀乳液,然后全部移入 500 mL 容量瓶中,用水稀释至刻度,摇匀。

5.2.4.2 测定

从试样溶液中量取 25.0 mL 试料溶液,置于带塞的磨口锥形瓶中,加 20 mL 碘化钾溶液和 10 mL 硫酸溶液,在暗处放置 5 min。用硫代硫酸钠标准滴定溶液滴定至浅黄色,加 1 mL 淀粉指示液,溶液呈蓝色,再继续滴定至蓝色消失即为终点。

5.2.4.3 结果计算

有效氯以氯(Cl)的质量分数 w_1 计,数值以%表示,按式(1)计算:

$$w_1 = \frac{(V/1\,000)cM}{m_1 \times 25/500} \times 100 = \frac{2VcM}{m_1} \qquad \cdots\cdots(1)$$

式中:

V——硫代硫酸钠标准滴定溶液的体积的数值,单位为毫升(mL);

c——硫代硫酸钠标准滴定溶液浓度的准确的数值,单位为摩尔每升(mol/L);

m_1——试样的质量的数值,单位为克(g);

M——氯的摩尔质量的数值,单位为克每摩尔(g/mol)(M=35.453)。

5.2.4.4 允许差

平行测定结果之差的绝对值不大于 0.3%。取平行测定结果的算术平均值为测定结果。

5.3 水分的测定

5.3.1 甲苯法(仲裁法)

5.3.1.1 试剂

甲苯,使用前用无水氯化钙脱水。

5.3.1.2 仪器

一般实验室仪器和以下仪器。

5.3.1.2.1 水分测定器(见图 1)。

5.3.1.2.2 甘油浴。

5.3.1.3 分析步骤

称取约 100 g 试料(精确到 0.01 g),置于干燥的 500 mL 烧瓶(图 1 中 b)中,加 200 mL 甲苯。将仪器按图 1 装好,其系统密闭,开启冷凝器(图 1 中 d)的冷却水。在甘油浴(图 1 中 a)中缓慢加热,油浴温度保持在(135～140)℃,进行回流。当蒸馏接受器(图 1 中 c)中溶液的水层不再增高时,停止加热、冷却。待蒸馏接收器(图 1 中 c)中甲苯与水的界面清晰后,记下水的体积(mL)。

5.3.1.4 结果计算

水分以水(H_2O)的质量分数 w_2 计,数值以%表示,按式(2)计算:

$$w_2 = \frac{m_3}{m_2} \times 100 \qquad \cdots\cdots(2)$$

式中:

m_2——试料质量,单位为克(g);

m_3——蒸馏出的水的质量,单位为克(g)。

5.3.1.5 允许差

平行测定结果之差的绝对值不大于 0.2%。取平行测定结果的算术平均值为测定结果。

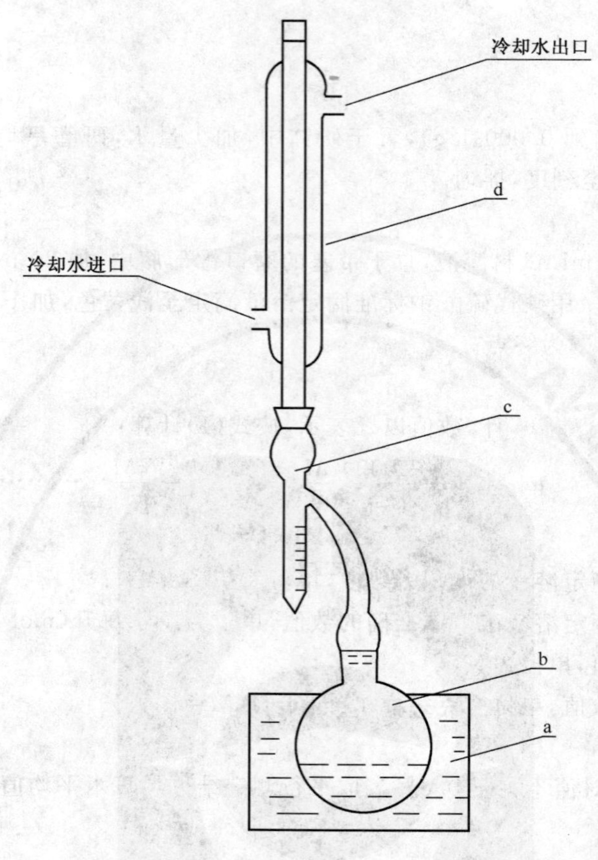

a——甘油浴；

b——500 mL 烧瓶；

c——蒸馏接受器；

d——冷凝器。

图 1 水分测定装置示意图

5.3.2 红外干燥法

5.3.2.1 仪器和设备

一般实验室仪器和红外线快速干燥器。

5.3.2.2 分析步骤

用称量瓶称取约 5 g 试料(精确到 0.01 g)，置于快速干燥器红外灯下正中部，在(105～115)℃下烘干 30 min，冷却至室温，称量。

5.3.2.3 结果计算

水分以水(H_2O)的质量分数 w_3 表示，按式(3)计算：

$$w_3 = \frac{m_4 - m_5}{m_4} \times 100 \qquad \cdots\cdots(3)$$

式中：

m_4——试料的质量，单位为克(g)；

m_5——干燥后试料的质量，单位为克(g)。

5.3.2.4 允许差

平行测定结果之差的绝对值不大于 0.2%。取平行测定结果的算术平均值为测定结果。

5.4 稳定性检验 有效氯损失的测定

5.4.1 试剂和溶液

试剂和溶液同5.2.2。

5.4.2 仪器

一般实验室仪器和以下仪器。

5.4.2.1 蒸汽浴a;

5.4.2.2 玻璃试管b,ϕ25 mm×200 mm;

单位为毫米

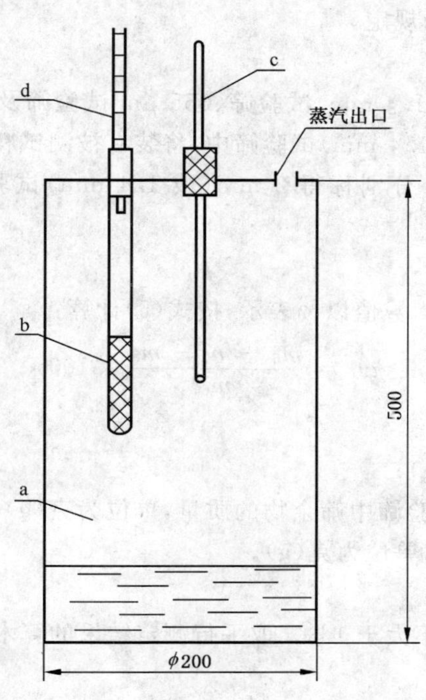

a——蒸汽浴;

b——装有被分析产品的试管(2个);

c——温度计;

d——空气冷却管。

图2 测定有效氯损失装置示意图

5.4.2.3 温度计c,(0～150)℃,分度值0.1℃。

5.4.2.4 空气冷却管d,ϕ6 mm×380 mm。

5.4.3 分析步骤

称取约15 g试样(精确到0.1 g),置于图2中玻璃试管中,玻璃试管顶部用带有橡皮塞的空气冷却管塞紧,使空气冷却管下端距样品表面(5～10) mm。再将玻璃试管放入沸腾水的蒸汽浴中,保持2 h。之后将玻璃试管从蒸汽浴中取出,取下橡皮塞及空气冷却管,将玻璃试管顶部密封好,冷却至室温。把玻璃试管中的试样移入研钵中研细,再按5.2测定其有效氯的含量w_4。

5.4.4 结果计算

有效氯损失以有效氯损失的质量分数X_1计,数值以%表示,按式(4)计算:

$$X_1 = \frac{w_1 - w_4}{w_1} \times 100 \qquad \cdots\cdots (4)$$

式中:

w_1——加热前有效氯含量的算术平均值;

w_4——加热后有效氯含量的算术平均值。

5.4.5　允许差

加热后有效氯平行测定结果之差的绝对值不大于0.4%。取有效氯平行测定结果的算术平均值为测定结果。

5.5　粒度的测定

5.5.1　仪器

一般的实验室仪器和以下仪器。

5.5.1.1　电动振筛机。

5.5.1.2　标准试验筛，355 μm、1.4 mm和2 mm，筛面直径200 mm，高度50 mm，筛框和筛网为不锈钢材质，应符合GB/T 6003.1中的规定。

5.5.2　分析步骤

将标准试验筛上盖、2 mm(或1.4 mm)试验筛、355 μm试验筛及底盘依次组装。称取约100 g试料(精确到0.1 g)，置于2 mm(或1.4 mm)试验筛中，将装有被测试料的组装标准筛安装在电动振筛机上，启动电动振筛机，振动5 min。分别称得2 mm(或1.4 mm)试验筛的筛余物及底盘内筛出物的质量。

5.5.3　结果计算

粒度以粒度的质量分数 w_4 计，数值以%表示，按式(5)计算：

$$w_4=\frac{m_6-m_7-m_8}{m_6}\times 100 \quad \cdots\cdots(5)$$

式中：

m_6——试料质量，单位为克(g)；

m_7——2 mm(或1.4 mm)试验筛中筛余物的质量，单位为克(g)；

m_8——底盘中筛出物的质量，单位为克(g)。

5.5.4　允许差

平行测定结果之差的绝对值不大于1%。取平行测定结果的算术平均值为测定结果。

6　检验规则

6.1　本标准中次氯酸钙产品质量指标判定，采用GB/T 1250中“修约值比较法”。

6.2　本标准规定的检验项目全部为型式检验项目，其中有效氯和水分为出厂检验项目，其余项目为型式检验项目中的抽检项目。如有下述情况：停产后复产、生产工艺有较大改变(如材料、工艺条件等)、合同规定等，应进行型式检验。在正常生产情况下，每月至少进行一次型式检验。

6.3　出厂的次氯酸钙产品应由生产厂的质量监督检验部门进行检验，并附有检验报告，内容包括：生产厂名称、产品名称(标注：钠法或钙法)、产品质量符合本标准的证明、等级、批号或生产日期、本标准编号。生产厂应保证每批出厂的产品都符合本标准的要求。

6.4　如果检验结果有一项指标不符合本标准要求，应重新加倍在包装单元中采取有代表性的样品进行复检。复检结果中即使有一项指标不符合本标准要求，则该批产品为不合格品。

7　标志、标签、包装、运输、贮存

7.1　标志　标签

7.1.1　出厂的次氯酸钙产品的外包装上应有明显牢固的标志，内容包括：生产厂名称、地址、产品名称(标注：钠法或钙法)、危险化学品、净含量、批号或生产日期、本标准编号、生产许可证编号及标志及GB 190中规定的“氧化剂”和“腐蚀品”标志和安全标签。外包装上还应有GB/T 191中规定的“怕雨”标志。

7.1.2　出厂的次氯酸钙产品应附有安全技术说明书和质量证明书。质量证明书内容包括：生产厂名、厂址、产品名称(标注:钠法或钙法)、危险化学品、净含量、批号或生产日期、生产许可证编号及标志、产品质量符合本标准的证明和本标准编号。

7.2 包装

按 GB 19109 规定执行。

7.3 运输

运输过程中防止撞击。避免包装损坏、受潮、污染。禁止与酸类、有机物或还原剂等与次氯酸钙发生危险反应的物品混装运输。

7.4 贮存

盛装次氯酸钙的包装应存放于干燥、阴凉、通风的仓库中,避免阳光照射,应远离火种和热源,并禁止与酸类、有机物或还原剂等与次氯酸钙发生危险反应的货物一起存放。

ICS 47.020.05
U 05

中华人民共和国国家标准

GB/T 10671—2008
代替 GB/T 10671—1989

固体材料产烟的比光密度试验方法

Test method for specific optical density of smoke generated by solid materials

2008-07-30 发布　　　　2009-02-01 实施

中华人民共和国国家质量监督检验检疫总局
中国国家标准化管理委员会　发布

前　言

本标准对应于 ASTM E 662—2003《固体材料产烟的比光密度试验方法》，与 ASTM E 662 的一致性程度为非等效。

本标准代替 GB/T 10671—1989《固体材料产烟的比光密度试验方法》。

本标准与 GB/T 10671—1989 相比，主要有下列变化：

——修改了范围、引用标准、方法要点；

——增加了术语词条及其英文对应词；

——修改了第 6 章“试验设备”，并将其内容作为规范性附录予以规定；

——修改了第 7 章的内容；

——取消了原标准的附录 B。

本标准的附录 A 和附录 B 为规范性附录。

本标准由中国船舶重工集团公司提出。

本标准由全国海洋船标准化技术委员会船舶材料应用工艺分技术委员会归口。

本标准起草单位：中国船舶重工集团公司第七二五研究所。

本标准主要起草人：王利、刘秋生、张晓玲。

本标准所代替标准的历次版本发布情况为：

——GB/T 10671—1989。

固体材料产烟的比光密度试验方法

1 范围

本标准规定了在无焰模式或火焰模式条件下，固体材料产烟性能的测试原理、设备、试样、试验程序、试验结果的计算和评定方法。

本标准适用于固体材料或部件在无焰模式或火焰模式条件下产烟的比光密度测定。

2 规范性引用文件

下列文件中的条款通过本标准的引用而成为本标准的条款。凡是注日期的引用文件，其随后所有的修改单(不包括勘误的内容)或修订版均不适用于本标准，然而，鼓励根据本标准达成协议的各方研究是否可使用这些文件的最新版本。凡是不注日期的引用文件，其最新版本适用于本标准。

GB/T 9846.3—2004 胶合板 第3部分:普通胶合板通用技术条件

3 术语和定义

下列术语和定义适用于本标准。

3.1

透光率 light transmittance

透射光通量(F)与入射光通量(F_0)比值的百分数。

3.2

比光密度 specific optical density

在一定容积的试验箱中，试样燃烧产生烟雾的过程中，测定通过烟层之后光量衰减的程度，推导出相应的光密度，是材料燃烧产生烟雾的一种量度。

3.3

最大比光密度 maximum specific optical density

试验期间透光率最小时的比光密度，亦称最大烟密度。

3.4

临界比光密度 critical specific optical density

透光率为75%时的比光密度。

3.5

无焰模式 noflaming exposure

用一只辐射炉对垂直安装的试样表面进行辐照度平均值为(2.50±0.05) W/cm^2 的加热方式。

3.6

火焰模式 flaming exposure

除采用无焰模式加热外，还需在试样前安装一只燃烧器，使火焰直接灼烧试样的加热方式。

4 符号

A——试样暴露面积，单位为平方米(m^2)；

L——光程长，单位为米(m)；

R——烟平均积聚速度[计算见公式(2)]，单位为每分钟(min^{-1})；

T——透光率，%；

V——集烟箱体积，单位为立方米(m^3)；

SOI——指烟暗化指数[计算见公式(3)]，单位为每分钟(min^{-1})；

D_c——最大透光率 T_c 对应的光密度值；

D_m——最大比光密度；

$D_{m(corr)}$——最大比光密度修正值，$D_{m(corr)}=D_m-D_c$；

D_S——比光密度；

D_{16}——临界比光密度；

T_c——试验终止后，经排烟、通气净化后的最大透光率；

t_{16}——从试验开始到达临界比光密度时所需的时间，单位为分钟(min)；

$t_{0.1}$、$t_{0.3}$、$t_{0.5}$、$t_{0.7}$、$t_{0.9}$——达到最大比光密度 D_m 值的10%、30%、50%、70%、90%的时间，单位为分钟(min)。

5 原理

本试验方法是将布格定律(Bouguer's Law)应用于光束通过烟箱后的衰减，即在集烟箱几何尺寸和试样的暴露面积为定值的情况下，测试光束通过烟层后光量衰减的程度，结果用比光密度表示。

6 试验设备

试验设备见附录A。

7 试样

7.1 取样和制备

7.1.1 试样对所测材料或部件应有充分的代表性，一般在同组成、同密度、同厚度的平面部分取样。除非特殊情况或另有规定外，不应在曲面、模制面、边缘或有缺陷的部位取样。

7.1.2 目测试样表面若有明显纹理或各向异性，则应在不同方向取样试验，分别报告各方向的试验结果。

7.1.3 被测材料若为复合材料，试样的组成、结构及制造工艺均应与预定使用的材料相一致。若复合材料的两面在实际使用时均可能暴露于火焰中，则两个表面均应进行试验。

7.1.4 被测材料若为用于可燃性基材上的胶粘剂或涂料，则应按推荐的工艺及涂布量涂在符合GB/T 9846.3—2004要求的Ⅰ类胶合板上，且应单独对该胶合板进行空白试验，并将这些值记录下来作为对复合试样所测得值的补充；若被测材料为用于不燃性基材上的胶粘剂或涂料，则按相关推荐工艺及涂布量涂在厚度约为0.4 mm、用0号砂纸或砂布打磨掉镀锡层的马口铁皮上。

7.1.5 对于遇热可能会收缩的薄型试样，如织物、壁纸、塑料膜等，应将其用五只统一订书钉按图1示意方位固定在带有小孔的、厚度为0.4 mm的不锈钢板上。

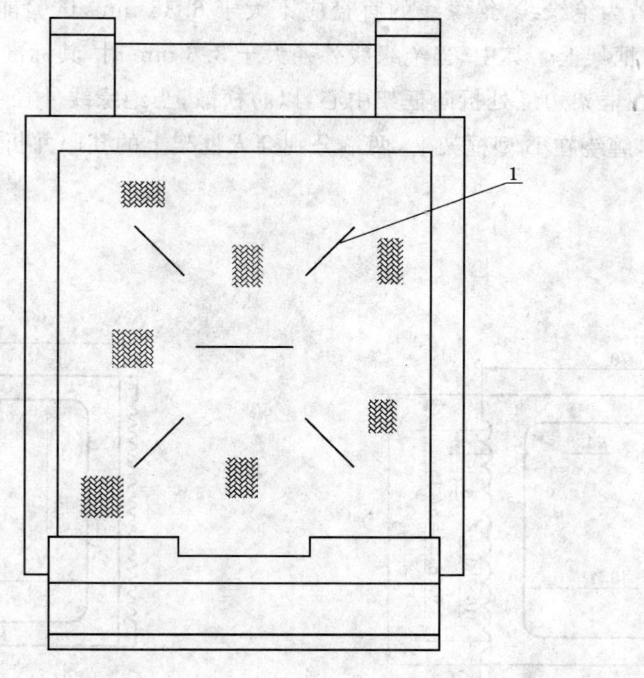

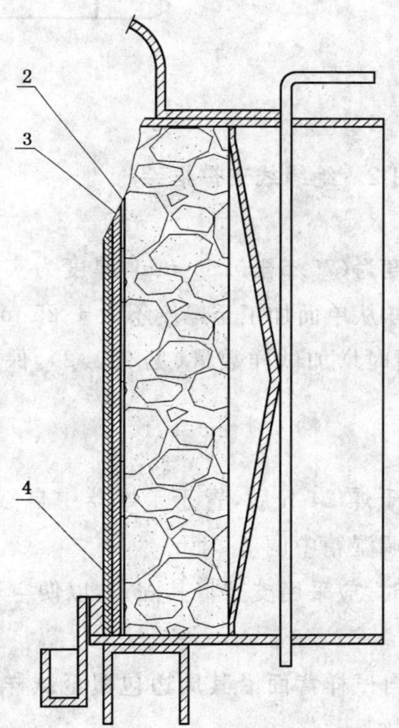

1——订书钉；
2——铝箔；
3——衬板；
4——薄型试样。

图 1 薄型试样定位

7.1.6 被测材料若为绝缘线,绝缘线的直径应不大于 6.35 mm,试验前尽可能将其均匀、平整地缠绕在图 2 所示的支撑框架上。其中,当绝缘线外径大于 3.6 mm 时,其标准试样长度应为 152 mm,缠绕在 A 型框架上,两端在框架边缘处折向框架中心,以防松散;当绝缘线外径不大于 3.6 mm 时,其标准试样长度应为 350 mm,缠绕在 B 型框架上,两端分别穿入框架上的孔眼并折弯,以防松散。

单位为毫米

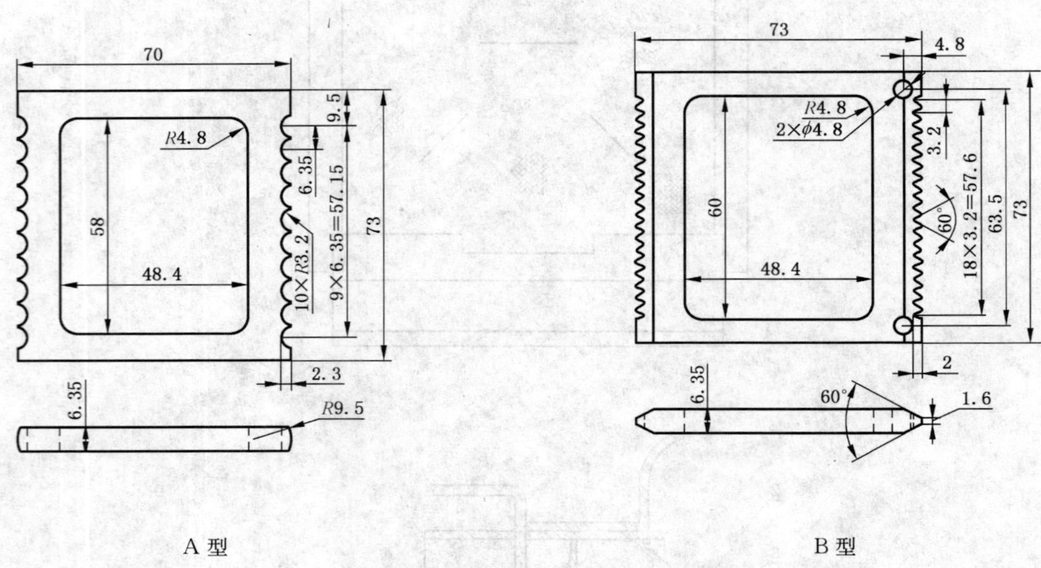

图 2 绝缘线支撑框架

7.2 尺寸和数量

7.2.1 试样长度为(75.5±0.5) mm,宽度为(75.5±0.5) mm,厚度为实际厚度。若试样实际厚度超过 25 mm 时,除双方另有协商外,应将试样从单面加工至厚度不大于 25 mm,测试面为未加工面。

7.2.2 每次试验至少应取六个试样,必要时增加试样数量(见 9.1.2),保证每种试验模式有三个正常的试验结果。

7.3 状态调节

7.3.1 将试样放置在(60±3)℃烘箱中干燥 24 h 后,置于干燥器中自然冷却至室温,再放入温度为(23±3)℃、相对湿度为(50±5)%的调温调湿箱中调节 24 h。

7.3.2 试样在烘箱及调温调湿箱内调节时,应采用支架将其固定,以便空气能通过试样的各个表面。

7.4 试样组装

7.4.1 用厚度约为 0.03 mm 方形铝箔,自试样背面沿其周边包覆至试样的暴露面。在包覆过程中应仔细操作,不应刺破铝箔并尽可能减少折皱。

7.4.2 试样组装见图 3。将用铝箔包好的试样放入试样盒中。试样背面衬以石棉板或无机绝热衬垫,然后用弹簧片和挡杆将试样固定,不应使试样产生压缩变形。厚度大于 16 mm 的试样应采用 C 型挡杆固定。

7.4.3 试样暴露面应紧贴试样盒前缘。用刀片沿试样暴露面边缘将多余的铝箔切除。

7.4.4 试样盒上的小槽内应铺有铝箔。

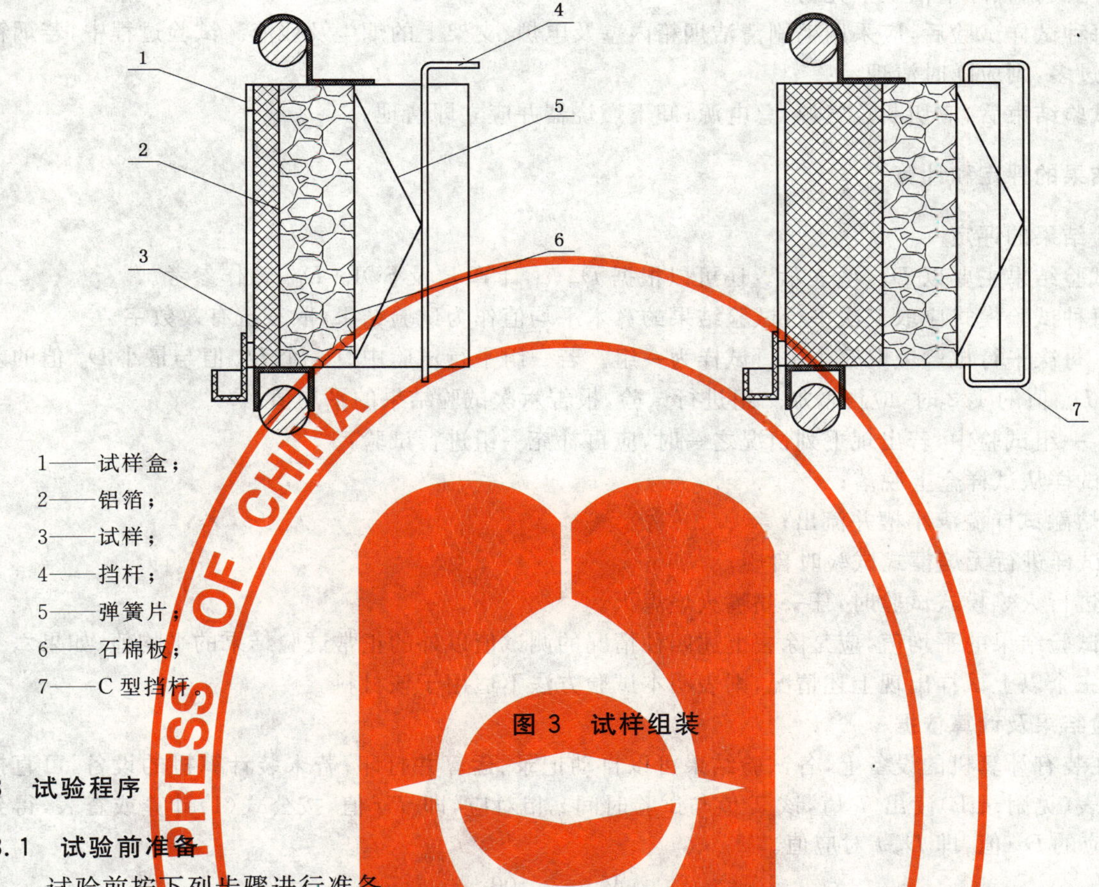

1——试样盒；

2——铝箔；

3——试样；

4——挡杆；

5——弹簧片；

6——石棉板；

7——C 型挡杆。

图 3 试样组装

8 试验程序

8.1 试验前准备

试验前按下列步骤进行准备：

a) 用毛刷清扫烟箱内壁、电炉及支架；用酒精脱脂棉球清洁上下光窗。

b) 接通总电源，校准交流输出电压达 220 V，通过加热电源及排风机调节箱内温度为(35±5)℃。

c) 调节辐射炉温度，采用辐照度计校准(见附录 A)。试样表面辐照度达(2.50±0.05) W/cm²。

d) 将"空"试样盒(指未装试样但装有石棉板并用弹簧片及挡杆固定的试样盒)置于试验位置。

e) 进行火焰模式试验时，应将燃烧器按附录 A 精确定位。

f) 打开箱门启动排风机，通气净化箱体至少 2 min。

g) 关闭箱门、排气孔，打开进气孔。

h) 接通光源，预热 10 min 后，将透光率仪表调节到满刻度，即 100%。

i) 进行火焰模式试验时，应按附录 A 调节燃气及空气流量并点燃。

j) 连续试验时，辐射炉每 2 d 校准一次；间歇试验时，辐射炉每次试验前均需校准。

8.2 测试

8.2.1 将"空"试样盒从炉前推开，立即将被测试样推至试验位置，关闭箱门，同时开启计算机、打印机。

8.2.2 当透光率仪表指针开始移动时，表示已有烟产生，应立即关闭进气孔。

8.2.3 试验时间一般为 20 min，达到最小透光率时持续 3 min 终止试验；若试验进行 20 min 仍未达到最小透光率，根据需要可适当延长试验时间，并在报告中注明。

8.2.4 火焰模式试验发现火焰出现异常时，说明喷嘴被堵塞，应及时采用弹簧钢丝或其他有效办法清除。

8.2.5 每个试样试验后应进行下列操作：

a) 将试样盒从试验位置上移开，代之以"空"试样盒；

b) 关闭气源(当进行火焰模式时)；

c) 打开进气孔，开启排风机除去箱内烟尘，直到透光率不再增加时为止，记录此时的透光率 T_c；

d） 用酒精棉球清洁上下光窗。

8.2.6 每种试样试验后，应采用毛刷清洁烟箱内壁及电炉、支架上的烟尘及残渣。试验过程中，若烟箱内壁烟尘过多，则应随时清理。

8.2.7 试验结束后，应切断总气源、总电源；卸下燃烧器并应立即清理。

9 试验结果的评定和计算

9.1 试验结果的评定

9.1.1 试验结果主要以 D_m、t_{16} 表示。还可以根据 D_m、t_{16} 计算 R 及 SOI。$D_{m(corr)}$ 作参考。

9.1.2 每种试验模式应取三次平行试验结果的算术平均值作为试验结果，取三位有效数字。

9.1.2.1 每次平行试验应取三个平行试样为一组。若一组平行试验中有一个 D_m 值与最小 D_m 值的差超过最小 D_m 值的 1/2 时，应再增加一组进行试验，报告六次试验结果的平均值。

9.1.2.2 一组试验中，若出现下列情况之一时，应再补充一组进行试验：

a） 试样从试样盒上脱落；

b） 熔融试样溢满小槽并流出；

c） 试样进行无焰模式试验时自燃；

d） 进行火焰模式试验时，任一喷嘴火焰熄灭。

此时试验结果的平均值，应是除去上述四种情况的测试值以外的正常试验结果的平均值；如果六个试样中有三个以上试样出现上述情况，则表明本试验方法不适用于该材料。

9.2 试验结果及计算依据

9.2.1 在装有计算机的设备上，各试验结果可以自动记录、运算并打印；若未装计算机的设备，可直接由透光率表（见附录 B）读出 T 值，该 T 值与试验时间 t 相对应，即 T-t 值，按公式（1）计算或查表，得到与 t 相对应的 D_S 值，即 D_S-t 对应值。

$$D_S = \frac{V}{AL} \cdot \lg \frac{100}{T} \qquad \cdots\cdots(1)$$

9.2.2 按本方法试验得到 T-t 对应值（自动打印间隔为 10 s；现场记录间隔为 30 s），由此计算 D_m、t_{16} 以及 D_m 对应的时间，通过公式（2）和公式（3）计算出 R 及 SOI。

$$R = \frac{D_m}{20}\left(\frac{1}{t_{0.3}-t_{0.1}}+\frac{1}{t_{0.5}-t_{0.3}}+\frac{1}{t_{0.7}-t_{0.5}}+\frac{1}{t_{0.9}-t_{0.7}}\right) \qquad \cdots\cdots(2)$$

$$\mathrm{SOI} = \frac{D_m^2}{2\,000 t_{16}}\left(\frac{1}{t_{0.3}-t_{0.1}}+\frac{1}{t_{0.5}-t_{0.3}}+\frac{1}{t_{0.7}-t_{0.5}}+\frac{1}{t_{0.9}-t_{0.7}}\right) \qquad \cdots\cdots(3)$$

10 试验报告

试验报告一般包括下列内容：

a） 标准编号；

b） 所测材料或部件的名称、牌号、类型、生产厂等；

c） 试样厚度及取向和特殊的制备工艺、状态调节条件；

d） 试验模式及试验条件，包括辐射炉温度、辐照度、燃气种类及流量、空气流量、环境温度、试验时间等；

e） 试验期间试样发生的状态变化（如分层、收缩、崩落、熔融等）；

f） 试验结果；

g） 其他与描述被测试样产烟状况有关的现象，如烟箱压力变化及烟粒子沉降特征等；

h） 试验日期及人员。

附 录 A
（规范性附录）
试验设备

A.1 设备组成

本试验设备由集烟箱、加热系统、试验盒及支架和光测量系统等四部分构成，见图 A.1。

单位为毫米

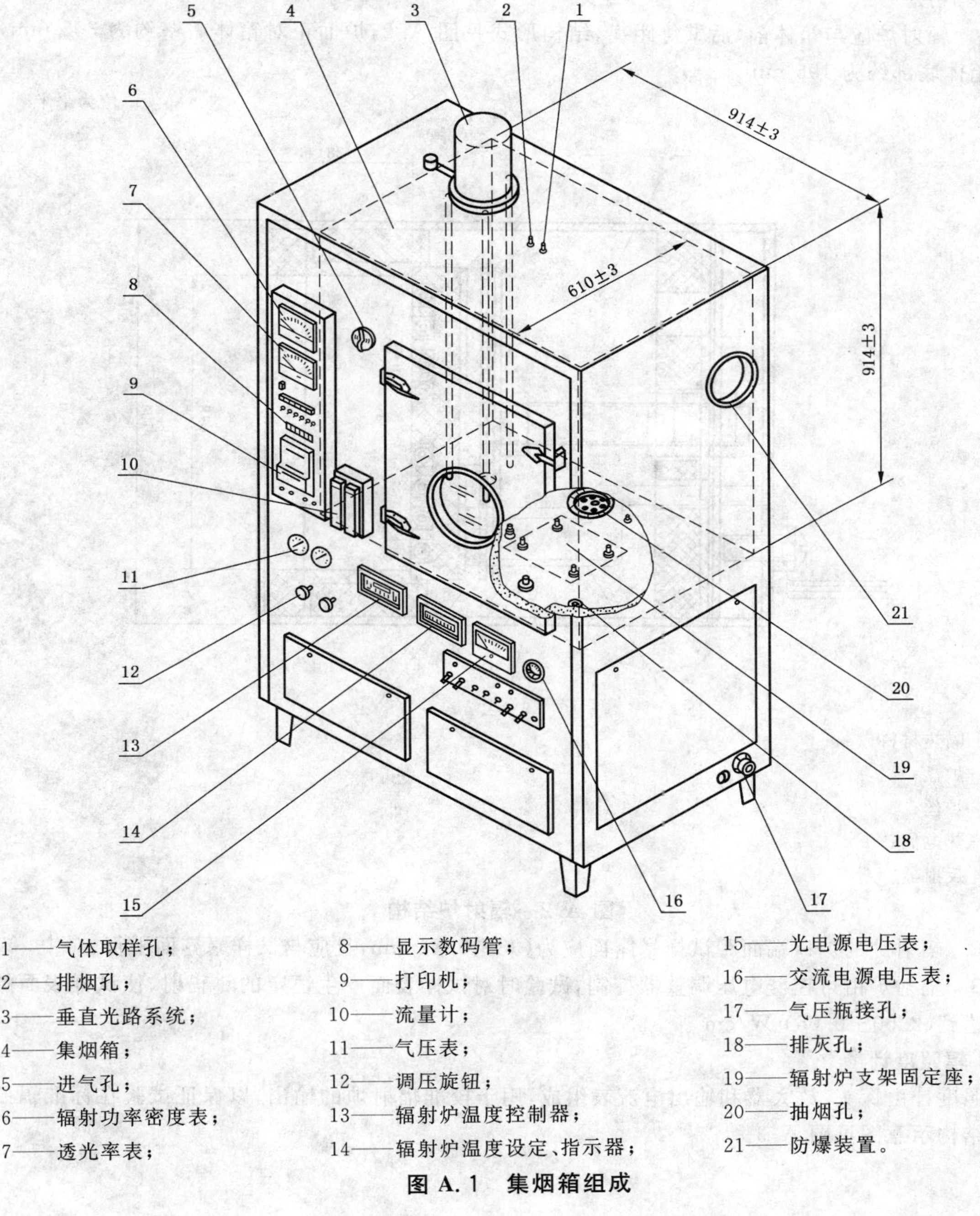

1——气体取样孔；
2——排烟孔；
3——垂直光路系统；
4——集烟箱；
5——进气孔；
6——辐射功率密度表；
7——透光率表；
8——显示数码管；
9——打印机；
10——流量计；
11——气压表；
12——调压旋钮；
13——辐射炉温度控制器；
14——辐射炉温度设定、指示器；
15——光电源电压表；
16——交流电源电压表；
17——气压瓶接孔；
18——排灰孔；
19——辐射炉支架固定座；
20——抽烟孔；
21——防爆装置。

图 A.1 集烟箱组成

A.2 集烟箱

A.2.1 集烟箱内腔尺寸为长(914±3) mm、宽(610±3) mm、高(914±3) mm。内表面应涂黑色无光耐高温防蚀涂料。

A.2.2 集烟箱箱体应由内置隔热材料的双层钢板制成,箱体后壁应设有一辅助加热装置,以控制试验开始时的箱内温度。

A.2.3 箱体应设有玻璃观察窗、进气孔、排烟孔、气体取样孔、气压瓶接孔以及防爆装置。

A.2.4 箱体上的门及所有开孔的四周皆应密封。

A.3 加热系统

A.3.1 辐射炉

A.3.1.1 辐射炉应与箱体前、后壁等距离,结构形式见图 A.2,炉面正对箱体右壁约为 305 mm,炉面中心距箱体底部约为 195 mm。

单位为毫米

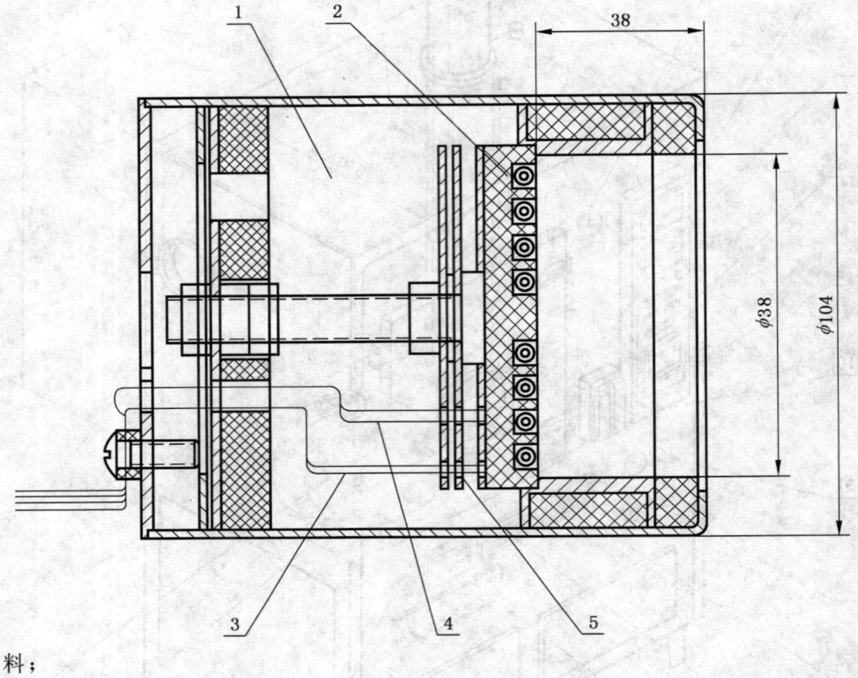

1——隔热材料;
2——炉盘;
3——炉丝;
4——热电偶;
5——反射器。

图 A.2 辐射炉结构

A.3.1.2 辐射炉的炉口端面距试样暴露面应为(38±0.8) mm,且应与试样暴露面平行、对中。

A.3.1.3 辐射炉由可控硅电压调整器控制,试验时对试样表面产生恒定的热辐射,使试样表面的平均辐照度达到(2.50±0.05) W/cm^2。

A.3.2 辐照度计

辐照度计由探头、放大器和输出电流表组成,用于校准辐射炉的输出,以保证试验在标准辐照度下进行。结构示意图见图 A.3。

图 A.3　辐照度计

A.3.2.1　校准

在用辐照度计校准辐射炉输出时，辐照度计应正对辐射炉中心并与之平行，辐照度计探头表面应与试样暴露面处于同一平面。

辐照度计探头上的辐射接受板背面装有一热电偶，当校准进行时，热电偶产生一信号，经放大器放大后即可在其输出电流表上读出读数，从而检测辐射炉的平均辐照度。

A.3.2.2　周期

辐射炉校准周期，连续试验时每 2 d 校准一次；间歇试验时每次试验前均需校准。

A.3.3　燃烧器

A.3.3.1　进行火焰模式试验时，除辐射炉外，还应安装六管燃烧器(见图 A.4)。燃烧器主管及六根小喷管应由不锈钢管制成，主管规格为 ϕ8 mm×1 mm，小喷管 ϕ3 mm×0.7 mm。

A.3.3.2　标准型燃烧器的六只喷嘴与试样暴露面分别成 0°、90°、45°夹角，90°喷嘴应在两边，45°喷嘴应在中心。

A.3.3.3　特殊型燃烧器的六只喷嘴皆与试样暴露面成 90°夹角，用于绝缘导线试样试验。

A.3.3.4　燃烧器应精确定位，正对试样；主管与试样暴露面平行，与试样暴露面成 90°的两只喷嘴，其中心线距试样暴露面底边高度应为(6.4±0.8) mm，喷嘴口距试样暴露面距离应为(6.4±0.8) mm。

A.3.3.5　燃气应采用纯度不低于 95%的丙烷。经过滤后的空气和燃气分别通过校准的流量计进入混合器，输入燃烧器。丙烷流量为 50 cm^3/min，空气流量为 500 cm^3/min。如果试验是以相对比较或筛选为目的时，亦可采用液化石油气。

A.3.3.6　燃烧器应是可拆卸的，在进行无焰模式试验时，应将其卸下。

单位为毫米

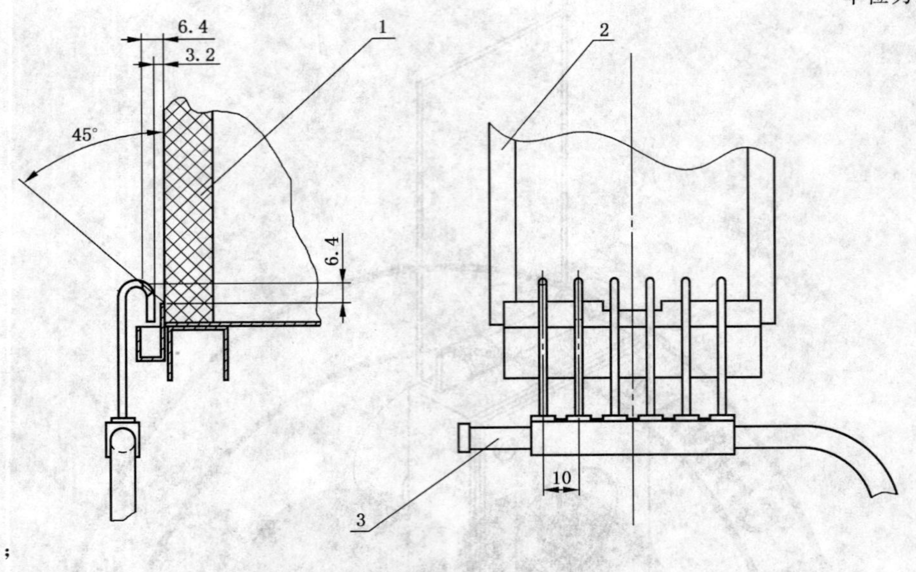

1——试样；
2——试样盒；
3——燃烧器主管；
4——燃烧器小喷管。

图 A.4 燃烧器及安装位置

A.4 试样盒及支架

A.4.1 试样盒及支架见图 A.5、图 A.6。试样的暴露面积为 65 mm×65 mm。试样盒下方有一小槽，用来收集试样熔融滴落物，试样盒顶部有导向装置，以便在支架的横杆上滑移。试样盒还配有石棉衬板、弹簧片及挡杆，用以固定试样。

A.4.2 支架用于支撑辐射炉、辐照度计。

单位为毫米

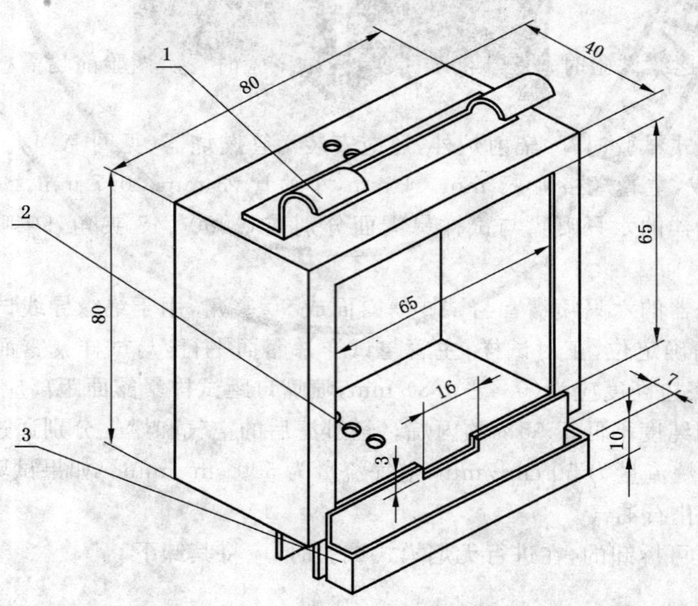

1——导向装；
2——挡杆试样盒；
3——小槽。

图 A.5 试样盒

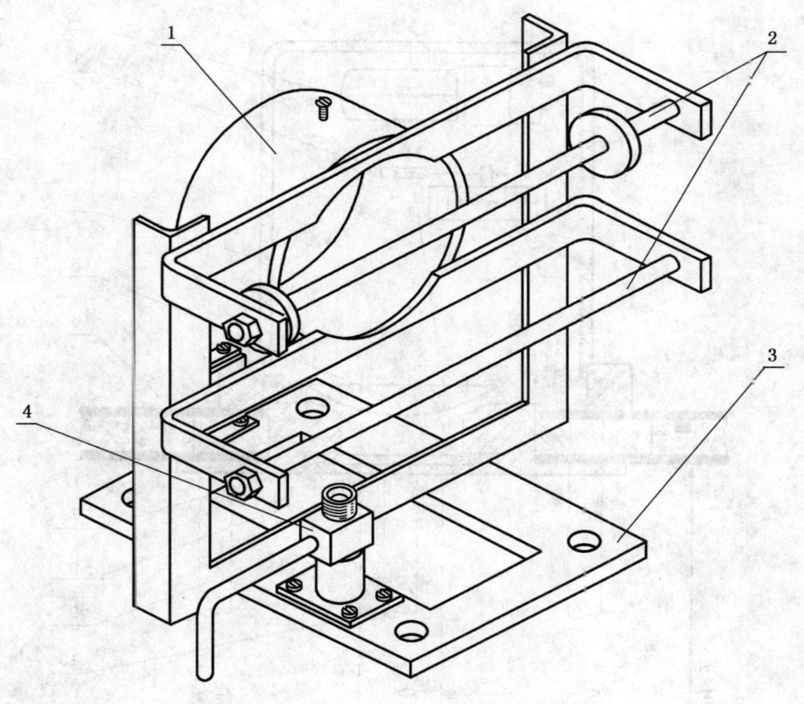

1——辐射炉支座；

2——导向杆；

3——支架底座；

4——燃烧器连接底座。

图 A.6 支架

A.5 光测量系统

A.5.1 光测量系统由光源、滤光片、光电倍增管等组成的垂直光路系统和检测系统所组成。其光路系统的示意图如图 A.7、图 A.8。

A.5.2 垂直光路通过集烟箱左侧，在箱体顶板及底板上镶有对应的两块平板玻璃作为"光窗"，以便垂直的平行光束通过烟箱。

A.5.3 光源为亮度温度为(2 200±100) K 的白炽灯，其电源电压需经二级稳压。光源应装在位于箱体左下方的密闭不透光的罩中，罩中有一屈光度为 7 的透镜，以形成平行光束通过烟箱。

A.5.4 光电倍增管应在可见光范围内具有良好的灵敏度，要求暗电流小于 1 mA。光电倍增管安装在与光源相对应的箱顶部的密闭不透光的罩内。罩内有一屈光度为 7 的透镜，将通过烟箱的平行光束，聚焦于光电倍增管的光窗内。

A.5.5 滤光片分下列两种：

a) 减光滤光片：用于减弱进入烟箱内杂散光线的干扰；

b) 量程扩展滤光片：1∶1 000 量程扩展滤光片，用于量程转换。

A.5.6 检测放大器为直流微电流放大器。光电流经此放大器后由仪表指示出透光率，经计算机实时采样、运算、自动打印；若设备未配计算机，可按 9.2.1 计算，将透光率换算成比光密度。

单位为毫米

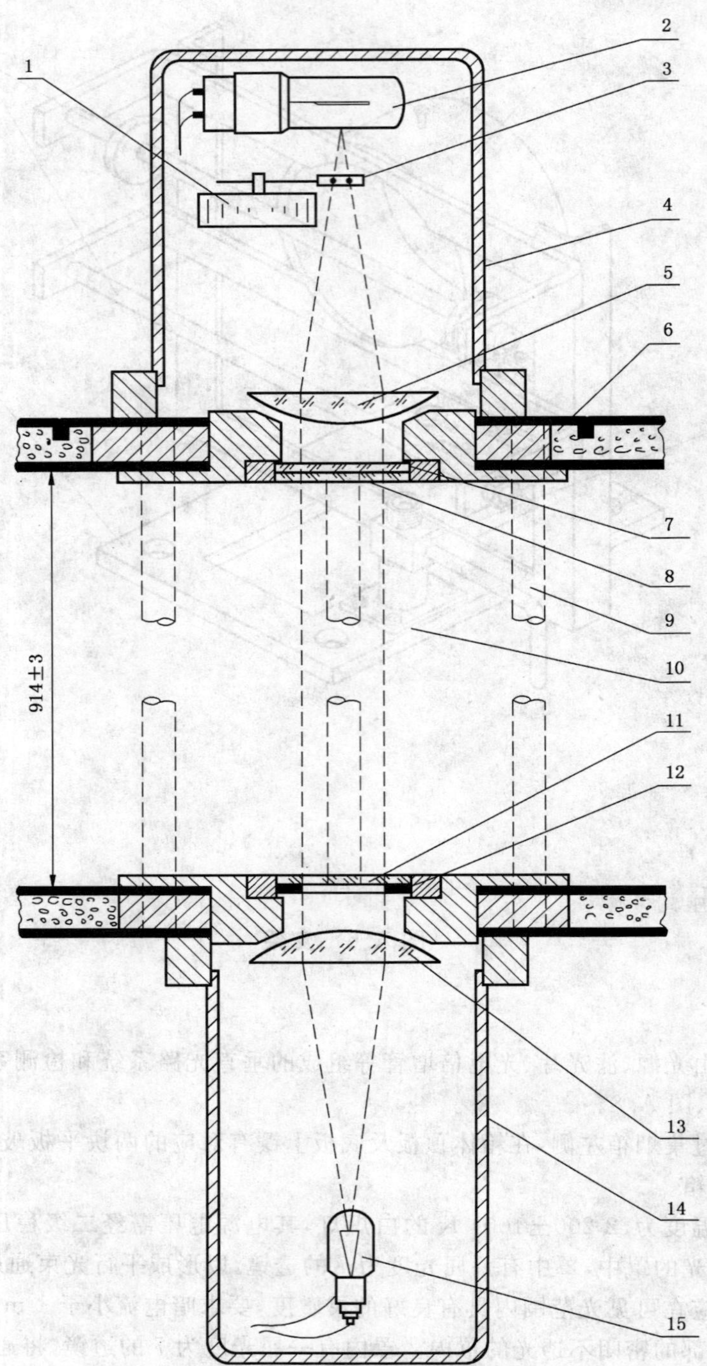

1——转换电机；
2——光电倍增管；
3——量程扩展滤光片；
4——上光罩；
5——上聚光镜；
6——箱体；
7——减光滤光片；
8——上光窗；
9——支杆；
10——集烟箱；
11——下光窗；
12——加热环；
13——下聚光镜；
14——下光罩；
15——白炽灯。

图 A.7 光路系统

单位为毫米

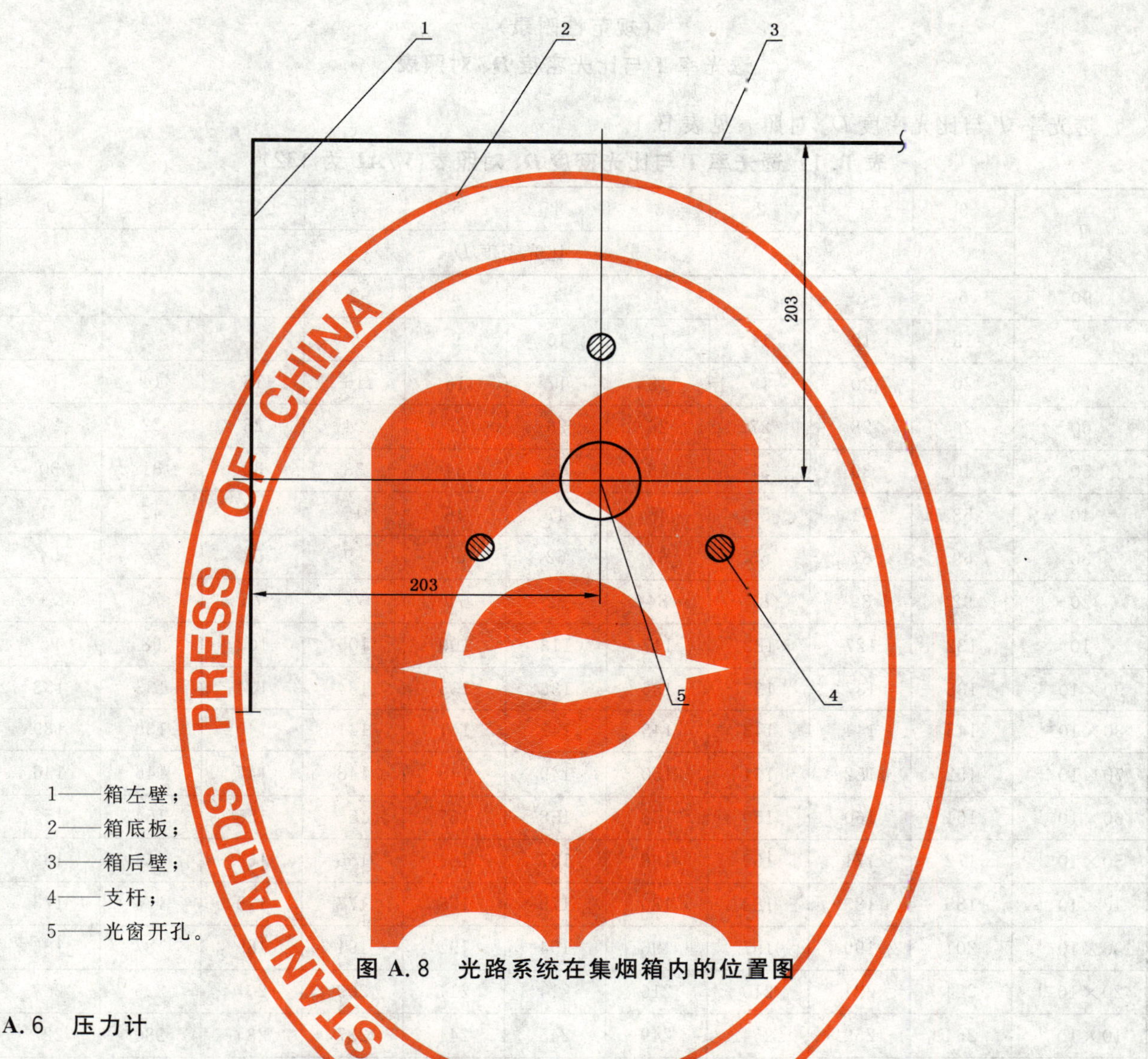

1——箱左壁；
2——箱底板；
3——箱后壁；
4——支杆；
5——光窗开孔。

图 A.8 光路系统在集烟箱内的位置图

A.6 压力计

用于监测烟箱内压力的变化。可采用水压计，即一只开口的盛水瓶及一根细长的橡皮管。管的一端与位于箱顶的取样孔连接，另一端插入盛水瓶水面下深约 100 mm 处。水压计应置于箱体下方，以避免倒吸。

附 录 B
（规范性附录）
透光率 T 与比光密度 D_S 对照表

透光率 T 与比光密度 D_S 对照表见表 B.1。

表 B.1 透光率 T 与比光密度 D_S 对照表（V/AL 为 132）

T	0	1	2	3	4	5	6	7	8	9
	比光密度 D_S									
90	6	5	5	4	4	3	2	2	1	1
80	13	12	11	11	10	9	9	8	7	7
70	20	20	19	18	17	16	16	15	14	14
60	29	28	27	26	26	25	24	23	22	21
50	40	39	37	36	35	34	33	32	31	30
40	53	51	50	48	47	46	45	43	42	41
30	69	67	65	64	62	60	59	57	55	54
20	92	89	87	84	82	79	77	75	73	71
10	132	127	122	117	113	109	105	102	98	95
90×10^{-1}	138	137	137	136	136	135	134	134	133	133
80×10^{-1}	145	144	143	143	142	141	141	140	139	139
70×10^{-1}	152	152	151	150	149	148	148	147	146	146
60×10^{-1}	161	160	159	158	158	157	156	155	154	153
50×10^{-1}	172	171	169	168	167	166	165	164	163	162
40×10^{-1}	185	183	182	180	179	178	177	175	174	173
30×10^{-1}	201	199	197	196	194	192	191	189	187	186
20×10^{-1}	224	221	219	216	214	211	209	207	205	203
10×10^{-1}	264	259	254	249	245	241	237	234	230	227
90×10^{-2}	270	269	269	268	268	267	266	266	265	265
80×10^{-2}	277	276	275	275	274	273	273	272	271	271
70×10^{-2}	284	284	283	282	281	280	280	279	278	278
60×10^{-2}	293	292	291	290	290	289	288	287	286	285
50×10^{-2}	304	303	301	300	299	298	297	296	295	294
40×10^{-2}	317	315	314	312	311	310	309	307	306	305
30×10^{-2}	333	331	329	328	326	324	323	321	319	318
20×10^{-2}	356	353	351	348	346	343	341	339	337	335
10×10^{-2}	396	391	386	381	377	373	369	366	362	359
90×10^{-3}	402	401	401	400	400	399	398	398	397	397
80×10^{-3}	409	408	407	407	406	405	405	404	403	403

表 B.1（续）

T	0	1	2	3	4	5	6	7	8	9
	比光密度 D_S									
70×10^{-3}	416	416	415	414	413	412	412	411	410	410
60×10^{-3}	425	424	423	422	422	421	420	419	418	417
50×10^{-3}	436	435	433	432	431	430	429	428	427	426
40×10^{-3}	449	447	446	444	443	442	441	439	438	437
30×10^{-3}	465	463	461	460	458	456	455	453	451	450
20×10^{-3}	488	485	483	480	478	475	473	471	469	467
10×10^{-3}	528	523	518	513	509	505	501	498	494	491
90×10^{-4}	534	533	533	532	532	531	530	530	529	529
80×10^{-4}	541	540	539	539	538	537	537	536	535	535
70×10^{-4}	548	548	547	546	545	544	544	543	542	542
60×10^{-4}	557	556	555	554	554	553	552	551	550	549
50×10^{-4}	568	567	565	564	563	562	561	560	559	558
40×10^{-4}	581	579	578	576	575	574	573	571	570	569
30×10^{-4}	597	595	593	592	590	588	587	585	583	582
20×10^{-4}	620	617	615	612	610	607	605	603	601	599
10×10^{-4}	660	655	650	645	641	637	633	630	626	623
90×10^{-5}	666	665	665	664	664	663	662	662	661	661
80×10^{-5}	673	672	671	671	670	669	669	668	667	667
70×10^{-5}	680	680	679	678	677	676	676	675	674	674
60×10^{-5}	689	688	687	686	686	685	684	683	682	681
50×10^{-5}	700	699	697	696	695	694	693	692	691	690
40×10^{-5}	713	711	710	708	707	706	705	703	702	701
30×10^{-5}	729	727	725	724	722	720	719	717	715	714
20×10^{-5}	752	749	747	744	742	739	737	735	733	731
10×10^{-5}	792	787	782	777	773	769	765	762	758	755

ICS 81.040
Q 35

中华人民共和国国家标准

GB/T 10701—2008
代替 GB/T 10701—1989

石英玻璃热稳定性试验方法

Test methods for thermal stability of silica glass

(ISO 718:1990, Laboratory glassware—Thermal shock and thermal shock endurance—Test methods, NEQ)

2008-06-30 发布 2009-04-01 实施

中华人民共和国国家质量监督检验检疫总局
中国国家标准化管理委员会 发布

前　言

本标准与国际标准 ISO 718:1990《实验室玻璃仪器——热冲击的试验方法》一致性程度为非等效。

本标准代替 GB/T 10701—1989《石英玻璃热稳定性检验方法》。

本标准与 GB/T 10701—1989 相比主要变化如下：

——取消了原标准中对 A 法和 B 法适用范围的限制；

——删减原标准术语章节中部分条款；

——修改了试样规格；

——取消了对水槽应附带有水循环装置或搅拌器的要求；

——增加了对清洗样品水质的要求；

——修改了确定试样保温时间的方式；

——修改了试验后试样取出方式；

——修改了 A 法中检查试样的方式；

——将结果处理修改为结果表述；

——删除原标准检验报告的要求。

本标准由中国建筑材料联合会提出。

本标准由中国建筑材料科学研究总院归口。

本标准起草单位：中国建筑材料科学研究总院、中国建筑材料检验认证中心。

本标准主要起草人：张浩运、吴洁、杨学东、郑丽英。

本标准于 1989 年首次发布，本次为第一次修订。

石英玻璃热稳定性试验方法

1 范围

本标准规定了石英玻璃热稳定性试验的两种试验方法：水冷却法（A 法）；空气冷却法（B 法）。

本标准适用于除不透明石英玻璃砖以外各种石英玻璃及其制品热稳定性的试验。

2 术语和定义

下列术语和定义适用于本标准。

热稳定性 Thermal stability

石英玻璃承受由高温 T_1 到低温 T_2，温度剧变的能力。

3 试验

3.1 试验设备

3.1.1 高温电炉：最高炉温应能够满足试验的 T_1 温度要求，其规格尺寸应适合于试样品规格，试验保温阶段炉内温度波动不超过±5 ℃。

3.1.2 冷却水槽：直径或边长大于 300 mm，高 350 mm～400 mm 的防锈水槽。槽内放入自来水，水位高度为 250 mm～300 mm，并放两层脱脂纱布以便托住浸入水中的试样。

3.1.3 温度计：测量范围在 0 ℃～50 ℃的温度计。

3.1.4 石英玻璃试样架或托盘。

3.1.5 镀铬坩埚钳。

3.1.6 纯度为化学纯的无水乙醇。

3.1.7 普通时钟

3.2 试样制备

各种石英玻璃的试样尺寸应符合表 1 中的规定。试样切割处均需进行磨抛处理，以消除切割产生的裂纹、缺口和崩落等缺陷。

表 1 试样规格

单位为毫米

试 样 名 称	试 样 规 格
直径≤80 的各种石英玻璃管、棒	长为 60 的管段
直径＞80 的各种石英玻璃管	长(50)×弦长(50)×原壁厚的片状
板状透明及不透明石英玻璃	长(50)×宽(50)×原厚度的块状
透明坩埚、蒸发皿、试管、漏斗、舟、罩等器皿	整件制品

3.3 试验准备

在炉膛底部放上石英玻璃垫片，将炉温加热到规定的上限温度 T_1。试样用自来水冲洗后用无水乙醇擦拭，再用去离子水冲洗试样，最后用脱脂纱布擦干，待用。

4 试验步骤

4.1 水冷却法（A 法）

4.1.1 将准备好的试样放在石英玻璃试样架或者托盘上，再放入加热到 T_1 温度的高温电炉工作区的中心。允许多个试样同时试验，但不得重叠放置，同时应保证出入炉操作时试样不受任何外力作用。

4.1.2 在 T_1 温度下，按试样厚度不同，恒温时间应符合表 2 中的规定。在炉温恢复到 T_1 温度后再计算恒温时间。

表 2 恒温时间

试样厚度/mm	恒温时间/min
<5	15
5～10	20
≥10	30

4.1.3 用坩埚钳夹取石英玻璃试样架或者托盘将恒温后的试样及石英玻璃试样架或者托盘一起出炉，在 4 s 内迅速将试样浸入规定温度 T_2 的水中，多个试样同时浸入水中时应避免相互碰撞。

注：试样转移时间是从打开炉门开始计算至试样浸入水中为止。

4.1.4 试样浸入水中至少 8 s 后在水中检查，并在试样浸入水中 2 min 内完成检查。

4.1.5 将检查后未破坏的试样用去离子水冲洗后，再用脱脂纱布擦干，按以上步骤重复试验，每个试样试验 3 次。

4.2 空气冷却法(B 法)

4.2.1 按 4.1.1 和 4.1.2 将试样加热和保温。

4.2.2 按 4.1.3 从炉内取出试样，在空气中冷却至温度 T_2，检查。

4.2.3 每个试样按以上步骤重复试验 3 次。

5 结果表述

每次冷热循环后，目测检查试样上是否出现裂纹、缺口和内外表皮崩落等缺陷。必要时，使用精度不低于 0.02 mm 的游标卡尺测量缺口及崩落的尺寸。

每次冷热循环后，若试样上呈现裂纹、缺口和内外表皮崩落等缺陷，则该试样不再继续试验。

ICS 71.040.30
G 63

中华人民共和国国家标准

GB/T 10705—2008
代替 GB/T 10705—1989

化学试剂　二水合5-磺基水杨酸（5-磺基水杨酸）

Chemical reagent—5-Sulfosalicylic acid dihydrate

2008-05-15 发布　　　　2008-11-01 实施

中华人民共和国国家质量监督检验检疫总局
中国国家标准化管理委员会　发布

前言

本标准代替 GB/T 10705—1989《化学试剂——5-磺基水杨酸》，与 GB/T 10705—1989 相比主要变化如下：

——标准名称改为“二水合 5-磺基水杨酸(5-磺基水杨酸)”；

——澄清度试验的规格由“合格”调整为“3 号”、“5 号”(1989 年版的 3.3，本版的第 4 章)；

——修改了用分光光度计测定水杨酸的方法(1989 年版的 4.3.8，本版的 5.12)；

——水不溶物、灼烧残渣、氯化物、硫酸盐、重金属五项改用化学试剂通用方法测定(1989 年版的 4.3.2、4.3.3、4.3.4、4.3.5、4.3.7，本版的 5.6、5.7、5.8、5.9、5.11)。

本标准由中国石油和化学工业协会提出。

本标准由全国化学标准化技术委员会化学试剂分会(SAC/TC 63/SC 3)归口。

本标准负责起草单位：南京化学试剂有限公司。

本标准主要起草人：王浩、高伟越。

本标准于 1959 年首次发布，于 1976 年第一次修订、1981 年第二次修订、1989 年第三次修订。

化学试剂　二水合 5-磺基水杨酸
（5-磺基水杨酸）

分子式：$C_7H_6O_6S \cdot 2H_2O$

结构式：

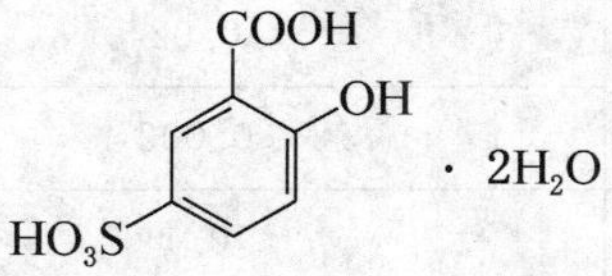

COOH
OH
$\cdot$ $2H_2O$
HO_3S

相对分子质量：254.22（根据 2005 年国际相对原子质量）

1　范围

本标准规定了化学试剂中二水合 5-磺基水杨酸的性状、规格、试验、检验规则和包装及标志。

本标准适用于化学试剂中二水合 5-磺基水杨酸的检验。

2　规范性引用文件

下列文件中的条款通过本标准的引用而成为本标准的条款。凡是注日期的引用文件，其随后所有的修改单（不包括勘误的内容）或修订版均不适用于本标准，然而，鼓励根据本标准达成协议的各方研究是否可使用这些文件的最新版本。凡是不注日期的引用文件，其最新版本适用于本标准。

GB/T 601　化学试剂　标准滴定溶液的制备

GB/T 602　化学试剂　杂质测定用标准溶液的制备（GB/T 602—2002，ISO 6353-1：1982，NEQ）

GB/T 603　化学试剂　试验方法中所用制剂及制品的制备（GB/T 603—2002，ISO 6353-1：1982，NEQ）

GB/T 6682　分析实验室用水规格和试验方法（GB/T 6682—2008，ISO 3696：1987，MOD）

GB/T 9721　化学试剂　分子吸收分光光度法通则（紫外和可见光部分）

GB/T 9728　化学试剂　硫酸盐测定通用方法（GB/T 9728—2007，ISO 6353-1：1982，NEQ）

GB/T 9729　化学试剂　氯化物测定通用方法（GB/T 9729—2007，ISO 6353-1：1982，NEQ）

GB/T 9735　化学试剂　重金属测定通用方法（GB/T 9735—2008，ISO 6353-1：1982，NEQ）

GB/T 9738　化学试剂　水不溶物测定通用方法（GB/T 9738—2008，ISO 6353-1：1982，NEQ）

GB/T 9741—2008　化学试剂　灼烧残渣测定通用方法（ISO 6353-1：1982，NEQ）

GB 15346　化学试剂　包装及标志

HG/T 3484　化学试剂　标准玻璃乳浊液和澄清度标准

HG/T 3921　化学试剂　采样及验收规则

3　性状

本试剂为白色粉状结晶，易溶于水。

4　规格

二水合 5-磺基水杨酸的规格见表 1。

表 1

名　称	分析纯	化学纯
含量($C_7H_6O_6S \cdot 2H_2O$),w/%	≥99.0	≥98.0
对铁灵敏度试验	合格	合格
澄清度试验/号	≤3	≤5
水不溶物,w/%	≤0.005	≤0.01
灼烧残渣(以硫酸盐计),w/%	≤0.02	≤0.05
氯化物(Cl),w/%	≤0.002	≤0.005
硫酸盐(SO_4),w/%	≤0.1	≤0.5
铁(Fe),w/%	≤0.000 1	≤0.000 5
重金属(以 Pb 计),w/%	≤0.000 5	≤0.001
水杨酸(HOC_6H_4COOH),w/%	≤0.02	≤0.2

5　试验

5.1　警告

本试验方法中,使用的部分试剂具有毒性或腐蚀性,一些试验过程可能导致危险情况,操作者应采取适当的安全和健康措施。

5.2　一般规定

本章中除另有规定外,所用标准滴定溶液、标准溶液、制剂及制品,均按 GB/T 601、GB/T 602、GB/T 603 的规定制备,实验用水应符合 GB/T 6682 中三级水的规格,样品均按精确至 0.01 g 称量,所用溶液以%表示的均为质量分数。

5.3　含量

称取 2.5 g 样品,精确至 0.000 1 g。溶于 100 mL 水中,加 2 滴酚酞指示液(10 g/L),用氢氧化钠标准滴定溶液[$c(NaOH)=0.5$ mol/L]滴定至溶液呈粉红色。

二水合 5-磺基水杨酸的质量分数 w,数值以%表示,按式(1)计算:

$$w=\frac{V\times c\times M}{m\times 1\,000}\times 100-2.646w_1 \qquad \cdots\cdots(1)$$

式中:

V——氢氧化钠标准滴定溶液体积的数值,单位为毫升(mL);

c——氢氧化钠标准滴定溶液浓度的准确数值,单位为摩尔每升(mol/L);

M——二水合 5-磺基水杨酸摩尔质量的数值,单位为克每摩尔(g/mol)$\left[M\left(\frac{1}{2}C_7H_6O_6S\cdot 2H_2O=127.1\right)\right]$;

m——样品质量的数值,单位为克(g);

2.646——硫酸盐换算成二水合 5-磺基水杨酸的系数;

w_1——硫酸盐的质量分数,数值以%表示。

5.4　对铁灵敏度试验

称取 0.4 g 样品,溶于水,稀释至 40 mL。取 20 mL,加 0.005 mg 铁标准溶液及 5 mL 氨水溶液(10%),摇匀,溶液所呈黄色应深于空白试验。

空白试验的制备是取剩余的 20 mL 样品溶液,加 5 mL 氨水溶液(10%)。

5.5 澄清度试验

称取 20 g 样品，溶于 100 mL 水中，其浊度不得大于 HG/T 3484 中规定的下列澄清度标准：

分析纯 ……………………………………………………3 号；

化学纯 ……………………………………………………5 号。

5.6 水不溶物

称取 20 g 样品，溶于 100 mL 沸水中，冷却至室温后，按 GB/T 9738 的规定测定。

5.7 灼烧残渣

称取 5 g 样品，按 GB/T 9741—2008 中 4.2 的规定测定，结果按第 5 章的规定计算。

5.8 氯化物

称取 2 g(化学纯取 1 g)样品，溶于 20 mL 水中，按 GB/T 9729 的规定测定。溶液所呈浊度不得大于标准比浊溶液。

标准比浊溶液的制备是取含下列数量的氯化物标准溶液：

分析纯 ……………………………………………………0.04 mg Cl；

化学纯 ……………………………………………………0.05 mg Cl。

与样品同时同样处理。

5.9 硫酸盐

称取 1 g 样品，溶于水，稀释至 100 mL。取 1 mL，加 15 mL 水，用氨水溶液(10%)调节溶液 pH 值至 6～7，稀释至 20 mL，加 0.5 mL 盐酸溶液(20%)酸化后，按 GB/T 9728 的规定测定。溶液所呈浊度不得大于标准比浊溶液。

标准比浊溶液的制备是取含下列数量的硫酸盐标准液：

分析纯 ……………………………………………………0.01 mg SO_4；

化学纯 ……………………………………………………0.05 mg SO_4。

稀释至 20 mL 后，与同体积试液同时同样处理。

5.10 铁

称取 5 g 样品，溶于 15 mL 水中，用氨水溶液(10%)调节溶液 pH 值至 6～7，稀释至 25 mL。加 2 mL 5-磺基水杨酸溶液(100 g/L)，摇匀，加 5 mL 氨水溶液(10%)，摇匀。溶液所呈黄色不得深于标准比色溶液。

标准比色溶液的制备是取含有下列数量的铁标准溶液：

分析纯 ……………………………………………………0.005 mg Fe；

化学纯 ……………………………………………………0.025 mg Fe。

稀释至 25 mL，与同体积样品溶液同时同样处理。

5.11 重金属

称取 4 g 样品，置于坩埚中，加热炭化，冷却，加 1 mL 硫酸，加热至硫酸蒸气逸尽，于 550℃ 灼烧至完全。残渣加 3 mL 盐酸及 1 mL 硝酸，在水浴上蒸干，加 1 mL 水，再蒸干。残渣用 5 mL 水温热溶解，稀释至 20 mL。取 15 mL，按 GB/T 9735 的规定测定。溶液所呈暗色不得深于标准比色溶液。

标准比色溶液的制备是取剩余的 5 mL 试液及含下列数量的铅标准溶液：

分析纯 ……………………………………………………0.01 mg Pb；

化学纯 ……………………………………………………0.02 mg Pb。

稀释至 15 mL，与同体积试液同时同样处理。

5.12 水杨酸

5.12.1 十二水合硫酸铁(Ⅲ)铵溶液的制备

取 200 mL 水，用硫酸溶液(10%)调节溶液 pH 值至 3，加 0.2 g 十二水合硫酸铁(Ⅲ)铵，溶解后，用硫酸溶液(10%)调节溶液 pH 值至 2.4(用酸度计测定)。

5.12.2 测定方法

称取 1 g 样品,溶于 15 mL 水中,加 4 mL 盐酸溶液(20%),摇匀,用 20 mL 苯萃取 1 min,静置分层,弃去水相。加 1 g 无水硫酸钠,振摇 1 min,静置。取 10 mL 清亮溶液,加 10 mL 十二水合硫酸铁(Ⅲ)铵溶液,摇动 15 s。溶液所呈紫色不得深于标准比色溶液。

标准比色溶液的制备是取含下列数量的水杨酸标准溶液:

分析纯 ……………………………………………………0.2 mg HOC_6H_4COOH;

化学纯 ……………………………………………………2.0 mg HOC_6H_4COOH。

与样品溶液同时同样处理。

必要时按 GB/T 9721 的规定测定。其中:用 1 cm 吸收池,以试剂空白为参比,在 520 nm 波长处测定样品溶液及标准比色溶液的吸光度。

6 检验规则

按 HG/T 3921 的规定进行采样及验收。

7 包装及标志

按 GB 15346 的规定进行包装、贮存与运输,并给出标志。其中:

包装单位:第 3、4 类;

内包装形式:NB-4、NB-5、NB-7、NB-8、NB-10、NB-11、NB-13、NB-15;

隔离材料:GC-1、GC-2、GC-3、GC-4;

外包装形式:WB-1、WB-2、WB-3。

ICS 83.140.01
G 40

中华人民共和国国家标准

GB/T 10707—2008
代替 GB/T 10707—1989,GB/T 13488—1992

橡胶燃烧性能的测定

Rubber—Determination of the burning

2008-06-04 发布 2008-12-01 实施

中华人民共和国国家质量监督检验检疫总局
中国国家标准化管理委员会 发布

前言

本标准代替 GB/T 10707—1989《橡胶燃烧性能测定　氧指数法》和 GB/T 13488—1992《橡胶燃烧性能测定　垂直燃烧法》。

本标准与 GB/T 10707—1989《橡胶燃烧性能测定　氧指数法》和 GB/T 13488—1992《橡胶燃烧性能测定　垂直燃烧法》相比主要的技术性差异如下：

——增加"3　术语和定义"一章；

——5.4.3 中灯口与试样下端的间距由原来的 10 mm 调整为 10 mm±1 mm；5.4.3、5.4.4 施加火焰时间由 10 s 调整为 10 s±5 s；

——氧指数法的试样数量由至少 15 个试样改为"对已知氧指数值相差在±2 范围内的橡胶材料，应准备 15 个试样；对未知氧指数或具有不稳定燃烧特性的橡胶材料，准备 15 个～30 个试样"；

——5.3.1 垂直燃烧法试样尺寸由原来的"长 130 mm±3 mm，宽 13.0 mm±0.3 mm，厚 3.0 mm±0.2 mm"改变为"长 130 mm±5 mm，宽 13.0 mm±0.5 mm，厚 3.0 mm±0.25 mm"；

——对公式(1)做了修改；

——增添了资料性附录 D 的内容。

本标准的附录 A 为规范性附录；附录 B、附录 C 和附录 D 为资料性附录。

本标准由中国石油和化学工业协会提出。

本标准由全国橡胶与橡胶制品标准化技术委员会密封制品分技术委员会(SAC/TC 35/SC 3)归口。

本标准起草单位：西北橡胶塑料研究设计院、安徽中鼎密封件股份有限公司、株州时代新材料科技股份有限公司、浙江省质量技术监督检测研究院。

本标准主要起草人：董晓武、陈晋阳、王进、沈振。

本标准所代替标准的历次版本发布情况：

——GB/T 10707—1989；

——GB/T 13488—1992。

橡胶燃烧性能的测定

1 范围

本标准规定了在实验室环境下测定橡胶燃烧性能的两种方法:氧指数法(方法 A)和垂直燃烧法(方法 B)。

本标准适用于在实验室环境下评定橡胶材料的燃烧性能及阻燃性能,不适用于评定实际使用条件下橡胶材料的着火危险性。

2 规范性引用文件

下列文件中的条款通过本标准的引用而成为本标准的条款。凡是注日期的引用文件,其随后所有的修改单(不包括勘误的内容)或修订版均不适用于本标准,然而,鼓励根据本标准达成协议的各方研究是否可使用这些文件的最新版本。凡是不注日期的引用文件,其最新版本适用于本标准。

GB/T 2941—2006 橡胶物理试验方法试样制备和调节通用程序(ISO 23529:2004,IDT)

GB/T 3863 工业用氧

GB/T 3864 工业氮

HG/T 3095 橡胶火焰试验术语

3 术语和定义

HG/T 3095 确立的以及下列术语和定义适用于本标准。

3.1

氧指数 oxygen index

在规定的试验条件下,在 23℃±2℃ 的氧和氮混合气流中,维持橡胶材料燃烧的最低氧浓度(用体积分数表示)。

4 方法 A——氧指数法

4.1 试验原理

试样垂直地支撑在一个透明的燃烧筒内,燃烧筒内有向上流动的氧和氮的混合气体,点燃试样的上端,然后观察燃烧现象,并与规定的限度值比较燃烧持续时间或燃烧长度。通过在不同的氧浓度中试验,可测得维持材料燃烧的最低氧浓度。试验的试样中要有 50% 超过规定的燃烧持续时间或燃烧长度。

4.2 试验装置

试验装置见图 1。

4.2.1 燃烧筒:一只能直立于底座之上的耐热透明玻璃筒,其内径为 75 mm,总高度为 450 mm,以保证筒内的气流速度为 40 mm/s±10 mm/s。筒内底座上装有试样支架,并有引入氧氮混合气体的导管,试样支架的下部应装一片金属网。燃烧筒底部应填充直径为 3 mm～5 mm 的玻璃球,填充高度 80 mm～100 mm。

注:也可以采用其他尺寸的燃烧筒,但燃烧筒尺寸不同所得出的氧指数的值可能会有差异,宜在试验报告中注明。

4.2.2 试样支架:在燃烧筒轴心位置竖直地夹持试样的夹子。

4.2.3 气源:氧气应符合 GB/T 3863 的要求;氮气应符合 GB/T 3864 的要求。

4.2.4 气体测量和控制系统:由压力表、调节阀、转子流量计(氧、氮转子流量计的最小刻度为 0.05 L/min)等组成。

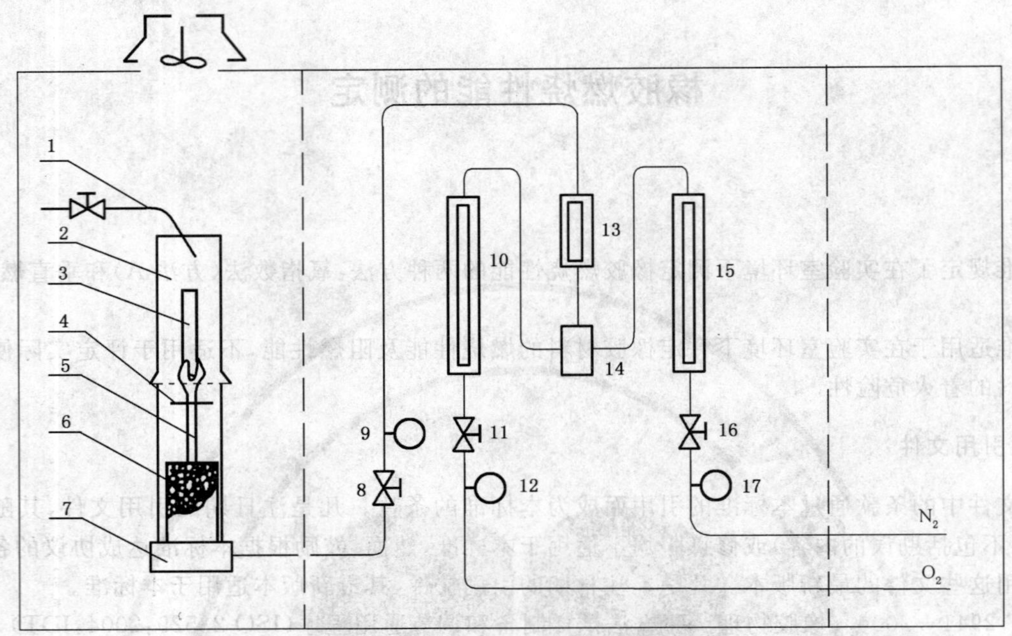

1——点火器；
2——燃烧筒；
3——试样；
4——金属网；
5——试样支架；
6——玻璃球；
7——底座；
8——混合气体调节阀；
9——混合气体压力表；
10——氧气流量计；
11——氧气调节阀；
12——氧气压力表；
13——混合气体流量计；
14——氧氮混合器；
15——氮气流量计；
16——氮气调节阀；
17——氮气压力表。

图 1　试验装置示意图

4.2.5　点火器：一根伸入燃烧筒内点燃试样的管子，其喷嘴直径为 2 mm±1 mm。燃气可根据情况选用丙烷、丁烷、液化石油气、天然气等。燃烧时从喷嘴垂直向下喷出的火焰长度为 16 mm±4 mm。

4.2.6　计时器：最小刻度值为 0.1 s 的秒表或其他相当的计时装置。

4.2.7　测长量具：最小刻度值为 1 mm 不锈钢直尺。

4.2.8　通风系统：为排除试验中产生的烟雾和有害气体，试验应在通风柜内进行，但试验过程中不能开抽风机，以免影响燃烧筒内的气流速度。

4.3　试样

4.3.1　试样尺寸为长 80 mm～150 mm，宽 6.5 mm±0.5 mm，厚 3 mm±0.25 mm。

4.3.2　试样的制备和调节应按 GB/T 2941—2006 的要求进行。

4.3.3　为了便于测量试样的燃烧长度，在距试样点火端 50 mm 处作一标记。

4.3.4　对已知氧指数值相差在±2 范围内的橡胶材料，应准备 15 个试样；对未知氧指数或具有不稳定燃烧特性的橡胶材料，准备 15 个～30 个试样。

4.4　试验步骤

4.4.1　检查试验装置，确保完好。燃烧筒应安放垂直，在筒中央的试样支架上垂直夹好试样，试样顶端距离筒口至少 100 mm。

4.4.2　根据经验或试样在空气中燃烧的情况，估计开始试验时的氧浓度。试样在空气中迅速燃烧，氧浓度(体积分数)估计为18%;在空气中缓慢或不稳定燃烧,估计为21%;在空气中不着火,至少估计为25%。氧浓度的计算公式见附录A。

4.4.3 按4.4.2确定氧浓度后,调好氧氮混合气体流量(氧气和氮气流量参见附录B),并让其在燃烧筒中至少流动30 s,以除去燃烧筒中的空气。每个试样试验前都应重复此过程,以保证燃烧筒中的气流量在试验的点火和燃烧过程中不发生变化。在点火和燃烧过程中,不应改变气流速度和氧氮气体浓度。

4.4.4 点燃点火器,将火焰调到规定的长度,把点火器喷嘴伸入燃烧筒内。让火焰充分接触试样顶端表面,但不能与侧面接触。施加火焰时间不超过30 s,其间每隔5 s移开点火器观察一次,看试样是否被点燃。如果试样整个顶端面都燃烧起来,就认为试样已被点燃,立即开始计时,或测量燃烧长度。

4.4.5 燃烧特性按下面要求评定:

4.4.5.1 若试样燃烧时间不到180 s或燃烧不到50 mm标记处火焰自熄,记作特征"0",并记录此时的燃烧时间和燃烧长度。

4.4.5.2 若试样燃烧时间超过180 s或燃烧超过50 mm标记处,记作特征"×",并将试样熄灭。

4.4.5.3 如有熔滴、结炭、不稳定燃烧、阴燃等现象,也作为燃烧特征加以记录。

4.4.6 为继续试验需要选择下一个氧浓度。应按这样的原则来选择氧浓度:若得到"0"特征,应增加氧浓度;若得到"×"特征,应降低氧浓度。

4.4.7 用适当的级差改变氧浓度,重复4.4.4~4.4.6的操作,直到有一对"0"和"×"特征的氧浓度相差小于或等于1。这两个相反的特征不一定是连续出现的(参见附录C中C.1),"0"特征的氧浓度不一定比"×"特征的低。用这一对特征中"0"的相应氧浓度作为初始氧浓度。

4.4.8 用由4.4.7得到的初始氧浓度,重复4.4.4~4.4.6的操作,试验1个试样,记录所用的氧浓度和特征作为第一个结果。

4.4.9 取氧浓度级差$d=0.2\%$,重复4.4.4~4.4.6的操作,直到得出与第一个结果相反的特征为止。记录这些特征和相应的氧浓度。

4.4.10 保持$d=0.2\%$,重复4.4.4~4.4.6的操作,再试验4个试样,记录每个试样所用的氧浓度及其特征,并指定用于最后1个试样的氧浓度为最终氧浓度c_f。将这4个特征和4.4.9中得到的最后1个特征排列到一起,以便确定k值。

4.4.11 计算最后6个试样所用的氧浓度(包括c_f)的估计标准差σ(见4.5.3),如果下列关系成立:

$$\frac{2}{3}\sigma < d < \frac{3}{2}\sigma$$

则按4.5.1计算的氧指数结果可信,否则:

若$d<\frac{2}{3}\sigma$,增加d值,重复4.4.9~4.4.11的操作,到条件满足为止;

若$d>\frac{3}{2}\sigma$,当$d=0.2\%$,认为氧指数结果可信。但当$d>0.2\%$,则减少d值,重复4.4.9~4.4.11的操作,到条件满足为止。

4.5 结果的计算

4.5.1 氧指数(OI)

氧指数(OI)的计算见公式(1):

$$\mathrm{OI} = c_f + kd \qquad (1)$$

式中:

OI——用体积分数表示的氧指数,计算中保留两位小数,报告中只保留一位小数;

c_f——用体积分数表示的最终氧浓度,保留一位小数;

k——系数,确定方法见4.5.2;

d——用体积分数表示的氧浓度级差,保留一位小数。

4.5.2 *k* 值的确定

k 值及其正负号取决于试样的特征，可按下述方法从表 1 中确定。

4.5.2.1 若按 4.4.8 试验得到“0”特征，那么第一个相反的特征（见 4.4.9）应为“×”。从表 1 第一列中每行的后 4 个特征排列里，找到与 4.4.10 得到的特征排列完全相同的那一行。再根据 4.4.8 和 4.4.9 得到的“0”特征的个数，从(a)中找到个数与之相同的那一列。行列交叉处即为所求 *k* 值。

4.5.2.2 若按 4.4.8 试验得到“×”特征，那么第一个相反的特征应为“0”，从表 1 内第六列中每行的后 4 个特征排列里，找到与 4.4.10 得到的特征排列完全相同的那一行。再根据 4.4.8 和 4.4.9 得到的“×”特征的个数，从(b)行中找到个数与之相同的那一列。行列交叉处即为所求 *k* 值。此时的 *k* 值应改变符号，即查正得负，查负得正。

表 1 *k* 值确定表

1	2	3	4	5	6
最后 5 个测量特征	(a)				
	0	00	000	0000	
×0000	−0.55	−0.55	−0.55	−0.55	0××××
×000×	−1.25	−1.25	−1.25	−1.25	0×××0
×00×0	0.37	0.38	0.38	0.38	0××0×
×00××	−0.17	−0.14	−0.14	−0.14	0××00
×0×00	0.02	0.04	0.04	0.04	0×0××
×0×0×	−0.50	−0.46	−0.45	−0.45	0×0×0
×0××0	1.17	1.24	1.25	1.25	0×00×
×0×××	0.61	0.73	0.76	0.76	0×000
××000	−0.30	−0.27	−0.26	−0.26	00×××
××00×	−0.83	−0.76	−0.75	−0.75	00××0
××0×0	0.83	0.94	0.95	0.95	00×0×
××0××	0.30	0.46	0.50	0.50	00×00
×××00	0.50	0.65	0.68	0.68	000××
×××0×	−0.04	0.19	0.24	0.25	000×0
××××0	1.60	1.92	2.00	2.01	0000×
×××××	0.89	1.33	1.47	1.50	00000
	×	××	×××	××××	最后 5 个测量特征
	(b)				

4.5.3 氧浓度标准差

$$\sigma = \left[\frac{\sum (c_i - \mathrm{OI})^2}{n-1}\right]^{\frac{1}{2}} \quad \cdots\cdots\cdots\cdots\cdots\cdots (2)$$

式中：

σ——氧浓度的标准差；

c_i——依次表示最后 6 个氧浓度；

OI——按 4.5.1 计算所得的氧指数；

n——对 $\sum (c_i - \mathrm{OI})^2$ 有影响的试验次数。

对本方法，$n=6$。

4.6 试验报告

试验报告应包括下列内容：

a） 本标准号及方法 A；
b） 样品名称或代号；
c） 试样的尺寸；
d） 氧指数；
e） 试样燃烧长度；
f） 熔滴、不稳定燃烧、阴燃等现象；
g） 燃气种类；
h） 试验室温度及湿度；
i） 试验日期及试验、审核人员。

5 方法 B——垂直燃烧法

5.1 试验原理

试样垂直夹持在支架上，其下端在规定的火焰中燃烧一定时间，然后移开火焰，并开始测量后试样有焰燃烧和无焰燃烧的时间等燃烧行为，来评定试样的燃烧性能等级。

5.2 试验装置

试验装置见图 2。

单位为毫米

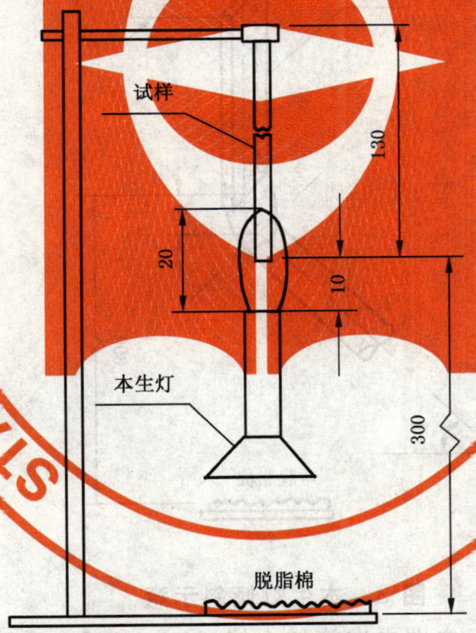

图 2 试验装置示意图

5.2.1 本生灯：管长 80 mm～100 mm，内径 9.5 mm±0.5 mm。

5.2.2 试样支架：配有试样夹持器，能调节试样的垂直高度。

5.2.3 计时器：最小刻度值为 0.1 s 的秒表或其他相当的计时装置。

5.2.4 测长量具：最小刻度值为 1 mm 不锈钢直尺。

5.2.5 燃气：工业级甲烷。可采用热值约为 37 MJ/m^3 的其他燃气，如天然气、液化石油气、煤气等。如有争议时应采用工业级甲烷。

5.2.6 医用脱脂棉：要求干燥清洁，棉层（未经压缩）尺寸约为 50 mm×50 mm×6 mm。

5.2.7 通风装置：试验应在通风柜内进行。试验过程中不能排风。

5.3 试样

5.3.1 试样长 130 mm±5 mm，宽 13.0 mm±0.5 mm，厚 3.0 mm±0.25 mm。

注：试样厚度可采用其他尺寸，但试验结果不能与标准试样的试验结果相比较，并在试验报告中注明。

5.3.2 5 个试样为一组。

5.3.3 试样的制备和调节应符合 GB/T 2941—2006 的规定。

5.4 试验步骤

5.4.1 夹持器夹住试样上端约 6 mm 处，并保持垂直。试样下端距脱脂棉的距离为 300 mm±10 mm。

5.4.2 旋紧灯管，开启燃气阀，在远离试样处点燃本生灯。调节燃气阀使之产生高度约为 20 mm 的黄色火焰，再调节空气流量使之成为高度为 20 mm±1 mm 的蓝色火焰。

5.4.3 将火焰对着试样下端中心部位，灯口与试样下端保持间隔 10 mm±1 mm。施加火焰 10 s±0.5 s，将本生灯移到 150 mm 以外，移灯同时启动秒表，记录有焰燃烧时间 $t_{1,i}$，如果试样燃烧时有熔融或燃烧滴落物，应将本生灯倾斜 45°，但仍保证试样下端与倾斜的本生灯口之间的距离为 10 mm±1 mm。倾斜形式见图 3。

注：为了便于灯口与试样下端的间隔保持 10 mm±1 mm，可选用带有尺度标杆的本生灯，参见附录 D。

单位为毫米

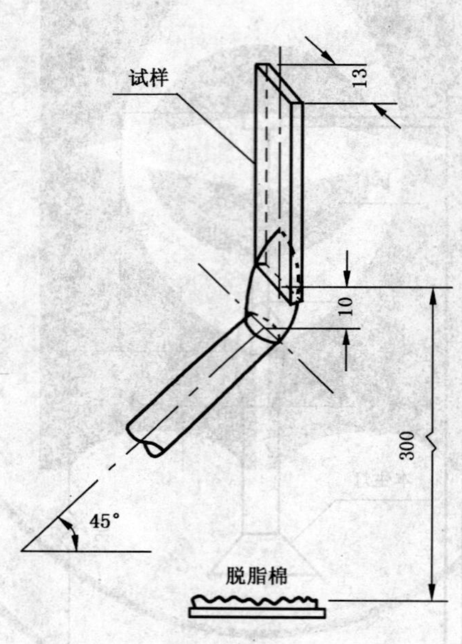

图 3 本生灯倾斜示意

5.4.4 当试样有焰燃烧的火焰熄灭，立即再次施加火焰，10 s±0.5 s 后移去本生灯，记录试样的有焰燃烧时间 $t_{2,i}$ 和无焰燃烧时间 $t_{g,i}$。

5.4.5 重复 5.4.1～5.4.4，试验一组试样。

5.5 结果的计算

5.5.1 一组试样有焰燃烧时间的计算：

$$t_f = \sum_{i=1}^{5}(t_{1,i} + t_{2,i}) \quad \cdots\cdots(3)$$

式中：

t_f——一组试样有焰燃烧时间，单位为秒(s)；

$t_{1,i}$——单个试样第一次施加火焰后的有焰燃烧时间，单位为秒(s)；

$t_{2,i}$——单个试样第二次施加火焰后的有焰燃烧时间，单位为秒(s)；

i——试样序号，$i=1\sim5$。

5.5.2 单个试样第二次施加火焰后有焰燃烧时间与无焰燃烧时间之和的计算：

$$t_{si}=t_{2,i}+t_{g,i} \tag{4}$$

式中：

t_{si}——单个试样第二次施加火焰后有焰燃烧时间与无焰燃烧时间之和，单位为秒(s)；

$t_{2,i}$——单个试样第二次施加火焰后的有焰燃烧时间，单位为秒(s)；

$t_{g,i}$——单个试样第二次施加火焰后的无焰燃烧时间，单位为秒(s)；

i——试样序号，$i=1\sim5$。

5.6 结果评定

5.6.1 橡胶材料的垂直燃烧性能等级分为FV-0，FV-1和FV-2三级，见表2。

表2 橡胶材料垂直燃烧性能等级判别

试样燃烧时间及现象	等　级		
	FV-0	FV-1	FV-2
单个试样每次施加火焰后的有焰燃烧时间($t_{1,i}$、$t_{2,i}$)/s	≤10	≤30	≤30
每组5个试样施加10次火焰后总的有焰燃烧时间(t_f)/s	≤50	≤250	≤250
单个试样第二次施加火焰后有焰燃烧时间与无焰燃烧时间之和(t_{si})/s	≤30	≤60	≤60
有焰或无焰燃烧蔓延到夹具的现象	无	无	无
滴落物引燃脱脂棉的现象	无	无	有

5.6.2 试验结果与表2对照，确定橡胶材料的垂直燃烧性能等级。

5.6.3 如果一组试样中有一个不符合表2相应的等级要求，应再取一组试样进行复验，复验的试样均应符合表2等级的要求；如果复验的试样中仍有一个试样不符合表2中相应等级要求，则应以两组中数字最大的等级作为该橡胶材料的垂直燃烧性能等级。

5.6.4 如果试验结果超出FV-2级的要求，则不应用本方法评定。

5.7 试验报告

试验报告应包括下列内容：

a) 本标准号及试验方法B；

b) 试样名称或代号；

c) 试样厚度；

d) 试验室温度及湿度；

e) 燃气种类；

f) 试样的垂直燃烧性能等级；

g) 不稳定燃烧、熔滴物引燃脱脂棉及燃烧蔓延到夹具等现象；

h) 试验日期及试验、审核人员。

附 录 A
（规范性附录）
氧浓度的计算

氧浓度按式(A.1)计算：

$$c_O = \frac{100V_O}{V_O + V_N} \quad \cdots\cdots(A.1)$$

式中：

c_O——氧浓度(体积分数)，%；

V_O——氧气体积流量，单位为升每秒(L/s)；

V_N——氮气体积流量，单位为升每秒(L/s)。

附　录　B
（资料性附录）
氧浓度与氧气、氮气流量的关系表

在试验过程中，需要不断地改变氧浓度。根据公式（A.1）和混合气体的总流量（对内径为75 mm的燃烧筒来说，为保证混合气体的流速约为40 mm/s，则混合气体总流量约为10.6 L/min），可算出一系列与氧浓度值 c_O 对应的 V_O 和 V_N 值，将其列表于后，供试验时查用。

表 B.1　氧浓度与氧气、氮气流量的关系表

c_O/%	V_O/(L/min)	V_N/(L/min)	c_O/%	V_O/(L/min)	V_N/(L/min)
10.0	1.06	9.54	17.0	1.80	8.80
10.2	1.08	9.52	17.2	1.82	8.78
10.4	1.10	9.50	17.4	1.84	8.76
10.6	1.12	9.48	17.6	1.87	8.73
10.8	1.14	9.46	17.8	1.89	8.71
11.0	1.17	9.43	18.0	1.91	8.69
11.2	1.19	9.41	18.2	1.93	8.67
11.4	1.21	9.39	18.4	1.95	8.65
11.6	1.23	9.37	18.6	1.97	8.63
11.8	1.25	9.35	18.8	1.99	8.61
12.0	1.27	9.33	19.0	2.01	8.59
12.2	1.29	9.31	19.2	2.03	8.57
12.4	1.31	9.29	19.4	2.06	8.54
12.6	1.34	9.26	19.6	2.08	8.52
12.8	1.36	9.24	19.8	2.10	8.50
13.0	1.38	9.22	20.0	2.12	8.48
13.2	1.40	9.20	20.2	2.14	8.46
13.4	1.42	9.18	20.4	2.16	8.44
13.6	1.44	9.16	20.6	2.18	8.42
13.8	1.46	9.14	20.8	2.20	8.40
14.0	1.48	9.12	21.0	2.23	8.37
14.2	1.51	9.09	21.2	2.25	8.35
14.4	1.53	9.07	21.4	2.27	8.33
14.6	1.55	9.05	21.6	2.29	8.31
14.8	1.57	9.03	21.8	2.31	8.29
15.0	1.59	9.01	22.0	2.33	8.27
15.2	1.61	8.99	22.2	2.35	8.25
15.4	1.63	8.97	22.4	2.37	8.23
15.6	1.65	8.95	22.6	2.40	8.20
15.8	1.67	8.93	22.8	2.42	8.18
16.0	1.70	8.90	23.0	2.44	8.16
16.2	1.72	8.88	23.2	2.46	8.14
16.4	1.74	8.86	23.4	2.48	8.12
16.6	1.76	8.84	23.6	2.50	8.10
16.8	1.78	8.82	23.8	2.52	8.08

表 B.1（续）

c_O/%	V_O/(L/min)	V_N/(L/min)	c_O/%	V_O/(L/min)	V_N/(L/min)
24.0	2.54	8.06	32.8	3.48	7.12
24.2	2.57	8.03	33.0	3.50	7.10
24.4	2.59	8.01	33.2	3.52	7.08
24.6	2.61	7.99	33.4	3.54	7.06
24.8	2.63	7.97	33.6	3.56	7.04
25.0	2.65	7.95	33.8	3.58	7.02
25.2	2.67	7.93	34.0	3.60	7.00
25.4	2.69	7.91	34.2	3.63	6.97
25.6	2.71	7.89	34.4	3.65	6.95
25.8	2.73	7.87	34.6	3.67	6.93
26.0	2.76	7.84	34.8	3.69	6.91
26.2	2.78	7.82	35.0	3.71	6.89
26.4	2.80	7.80	35.2	3.73	6.87
26.6	2.82	7.78	35.4	3.75	6.85
26.8	2.84	7.76	35.6	3.77	6.83
27.0	2.86	7.74	35.8	3.79	6.81
27.2	2.88	7.72	36.0	3.82	6.78
27.4	2.90	7.70	36.2	3.84	6.76
27.6	2.93	7.67	36.4	3.86	6.74
27.8	2.95	7.65	36.6	3.88	6.72
28.0	2.97	7.63	36.8	3.90	6.70
28.2	2.99	7.61	37.0	3.92	6.68
28.4	3.01	7.59	37.2	3.94	6.66
28.6	3.03	7.57	37.4	3.96	6.64
28.8	3.05	7.55	37.6	3.99	6.61
29.0	3.07	7.53	37.8	4.01	6.59
29.2	3.10	7.50	38.0	4.03	6.57
29.4	3.12	7.48	38.2	4.05	6.55
29.6	3.14	7.46	38.4	4.07	6.53
29.8	3.16	7.44	38.6	4.09	6.51
30.0	3.18	7.42	38.8	4.11	6.49
30.2	3.20	7.40	39.0	4.13	6.47
30.4	3.22	7.38	39.2	4.16	6.44
30.6	3.24	7.36	39.4	4.18	6.42
30.8	3.26	7.34	39.6	4.20	6.40
31.0	3.29	7.31	39.8	4.22	6.38
31.2	3.31	7.29	40.0	4.24	6.36
31.4	3.33	7.27	40.2	4.26	6.34
31.6	3.35	7.25	40.4	4.28	6.32
31.8	3.37	7.23	40.6	4.30	6.30
32.0	3.39	7.21	40.8	4.32	6.28
32.2	3.41	7.19	41.0	4.35	6.25
32.4	3.43	7.17	41.2	4.37	6.23
32.6	3.46	7.14	41.4	4.39	6.21

表 B.1（续）

c_O/%	V_O/(L/min)	V_N/(L/min)	c_O/%	V_O/(L/min)	V_N/(L/min)
41.6	4.41	6.19	50.4	5.34	5.26
41.8	4.43	6.17	50.6	5.36	5.24
42.0	4.45	6.15	50.8	5.38	5.22
42.2	4.47	6.13	51.0	5.41	5.19
42.4	4.49	6.11	51.2	5.43	5.17
42.6	4.52	6.08	51.4	5.45	5.15
42.8	4.54	6.06	51.6	5.47	5.13
43.0	4.56	6.04	51.8	5.49	5.11
43.2	4.58	6.02	52.0	5.51	5.09
43.4	4.60	6.00	52.2	5.53	5.07
43.6	4.62	5.98	52.4	5.55	5.05
43.8	4.64	5.96	52.6	5.58	5.02
44.0	4.66	5.94	52.8	5.60	5.00
44.2	4.69	5.91	53.0	5.62	4.98
44.4	4.71	5.89	53.2	5.64	4.96
44.6	4.73	5.87	53.4	5.66	4.94
44.8	4.75	5.85	53.6	5.68	4.92
45.0	4.77	5.83	53.8	5.70	4.90
45.2	4.79	5.81	54.0	5.72	4.88
45.4	4.81	5.79	54.2	5.75	4.85
45.6	4.83	5.77	54.4	5.77	4.83
45.8	4.85	5.75	54.6	5.79	4.81
46.0	4.88	5.72	54.8	5.81	4.79
46.2	4.90	5.70	55.0	5.83	4.77
46.4	4.92	5.68	55.2	5.85	4.75
46.6	4.94	5.66	55.4	5.87	4.73
46.8	4.96	5.64	55.6	5.89	4.71
47.0	4.98	5.62	55.8	5.91	4.69
47.2	5.00	5.60	56.0	5.94	4.66
47.4	5.02	5.58	56.2	5.96	4.64
47.6	5.05	5.55	56.4	5.98	4.62
47.8	5.07	5.53	56.6	6.00	4.60
48.0	5.09	5.51	56.8	6.02	4.58
48.2	5.11	5.49	57.0	6.04	4.56
48.4	5.13	5.47	57.2	6.06	4.54
48.6	5.15	5.45	57.4	6.08	4.52
48.8	5.17	5.43	57.6	6.11	4.49
49.0	5.19	5.41	57.8	6.13	4.47
49.2	5.22	5.38	58.0	6.15	4.45
49.4	5.24	5.36	58.2	6.17	4.43
49.6	5.26	5.34	58.4	6.19	4.41
49.8	5.28	5.32	58.6	6.21	4.39
50.0	5.30	5.30	58.8	6.23	4.37
50.2	5.32	5.28	59.0	6.25	4.35

表 B.1（续）

c_O/%	V_O/(L/min)	V_N/(L/min)	c_O/%	V_O/(L/min)	V_N/(L/min)
59.2	6.28	4.32	59.8	6.34	4.26
59.4	6.30	4.30	60.0	6.36	4.24
59.6	6.32	4.28			

附　录　C
（资料性附录）
试验结果计算示例

C.1　试样的燃烧记录

表 C.1　初始氧浓度记录表示例

序　号	1	2	3	4	5
氧浓度(体积分数)/%	25.0	35.0	30.0	32.0	31.0
燃烧时间/s	10	>180	140	>180	>180
燃烧长度/mm					
特征	0	×	0	×	×

注：估计的氧浓度为 25%，笫三次和第五次试验得到的特征相反，氧浓度相差为 1%。所以，将第三次试验的氧浓度 30% 作为初始氧浓度。

C.2　氧指数的计算

表 C.2　最后五个测量特征和最终氧浓度 c_f 记录表示例

	(4.4.8 和 4.4.9)					c_f(4.4.10)				
氧浓度/%	30.0	29.8	29.6	29.4		29.4	29.6	29.4	29.6	29.8
燃烧时间/s	>180	>180	>180	150		150	>180	110	165	>180
燃烧长度/mm										
特征	×	×	×	→		0	×	0	0	×

按 4.4.8 为“×”，相反的特征为“0”。根据 4.5.2.2 从表中找到“0×00×”所在行，“×××”所在列，交叉处为 1.25，变号，得 $k=-1.25$。

根据公式(1)可得氧指数：

$$
\begin{aligned}
\mathrm{OI} &= c_f + kd \\
&= 29.8 + (-1.25 \times 0.2) \\
&= 29.55 \\
&= 29.6
\end{aligned}
$$

C.3　氧浓度级差 d 的验证

取最后 6 个试样的氧浓度（包括 c_f）进行计算：

表 C.3 氧浓度标准差计算表

氧浓度	c_i	OI	$c_i-\mathrm{OI}$	$(c_i-\mathrm{OI})^2$
c_f	29.8	29.55	0.25	0.062 5
	29.6	29.55	0.05	0.002 5
	29.4	29.55	−0.15	0.022 5
	29.6	29.55	0.05	0.002 5
	29.4	29.55	−0.15	0.022 5
	29.6	29.55	0.05	0.002 5

根据4.5.3氧浓度的标准差的计算公式：

$$\delta=\left[\frac{\sum(c_i-\mathrm{OI})^2}{n-1}\right]^{\frac{1}{2}}$$

$$=\left(\frac{0.115}{5}\right)^{\frac{1}{2}}$$

$$=0.152$$

$$\frac{2}{3}\delta=0.101$$

$$\frac{3}{2}\delta=0.227$$

$$d=0.2$$

$$\frac{2}{3}\delta<d<\frac{3}{2}\delta$$

条件满足，该材料氧指数为29.6可信。

附　录　D
（资料性附录）
带尺度标杆的本生灯示意图

带尺度标杆的本生灯见示意图D.1。

单位为毫米

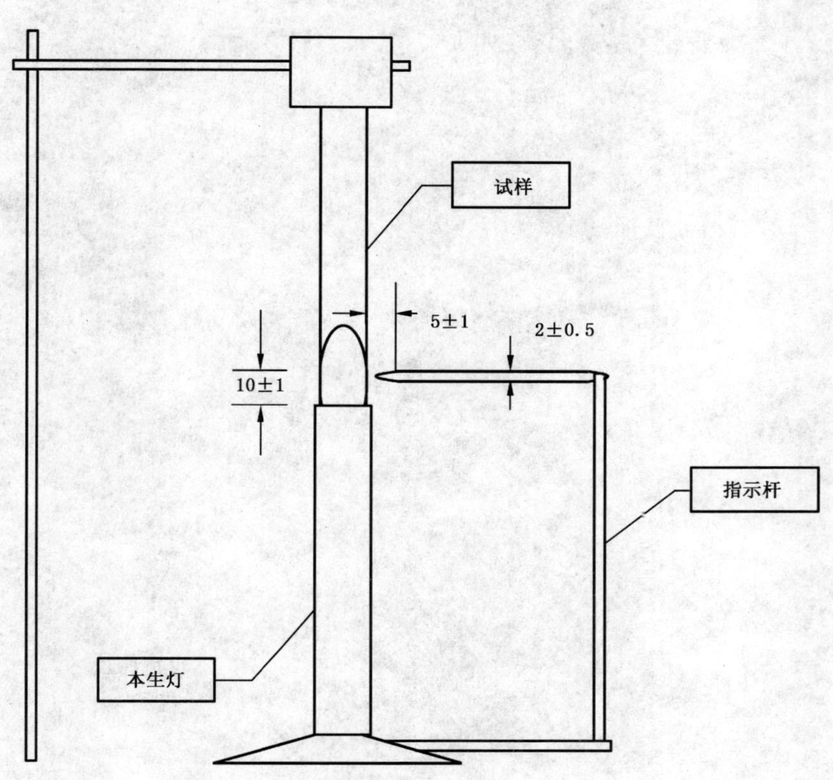

图D.1　带尺度标杆的本生灯

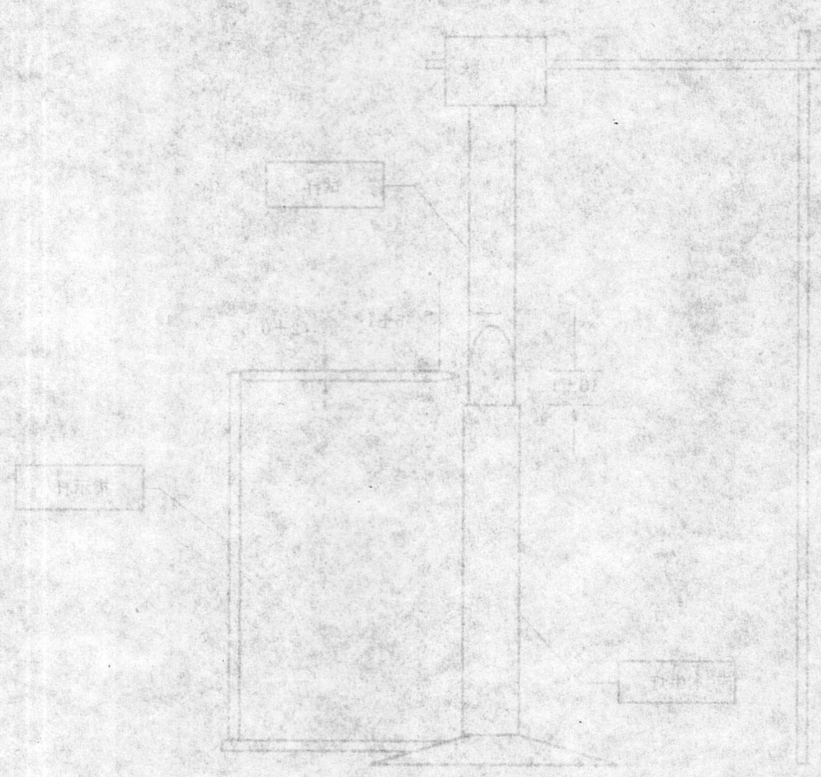

ICS 71.040.30
G 61

中华人民共和国国家标准

GB 10730—2008
代替 GB 10730—1989

第一基准试剂　邻苯二甲酸氢钾

Primary chemical—Potassium hydrogen phthalate

2008-06-18 发布　　　　2009-06-01 实施

中华人民共和国国家质量监督检验检疫总局
中国国家标准化管理委员会　发布

前言

本标准第4章、5.3.3、5.3.4.1条为强制性，其他条文为推荐性的。

本标准代替GB 10730—1989《第一基准试剂(容量)邻苯二甲酸氢钾》，与GB 10730—1989相比，主要变化如下：

——标准名称改为“第一基准试剂　邻苯二甲酸氢钾”；

——增加了规范性引用文件(1989年版的第2章，本版的第2章)；

——修改了含量测定原理的描述(1989年版的4.1.1，本版的5.3.1)；

——修改了恒电流库仑装置示意图(1989年版的4.1.3.4，本版的5.3.2.4)；

——修改了样品前处理条件(1989年版的4.1.4.1，本版的5.3.3.2)；

——修改了加样后通入氮气的条件(1989年版的4.1.4.3，本版的5.3.3.4)；

——修改了检验规则(1989年版的第5章；本版的第6章)；

——增加了含量测定结果不确定度的计算方法(本版的附录B)；

——取消了附录B、附录C(1989年版的附录B、附录C)。

本标准的附录A为规范性附录，附录B为资料性附录。

本标准由中国石油和化学工业协会提出。

本标准由全国化学标准化技术委员会化学试剂分会归口。

本标准负责起草单位：中国计量科学研究院、北京化学试剂研究所。

本标准主要起草人：马联弟、吴冰、韩宝英、强京林。

本标准所代替标准的历次版本发布情况为：

——GB 10730—1989。

第一基准试剂 邻苯二甲酸氢钾

分子式：$KHC_8H_4O_4$

相对分子质量：204.222(根据 2005 年国际相对原子质量)。

1 范围

本标准规定了第一基准试剂 邻苯二甲酸氢钾的性状、规格、试验、检验规则和包装及标志。

本标准适用于第一基准试剂 邻苯二甲酸氢钾的检验。

2 规范性引用文件

下列文件中的条款通过本标准的引用而成为本标准的条款。凡是注日期的引用文件，其随后所有的修改单(不包括勘误的内容)或修订版均不适用于本标准，然而，鼓励根据本标准达成协议的各方研究是否可使用这些文件的最新版本。凡是不注日期的引用文件，其最新版本适用于本标准。

GB/T 602 化学试剂 杂质测定用标准溶液的制备(GB/T 602—2002，ISO 6353-1：1982，NEQ)

GB/T 603 化学试剂 试验方法中所用制剂及制品的制备(GB/T 603—2002，ISO 6353-1：1982，NEQ)

GB/T 6682 分析实验室用水规格和试验方法(GB/T 6682—2008，ISO 3696：1987，MOD)

GB/T 9723—2007 化学试剂 火焰原子吸收光谱法通则

GB/T 9724 化学试剂 pH 值测定通则(GB/T 9724—2007，ISO 6353-1：1982，NEQ)

GB/T 9729 化学试剂 氯化物测定通用方法(GB/T 9729—2007，ISO 6353-1：1982，NEQ)

GB/T 9738 化学试剂 水不溶物测定通用方法(GB/T 9738—2008，ISO 6353-1：1982，NEQ)

GB/T 9739 化学试剂 铁测定通用方法(GB/T 9739—2006，ISO 6353-1：1982，NEQ)

GB 15346 化学试剂 包装及标志

HG/T 3484 化学试剂 标准玻璃乳浊液和澄清度标准

JJG 99 砝码

JJG 116 标准电阻器

JJG 119—2005 实验室 pH(酸度)计

JJG 153 标准电池

JJG 1006 一级标准物质技术规范

3 性状

本试剂为无色结晶或白色结晶粉末，能溶于水。

4 规格

邻苯二甲酸氢钾的规格见表 1。

表 1

名　　称	第一基准
含量($KHC_8H_4O_4$)，w/%	99.98～100.02
pH 值(50 g/L，25 ℃)	3.8～4.2
澄清度试验/号	≤2

表 1（续）

名　　称	第一基准
水不溶物，w/%	≤0.003
氯化物(Cl)，w/%	≤0.002
硫化合物(以 SO_4 计)，w/%	≤0.006
钠(Na)，w/%	≤0.005
铁(Fe)，w/%	≤0.000 5
重金属(以 Pb 计)，w/%	≤0.000 5

5 试验

5.1 警告

本试验方法中使用的部分试剂具有毒性或腐蚀性，一些试验过程可能导致危险情况，操作者应采取适当的安全和健康措施。

5.2 一般规定

本章中除另有规定外，所用试剂的纯度应在分析纯以上，标准溶液、制剂及制品，均按 GB/T 602、GB/T 603 的规定制备，实验用水应符合 GB/T 6682 中二级水规格，样品均按精确至 0.01 g 称量，所用溶液以“%”表示的均为质量分数。氮气应使用高纯气体。

5.3 含量

5.3.1 方法原理

库仑分析法是通过测定被分析物质定量地进行某一电极反应，或是被分析物质与某一电极反应的产物定量地进行化学反应所消耗的电荷量(库仑)来进行定量分析的方法。库仑分析法的原理是基于法拉第电解定律，电极反应产物的质量(m)数学表达见式(1)：

$$m=\frac{M}{n\cdot \mathrm{F}}\cdot I\cdot t \qquad \cdots\cdots(1)$$

式中：

M——该物质的摩尔质量，单位为克每摩尔(g/mol)；

n——电子转移个数；

F——法拉第常数，单位为安培秒每摩尔(A・s/mol)；

I——电解时通过溶液的电流，单位为安培(A)；

t——电解的时间，单位为秒(s)。

恒电流精密库仑滴定法是以恒定电流通过电解池，使工作电极上电解产生一种滴定剂并与电解池中的被测物质进行定量反应，用电化学方法来指示反应终点，通过电解消耗的电量根据法拉第定律计算滴定剂的用量，从而计算出被测物质的含量。

本方法采用铂网电极(表面积 60 cm^2)作阴极，利用阴极上的电极反应测定邻苯二甲酸氢钾的含量，用酸度计指示反应终点。

$$2H^+ + 2e = H_2\uparrow$$

5.3.2 仪器和装置

5.3.2.1 酸度计：符合 JJG 119—2005 第 4 章中“0.001 级”的要求。

5.3.2.2 砝码：符合 JJG 99 检定的要求。克组，年变化小于 10 μg；毫克组，年变化小于 4 μg。

5.3.2.3 恒温油槽：控温精度为±0.01 ℃。

5.3.2.4 恒电流库仑装置示意图(见图 1)：

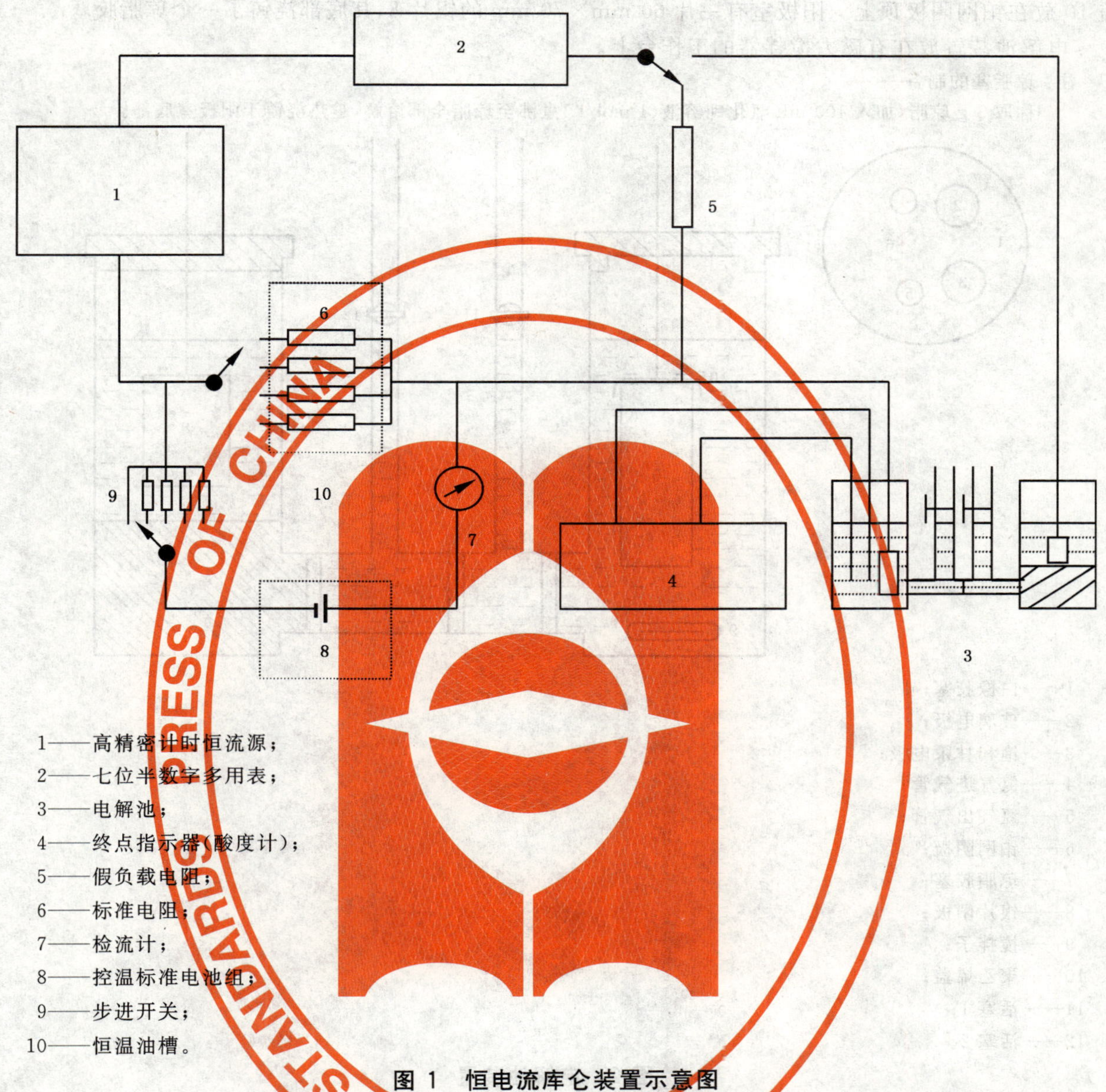

1——高精密计时恒流源；

2——七位半数字多用表；

3——电解池；

4——终点指示器(酸度计)；

5——假负载电阻；

6——标准电阻；

7——检流计；

8——控温标准电池组；

9——步进开关；

10——恒温油槽。

图1 恒电流库仑装置示意图

a) 高精密计时恒流源：稳定性优于十万分之一的动态特性好的直流稳流电源，具有 1.018 6×100 mA 和 1.018 6×10 mA 两种输出电流，电流值用补偿法确定；计时最小分辨 0.1 ms，电流与计时同步性小于 0.1 ms。

b) 控温标准电池组：应符合 JJG 153 的要求。量程 1 V，年变化小于 5 μV。

c) 标准电阻：应符合 JJG 116 的要求。相对不确定度一般不大于 3×10^{-6}。

d) 直流辐射式检流计：内阻＜100 Ω，临界外阻＜1 000 Ω，分度值＜3×10^{-9} A。

5.3.2.5 电解池装置(见图2)：

阴极室(左边)和阳极室(右边)是用石英玻璃制成的直径 50 mm、高 125 mm 的圆筒。两室之间用直径 20 mm，长 80 mm 的石英玻璃管水平连接，在管中熔封三片分别为 2、2、3 号石英玻璃砂芯，由此形成的两个中间室各有一根带活塞的支管，用抽气减压和氮气加压方法使电解质溶液出入中间室。小室两片砂芯之间的距离为 20 mm，大室两片砂芯之间的距离为 40 mm。阴极室口上紧配一个预先处理好的白橡胶塞 1，通过塞子分别插入玻璃电极 2、饱和甘汞电极 3、氮气进气管 4、氮气出气管 5、表面积为 60 cm^2 的铂网阴极 6。阴极室底部有一个密封在聚四氟乙烯管内的约 20 mm 长的搅拌磁铁 9，聚乙烯盖 10 放在铂网阴极顶上。阳极室有一片 60 mm×70 mm 的银片 8,其底部浇铸了一个琼脂胶塞 7。

电解池装置放在有磁力搅拌器的工作台上。

注：琼脂塞的制备

称取 3 g 琼脂,加入 100 mL 氯化钾溶液(1 mol/L)煮沸至琼脂全部溶解,趁热浇铸于阳极室底部。

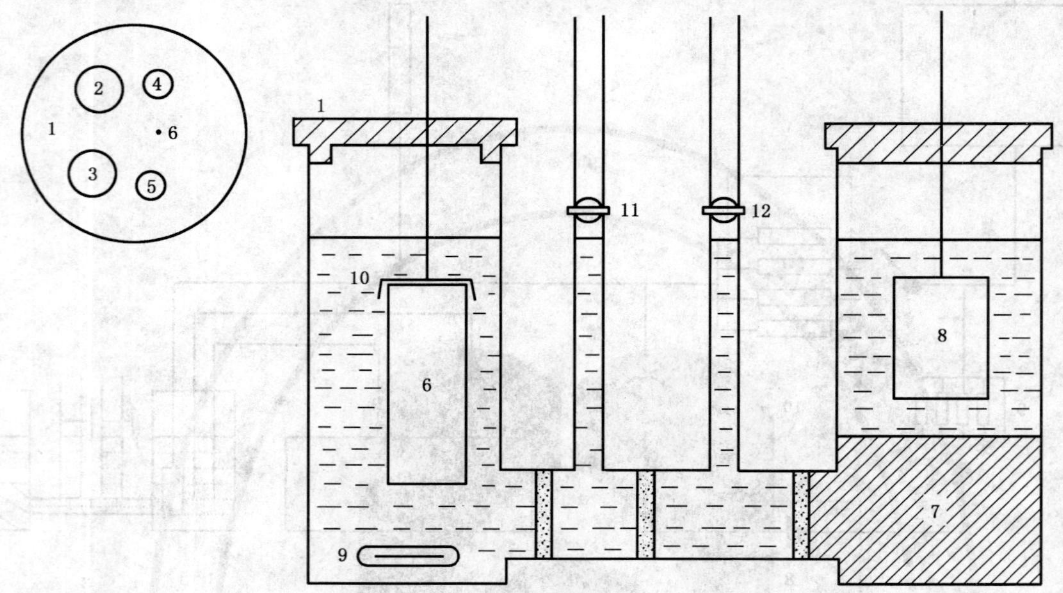

1——白橡胶塞;
2——玻璃电极;
3——饱和甘汞电极;
4——氮气进气管;
5——氮气出气管;
6——铂网阴极;
7——琼脂胶塞;
8——银片阳极;
9——搅拌子;
10——聚乙烯盖;
11——活塞 1;
12——活塞 2。

图 2　电解池装置

5.3.3　测定

5.3.3.1　氯化钾溶液(1 mol/L)的制备

称取 74.55 g 氯化钾,溶于水,稀释至 1 000 mL。

5.3.3.2　称样

将样品置于敞开的玻璃称量瓶中,在 110 ℃下干燥 2 h,于干燥器中冷却至室温。

试样置于聚乙烯小杯中,采用替代法进行称量,精确至 0.000 01 g。试样质量须作浮力校正,校正方法见附录 A。

5.3.3.3　预滴定

阳极室中加入 100 mL 氯化钾溶液,阴极室中加入 7.5 g 经重结晶的氯化钾,溶于 100 mL 无二氧化碳的水。用加压和减压的方法洗涤电解池内壁及氮气出气管若干次。电解池置于冰水中,用电解法产生 H^+ 调 pH 值至 5,在搅拌下从支管向阴极室溶液通高纯氮 40 min,除去溶解的二氧化碳,插入玻璃电极和饱和甘汞电极。调节氮气进气管的进气量,维持一个小的氮气流,使阴极室电解质溶液液面上保持高纯氮气氛。打开活塞 1 和活塞 2,让阴极室电解质溶液流进侧管约 2 mm 深,在 10.186 mA 电流下,用增量法作预滴定曲线。预滴定完成后,用加压和减压的方法洗涤中间室,并洗涤电解池内壁、顶盖及氮气出气管,记录最终的 pH 值,绘制预滴定曲线(见图 3)。图中 C 点是滴定终点,A 点表示电解停止的时间,B 点表示完成洗涤后溶液的最终 pH 值。超过滴定所消耗的电荷量(BC 间相应的电荷量),应计入滴定的总电荷量中。取出玻璃电极和饱和甘汞电极,用聚四氟乙烯塞子塞上相应的两个孔。

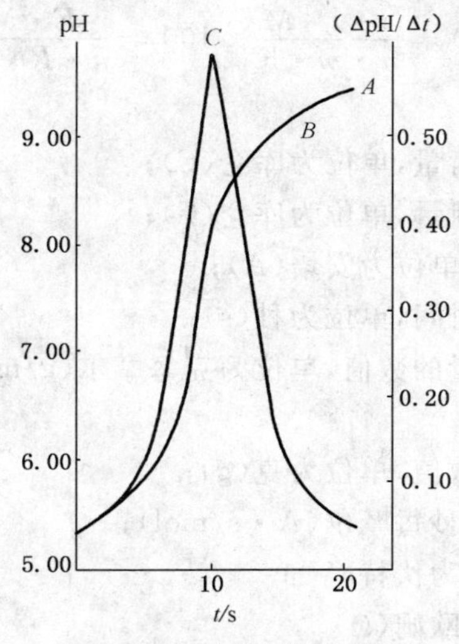

图 3 预滴定曲线

5.3.3.4 滴定和求终点

依次打开活塞 1 和活塞 2,利用减压让阴极室电解质溶液充满中间室,关闭活塞 1 及活塞 2,将称好的试样连同小杯一起投入阴极室中,将氮气调节到较小的流量,通过进气管向液面上方吹气,使阴极室保持正压以防止空气进入。将计时器复零,在假负载电阻上调节电流值为 101.86 mA,接上两个电极,开始电解。在电解过程中,每隔一定时间,用电磁搅拌器搅拌试样片刻,并观察电流值的变化,如有变化进行调节。当 99.95%左右的试样被滴定时,切断电源,记下电解的时间。

如同预滴定一样,利用氮气加压和减压的办法,洗涤中间室、砂芯、内壁、顶盖及氮气出气管若干次。电解池放在冰水里,搅拌并从支管通入高纯氮 30 min,除去可能在大电流电解时进入的二氧化碳。插入洗净的玻璃电极和饱和甘汞电极。通氮结束后,同作预滴定曲线一样,在 10.186 mA 电流下,用增量法求绘终点滴定曲线。求完终点后,同预滴定一样,进行洗涤,直至 pH 值恒定,绘制 pH-t 和(ΔpH/Δt)-t 的曲线,求出终点。典型的终点滴定曲线见图 4。图中 C 点是滴定终点,A 点表示电解停止时的 pH 值,B 点表示完成洗涤后溶液的最后 pH 值。

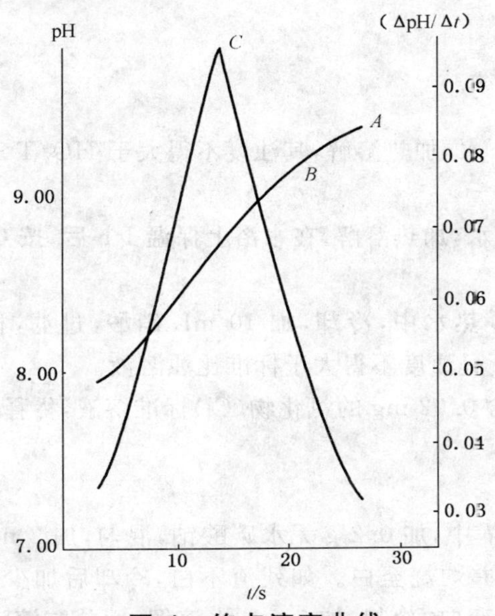

图 4 终点滴定曲线

5.3.4 计算

5.3.4.1 邻苯二甲酸氢钾质量分数的计算

邻苯二甲酸氢钾的质量分数 w，数值以“%”表示，按式(2)计算：

$$w=\frac{Q_P}{Q_T}\times 100=\frac{I\cdot t\cdot M}{n\cdot m\cdot \mathrm{F}}\times 100=\frac{E\cdot M\cdot t}{n\cdot R\cdot \mathrm{F}\cdot m}\times 100 \quad\cdots\cdots\cdots(2)$$

式中：

Q_P——电解试样实际消耗的电荷量，单位为库仑(C)；

Q_T——电解试样所需的理论电荷量，单位为库仑(C)；

I——电解时通过溶液的电流，单位为安培(A)；

t——电解试样实际所需要的时间，单位为秒(s)；

M——邻苯二甲酸氢钾摩尔质量的数值，单位为克每摩尔(g/mol)；

n——电子转移个数；

m——邻苯二甲酸氢钾质量的数值，单位为克(g)；

F——法拉第常数，单位为安培秒每摩尔(A·s/mol)；

E——标准电池的电动势，单位为伏特(V)；

R——标准电阻的阻值，单位为欧姆(Ω)。

式(2)中：

$$Q_P=I_1t_1+I_2[t_\mathrm{C}+(t_\mathrm{A}-t_\mathrm{B})+t_\mathrm{P}] \quad\cdots\cdots\cdots(3)$$

式中：

I_1——大电流电解的电流值，单位为毫安培(mA)；

t_1——大电流电解的时间，单位为秒(s)；

I_2——预滴定和求终点的电流值，单位为毫安培(mA)；

t_C——到达终点的时间，单位为秒(s)；

t_A——相应于 A 点的时间，单位为秒(s)；

t_B——相应于 B 点的时间，单位为秒(s)；

t_P——预滴定中 BC 间相应的时间，单位为秒(s)。

5.3.4.2 含量测定结果的不确定度及计算

含量测定结果的扩展不确定度一般应小于 0.02%(k=2)，计算方法参见附录 B。

5.4 pH 值

按 GB/T 9724 的规定测定。

5.5 澄清度试验

称取 7.5 g 样品，加 100 mL 水，加热溶解，其浊度不得大于 HG/T 3484 中规定的澄清度标准 2 号。

5.6 水不溶物

称取 40 g 样品，加 400 mL 水，加热溶解，在水浴上保温 1 h 后，按 GB/T 9738 的规定测定。

5.7 氯化物

称取 5 g 样品，溶于 30 mL 热水中，冷却，加 10 mL 硝酸，过滤，稀释至 50 mL。取 10 mL，按 GB/T 9729的规定测定。溶液所呈浊度不得大于标准比浊溶液。

标准比浊溶液的制备是取含 0.02 mg 的氯化物(Cl)标准溶液，稀释至 10 mL，与同体积试液同时同样处理。

5.8 硫化合物

称取 0.5 g 样品，置于铂坩埚中，加 0.2 g 无水碳酸钠，混匀，加 2 mL 水湿润，在水浴上蒸干，加热至完全炭化，逐渐升温至 700 ℃并灼烧至白。如残渣不白，冷却后加少量水润湿，在水浴上蒸干，再灼烧。如此重复操作，至残渣完全变白，冷却，加 5 mL 水溶解，用盐酸溶液(20%)中和(必要时过滤)，稀释至 10 mL，加 5 mL“乙醇（95%）”、0.5 mL 盐酸溶液（20%），在不断振摇下滴加 3 mL 氯化钡溶液（250 g/L），稀释至 25 mL，摇匀，放置 10 min。溶液所呈浊度不得大于标准比浊溶液。

标准比浊溶液的制备是取含 0.03 mg 的硫酸盐（SO_4）标准溶液，与样品同时同样处理。

5.9 钠

按 GB/T 9723—2007 的规定测定。

5.9.1 仪器条件

光源：钠空心阴极灯；

波长：589.0 nm；

火焰：乙炔-空气。

5.9.2 测定方法

称取 4 g 样品，溶于水，稀释至 100 mL。取 10 mL，共四份。按 GB/T 9723—2007 中 7.2.2 的规定测定，结果按 7.2.3 的规定计算。

5.10 铁

称取 1 g 样品，溶于 15 mL 热水中，用盐酸溶液（15%）将溶液的 pH 值调至 2 后，按 GB/T 9739 的规定测定。溶液所呈红色不得深于标准比色溶液。

标准比色溶液的制备是取含 0.005 mg 的铁（Fe）标准溶液，与样品同时同样处理。

5.11 重金属

称取 4 g 样品，溶于 40 mL 热水中。取 30 mL，加 0.2 mL 乙酸溶液（30%）及 10 mL 新制备的饱和硫化氢水，摇匀，放置 10 min。溶液所呈暗色不得深于标准比色溶液。

标准比色溶液的制备是取剩余的 10 mL 样品溶液及含 0.01 mg 的铅（Pb）标准溶液，稀释至 30 mL，与同体积样品溶液同时同样处理。

6 检验规则

对于批量生产的产品，按照 JJG 1006 的要求进行均匀性初检。

批量产品经初步检验合格方可进行分装，之后抽取试样进行正式检验。

正式检验抽样规则：当总体单元数少于 200 时，抽取单元数 n 不少于 11 个；当总体单元数大于 200 少于 500 时，n 不少于 12 个；当总体单元数大于 500 时，n 不少于 15 个。

7 包装及标志

按 GB 15346 的规定进行包装、贮存与运输，并给出标志，其中：

包装单位：第 3 类；

内包装形式：NB-4、NB-5、NB-6；

外包装形式：用规格为 600 g/m^2 的盒板纸制盒，外层裱紫色电光纸。

附　录　A
（规范性附录）
被称量物质质量的空气浮力校正

被称物的真空质量（m_Z），单位为克（g），按式（A.1）计算：

$$m_Z = m_K + \rho_K\left(\frac{1}{\rho_W} - \frac{1}{\rho_F}\right)m_K \quad \cdots\cdots\cdots\cdots (A.1)$$

式中：

m_K——被称量物的质量，单位为克（g）；

ρ_K——称量时空气的密度，单位为克每立方厘米（g/cm³）；

ρ_W——被称量物质的密度，单位为克每立方厘米（g/cm³）；

ρ_F——砝码的密度，单位为克每立方厘米（g/cm³）。

式（A.1）中：

空气的密度（ρ_K），单位为克每立方厘米（g/cm³），按式（A.2）计算：

$$\rho_K = 0.001\,29\left(\frac{273.15}{t+273.15}\right)\left(\frac{P_1 - 0.378\,3 \times P_2}{101.3}\right) \quad \cdots\cdots\cdots\cdots (A.2)$$

式中：

P_1——大气压的数值，单位为千帕（kPa）；

P_2——室温下水的蒸气压的数值，单位为千帕（kPa）；

t——室内温度的数值，单位为摄氏度（℃）。

式（A.2）中：

水的蒸气压的数值（P_2），单位为千帕（kPa），按式（A.3）计算：

$$P_2 = W \times P_3 \quad \cdots\cdots\cdots\cdots (A.3)$$

式中：

W——空气的相对湿度的数值，以%表示；

P_3——室温下水的饱和蒸气压的数值，单位为千帕（kPa）。

水的饱和蒸气压的数值见表 A.1。

表 A.1　水的饱和蒸气压（kPa）

温度（℃）	0.0	0.1	0.2	0.3	0.4	0.5	0.6	0.7	0.8	0.9
11	1.312	1.321	1.329	1.338	1.347	1.356	1.365	1.374	1.383	1.392
12	1.402	1.411	1.420	1.430	1.439	1.448	1.458	1.468	1.477	1.487
13	1.497	1.507	1.516	1.526	1.536	1.546	1.556	1.567	1.577	1.587
14	1.598	1.608	1.618	1.629	1.639	1.650	1.661	1.672	1.682	1.693
15	1.704	1.715	1.726	1.737	1.749	1.760	1.771	1.783	1.794	1.806
16	1.817	1.829	1.840	1.852	1.864	1.876	1.888	1.900	1.912	1.924
17	1.937	1.949	1.961	1.974	1.986	1.999	2.011	2.024	2.037	2.050
18	2.063	2.076	2.089	2.102	2.115	2.129	2.142	2.155	2.169	2.183
19	2.196	2.210	2.224	2.238	2.252	2.266	2.280	2.294	2.308	2.323
20	2.337	2.352	2.366	2.381	2.396	2.410	2.425	2.440	2.455	2.471

表 A.1（续）

温度(℃)	0.0	0.1	0.2	0.3	0.4	0.5	0.6	0.7	0.8	0.9
21	2.486	2.501	2.517	2.532	2.548	2.563	2.579	2.595	2.611	2.627
22	2.643	2.659	2.675	2.692	2.708	2.724	2.741	2.758	2.775	2.791
23	2.808	2.825	2.843	2.860	2.877	2.894	2.912	2.930	2.947	2.965
24	2.983	3.001	3.019	3.037	3.055	3.074	3.092	3.111	3.129	3.148
25	3.167	3.186	3.205	3.224	3.243	3.262	3.282	3.301	3.321	3.341
26	3.361	3.381	3.401	3.421	3.441	3.461	3.482	3.502	3.523	3.544
27	3.565	3.586	3.607	3.628	3.649	3.671	3.692	3.714	3.735	3.757
28	3.779	3.801	3.824	3.846	3.868	3.891	3.913	3.936	3.959	3.982
29	4.005	4.028	4.052	4.075	4.099	4.122	4.146	4.170	4.194	4.218
30	4.243	4.267	4.292	4.316	4.341	4.366	4.391	4.416	4.441	4.467
31	4.492	4.518	4.544	4.570	4.596	4.622	4.648	4.675	4.701	4.728
32	4.755	4.782	4.809	4.836	4.863	4.891	4.919	4.946	4.974	5.002
33	5.030	5.059	5.087	5.116	5.144	5.173	5.202	5.231	5.261	5.290
34	5.320	5.349	5.379	5.409	5.439	5.470	5.500	5.531	5.561	5.592
35	5.623	5.654	5.686	5.717	5.749	5.781	5.813	5.845	5.877	5.909
36	5.942	5.975	6.007	6.040	6.074	6.107	6.140	6.174	6.208	6.242
37	6.276	6.310	6.345	6.379	6.414	6.449	6.484	6.519	6.555	6.590
38	6.626	6.662	6.698	6.734	6.771	6.807	6.844	6.881	6.918	6.956
39	6.993	7.031	7.068	7.106	7.145	7.183	7.221	7.260	7.299	7.338
40	7.377	7.417	7.456	7.496	7.536	7.576	7.617	7.657	7.698	7.739
41	7.780	7.821	7.863	7.904	7.946	7.988	8.030	8.073	8.115	8.158
42	8.201	8.244	8.288	8.331	8.375	8.419	8.463	8.508	8.552	8.597
43	8.642	8.687	8.732	8.778	8.824	8.870	8.916	8.962	9.009	9.056
44	9.103	9.150	9.198	9.245	9.293	9.341	9.390	9.438	9.487	9.536

附　录　B
（资料性附录）
含量测定结果不确定度的计算

B.1　含量测定结果的 A 类标准不确定度分量的计算

A 类标准不确定度分量[$u_A(\overline{w})$]按式（B.1）计算：

$$u_A(\overline{w}) = \frac{s(\overline{w})}{\sqrt{n}} \qquad \cdots\cdots(B.1)$$

式中：

$s(\overline{w})$——n 次测定结果的标准偏差，数值以“%”表示。

B.2　含量测定结果的 B 类相对合成标准不确定度分量的计算

根据第 5 章式(2)含量测定结果的 B 类相对合成标准不确定度分量[$u_{cBrel}(\overline{w})$]按式(B.2)计算：

$$u_{cBrel}(w) = \sqrt{u_{rel}^2(I) + u_{rel}^2(t) + u_{rel}^2(m) + u_{rel}^2(M) + u_{rel}^2(\mathrm{F}) + u_{rel}^2(x)} \qquad \cdots\cdots(B.2)$$

式中：

$u_{rel}(I)$——电流相对标准不确定度分量；

$u_{rel}(t)$——时间的相对标准不确定度分量；

$u_{rel}(m)$——邻苯二甲酸氢钾质量数值的相对标准不确定度分量；

$u_{rel}(M)$——邻苯二甲酸氢钾摩尔质量数值的相对标准不确定度分量；

$u_{rel}(\mathrm{F})$——法拉第常数的相对标准不确定度分量；

$u_{rel}(x)$——终点判断的相对标准不确定度分量。

B.2.1　电流相对标准不确定度分量计算

电流相对标准不确定度分量[$u_{rel}(I)$]按式(B.3)计算：

$$u_{rel}(I) = \frac{u(I)}{I} \qquad \cdots\cdots(B.3)$$

式中：

$u(I)$——电流的标准不确定度分量，单位为安培(A)；

I——电流的数值，以标准电池的电压值除以标准电阻的数值得到，单位为安培(A)。

式(B.3)中：

$$\frac{u(I)}{I} = \sqrt{\left[\frac{u(\mathrm{rep})}{I}\right]^2 + \left[\frac{u(V)}{V}\right]^2 + \left[\frac{u(R)}{R}\right]^2} \qquad \cdots\cdots(B.4)$$

式中：

$u(\mathrm{rep})$——电流稳定性的标准不确定度分量，单位为安培(A)；

$u(V)$——控温标准电池组的电压的标准不确定度分量，单位为伏特(V)；

V——控温标准电池组的电压的数值，单位为伏特(V)；

$u(R)$——标准电阻的标准不确定度分量，单位为欧姆(Ω)；

R——标准电池电阻的数值，单位为欧姆(Ω)。

式(B.4)中：

$$u_{rep} = \frac{\Delta I}{\sqrt{3}} \qquad \cdots\cdots(B.5)$$

式中：

ΔI——电流示值瞬间噪声，由 7 位半数字多用表观察电流波动性区间，单位为安培(A)。

式(B.4)中：

$$u(V)=\frac{U_V}{k} \qquad \cdots\cdots(B.6)$$

式中：

U_V——控温标准电池组的电压的扩展不确定度，单位为伏特(V)；

k——包含因子。

式(B.4)中：

$$u(R)=\frac{U_R}{k} \qquad \cdots\cdots(B.7)$$

式中：

U_R——标准电阻的扩展不确定度，单位为欧姆(Ω)；

k——包含因子。

B.2.2 时间相对标准不确定度分量计算

时间相对标准不确定度分量[$u_{rel}(t)$]按式(B.8)计算：

$$u_{rel}(t)=\frac{u(t)}{t} \qquad \cdots\cdots(B.8)$$

式中：

$u(t)$——时间的标准不确定度分量，单位为秒(s)；

t——时间的数值，单位为秒(s)。

式(B.8)中：

$$u(t)=\sqrt{u^2(t_0)+\sum_{i=1}^{i}u^2(t_i)} \qquad \cdots\cdots(B.9)$$

式中：

$u(t_0)$——计时时间间隔的标准不确定度分量，单位为秒(s)；

$u(t_i)$——多次启动、停止电解操作中，电解与计时同步性的标准不确定度分量，单位为秒(s)。

式(B.9)中：

$$u(t_0)=\frac{\Delta t}{\sqrt{3}} \qquad \cdots\cdots(B.10)$$

式中：

Δt——计时时间间隔的误差，单位为秒(s)。

式(B.9)中：

$$u(t_i)=\frac{\Delta t_i}{\sqrt{3}} \qquad \cdots\cdots(B.11)$$

式中：

Δt_i——电解与计时同步性的误差，单位为秒(s)。

B.2.3 邻苯二甲酸氢钾质量数值的相对标准不确定度分量计算

邻苯二甲酸氢钾质量数值的相对标准不确定度分量[$u_{rel}(m)$]按式(B.12)计算：

$$u_{rel}(m)=\frac{u(m)}{m} \qquad \cdots\cdots(B.12)$$

式中：

$u(m)$——邻苯二甲酸氢钾质量数值的标准不确定度分量，单位为克(g)；

m——邻苯二甲酸氢钾质量的数值，单位为克(g)。

式(B.12)中：

$$u(m)=\frac{U_{\mathrm{m}}}{k} \qquad \cdots\cdots(\mathrm{B}.13)$$

式中：

U_{m}——替代称量中标准砝码的扩展不确定度，单位为克(g)；

k——包含因子。

注1：浮力修正的不确定度：由于浮力修正的质量 Δm 只占称量质量 m 的万分之几，浮力修正的不确定度 $u(\Delta m)$ 只是 Δm 的千分之几，因此，浮力修正的不确定度 $u(\Delta m)$ 对于质量称量可忽略不计。

注2：天平最大允许误差引入的不确定度分量：因本标准含量测定方法中规定使用替代法称量样品质量，不确定度可忽略不计。

B.2.4　邻苯二甲酸氢钾摩尔质量数值的相对标准不确定度分量计算

邻苯二甲酸氢钾摩尔质量数值的相对标准不确定度分量[$u_{\mathrm{rel}}(M)$]按式(B.14)计算：

$$u_{\mathrm{rel}}(M)=\frac{u(M)}{M} \qquad \cdots\cdots(\mathrm{B}.14)$$

式中：

$u(M)$——邻苯二甲酸氢钾摩尔质量数值的标准不确定度分量，单位为克每摩尔(g/mol)；

M——邻苯二甲酸氢钾摩尔质量的数值，单位为克每摩尔(g/mol)。

式(B.14)中：

$$u(M)=\sqrt{8u(C)^2+5u(H)^2+4u(O)^2+u(K)^2} \qquad \cdots\cdots(\mathrm{B}.15)$$

式中：

$u(C)$——邻苯二甲酸氢钾中碳元素的相对原子质量数值的标准不确定度分量，单位为克每摩尔(g/mol)；

$u(H)$——邻苯二甲酸氢钾中氢元素的相对原子质量数值的标准不确定度分量，单位为克每摩尔(g/mol)；

$u(O)$——邻苯二甲酸氢钾中氧元素的相对原子质量数值的标准不确定度分量，单位为克每摩尔(g/mol)；

$u(K)$——邻苯二甲酸氢钾中钾元素的相对原子质量数值的标准不确定度分量，单位为克每摩尔(g/mol)。

B.2.5　法拉第常数相对标准不确定度分量计算

法拉第常数相对标准不确定度分量 $u_{\mathrm{rel}}(\mathrm{F})$ 采用国际公布的最新量值。

B.2.6　终点判断的相对标准不确定度分量计算

终点判断的相对标准不确定度分量 $u_{\mathrm{rel}}(x)$ 按式(B.16)计算：

$$u_{\mathrm{rel}}(x)=\frac{u(\Delta t)}{t} \qquad \cdots\cdots(\mathrm{B}.16)$$

式中：

$u(\Delta t)$——根据曲线图上横坐标间距(即时间间隔)产生的不确定度分量，单位为秒(s)；

t——电解时间，单位为秒(s)。

B.2.7　含量测定结果的B类相对合成标准不确定度分量[$u_{\mathrm{cBrel}}(\overline{w})$]的计算

将上述计算的数值代入式(B.2)，进行计算。

B.3　含量测定结果的合成标准不确定度的计算

含量测定结果的合成标准不确定度[$u_{\mathrm{c}}(\overline{w})$]按式(B.17)计算：

$$u_c(\overline{w}) = \sqrt{u_A^2(\overline{w}) + u_{cB}^2(\overline{w})} \quad \cdots\cdots (B.17)$$

式中：

$u_A(\overline{w})$——含量测定结果A类标准不确定度分量，数值以“%”表示；

$u_{cB}(\overline{w})$——含量测定结果的B类合成标准不确定度分量，数值以“%”表示。

式(B.17)中：

$$u_{cB}(\overline{w}) = u_{cBrel}(\overline{w}) \times \overline{w} \quad \cdots\cdots (B.18)$$

式中：

$u_{cBrel}(\overline{w})$——含量测定结果的B类相对合成标准不确定度分量，数值以“%”表示；

$\overline{w}$——含量测定结果的平均值，数值以“%”表示。

B.4 含量测定结果扩展不确定度的计算

含量测定结果的扩展不确定度[$U(\overline{w})$]按式(B.19)计算：

$$U(\overline{w}) = k \times u_c(\overline{w}) \quad \cdots\cdots (B.19)$$

式中：

$u_c(\overline{w})$——含量测定结果合成标准不确定度，数值以“%”表示；

k——包含因子(一般情况下 $k=2$)。

ICS 71.040.30
G 61

中华人民共和国国家标准

GB 10731—2008
代替 GB 10731—1989

第一基准试剂 重铬酸钾

Primary chemical—Potassium dichromate

2008-06-18 发布

2009-06-01 实施

中华人民共和国国家质量监督检验检疫总局
中国国家标准化管理委员会 发布

前　言

本标准第4章、5.2.3、5.2.4.1条为强制性，其他条文为推荐性的。

本标准代替GB 10732—1989《第一基准试剂（容量）重铬酸钾》，与GB 10732—1989相比，主要变化如下：

——标准名称改为“第一基准试剂　重铬酸钾”；

——增加了规范性引用文件（1989年版的第2章，本版的第2章）；

——修改了含量测定原理的描述（1989年版的4.1.1，本版的5.2.1）；

——修改了恒电流库仑装置示意图（1989年版的4.1.3.4，本版的5.2.2.3）；

——修改了检验规则（1989年版的第5章，本版的第6章）；

——增加了含量测定结果不确定度的计算方法（本版的附录B）；

——取消了附录B、附录C（1989年版的附录B、附录C）。

本标准的附录A为规范性附录，附录B为资料性附录。

本标准由中国石油和化学工业协会提出。

本标准由全国化学标准化技术委员会化学试剂分会归口。

本标准负责起草单位：中国计量科学研究院、北京化学试剂研究所。

本标准主要起草人：马联弟、吴冰、韩宝英、强京林。

本标准所代替标准的历次版本发布情况为：

——GB 10731—1989。

第一基准试剂　重铬酸钾

警告：本标准规定的一些试验过程可能导致危险情况，使用者有责任采取适当的安全和健康措施。

分子式：$K_2Cr_2O_7$

相对分子质量：294.185（根据2005年国际相对原子质量）。

1　范围

本标准规定了第一基准试剂　重铬酸钾的性状、规格、试验、检验规则和包装及标志。

本标准适用于第一基准试剂　重铬酸钾的检验。

2　规范性引用文件

下列文件中的条款通过本标准的引用而成为本标准的条款。凡是注日期的引用文件，其随后所有的修改单（不包括勘误的内容）或修订版均不适用于本标准，然而，鼓励根据本标准达成协议的各方研究是否可使用这些文件的最新版本。凡是不注日期的引用文件，其最新版本适用于本标准。

GB/T 602　化学试剂　杂质测定用标准溶液的制备（GB/T 602—2002，ISO 6353-1：1982，NEQ）

GB/T 603　化学试剂　试验方法中所用制剂及制品的制备（GB/T 603—2002，ISO 6353-1：1982，NEQ）

GB 6682　分析实验室用水规格和试验方法（GB/T 6682—2008，ISO 3696：1987，MOD）

GB/T 9723—2007　化学试剂　火焰原子吸收光谱法通则

GB/T 9728　化学试剂　硫酸盐测定通用方法（GB/T 9728—2007，ISO 6353-1：1982，NEQ）

GB/T 9738　化学试剂　水不溶物测定通用方法（GB/T 9738—2008，ISO 6353-1：1982，NEQ）

GB 15258　化学品安全标签编写规定

GB 15346　化学试剂　包装及标志

JJG 99　砝码

JJG 116　标准电阻器

JJG 153　标准电池

JJG 1006　一级标准物质技术规范

3　性状

本试剂为橙红色结晶颗粒或粉末，溶于水，不溶于乙醇。

4　规格

重铬酸钾的规格见表1。

表1

名　　称	第一基准
含量（$K_2Cr_2O_7$），w/%	99.98～100.02
水不溶物，w/%	≤0.003
氯化物（Cl），w/%	≤0.001
硫酸盐（SO_4），w/%	≤0.003

表 1(续)

名　称	第一基准
钠(Na),w/%	≤0.01
钙(Ca),w/%	≤0.001
铁(Fe),w/%	≤0.001

5 试验

5.1 一般规定

本章中除另有规定外,所用试剂的纯度应在分析纯以上,标准溶液、制剂及制品,均按 GB/T 602、GB/T 603 的规定制备,实验用水应符合 GB/T 6682 中二级水规格,样品均按精确至 0.01 g 称量,所用溶液以"%"表示的均为质量分数。氮气应使用高纯气体。

5.2 含量

5.2.1 方法原理

库仑分析法是通过测定被分析物质定量地进行某一电极反应,或是被分析物质与某一电极反应的产物定量地进行化学反应所消耗的电荷量(库仑)来进行定量分析的方法。库仑分析法的原理是基于法拉第电解定律,电极反应产物的质量(m)数学表达见式(1):

$$m = \frac{M}{n \cdot \mathrm{F}} \cdot I \cdot t \qquad \cdots\cdots(1)$$

式中:

M——物质的摩尔质量,单位为克每摩尔(g/mol);

n——电子转移个数;

F——法拉第常数,单位为安培秒每摩尔(A·s/mol);

I——电解时通过溶液的电流,单位为安培(A);

t——电解的时间,单位为秒(s)。

恒电流精密库仑滴定法是以恒定电流通过电解池,使工作电极上电解产生一种滴定剂并与电解池中的被测物质进行定量反应,用电化学方法来指示反应终点,通过电解消耗的电量根据法拉第定律计算滴定剂的用量,从而计算出被测物质的含量。

本方法采用恒电流下在铂阴极上电解产生的亚铁离子与待测定的重铬酸根反应测定重铬酸钾的含量。

5.2.2 仪器和装置

5.2.2.1 砝码:符合 JJG 99 检定的要求。克组,年变化小于 10 μg;毫克组,年变化小于 4 μg。

5.2.2.2 恒温油槽:控温精度为±0.01 ℃。

5.2.2.3 恒电流库仑装置示意图(见图 1):

a) 高精密计时恒流源:稳定性优于十万分之一的动态特性好的直流稳流电源,具有 1.018 6×100 mA 和1.018 6×10 mA 两种输出电流,电流值用补偿法确定;计时最小分辨 0.1 ms,电流与计时同步性小于 0.1 ms。

b) 控温标准电池组:应符合 JJG 153 的要求。量程 1 V,年变化小于 5 μV。

c) 标准电阻:应符合 JJG 116 的要求。相对不确定度一般不大于 3×10^{-6}。

d) 直流辐射式检流计:内阻<100 Ω,临界外阻<1 000 Ω,分度值<3×10^{-9} A/分度。

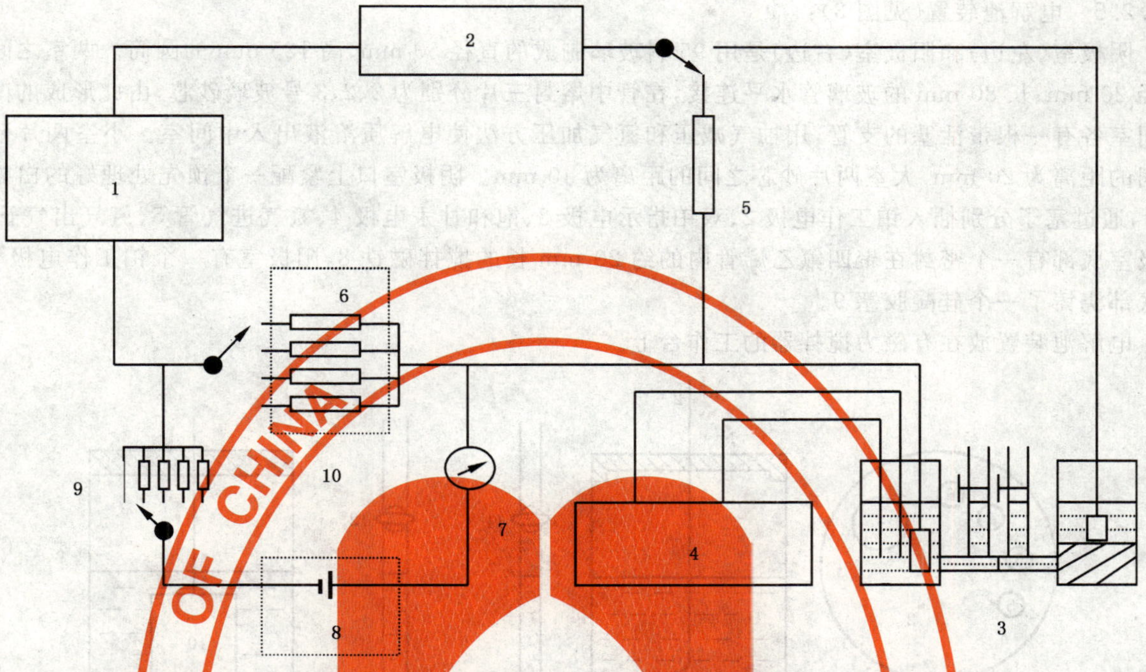

1——高精密计时恒流源；
2——七位半数字多用表；
3——电解池；
4——终点指示器(检流计)；
5——假负载电阻；
6——标准电阻；
7——检流计；
8——控温标准电池组；
9——步进开关；
10——恒温油槽。

图1　恒电流库仑装置示意图

5.2.2.4　终点指示电路(见图2)：

铂电极为指示电极，饱和甘汞电极为参比电极，两电极之间的电压是0.85 V。

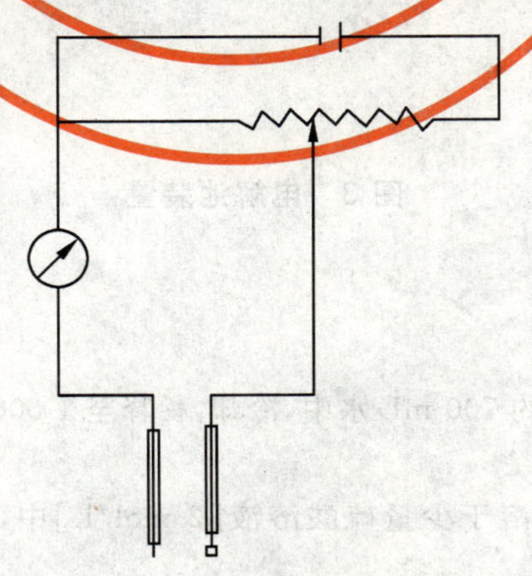

图2　终点指示电路

5.2.2.5 电解池装置(见图 3):

阴极室(左边)和阳极室(右边)是用 95 料玻璃制成的直径 50 mm、高 125 mm 的圆筒。两室之间用直径 20 mm、长 80 mm 的玻璃管水平连接,在管中熔封三片分别为 2、2、3 号玻璃砂芯,由此形成的两个中间室各有一根带活塞的支管,用抽气减压和氮气加压方法使电解质溶液出入中间室。小室两片砂芯之间的距离为 20 mm,大室两片砂芯之间的距离为 40 mm。阴极室口上紧配一个预先处理好的白橡胶塞 1,通过塞子分别插入铂工作电极 2、双铂指示电极 3、饱和甘汞电极 4、氮气进气管 5、氮气出气管 6,阴极室底部有一个密封在聚四氟乙烯管内的约 20 mm 长的搅拌磁铁 8,阳极室有一个铂工作电极 10,其底部浇铸了一个硅凝胶塞 9。

电解池装置放在有磁力搅拌器的工作台上。

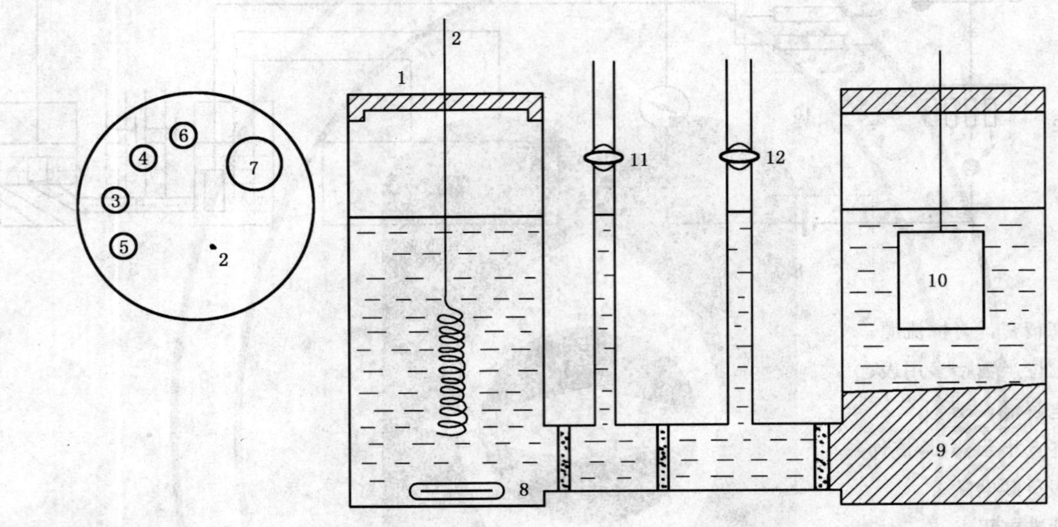

1——白橡胶塞;
2——铂工作电极;
3——双铂指示电极;
4——饱和甘汞电极;
5——氮气进气管;
6——氮气出气管;
7——加样孔;
8——搅拌子;
9——硅凝胶塞;
10——铂工作电极;
11——活塞 1;
12——活塞 2。

图 3 电解池装置

5.2.3 测定

5.2.3.1 制剂的制备

5.2.3.1.1 硫酸溶液[2 mol/L]

量取 111 mL 硫酸,缓缓注入约 700 mL 水中,冷却,稀释至 1 000 mL。

5.2.3.1.2 电解质溶液

称取 192.9 g 硫酸铁(Ⅲ)铵,溶于少量硫酸溶液[2 mol/L]中,再用硫酸溶液[2 mol/L]稀释至 1 000 mL,必要时经砂芯漏斗过滤。

5.2.3.1.3 硫酸亚铁溶液

称取硫酸亚铁 10 g,溶于 100 mL 硫酸溶液[2 mol/L]中。

5.2.3.1.4 **重铬酸钾溶液[0.01 mol/L]**

称取 2.94 g 工作基准试剂重铬酸钾，溶于水，稀释至 1 000 mL。

5.2.3.2 **试验的准备**

5.2.3.2.1 **电解池的清洗**

新电解池使用前先用洗液浸泡片刻，后用自来水反复冲洗及抽洗至砂芯无色，再用水反复抽洗数次备用。

清洗好的电解池可多次使用，只需将实验后的溶液抽去，反复用水抽洗数次，并用水充满备用。

5.2.3.2.2 **硅凝胶塞的配制**

称取 12.5 g 硅酸钠，置于 150 mL 烧杯中，加 50 mL 水溶解，加 20 mL 硫酸溶液[2 mol/L]，搅拌均匀并煮沸，待溶液冷却后倒入电解池的阳极室(右边)，在缓慢搅拌下逐渐加入硫酸溶液[2 mol/L]至溶液变浑、胶凝。配制好的硅凝胶塞上加入少许硫酸溶液[2 mol/L]保持湿润。

5.2.3.2.3 **铂工作电极和双铂指示电极的再生**

电极每次使用前先在硝酸，后在硫酸亚铁溶液中浸泡再生，一般每次浸泡 10 min 即可。

5.2.3.2.4 **高纯氮的净化**

市售高纯氮依次经过 401 型高效除氧剂[残氧(10×10^{-9})]及一瓶装有阴极室电解质溶液和一瓶装有水的洗气瓶，后连接电解池。

5.2.3.3 **称样**

将样品置于敞开的玻璃器皿中，在 130 ℃下干燥 6 h，于干燥器中冷却至室温。

试样置于聚乙烯的塑料小杯中，采用替代法进行称量，精确至 0.000 01 g。试样质量须作浮力校正，校正方法见附录 A。

5.2.3.4 **电解质溶液的预处理**

由于电解质溶液中含有某些可氧化和可还原的杂质，实验前必须用反复电解还原和电解氧化进行处理。具体做法是在阴极室(左边)中加入 150 mL 的电解质溶液，用 100 mA 电流先电解还原 500 s，再变换电极极性电解氧化 500 s，如此反复三次。每次变换电极极性前电极需进行再生。加入适量重铬酸钾溶液[0.01 mol/L]与溶液中多余的亚铁(Fe^{2+})反应，使之接近等当点，在搅拌下，从支管向溶液中通入 1 h 高纯氮气，除去溶解氧。

5.2.3.5 **预滴定**

打开活塞向中间室引进约 2 mm 深的一层电解质溶液，在阴极室中加入适量重铬酸钾溶液[0.01 mol/L]使电解质溶液处在终点之前，用增量法以 10.186 mA 电流，在铂-甘汞电极电位 0.85 V 下求绘滴定曲线。完成预滴定后，用加压和减压的方法洗涤中间室数次，并用电解质溶液洗涤电解池内壁，最后使中间室的电解质溶液恢复至 2 mm 深，记录下最后的指示电流值。超过滴定终点部分的电荷量应计入总的电荷量中。

5.2.3.6 **滴定和求终点**

打开活塞，使电解质溶液充满中间室，关闭活塞，通过氮气进气管向液面上方吹气，使阴极室保持正压以防止空气进入。通过假负载调节电流至 101.86 mA，接上电极，开始电解。在电解过程中，15 min 左右观察一次电流，如有变化进行调节。电解进行到相当于滴定一份试样所需亚铁离子的 99.9%停止电解。记下时间，计算消耗的电荷量。打开加样孔的盖，从孔中投入一份已知质量的试样，搅拌溶液，直至试样完全溶解，溶液呈亮绿色。

为了回收电解期间扩散到中间室的少量亚铁离子，用前述加压和减压的方法以电解质溶液洗涤中间室数次。

和预滴定步骤一样在 10.186 mA 电流下用增量法绘制终点曲线后，再次洗涤中间室数次，直至电流值不变为止，记录下指示电流值。根据记录的指示电流-电解时间的数据，绘制滴定终点曲线。典型的终点曲线见图 4。

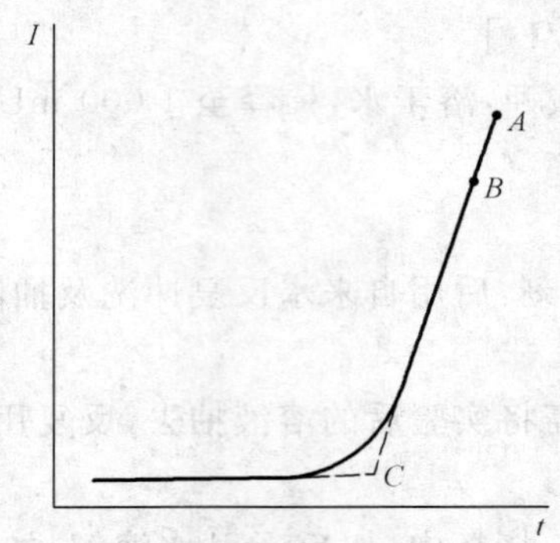

图 4 终点曲线示意图

图中 A 点表示电解停止时的电流值，B 点表示完成洗涤后的电流值，曲线两直线部分延长线的交点 C 即为滴定终点。从图 4 计算出到达终点前消耗的电荷量及扩散到中间室的 Fe^{2+} 离子所需的电荷量，即 A、B 两点间的电荷量。

测定完第一份试样之后的电解质溶液可继续滴定第二份、第三份试样。

5.2.4 计算

5.2.4.1 重铬酸钾质量分数的计算

重铬酸钾的质量分数 w，数值以“%”表示，按式(2)计算：

$$w=\frac{Q_P}{Q_T}\times 100=\frac{I\cdot t\cdot M}{n\cdot M\cdot \mathrm{F}}\times 100=\frac{E\cdot M\cdot t}{n\cdot R\cdot \mathrm{F}\cdot m}\times 100 \quad\cdots\cdots\cdots\cdots(2)$$

式中：

Q_P——电解试样实际消耗的电荷量，单位为库仑(C)；

Q_T——电解试样所需的理论电荷量，单位为库仑(C)；

I——电解时通过溶液的电流，单位为安培(A)；

t——电解试样实际所需要的时间，单位为秒(s)；

M——重铬酸钾摩尔质量的数值，单位为克每摩尔(g/mol)；

n——电子转移个数；

m——重铬酸钾质量的数值，单位为克(g)；

F——法拉第常数，单位为安培秒每摩尔(A·s/mol)；

E——标准电池的电动势，单位为伏特(V)；

R——标准电阻的阻值，单位为欧姆(Ω)。

式(2)中：

$$Q_{\mathrm{P}}=I_1t_1+I_2[t_{\mathrm{C}}+(t_{\mathrm{A}}-t_{\mathrm{B}})+t_{\mathrm{P}}] \quad\cdots\cdots\cdots\cdots(3)$$

式中：

I_1——大电流电解的电流值，单位为毫安培(mA)；

t_1——大电流电解的时间，单位为秒(s)；

I_2——预滴定和求终点的电流值，单位为毫安培(mA)；

t_{C}——到达终点的时间，单位为秒(s)；

t_{A}——相应于 A 点的时间，单位为秒(s)；

t_{B}——相应于 B 点的时间，单位为秒(s)；

t_{P}——预滴定中 BC 间相应的时间，单位为秒(s)。

5.2.4.2 含量测定结果的不确定度及计算

含量测定结果的扩展不确定度一般应小于 0.02%($k=2$)，计算方法参见附录 B。

5.3 水不溶物

称取 50 g 样品，溶于 450 mL 热水中，在水浴上保温 1 h 后，按 GB/T 9738 的规定测定。

5.4 氯化物

5.4.1 不含氯化物的重铬酸钾溶液的制备

称取 10 g 样品，溶于 140 mL 水中，加 100 mL 硝酸溶液(25%)，加热至 50 ℃。加 10 mL 硝酸银溶液(17 g/L)，稀释至 300 mL，摇匀，放置 12 h～18 h，用 4 号玻璃滤埚过滤。

5.4.2 测定方法

称取 1 g 样品，溶于 20 mL 水中，加 10 mL 硝酸溶液(25%)，加热至 50 ℃，加 1 mL 硝酸银溶液(17 g/L)，摇匀，放置 10 min。溶液所呈浊度不得大于标准比浊溶液。

标准比浊溶液的制备是取含 0.01 mg 的氯化物(Cl)标准溶液及 30 mL 不含氯化物的重铬酸钾溶液，加热至 50 ℃，与试样溶液同时放置 10 min，比浊。

5.5 硫酸盐

5.5.1 试验溶液 A 的制备

称取 1 g 样品，溶于 10 mL 水中，加 13 mL 盐酸溶液(20%)，用 20 mL 磷酸三丁酯萃取，激烈振摇 1 min，放置分层，取水相，再用 20 mL 磷酸三丁酯重复萃取，然后用 5 mL 乙醚重复萃取水相两次，取水相，稀释至 30 mL。

5.5.2 测定方法

量取 15 mL 试验溶液 A，在水浴上蒸干。残渣溶于水(必要时过滤)，稀释至 20 mL，加 0.5 mL 盐酸溶液(20%)，按 GB/T 9728 的规定测定。溶液所呈浊度不得大于标准比浊溶液。

标准比浊溶液的制备是取含 0.015 mg 的硫酸盐(SO_4)标准溶液，稀释至 20 mL，与同体积试液同时同样处理。

5.6 钠

按 GB/T 9723—2007 的规定测定。

5.6.1 仪器条件

光源：钠空心阴极灯；

波长：589.0 nm；

火焰：乙炔-空气。

5.6.2 测定方法

称取 2 g 样品，溶于水，稀释至 100 mL。取 10 mL，共四份，按 GB/T 9723—2007 中 7.2.2 的规定测定，结果按 7.2.3 的规定计算。

5.7 钙

量取 6 mL 试验溶液 A(5.5.1)，置于蒸发皿中，在水浴上蒸干。残渣溶于水，稀释至 10 mL，加 10 mL"乙醇(95%)"、0.5 mL 混合碱及 1 mL 乙二醛缩双邻氨基酚乙醇溶液(2 g/L)，摇匀，放置 5 min，用 5 mL 三氯甲烷萃取(温度不超过 30 ℃)，立即比色。有机相所呈红色不得深于标准比色溶液。

标准比色溶液的制备是取含 0.002 mg 的钙(Ca)标准溶液，稀释至 10 mL，与同体积试液同时同样处理。

5.8 铁

称取 0.2 g 样品，溶于 10 mL 水中，加 1.5 mL 盐酸溶液(20%)、5 mL"乙醇(95%)"、1 mL"30%过氧化氢"及 1 滴硫酸，在水浴上蒸至近干。残渣溶于水，稀释至 20 mL，用乙酸钠溶液(250 g/L)调节溶液的 pH 值至 4，稀释至 25 mL，加 2 mL 氯化羟胺溶液(100 g/L)，摇匀，放置 5 min。加 1 mL 4,7-二苯基-1,10-菲啰啉溶液{$c[(C_6H_5)_2C_{12}H_6N_2]=0.001$ mol/L}，摇匀，用 10 mL 异戊醇萃取。有机相所呈红色不得深于标准比色溶液。

标准比色溶液的制备是取含 0.002 mg 的铁(Fe)标准溶液，与样品同时同样处理。

6 检验规则

对于批量生产的产品，按照 JJG 1006 的要求进行均匀性初检。

批量产品经初步检验合格方可进行分装,之后抽取试样进行正式检验。

正式检验抽样规则:当总体单元数少于200时,抽取单元数 n 不少于11个;当总体单元数大于200少于500时,n 不少于12个;当总体单元数大于500时,n 不少于15个。

7 包装及标志

按GB 15346的规定进行包装、贮存与运输,并给出标志,其中:

包装单位:第3类;

内包装形式:NB-4、NB-5、NB-6;

外包装形式:用规格为600 g/m^2 的盒板纸制盒,外层裱蓝色电光纸;

标签:符合GB 15258的规定,注明“氧化剂”。

附　录　A
（规范性附录）
被称量物质质量的空气浮力校正

被称物的真空质量(m_Z)，单位为克(g)，按式(A.1)计算：

$$m_Z = m_K + \rho_K\left(\frac{1}{\rho_W} - \frac{1}{\rho_F}\right)m_K \quad \cdots\cdots(A.1)$$

式中：

m_K——被称量物的质量，单位为克(g)；

ρ_K——称量时空气的密度，单位为克每立方厘米(g/cm^3)；

ρ_W——被称量物质的密度，单位为克每立方厘米(g/cm^3)；

ρ_F——砝码的密度，单位为克每立方厘米(g/cm^3)。

式(A.1)中：

空气的密度(ρ_K)，单位为克每立方厘米(g/cm^3)，按式(A.2)计算：

$$\rho_K = 0.001\,29\left(\frac{273.15}{t+273.15}\right)\left(\frac{P_1 - 0.378\,3 \times P_2}{101.3}\right) \quad \cdots\cdots(A.2)$$

式中：

P_1——大气压的数值，单位为千帕(kPa)；

P_2——室温下水的蒸气压的数值，单位为千帕(kPa)；

t——室内温度的数值，单位为摄氏度(℃)。

式(A.2)中：

水的蒸气压的数值(P_2)，单位为千帕(kPa)，按式(A.3)计算：

$$P_2 = W \times P_3 \quad \cdots\cdots(A.3)$$

式中：

W——空气的相对湿度的数值，以%表示；

P_3——室温下水的饱和蒸气压的数值，单位为千帕(kPa)。

水的饱和蒸气压的数值见表A.1。

表 A.1　水的饱和蒸气压(kPa)

温度(C°)	0.0	0.1	0.2	0.3	0.4	0.5	0.6	0.7	0.8	0.9
11	1.312	1.321	1.329	1.338	1.347	1.356	1.365	1.374	1.383	1.392
12	1.402	1.411	1.420	1.430	1.439	1.448	1.458	1.468	1.477	1.487
13	1.497	1.507	1.516	1.526	1.536	1.546	1.556	1.567	1.577	1.587
14	1.598	1.608	1.618	1.629	1.639	1.650	1.661	1.672	1.682	1.693
15	1.704	1.715	1.726	1.737	1.749	1.760	1.771	1.783	1.794	1.806
16	1.817	1.829	1.840	1.852	1.864	1.876	1.888	1.900	1.912	1.924
17	1.937	1.949	1.961	1.974	1.986	1.999	2.011	2.024	2.037	2.050
18	2.063	2.076	2.089	2.102	2.115	2.129	2.142	2.155	2.169	2.183
19	2.196	2.210	2.224	2.238	2.252	2.266	2.280	2.294	2.308	2.323
20	2.337	2.352	2.366	2.381	2.396	2.410	2.425	2.440	2.455	2.471

表 A.1（续）

温度(C°)	0.0	0.1	0.2	0.3	0.4	0.5	0.6	0.7	0.8	0.9
21	2.486	2.501	2.517	2.532	2.548	2.563	2.579	2.595	2.611	2.627
22	2.643	2.659	2.675	2.692	2.708	2.724	2.741	2.758	2.775	2.791
23	2.808	2.825	2.843	2.860	2.877	2.894	2.912	2.930	2.947	2.965
24	2.983	3.001	3.019	3.037	3.055	3.074	3.092	3.111	3.129	3.148
25	3.167	3.186	3.205	3.224	3.243	3.262	3.282	3.301	3.321	3.341
26	3.361	3.381	3.401	3.421	3.441	3.461	3.482	3.502	3.523	3.544
27	3.565	3.586	3.607	3.628	3.649	3.671	3.692	3.714	3.735	3.757
28	3.779	3.801	3.824	3.846	3.868	3.891	3.913	3.936	3.959	3.982
29	4.005	4.028	4.052	4.075	4.099	4.122	4.146	4.170	4.194	4.218
30	4.243	4.267	4.292	4.316	4.341	4.366	4.391	4.416	4.441	4.467
31	4.492	4.518	4.544	4.570	4.596	4.622	4.648	4.675	4.701	4.728
32	4.755	4.782	4.809	4.836	4.863	4.891	4.919	4.946	4.974	5.002
33	5.030	5.059	5.087	5.116	5.144	5.173	5.202	5.231	5.261	5.290
34	5.320	5.349	5.379	5.409	5.439	5.470	5.500	5.531	5.561	5.592
35	5.623	5.654	5.686	5.717	5.749	5.781	5.813	5.845	5.877	5.909
36	5.942	5.975	6.007	6.040	6.074	6.107	6.140	6.174	6.208	6.242
37	6.276	6.310	6.345	6.379	6.414	6.449	6.484	6.519	6.555	6.590
38	6.626	6.662	6.698	6.734	6.771	6.807	6.844	6.881	6.918	6.956
39	6.993	7.031	7.068	7.106	7.145	7.183	7.221	7.260	7.299	7.338
40	7.377	7.417	7.456	7.496	7.536	7.576	7.617	7.657	7.698	7.739
41	7.780	7.821	7.863	7.904	7.946	7.988	8.030	8.073	8.115	8.158
42	8.201	8.244	8.288	8.331	8.375	8.419	8.463	8.508	8.552	8.597
43	8.642	8.687	8.732	8.778	8.824	8.870	8.916	8.962	9.009	9.056
44	9.103	9.150	9.198	9.245	9.293	9.341	9.390	9.438	9.487	9.536

附 录 B
（资料性附录）
含量测定结果不确定度的计算

B.1 含量测定结果的 A 类标准不确定度分量的计算

A 类标准不确定度分量[$u_A(\overline{w})$]按式(C.1)计算：

$$u_A(\overline{w})=\frac{s(\overline{w})}{\sqrt{n}} \quad \cdots\cdots(B.1)$$

式中：

$s(\overline{w})$——n 次测定结果的标准偏差，数值以“%”表示。

B.2 含量测定结果的 B 类相对合成标准不确定度分量的计算

根据第 5 章式(2)含量测定结果的 B 类相对合成标准不确定度分量[$u_{cBrel}(\overline{w})$]按式(C.2)计算：

$$u_{cBrel}(\overline{w})=\sqrt{u_{rel}^2(I)+u_{rel}^2(t)+u_{rel}^2(m)+u_{rel}^2(M)+u_{rel}^2(\mathrm{F})+u_{rel}^2(x)} \quad \cdots\cdots(B.2)$$

式中：

$u_{rel}(I)$——电流相对标准不确定度分量；

$u_{rel}(t)$——时间的相对标准不确定度分量；

$u_{rel}(m)$——重铬酸钾质量数值的相对标准不确定度分量；

$u_{rel}(M)$——重铬酸钾摩尔质量数值的相对标准不确定度分量；

$u_{rel}(\mathrm{F})$——法拉第常数的相对标准不确定度分量；

$u_{rel}(x)$——终点判断的相对标准不确定度分量。

B.2.1 电流相对标准不确定度分量计算

电流相对标准不确定度分量[$u_{rel}(I)$]按式(C.3)计算：

$$u_{rel}(I)=\frac{u(I)}{I} \quad \cdots\cdots(B.3)$$

式中：

$u(I)$——电流的标准不确定度分量，单位为安培(A)；

I——电流的数值，以标准电池的电压值除以标准电阻的数值得到，单位为安培(A)。

式(B.3)中：

$$\frac{u(I)}{I}=\sqrt{\left[\frac{u(rep)}{I}\right]^2+\left[\frac{u(V)}{V}\right]^2+\left[\frac{u(R)}{R}\right]^2} \quad \cdots\cdots(B.4)$$

式中：

$u(rep)$——电流稳定性的标准不确定度分量，单位为安培(A)；

$u(V)$——控温标准电池组的电压的标准不确定度分量，单位为伏特(V)；

V——控温标准电池组的电压的数值，单位为伏特(V)；

$u(R)$——标准电阻的标准不确定度分量，单位为欧姆(Ω)；

R——标准电池电阻的数值，单位为欧姆(Ω)。

式(B.4)中：

$$u_{rep}=\frac{\Delta I}{\sqrt{3}} \quad \cdots\cdots(B.5)$$

式中：

ΔI——电流示值瞬间噪声，由 7 位半数字多用表观察电流波动性区间，单位为安培(A)。

式(B.4)中：

$$u(V)=\frac{U_V}{k} \qquad \cdots\cdots(B.6)$$

式中：

U_V——控温标准电池组的电压的扩展不确定度，单位为伏特(V)；

k——包含因子。

式(B.4)中：

$$u(R)=\frac{U_R}{k} \qquad \cdots\cdots(B.7)$$

式中：

U_R——标准电阻的扩展不确定度，单位为欧姆(Ω)；

k——包含因子。

B.2.2 时间相对标准不确定度分量计算

时间相对标准不确定度分量[$u_{rel}(t)$]按式(B.8)计算：

$$u_{rel}(t)=\frac{u(t)}{t} \qquad \cdots\cdots(B.8)$$

式中：

$u(t)$——时间的标准不确定度分量，单位为秒(s)；

t——时间的数值，单位为秒(s)。

式(B.8)中：

$$u(t)=\sqrt{u^2(t_0)+\sum_{i=1}^{i}u^2(t_i)} \qquad \cdots\cdots(B.9)$$

式中：

$u(t_0)$——计时时间间隔的标准不确定度分量，单位为秒(s)；

$u(t_i)$——多次启动、停止电解操作中，电解与计时同步性的标准不确定度分量，单位为秒(s)。

式(B.9)中：

$$u(t_0)=\frac{\Delta t}{\sqrt{3}} \qquad \cdots\cdots(B.10)$$

式中：

Δt——计时时间间隔的误差，单位为秒(s)。

式(B.9)中：

$$u(t_i)=\frac{\Delta t_i}{\sqrt{3}} \qquad \cdots\cdots(B.11)$$

式中：

Δt_i——电解与计时同步性的误差，单位为秒(s)。

B.2.3 重铬酸钾质量数值的相对标准不确定度分量计算

重铬酸钾质量数值的相对标准不确定度分量[$u_{rel}(m)$]按式(B.12)计算：

$$u_{rel}(m)=\frac{u(m)}{m} \qquad \cdots\cdots(B.12)$$

式中：

$u(m)$——重铬酸钾质量数值的标准不确定度分量，单位为克(g)；

m——重铬酸钾质量的数值，单位为克(g)。

式(B.12)中：

$$u(m)=\frac{U_m}{k} \qquad \text{(B. 13)}$$

式中：

U_m——替代称量中标准砝码的扩展不确定度，单位为克(g)；

k——包含因子。

注1：浮力修正的不确定度：由于浮力修正的质量 Δm 只占称量质量 m 的万分之几，浮力修正的不确定度 $u(\Delta m)$ 只是 Δm 的千分之几，因此，浮力修正的不确定度 $u(\Delta m)$ 对于质量称量可忽略不计。

注2：天平最大允许误差引入的不确定度分量：因本标准含量测定方法中规定使用替代法称量样品质量，不确定度可忽略不计。

B.2.4 重铬酸钾摩尔质量的数值的相对标准不确定度分量计算

重铬酸钾摩尔质量数值的相对标准不确定度分量[$u_{rel}(M)$]按式(B.14)计算：

$$u_{rel}(M)=\frac{u(M)}{M} \qquad \text{(B. 14)}$$

式中：

$u(M)$——重铬酸钾摩尔质量数值的标准不确定度分量，单位为克每摩尔(g/mol)；

M——重铬酸钾摩尔质量的数值，单位为克每摩尔(g/mol)。

式(B.14)中：

$$u(M)=\sqrt{2u(K)^2+2u(Cr)^2+7u(O)^2} \qquad \text{(B. 15)}$$

式中：

$u(K)$——重铬酸钾中钾元素的相对原子质量数值的标准不确定度分量，单位为克每摩尔(g/mol)；

$u(Cr)$——重铬酸钾中铬元素的相对原子质量数值的标准不确定度分量，单位为克每摩尔(g/mol)；

$u(K)$——重铬酸钾中氧元素的相对原子质量数值的标准不确定度分量，单位为克每摩尔(g/mol)。

B.2.5 法拉第常数相对标准不确定度分量计算

法拉第常数相对标准不确定度分量 u_{rel}(F)采用国际公布的最新量值。

B.2.6 终点判断的相对标准不确定度分量计算

终点判断的相对标准不确定度分量 $u_{rel}(x)$ 按式(B.16)计算：

$$u_{rel}(x)=\frac{u(\Delta t)}{t} \qquad \text{(B. 16)}$$

式中：

$u(\Delta t)$——根据曲线图上横坐标间距(即时间间隔)产生的不确定度分量，单位为秒(s)；

t——电解时间，单位为秒(s)。

B.2.7 含量测定结果的B类相对合成标准不确定度分量[$u_{cBrel}(\overline{w})$]的计算

将上述计算的数值代入式(B.2)，进行计算。

B.3 含量测定结果的合成标准不确定度的计算

含量测定结果的合成标准不确定度[$u_c(\overline{w_G})$]按式(B.17)计算：

$$u_c(\overline{w})=\sqrt{u_A^2(\overline{w})+u_{cB}^2(\overline{w})} \qquad \text{(B. 17)}$$

式中：

$u_A(\overline{w})$——含量测定结果A类标准不确定度分量，数值以“%”表示；

$u_{cB}(\overline{w})$——含量测定结果的B类合成标准不确定度分量，数值以“%”表示。

式(B.17)中：

$$u_{cB}(\overline{w}) = u_{cBrel}(\overline{w}) \times \overline{w} \quad \cdots\cdots\cdots\cdots (B.18)$$

式中：

$u_{cBrel}(\overline{w})$——含量测定结果的B类相对合成标准不确定度分量，数值以“%”表示；

$\overline{w}$——含量测定结果的平均值，数值以“%”表示。

B.4 含量测定结果扩展不确定度的计算

含量测定结果的扩展不确定度$[U(\overline{w})]$按式(B.19)计算：

$$U(\overline{w}) = k \times u_c(\overline{w}) \quad \cdots\cdots\cdots\cdots (B.19)$$

式中：

$u_c(\overline{w})$——含量测定结果合成标准不确定度，数值以“%”表示；

k——包含因子(一般情况下 $k=2$)。

ICS 71.040.30
G 61

中华人民共和国国家标准

GB 10732—2008
代替 GB 10732—1989

第一基准试剂 氯化钾

Primary chemical—Potassium chloride

2008-06-18 发布 2009-06-01 实施

中华人民共和国国家质量监督检验检疫总局
中国国家标准化管理委员会 发布

前　言

本标准第4章、第5.3.3、5.3.4.1条为强制性，其他条文为推荐性的。

本标准代替GB 10732—1989《第一基准试剂（容量）氯化钾》，与GB 10732—1989相比，主要变化如下：

——标准名称改为“第一基准试剂　氯化钾”；

——增加了规范性引用文件（1989年版的第2章，本版的第2章）；

——修改了含量测定原理的描述（1989年版的4.1.1，本版的5.3.1）；

——修改了恒电流库仑装置示意图（1989年版的4.1.3.4，本版的5.3.2.4）；

——完善了滴定的操作步骤（1989年版的4.1.4.3，本版的5.3.3.4）；

——修改了检验规则（1989年版的第5章，本版的第6章）；

——取消了附录B、附录C（1989年版附录B、附录C）；

——增加了含量测定结果不确定度的计算方法（本版的附录B）。

本标准的附录A为规范性附录，附录B为资料性附录。

本标准由中国石油和化学工业协会提出。

本标准由全国化学标准化技术委员会化学试剂分会归口。

本标准负责起草单位：中国计量科学研究院、北京化学试剂研究所。

本标准主要起草人：马联弟、吴冰、韩宝英、强京林。

本标准所代替标准的历次版本发布情况为：

——GB 10732—1989。

第一基准试剂　氯化钾

分子式:KCl

相对分子质量:74.552(根据2005年国际相对原子质量)。

1　范围

本标准规定了第一基准试剂　氯化钾的性状、规格、试验、检验规则和包装及标志。

本标准适用于第一基准试剂　氯化钾的检验。

2　规范性引用文件

下列文件中的条款通过本标准的引用而成为本标准的条款。凡是注日期的引用文件,其随后所有的修改单(不包括勘误的内容)或修订版均不适用于本标准,然而,鼓励根据本标准达成协议的各方研究是否可使用这些文件的最新版本。凡是不注日期的引用文件,其最新版本适用于本标准。

GB/T 602　化学试剂　杂质测定用标准溶液的制备(GB/T 602—2002,ISO 6353-1:1982,NEQ)

GB/T 603　化学试剂　试验方法中所用制剂及制品的制备(GB/T 603—2002,ISO 6353-1:1982,NEQ)

GB/T 609　化学试剂　总氮量测定通用方法(GB/T 609—2006,ISO 6353-1:1982,NEQ)

GB/T 6682　分析实验室用水规格和试验方法(GB/T 6682—2008,ISO 3696:1987,MOD)

GB/T 9723—2007　化学试剂　火焰原子吸收光谱法通则

GB/T 9724　化学试剂　pH值测定通则(GB/T 9724—2007,ISO 6353-1:1982,NEQ)

GB/T 9727　化学试剂　磷酸盐测定通用方法(GB/T 9727—2007,ISO 6353-1:1982,NEQ)

GB/T 9728　化学试剂　硫酸盐测定通用方法(GB/T 9728—2007,ISO 6353-1:1982,NEQ)

GB/T 9735　化学试剂　重金属测定通用方法(GB/T 9735—2008,ISO 6353-1:1982,NEQ)

GB/T 9738　化学试剂　水不溶物测定通用方法(GB/T 9738—2008,ISO 6353-1:1982,NEQ)

GB/T 9739　化学试剂　铁测定通用方法(GB/T 9739—2006,ISO 6353-1:1982,NEQ)

GB 15346　化学试剂　包装及标志

HG/T 3484　化学试剂　标准玻璃乳浊液和澄清度标准

JJG 99　砝码

JJG 116　标准电阻器

JJG 153　标准电池

JJG 1006　一级标准物质技术规范

3　性状

本试剂为白色结晶粉末,溶于水,几乎不溶于乙醇。

4　规格

氯化钾的规格见表1。

表 1

名　　称	第　一　基　准
含量(KCl),w/%	99.98～100.02
pH 值(50 g/L,25 ℃)	5.5～8.0
澄清度试验/号	≤2
水不溶物,w/%	≤0.003
碘化物(I),w/%	≤0.001
溴化物(Br),w/%	≤0.02
硫酸盐(SO_4),w/%	≤0.001
总氮量(N),w/%	≤0.000 5
磷酸盐(PO_4),w/%	≤0.000 5
钠(Na),w/%	≤0.02
镁(Mg),w/%	≤0.000 5
钙(Ca),w/%	≤0.001
铁(Fe),w/%	≤0.000 1
钡(Ba),w/%	≤0.001
重金属(以 Pb 计),w/%	≤0.000 5

5 试验

5.1 警告

本试验方法中使用的部分试剂具有毒性或腐蚀性,一些试验过程可能导致危险情况,操作者应采取适当的安全和健康措施。

5.2 一般规定

本章中除另有规定外,所用试剂的纯度应在分析纯以上,标准溶液、制剂及制品,均按 GB/T 602、GB/T 603 的规定制备,实验用水应符合 GB/T 6682 中二级水规格,样品均按精确至 0.01 g 称量,所用溶液以"%"表示的均为质量分数。氮气应使用高纯气体。

5.3 含量

5.3.1 方法原理

库仑分析法是通过测定被分析物质定量地进行某一电极反应,或是被分析物质与某一电极反应的产物定量地进行化学反应所消耗的电荷量(库仑)来进行定量分析的方法。库仑分析法的原理是基于法拉第电解定律,电极反应产物的质量(m)数学表达见式(1):

$$m = \frac{M}{n \cdot \mathrm{F}} \cdot I \cdot t \qquad \cdots\cdots(1)$$

式中:

M——物质的摩尔质量,单位为克每摩尔(g/mol);

n——电子转移个数;

F——法拉第常数,单位为安培秒每摩尔(A·s/mol);

I——电解时通过溶液的电流,单位为安培(A);

t——电解的时间,单位为秒(s)。

恒电流精密库仑滴定法是以恒定电流通过电解池,使工作电极上电解产生一种滴定剂并与电解池中的被测物质进行定量反应，用电化学方法来指示反应终点，通过电解消耗的电量根据法拉第定律计算滴定剂的用量，从而计算出被测物质的含量。

本方法采用 99.999%以上的纯银作阳极，电解产生银离子与待测量的氯离子反应测定氯化钾的含量，用电位法指示反应终点。

5.3.2 仪器和装置

5.3.2.1 数字电压表：精度为 0.1 mV。

5.3.2.2 砝码：符合 JJG 99 检定的要求。克组，年变化小于 10 μg；毫克组，年变化小于 4 μg。

5.3.2.3 恒温油槽：控温精度为±0.01 ℃。

5.3.2.4 恒电流库仑装置示意图（见图 1）：

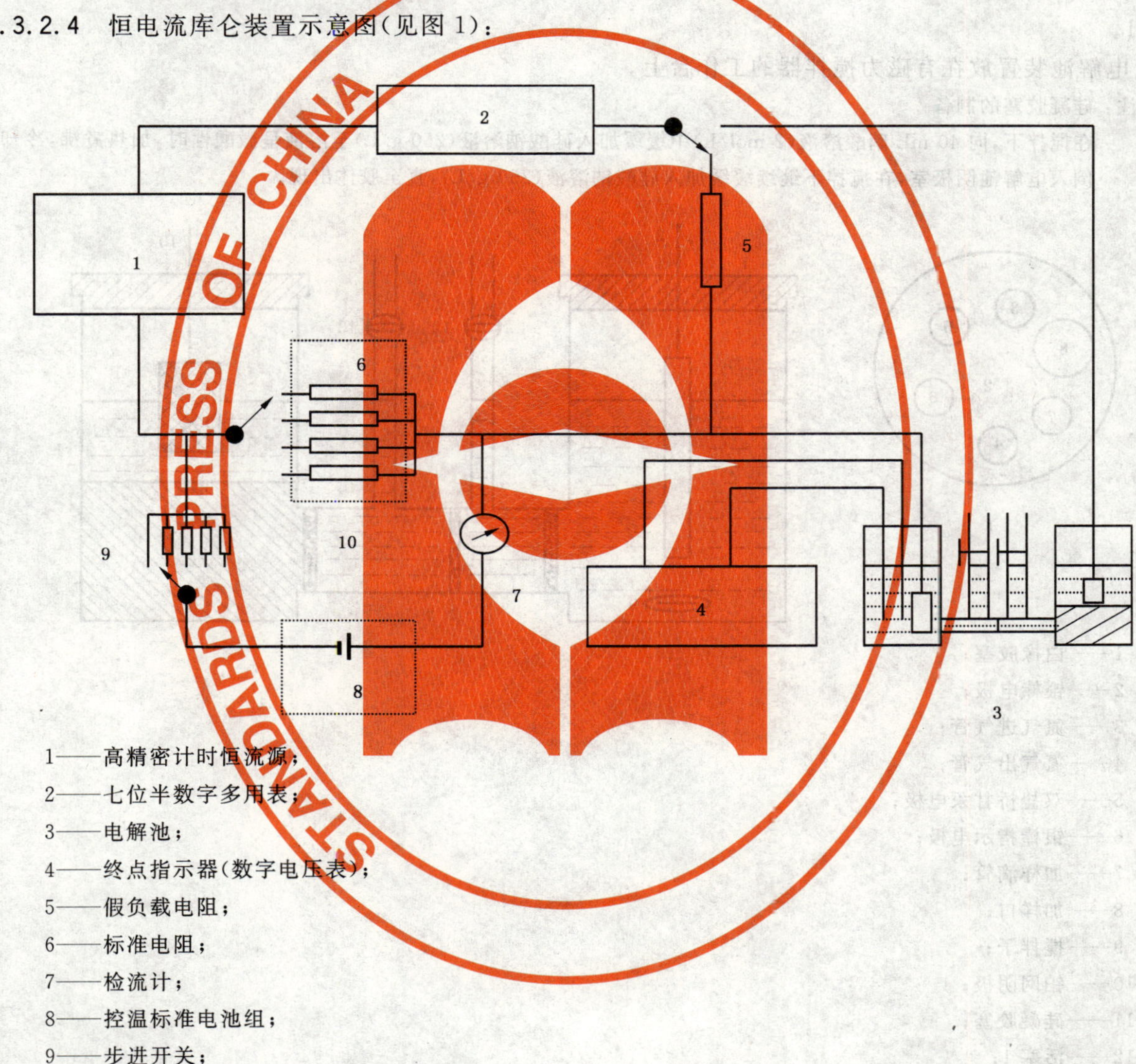

1——高精密计时恒流源；

2——七位半数字多用表；

3——电解池；

4——终点指示器（数字电压表）；

5——假负载电阻；

6——标准电阻；

7——检流计；

8——控温标准电池组；

9——步进开关；

10——恒温油槽。

图 1 恒电流库仑装置示意图

a) 高精密计时恒流源：稳定性优于十万分之一的动态特性好的直流稳流电源，具有 1.018 6×100 mA 和 1.018 6×10 mA 两种输出电流，电流值用补偿法确定；计时最小分辨 0.1 ms，电流与计时同步性小于 0.1 ms。

b) 控温标准电池组：应符合 JJG 153 的要求。量程 1 V，年变化小于 5 μV。

c) 标准电阻：应符合 JJG 116 的要求。相对不确定度一般不大于 3×10^{-6}。

d) 直流辐射式检流计：内阻<100 Ω，临界外阻<1 000 Ω，分度值<3×10^{-9} A。

5.3.2.5　电解池装置(见图 2)。

阳极室(左边)和阴极室(右边)是用石英玻璃制成的直径 50 mm、高 125 mm 的圆筒。两室之间用直径 20 mm、长 80 mm 的玻璃管水平连接,在管中熔封三片分别为 2、2、3 号玻璃砂芯,由此形成的两个中间室各有一根带活塞的支管,用抽气减压和氮气加压方法使电解质溶液出入中间室。小室两片砂芯之间的距离为 20 mm,大室两片砂芯之间的距离为 40 mm。阳极室口上紧配一个预先处理好的白橡胶塞 1,通过塞子分别插入银棒阳极 2、氮气进气管 3、氮气出气管 4、双盐桥甘汞电极 5、银棒指示电极 6、加样滴管 7。阳极室底部有一个密封在聚四氟乙烯管内的约 20 mm 长的搅拌磁铁 9。阳极室及中间室都用黑红布套包住,以避免反应产物见光分解。在阴极室有铂网阴极 10,其底部浇铸了一个硅凝胶塞 11。

电解池装置放在有磁力搅拌器的工作台上。

注:硅凝胶塞的制备

在搅拌下,向 40 mL 硝酸溶液(2 mol/L)中缓缓加入硅酸钠溶液(250 g/L)至溶液呈微酸性时,加热煮沸,冷却,倒入电解池阴极室,在搅拌下继续缓缓加入硅酸钠溶液(250 g/L),直至胶体出现。

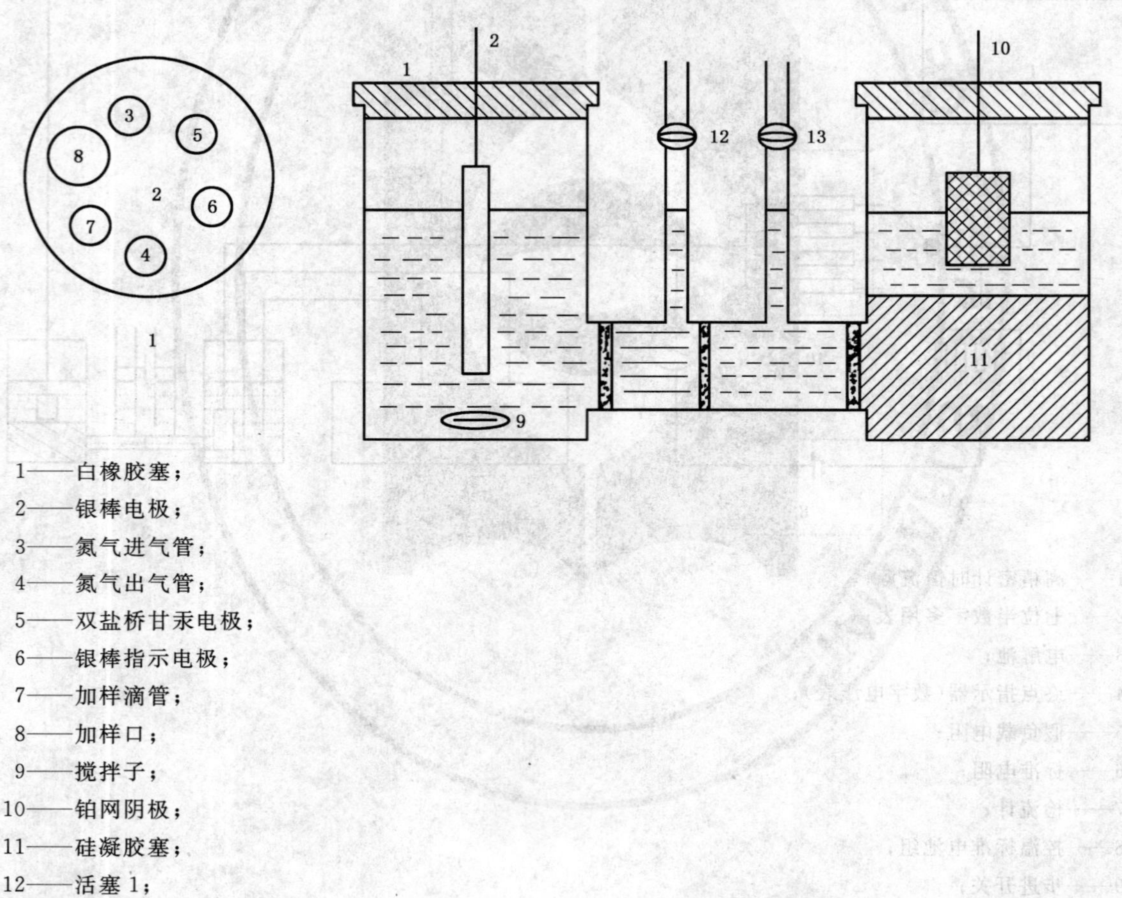

1——白橡胶塞;
2——银棒电极;
3——氮气进气管;
4——氮气出气管;
5——双盐桥甘汞电极;
6——银棒指示电极;
7——加样滴管;
8——加样口;
9——搅拌子;
10——铂网阴极;
11——硅凝胶塞;
12——活塞 1;
13——活塞 2。

图 2　电解池装置

5.3.3　**测定**

5.3.3.1　**制剂的制备**

5.3.3.1.1　**硝酸溶液[0.1 mol/L]**

量取 7 mL 硝酸,稀释至 1 000 mL。

5.3.3.1.2　**硝酸溶液[2 mol/L]**

量取 139 mL 硝酸,稀释至 1 000 mL。

5.3.3.1.3 硝酸钠硝酸饱和溶液

将硝酸钠溶于硝酸溶液[0.1 mol/L]中,至有晶体析出为止。

5.3.3.1.4 硝酸银溶液[0.005 mol/L]

称取0.85 g硝酸银,溶于水,加几滴硝酸,稀释至1 000 mL。

5.3.3.1.5 氯化钠溶液[0.01 mol/L]

称取0.58 g氯化钠,溶于水,稀释至1 000 mL。

5.3.3.1.6 电解质溶液

称取170 g硝酸钠,加114.6 mL乙酸(冰醋酸)(优级纯)及1 300 mL“乙醇(95%)”(优级纯),稀释至2 000 mL。

5.3.3.2 称样

将样品置于铂坩埚中,在500 ℃下灼烧6 h,于干燥器中冷却至室温。

试样置于聚乙烯小杯中,采用替代法进行称量,精确至0.000 01 g。试样质量须作浮力校正,校正方法见附录A。

5.3.3.3 预滴定

阴极室中加入100 mL硝酸钠硝酸饱和溶液,为了消除其中痕迹量卤素离子对测定引起误差,一般预先加入1 mL硝酸银溶液[0.005 mol/L]。阳极室中加入100 mL电解质溶液。在5 ℃下通入高纯氮1 h除氧。吸取少量阳极室电解质溶液至中间室内(溶液在中间室内深度约2 mm)。向阳极室中加入20滴氯化钠溶液[0.01 mol/L],阳极室和中间室用红黑布包严。在10.186 mA电流下电解90 s,用增量法作预滴定曲线。预滴定完成后,用加压和减压的方法洗涤中间室,并洗涤电解池内壁,记录最终指示电位。绘制预滴定曲线(见图3)。图中C点是预滴定终点,A点表示电解停止的时间,B点表示完成洗涤后溶液的最后E值。超过滴定所消耗的电荷量(BC间相应的电荷量),应计入滴定的总电荷量中。

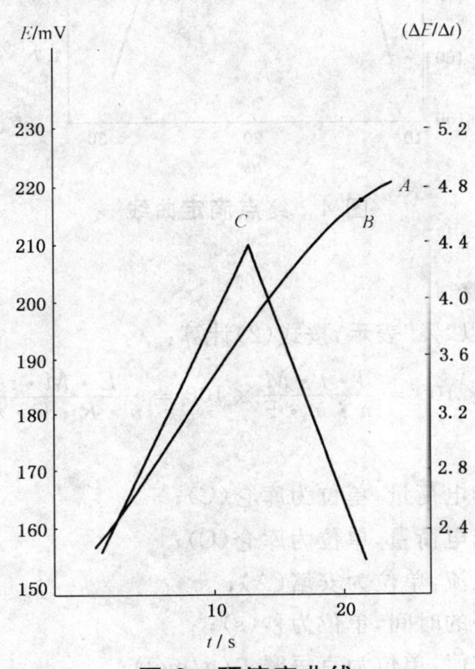

图3 预滴定曲线

5.3.3.4 滴定和求终点

依次打开活塞1和活塞2,利用减压让阳极室电解质溶液充满中间室,关好活塞。向盛试样的聚乙烯杯中加水若干滴,令其大部溶解。加样时,用一洗净的滴管将溶液吸至滴管中,插在胶塞的孔中备用。杯及未溶解的试样投入已预滴定的阳极室电解质溶液中,搅拌溶液,令其全部溶解。阳极室电解质溶液面上继续通高纯氮。在假负载上调节电流到101.86 mA,接上两个电极,停止搅拌,开始电解。当电解产生的银离子达到试样反应所需量的一半时，在搅拌的情况下，加入滴管中约一半的溶液，停止搅拌，再经过 500 s～1 000 s，仍在搅拌情况下，将滴管中的溶液全部加完，停止搅拌，当电解产生的银离子量相当于试样所需计算量的 99.90%～99.95%时，停止电解。先打开搅拌，5 min 后用加压和减压的方法洗涤中间室，并洗涤电解池内壁，吸取阳极室电解质溶液洗涤滴管若干次，从支管中通高纯氮 40 min 后，从阳极室中取出聚乙烯小杯。

在 10.186 mA 电流下，如同预滴定一样，电解池放在冰水中，用增量法作终点滴定曲线，至过终点后，再多作几点即可。用阳极室电解质溶液洗涤砂芯、四壁若干次，并再洗涤滴管若干次，记下读数，绘制 $E-t$、$(\Delta E/\Delta t)-t$ 的终点滴定曲线（见图 4）。图中 C 点是滴定终点，A 点表示电解停止的时间，B 点表示完成洗涤后溶液的最后 E 值。

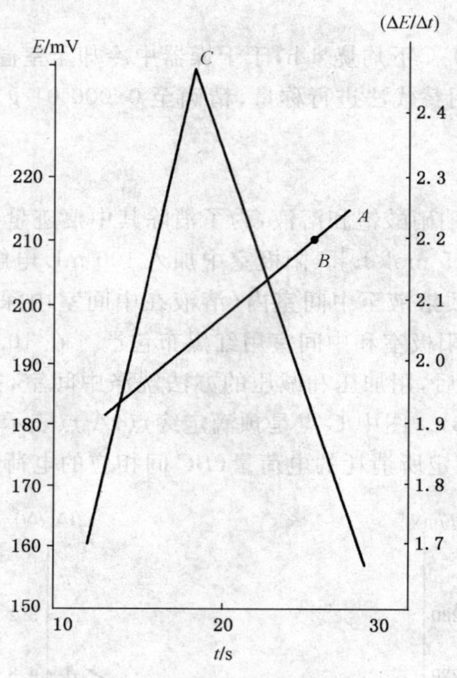

图 4　终点滴定曲线

5.3.4　计算

5.3.4.1　氯化钾质量分数的计算

氯化钾的质量分数 w，数值以“%”表示，按式(2)计算：

$$w=\frac{Q_{\mathrm{P}}}{Q_{\mathrm{T}}}\times 100=\frac{I\cdot t\cdot M}{n\cdot m\cdot \mathrm{F}}\times 100=\frac{E\cdot M\cdot t}{n\cdot R\cdot \mathrm{F}\cdot m}\times 100 \qquad \cdots\cdots\cdots\cdots(2)$$

式中：

Q_{P}——电解试样实际消耗的电荷量，单位为库仑(C)；

Q_{T}——电解试样所需的理论电荷量，单位为库仑(C)；

I——电解时通过溶液的电流，单位为安培(A)；

t——电解试样实际所需要的时间，单位为秒(s)；

M——氯化钾摩尔质量的数值，单位为克每摩尔(g/mol)；

n——电子转移个数；

m——氯化钾质量的数值，单位为克(g)；

F——法拉第常数，单位为安培秒每摩尔(A·s/mol)；

E——标准电池的电动势，单位为伏特(V)；

R——标准电阻的阻值，单位为欧姆(Ω)。

式(2)中：

$$Q_P = I_1 t_1 + I_2[t_C + (t_A - t_B) + t_P] \quad \cdots\cdots (3)$$

I_1——大电流电解的电流值，单位为毫安培(mA)；

t_1——大电流电解的时间，单位为秒(s)；

I_2——预滴定和求终点的电流值，单位为毫安培(mA)；

t_C——到达终点的时间，单位为秒(s)；

t_A——相应于 A 点的时间，单位为秒(s)；

t_B——相应于 B 点的时间，单位为秒(s)；

t_P——预滴定中 BC 间相应的时间，单位为秒(s)。

5.3.4.2 含量测定结果的不确定度及计算

含量测定结果的扩展不确定度一般应小于 0.02%(k=2)，计算方法参见附录 B。

5.4 pH 值

按 GB/T 9724 的规定测定。

5.5 澄清度试验

称取 25 g 样品，溶于 100 mL 水中，其浊度不得大于 HG/T 3484 中规定的澄清度标准 2 号。

5.6 水不溶物

称取 50 g 样品，溶于 200 mL 水中，在水浴上保温 1 h 后，按 GB/T 9738 的规定测定。

5.7 碘化物

称取 11 g 样品，溶于 50 mL 水，移入分液漏斗中，加 2 mL 盐酸及 5 mL 三氯化铁溶液(100 g/L)，摇匀，放置 5 min。加 10 mL 四氯化碳，振摇 1 min，静置分层。收集有机层四氯化碳于比色管中，水相再用四氯化碳萃取两次，每次 5 mL，并入比色管中(保留试样水溶液)。有机层所呈紫红色不得深于标准比色溶液。

标准比色溶液的制备是取 1 g 样品及含 0.1 mg 的碘(I)标准溶液及含 2.0 mg 的溴(Br)标准溶液，与样品同时同样处理(保留标准水溶液)。

5.8 溴化物

将 5.7 分液漏斗中保留的试样水溶液，用四氯化碳萃取两次，每次 5 mL，弃去四氯化碳，于水溶液中加 35 mL 硫酸溶液(1+1)及 10 mL 铬酸溶液(100 g/L)，摇匀，放置 5 min。加 10 mL 四氯化碳，振摇 1 min，静置分层。收集四氯化碳于比色管中，水相再用四氯化碳萃取两次，每次 5 mL，并入比色管中，有机层所呈黄色不得深于标准比色溶液。

标准比色溶液的制备是取 5.7 中保留的标准水溶液与 5.8 中试样水溶液同时同样处理。

5.9 硫酸盐

称取 1 g 样品，溶于 20 mL 水中，加 0.5 mL 盐酸溶液(20%)酸化后，按 GB/T 9728 的规定测定。溶液所呈浊度不得大于标准比浊溶液。

标准比浊溶液的制备是取含 0.01 mg 的硫酸盐(SO_4)标准溶液，与样品同时同样处理。

5.10 总氮量

称取 2 g 样品，溶于水，稀释至 140 mL，按 GB/T 609 的规定测定。溶液所呈黄色不得深于标准比色溶液。

标准比色溶液的制备是取含 0.01 mg 的氮(N)标准溶液，与样品同时同样处理。

5.11 磷酸盐

称取 1 g 样品，溶于适量水中，加 2 滴饱和 2,4-二硝基酚指示液，滴加硝酸溶液(13%)至溶液黄色刚刚消失，稀释至 10 mL 后，按 GB/T 9727 的规定测定。有机层所呈蓝色不得深于标准比色溶液。

标准比色溶液的制备是取含 0.005 mg 的磷酸盐(PO_4)标准溶液，与样品同时同样处理。

5.12 钠

按 GB/T 9723—2007 的规定测定。

5.12.1 仪器条件

光源：钠空心阴极灯；

波长：589.0 nm；

火焰：乙炔-空气。

5.12.2 测定方法

称取 1 g 样品，溶于水，稀释至 100 mL。取 10 mL，共四份。按 GB/T 9723—2007 中 7.2.2 的规定测定，结果按 7.2.3 的规定计算。

5.13 镁

按 GB/T 9723—2007 的规定测定。

5.13.1 仪器条件

光源：镁空心阴极灯；

波长：285.2 nm；

火焰：乙炔-空气。

5.13.2 测定方法

称取 20 g 样品，溶于水，稀释至 100 mL。取 10 mL，共四份。按 GB/T 9723—2007 中 7.2.2 的规定测定，结果按 7.2.3 的规定计算。

5.14 钙

称取 0.3 g 样品，溶于 10 mL 水中，加 10 mL"乙醇(95%)"、0.5 mL 混合碱及 1 mL 乙二醛缩双邻氨基酚乙醇溶液(2 g/L)，摇匀，放置 5 min。用 5 mL 三氯甲烷萃取(温度不超过 30 ℃)，立即比色。有机层所呈红色不得深于标准比色溶液。

标准比色溶液的制备是取含 0.003 mg 的钙(Ca)标准溶液，与样品同时同样处理。

5.15 铁

称取 3 g 样品，溶于 15 mL 水中，用盐酸溶液(15%)将溶液 pH 调至 2 后，按 GB/T 9739 的规定测定。溶液所呈红色不得深于标准比色溶液。

标准比色溶液的制备是取含 0.003 mg 的铁(Fe)标准溶液，与样品同时同样处理。

5.16 钡

5.16.1 试验制剂的制备

准确称取 0.02 g 氯化钡，溶于 100 mL 乙醇溶液(3+7)中。取 0.25 mL 与 10 mL 硫酸钠($Na_2SO_4 \cdot 10H_2O$)溶液(400 g/L)混合，准确放置 1 min(使用前混合)。

5.16.2 测定方法

称取 1 g 样品，溶于水，稀释至 20 mL，加 0.5 mL 盐酸溶液(20%)，加入至 1.25 mL 试验制剂中，稀释至 25 mL，摇匀，放置 5 min。溶液所呈浊度不得大于标准比浊溶液。

标准比浊溶液的制备是取含 0.01 mg 的钡(Ba)标准溶液，与样品同时同样处理。

5.17 重金属

称取 4 g 样品，溶于水，稀释至 20 mL，取 15 mL，按 GB/T 9735 的规定测定。溶液所呈暗色不得深于标准比色溶液。

标准比色溶液的制备是取剩余的 5 mL 样品溶液及含 0.01 mg 的铅(Pb)标准溶液，稀释至 15 mL，与同体积样品溶液同时同样处理。

6 检验规则

对于批量生产的产品，按照 JJG 1006 的要求进行均匀性初检。

批量产品经初步检验合格方可进行分装，之后抽取试样进行正式检验。

正式检验抽样规则：当总体单元数少于 200 时，抽取单元数 n 不少于 11 个；当总体单元数大于 200 少于 500 时，n 不少于 12 个；当总体单元数大于 500 时，n 不少于 15 个。

7 包装及标志

按 GB 15346 的规定进行包装、贮存与运输，并给出标志，其中：

包装单位：第 3 类；

内包装形式：NB-4、NB-5、NB-6；

外包装形式：用规格为 600 g/m^2 的盒板纸制盒，外层裱蓝色电光纸。

附 录 A
（规范性附录）
被称量物质质量的空气浮力校正

被称物的真空质量（m_Z），单位为克（g），按式（A.1）计算：

$$m_Z = m_K + \rho_K\left(\frac{1}{\rho_W} - \frac{1}{\rho_F}\right)m_K \quad \cdots\cdots(A.1)$$

式中：

m_K——被称量物的质量，单位为克（g）；

ρ_K——称量时空气的密度，单位为克每立方厘米（g/cm^3）；

ρ_W——被称量物质的密度，单位为克每立方厘米（g/cm^3）；

ρ_F——砝码的密度，单位为克每立方厘米（g/cm^3）。

式（A.1）中：

空气的密度（ρ_K），单位为克每立方厘米（g/cm^3），按式（A.2）计算：

$$\rho_K = 0.001\,29\left(\frac{273.15}{t+273.15}\right)\left(\frac{P_1 - 0.378\,3 \times P_2}{101.3}\right) \quad \cdots\cdots(A.2)$$

式中：

P_1——大气压的数值，单位为千帕（kPa）；

P_2——室温下水的蒸气压的数值，单位为千帕（kPa）；

t——室内温度的数值，单位为摄氏度（℃）。

式（A.2）中：

水的蒸气压的数值（P_2），单位为千帕（kPa），按式（A.3）计算：

$$P_2 = W \times P_3 \quad \cdots\cdots(A.3)$$

式中：

W——空气的相对湿度的数值，以%表示；

P_3——室温下水的饱和蒸气压的数值，单位为千帕（kPa）。

水的饱和蒸气压的数值见表 A.1。

表 A.1 水的饱和蒸气压（kPa）

温度（℃）	0.0	0.1	0.2	0.3	0.4	0.5	0.6	0.7	0.8	0.9
11	1.312	1.321	1.329	1.338	1.347	1.356	1.365	1.374	1.383	1.392
12	1.402	1.411	1.420	1.430	1.439	1.448	1.458	1.468	1.477	1.487
13	1.497	1.507	1.516	1.526	1.536	1.546	1.556	1.567	1.577	1.587
14	1.598	1.608	1.618	1.629	1.639	1.650	1.661	1.672	1.682	1.693
15	1.704	1.715	1.726	1.737	1.749	1.760	1.771	1.783	1.794	1.806
16	1.817	1.829	1.840	1.852	1.864	1.876	1.888	1.900	1.912	1.924
17	1.937	1.949	1.961	1.974	1.986	1.999	2.011	2.024	2.037	2.050
18	2.063	2.076	2.089	2.102	2.115	2.129	2.142	2.155	2.169	2.183
19	2.196	2.210	2.224	2.238	2.252	2.266	2.280	2.294	2.308	2.323
20	2.337	2.352	2.366	2.381	2.396	2.410	2.425	2.440	2.455	2.471

表 A.1（续）

温度(℃)	0.0	0.1	0.2	0.3	0.4	0.5	0.6	0.7	0.8	0.9
21	2.486	2.501	2.517	2.532	2.548	2.563	2.579	2.595	2.611	2.627
22	2.643	2.659	2.675	2.692	2.708	2.724	2.741	2.758	2.775	2.791
23	2.808	2.825	2.843	2.860	2.877	2.894	2.912	2.930	2.947	2.965
24	2.983	3.001	3.019	3.037	3.055	3.074	3.092	3.111	3.129	3.148
25	3.167	3.186	3.205	3.224	3.243	3.262	3.282	3.301	3.321	3.341
26	3.361	3.381	3.401	3.421	3.441	3.461	3.482	3.502	3.523	3.544
27	3.565	3.586	3.607	3.628	3.649	3.671	3.692	3.714	3.735	3.757
28	3.779	3.801	3.824	3.846	3.868	3.891	3.913	3.936	3.959	3.982
29	4.005	4.028	4.052	4.075	4.099	4.122	4.146	4.170	4.194	4.218
30	4.243	4.267	4.292	4.316	4.341	4.366	4.391	4.416	4.441	4.467
31	4.492	4.518	4.544	4.570	4.596	4.622	4.648	4.675	4.701	4.728
32	4.755	4.782	4.809	4.836	4.863	4.891	4.919	4.946	4.974	5.002
33	5.030	5.059	5.087	5.116	5.144	5.173	5.202	5.231	5.261	5.290
34	5.320	5.349	5.379	5.409	5.439	5.470	5.500	5.531	5.561	5.592
35	5.623	5.654	5.686	5.717	5.749	5.781	5.813	5.845	5.877	5.909
36	5.942	5.975	6.007	6.040	6.074	6.107	6.140	6.174	6.208	6.242
37	6.276	6.310	6.345	6.379	6.414	6.449	6.484	6.519	6.555	6.590
38	6.626	6.662	6.698	6.734	6.771	6.807	6.844	6.881	6.918	6.956
39	6.993	7.031	7.068	7.106	7.145	7.183	7.221	7.260	7.299	7.338
40	7.377	7.417	7.456	7.496	7.536	7.576	7.617	7.657	7.698	7.739
41	7.780	7.821	7.863	7.904	7.946	7.988	8.030	8.073	8.115	8.158
42	8.201	8.244	8.288	8.331	8.375	8.419	8.463	8.508	8.552	8.597
43	8.642	8.687	8.732	8.778	8.824	8.870	8.916	8.962	9.009	9.056
44	9.103	9.150	9.198	9.245	9.293	9.341	9.390	9.438	9.487	9.536

附　录　B
（资料性附录）
含量测定结果不确定度的计算

B.1　含量测定结果的A类标准不确定度分量的计算

A类标准不确定度分量[$u_A(\overline{w})$]按式（B.1）计算：

$$u_A(\overline{w}) = \frac{s(\overline{w})}{\sqrt{n}} \qquad \cdots\cdots (B.1)$$

式中：

$s(\overline{w})$——n次测定结果的标准偏差，数值以“%”表示。

B.2　含量测定结果的B类相对合成标准不确定度分量的计算

根据第5章式(2)含量测定结果的B类相对合成标准不确定度分量[$u_{cBrel}(\overline{w})$]按式(B.2)计算：

$$u_{cBrel}(w) = \sqrt{u_{rel}^2(I) + u_{rel}^2(t) + u_{rel}^2(m) + u_{rel}^2(M) + u_{rel}^2(F) + u_{rel}^2(x)} \qquad \cdots\cdots (B.2)$$

式中：

$u_{rel}(I)$——电流相对标准不确定度分量；

$u_{rel}(t)$——时间的相对标准不确定度分量；

$u_{rel}(m)$——氯化钾质量数值的相对标准不确定度分量；

$u_{rel}(M)$——氯化钾摩尔质量数值的相对标准不确定度分量；

$u_{rel}(F)$——法拉第常数的相对标准不确定度分量；

$u_{rel}(x)$——终点判断的相对标准不确定度分量。

B.2.1　电流相对标准不确定度分量计算

电流相对标准不确定度分量[$u_{rel}(I)$]按式(B.3)计算：

$$u_{rel}(I) = \frac{u(I)}{I} \qquad \cdots\cdots (B.3)$$

式中：

$u(I)$——电流的标准不确定度分量，单位为安培(A)；

I——电流的数值，以标准电池的电压值除以标准电阻的数值得到，单位为安培(A)。

式(B.3)中：

$$\frac{u(I)}{I} = \sqrt{\left[\frac{u(rep)}{I}\right]^2 + \left[\frac{u(V)}{V}\right]^2 + \left[\frac{u(R)}{R}\right]^2} \qquad \cdots\cdots (B.4)$$

式中：

$u(rep)$——电流稳定性的标准不确定度分量，单位为安培(A)；

$u(V)$——控温标准电池组的电压的标准不确定度分量，单位为伏特(V)；

V——控温标准电池组的电压的数值，单位为伏特(V)；

$u(R)$——标准电阻的标准不确定度分量，单位为欧姆(Ω)；

R——标准电池电阻的数值，单位为欧姆(Ω)。

式(B.4)中：

$$u_{rep} = \frac{\Delta I}{\sqrt{3}} \qquad \cdots\cdots (B.5)$$

式中：

ΔI——电流示值瞬间噪声，由 7 位半数字多用表观察电流波动性区间，单位为安培(A)。

式(B.4)中：

$$u(V)=\frac{U_V}{k} \qquad \text{(B.6)}$$

式中：

U_V——控温标准电池组的电压的扩展不确定度，单位为伏特(V)；

k——包含因子。

式(B.4)中：

$$u(R)=\frac{U_R}{k} \qquad \text{(B.7)}$$

式中：

U_R——标准电阻的扩展不确定度，单位为欧姆(Ω)；

k——包含因子。

B.2.2 时间相对标准不确定度分量计算

时间相对标准不确定度分量[$u_{rel}(t)$]按式(B.8)计算：

$$u_{rel}(t)=\frac{u(t)}{t} \qquad \text{(B.8)}$$

式中：

$u(t)$——时间的标准不确定度分量，单位为秒(s)；

t——时间的数值，单位为秒(s)。

式(B.8)中：

$$u(t)=\sqrt{u^2(t_0)+\sum_{i=1}^{i}u^2(t_i)} \qquad \text{(B.9)}$$

式中：

$u(t_0)$——计时时间间隔的标准不确定度分量，单位为秒(s)；

$u(t_i)$——多次启动、停止电解操作中，电解与计时同步性的标准不确定度分量，单位为秒(s)。

式(B.9)中：

$$u(t_0)=\frac{\Delta t}{\sqrt{3}} \qquad \text{(B.10)}$$

式中：

Δt——计时时间间隔的误差，单位为秒(s)。

式(B.9)中：

$$u(t_i)=\frac{\Delta t_i}{\sqrt{3}} \qquad \text{(B.11)}$$

式中：

Δt_i——电解与计时同步性的误差，单位为秒(s)。

B.2.3 氯化钾质量数值的相对标准不确定度分量计算

氯化钾质量数值的相对标准不确定度分量[$u_{rel}(m)$]按式(B.12)计算：

$$u_{rel}(m)=\frac{u(m)}{m} \qquad \text{(B.12)}$$

式中：

$u(m)$——氯化钾质量数值的标准不确定度分量，单位为克(g)；

m——氯化钾质量的数值，单位为克(g)。

式(B.12)中：

$$u(m)=\frac{U_{\mathrm{m}}}{k} \quad \cdots\cdots(\text{B.13})$$

式中：

U_{m}——替代称量中标准砝码的扩展不确定度，单位为克(g)；

k——包含因子。

注1：浮力修正的不确定度：由于浮力修正的质量 Δm 只占称量质量 m 的万分之几，浮力修正的不确定度 $u(\Delta m)$ 只是 Δm 的千分之几，因此，浮力修正的不确定度 $u(\Delta m)$ 对于质量称量可忽略不计。

注2：天平最大允许误差引入的不确定度分量：因本标准含量测定方法中规定使用替代法称量样品质量，不确定度可忽略不计。

B.2.4　氯化钾摩尔质量数值的相对标准不确定度分量计算

氯化钾摩尔质量数值的相对标准不确定度分量[$u_{\mathrm{rel}}(M)$]按式(B.14)计算：

$$u_{\mathrm{rel}}(M)=\frac{u(M)}{M} \quad \cdots\cdots(\text{B.14})$$

式中：

$u(M)$——氯化钾摩尔质量数值的标准不确定度分量，单位为克每摩尔(g/mol)；

M——氯化钾摩尔质量的数值，单位为克每摩尔(g/mol)。

式(B.14)中：

$$u(M)=\sqrt{u(K)^2+u(Cl)^2} \quad \cdots\cdots(\text{B.15})$$

式中：

$u(K)$——氯化钾中钾元素的相对原子质量数值的标准不确定度分量，单位为克每摩尔(g/mol)；

$u(Cl)$——氯化钾中氯元素的相对原子质量数值的标准不确定度分量，单位为克每摩尔(g/mol)。

B.2.5　法拉第常数相对标准不确定度分量计算

法拉第常数相对标准不确定度分量 $u_{\mathrm{rel}}(\mathrm{F})$ 采用国际公布的最新量值。

B.2.6　终点判断的相对标准不确定度分量计算

终点判断的相对标准不确定度分量 $u_{\mathrm{rel}}(x)$ 按式(B.16)计算：

$$u_{\mathrm{rel}}(x)=\frac{u(\Delta t)}{t} \quad \cdots\cdots(\text{B.16})$$

式中：

$u(\Delta t)$——根据曲线图上横坐标间距(即时间间隔)产生的不确定度分量，单位为秒(s)；

t——电解时间，单位为秒(s)。

B.2.7　含量测定结果的B类相对合成标准不确定度分量[$u_{\mathrm{cBrel}}(\overline{w})$]的计算

将上述计算的数值代入式(B.2)，进行计算。

B.3　含量测定结果的合成标准不确定度的计算

含量测定结果的合成标准不确定度[$u_{\mathrm{c}}(\overline{w})$]按式(B.17)计算：

$$u_{\mathrm{c}}(\overline{w})=\sqrt{u_{\mathrm{A}}^2(\overline{w})+u_{\mathrm{cB}}^2(\overline{w})} \quad \cdots\cdots(\text{B.17})$$

式中：

$u_{\mathrm{A}}(\overline{w})$——含量测定结果A类标准不确定度分量，数值以“%”表示；

$u_{\mathrm{cB}}(\overline{w})$——含量测定结果的B类合成标准不确定度分量，数值以“%”表示。

式(B.17)中：

$$u_{\mathrm{cB}}(\overline{w})=u_{\mathrm{cBrel}}(\overline{w})\times\overline{w} \quad \cdots\cdots(\text{B.18})$$

式中：

$u_{cBrel}(\overline{w})$ ——含量测定结果的B类相对合成标准不确定度分量，数值以"%"表示；

$\overline{w}$ ——含量测定结果的平均值，数值以"%"表示。

B.4 含量测定结果扩展不确定度的计算

含量测定结果的扩展不确定度$[U(\overline{w})]$按式(B.19)计算：

$$U(\overline{w}) = k \times u_c(\overline{w}) \tag{B.19}$$

式中：

$u_c(\overline{w})$ —— 含量测定结果合成标准不确定度，数值以"%"表示；

k——包含因子(一般情况下 $k=2$)。

ICS 71.040.30
G 61

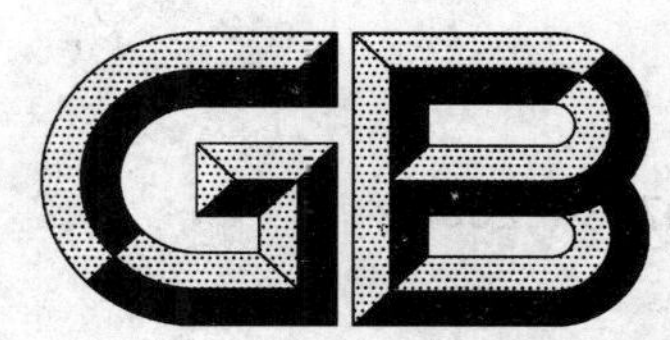

中华人民共和国国家标准

GB 10733—2008
代替 GB 10733—1989

第一基准试剂　氯化钠

Primary chemical—Sodium chloride

2008-06-18 发布　　　　2009-06-01 实施

中华人民共和国国家质量监督检验检疫总局
中国国家标准化管理委员会　发布

前言

本标准第4章、5.3.3、5.3.4.1条为强制性,其他条文为推荐性的。

本标准代替GB 10733—1989《第一基准试剂(容量)氯化钠》,与GB 10733—1989相比,主要变化如下:

——标准名称改为"第一基准试剂 氯化钠";

——增加了规范性引用文件(1989年版的第2章,本版的第2章);

——修改了含量测定原理的描述(1989年版的4.1.1,本版的5.3.1);

——修改了恒电流库仑装置示意图(1989年版的4.1.3.4,本版的5.3.2.4);

——完善了滴定的操作步骤(1989年版的4.1.4.3,本版的5.3.3.4);

——修改了检验规则(1989年版的第5章;本版的第6章);

——增加了含量测定结果不确定度的计算方法(本版的附录B);

——取消了附录B、附录C(1989年版的附录B、附录C)。

本标准的附录A为规范性附录,附录B为资料性附录。

本标准由中国石油和化学工业协会提出。

本标准由全国化学标准化技术委员会化学试剂分会归口。

本标准负责起草单位:中国计量科学研究院、北京化学试剂研究所。

本标准主要起草人:马联弟、吴冰、韩宝英、强京林。

本标准所代替标准的历次版本发布情况为:

——GB 10733—1989。

第一基准试剂　氯化钠

分子式:NaCl

相对分子质量:58.443(根据2005年国际相对原子质量)。

1　范围

本标准规定了第一基准试剂　氯化钠的性状、规格、试验、检验规则和包装及标志。

本标准适用于第一基准试剂　氯化钠的检验。

2　规范性引用文件

下列文件中的条款通过本标准的引用而成为本标准的条款。凡是注日期的引用文件,其随后所有的修改单(不包括勘误的内容)或修订版均不适用于本标准,然而,鼓励根据本标准达成协议的各方研究是否可使用这些文件的最新版本。凡是不注日期的引用文件,其最新版本适用于本标准。

GB/T 602　化学试剂　杂质测定用标准溶液的制备(GB/T 602—2002,ISO 6353-1:1982,NEQ)

GB/T 603　化学试剂　试验方法中所用制剂及制品的制备(GB/T 603—2002,ISO 6353-1:1982,NEQ)

GB/T 609　化学试剂　总氮量测定通用方法(GB/T 609—2006,ISO 6353-1:1982,NEQ)

GB/T 6682　分析实验室用水规格和试验方法(GB/T 6682—2008,ISO 3696:1987,MOD)

GB/T 9723—2007　化学试剂　火焰原子吸收光谱法通则

GB/T 9724　化学试剂　pH值测定通则(GB/T 9724—2007,ISO 6353-1:1982,NEQ)

GB/T 9727　化学试剂　磷酸盐测定通用方法(GB/T 9727—2007,ISO 6353-1:1982,NEQ)

GB/T 9728　化学试剂　硫酸盐测定通用方法(GB/T 9728—2007,ISO 6353-1:1982,NEQ)

GB/T 9735　化学试剂　重金属测定通用方法(GB/T 9735—2008, ISO 6353-1:1982,NEQ)

GB/T 9738　化学试剂　水不溶物测定通用方法(GB/T 9738—2008,ISO 6353-1:1982,NEQ)

GB/T 9739　化学试剂　铁测定通用方法(GB/T 9739—2006,ISO 6353-1:1982,NEQ)

GB 15346　化学试剂　包装及标志

HG/T 3484　化学试剂　标准玻璃乳浊液和澄清度标准

JJG 99　砝码

JJG 116　标准电阻器

JJG 153　标准电池

JJG 1006　一级标准物质技术规范

3　性状

本试剂为白色结晶粉末,溶于水,几乎不溶于乙醇。

4　规格

氯化钠的规格见表1。

表1

名　称	第一基准
含量(NaCl),w/%	99.98～100.02
pH值(50 g/L,25 ℃)	5.0～8.0

表 1（续）

名　　称	第一基准
澄清度试验/号	≤2
水不溶物，w/%	≤0.003
碘化物(I)，w/%	≤0.001
溴化物(Br)，w/%	≤0.005
硫酸盐(SO_4)，w/%	≤0.001
总氮量(N)，w/%	≤0.000 5
磷酸盐(PO_4)，w/%	≤0.000 5
六氰合铁(Ⅱ)酸盐(以 $Fe(CN)_6$ 计)，w/%	≤0.000 1
镁(Mg)，w/%	≤0.001
钾(K)，w/%	≤0.01
钙(Ca)，w/%	≤0.002
铁(Fe)，w/%	≤0.000 1
钡(Ba)，w/%	≤0.001
重金属(以 Pb 计)，w/%	≤0.000 5

5 试验

5.1 警告

本试验方法中使用的部分试剂具有毒性或腐蚀性，一些试验过程可能导致危险情况，操作者应采取适当的安全和健康措施。

5.2 一般规定

本章中除另有规定外，所用试剂的纯度应在分析纯以上，标准溶液、制剂及制品，均按 GB/T 602、GB/T 603 的规定制备，实验用水应符合 GB/T 6682 中二级水规格，样品均按精确至 0.01 g 称量，所用溶液以“%”表示的均为质量分数。氮气应使用高纯气体。

5.3 含量

5.3.1 方法原理

库仑分析法是通过测定被分析物质定量地进行某一电极反应，或是被分析物质与某一电极反应的产物定量地进行化学反应所消耗的电荷量(库仑)来进行定量分析的方法。库仑分析法的原理是基于法拉第电解定律，电极反应产物的质量(m)数学表达见式(1)：

$$m=\frac{M}{n\cdot \mathrm{F}}\cdot I\cdot t \qquad \cdots\cdots(1)$$

式中：

M——物质的摩尔质量，单位为克每摩尔(g/mol)；

n——电子转移个数；

F——法拉第常数，单位为安培秒每摩尔(A·s/mol)；

I——电解时通过溶液的电流，单位为安培(A)；

t——电解的时间，单位为秒(s)。

恒电流精密库仑滴定法是以恒定电流通过电解池，使工作电极上电解产生一种滴定剂并与电解池中的被测物质进行定量反应，用电化学方法来指示反应终点，通过电解消耗的电量根据法拉第定律计算滴定剂的用量，从而计算出被测物质的含量。

本方法采用99.999%以上的纯银作阳极，电解产生银离子与待测量的氯离子反应测定氯化钠的含量，用电位法指示反应终点。

5.3.2 仪器和装置

5.3.2.1 数字电压表：精度为0.1 mV。

5.3.2.2 砝码：符合JJG 99检定的要求。克组，年变化小于10 μg；毫克组，年变化小于4 μg。

5.3.2.3 恒温油槽：控温精度为±0.01 ℃。

5.3.2.4 恒电流库仑装置示意图(见图1)。

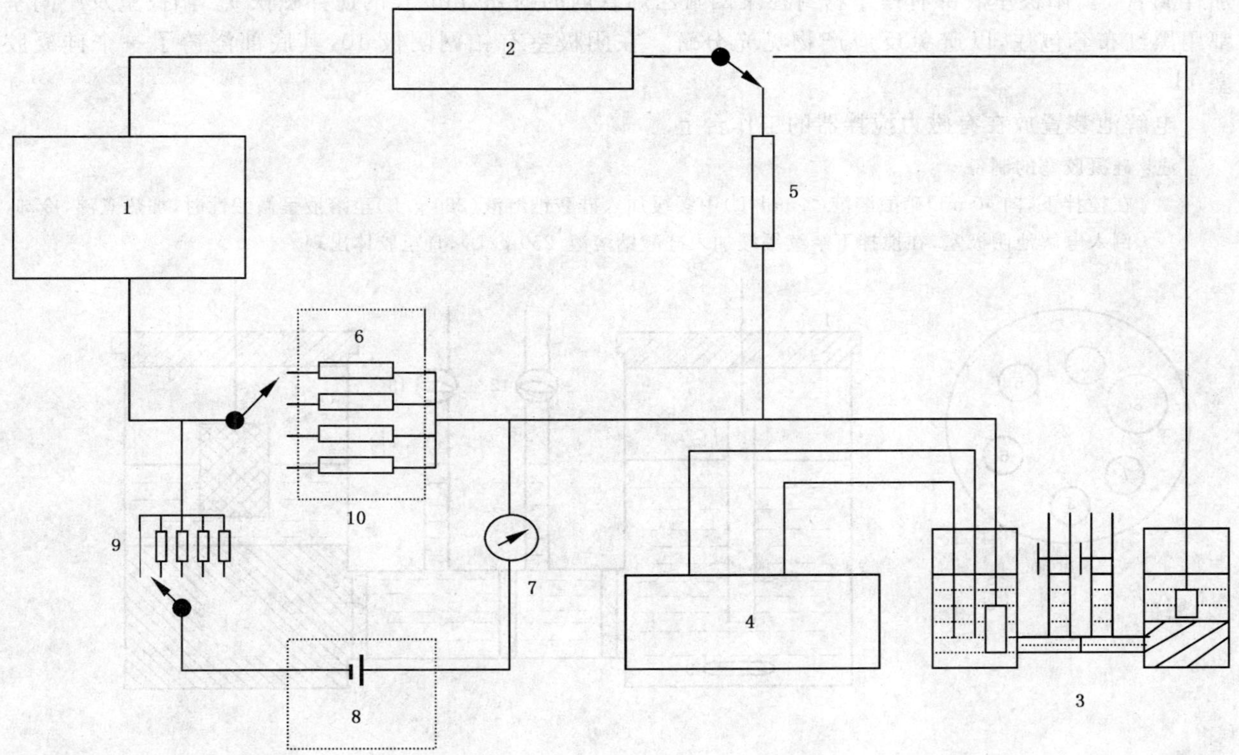

1——高精密计时恒流源；
2——七位半数字多用表；
3——电解池；
4——终点指示器(数字电压表)；
5——假负载电阻；
6——标准电阻；
7——检流计；
8——控温标准电池组；
9——步进开关；
10——恒温油槽。

图1 恒电流库仑装置示意图

a) 高精密计时恒流源：稳定性优于十万分之一的动态特性好的直流稳流电源，具有1.018 6×100 mA和1.018 6×10 mA两种输出电流，电流值用补偿法确定；计时最小分辨0.1 ms，电流与计时同步性小于0.1 ms。

b) 控温标准电池组：应符合JJG 153的要求。量程1 V，年变化小于5 μV。

c) 标准电阻：应符合JJG 116的要求。相对不确定度一般不大于3×10^{-6}。

d) 直流辐射式检流计：内阻＜100 Ω，临界外阻＜1 000 Ω，分度值＜3×10^{-9} A。

5.3.2.5 电解池装置(见图2)。

阳极室(左边)和阴极室(右边)是用石英玻璃制成的直径 50 mm、高 125 mm 的圆筒。两室之间用直径 20 mm、长 80 mm 的玻璃管水平连接，在管中熔封三片分别为2、2、3号玻璃砂芯，由此形成的两个中间室各有一根带活塞的支管，用抽气减压和氮气加压方法使电解质溶液出入中间室。小室两片砂芯之间的距离为 20 mm，大室两片砂芯之间的距离为 40 mm。阳极室口上紧配一个预先处理好的白橡胶塞1，通过塞子分别插入银棒阳极2、氮气进气管3、氮气出气管4、双盐桥甘汞电极5、银棒指示电极6、加样滴管7。阳极室底部有一个密封在聚四氟乙烯管内的约 20 mm 长的搅拌磁铁9。阳极室及中间室都用黑红布套包住，以避免反应产物见光分解。在阴极室有铂网阴极10，其底部浇铸了一个硅凝胶塞11。

电解池装置放在有磁力搅拌器的工作台上。

注：硅凝胶塞的制备

在搅拌下，向 40 mL 硝酸溶液(2 mol/L)中缓缓加入硅酸钠溶液(250 g/L)至溶液呈微酸性时，加热煮沸，冷却，倒入电解池阴极室，在搅拌下继续缓缓加入硅酸钠溶液(250 g/L)，直至胶体出现。

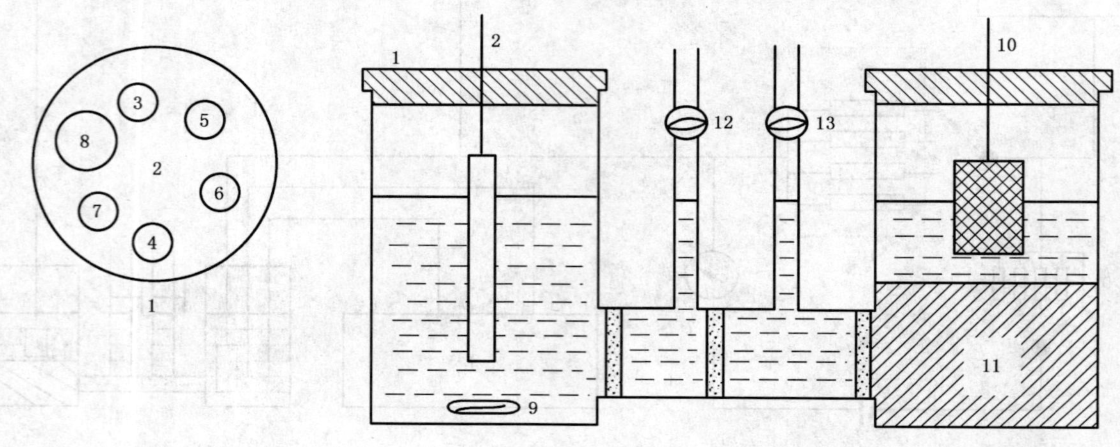

1——白橡胶塞；
2——银棒阳极；
3——氮气进气管；
4——氮气出气管；
5——双盐桥甘汞电极；
6——银棒指示电极；
7——加样滴管；
8——加样口；
9——搅拌子；
10——铂网阴极；
11——硅凝胶塞；
12——活塞1；
13——活塞2。

图2 电解池装置

5.3.3 测定

5.3.3.1 制剂制备

5.3.3.1.1 硝酸溶液(0.1 mol/L)

量取 7 mL 硝酸，稀释至 1 000 mL。

5.3.3.1.2　**硝酸溶液(2 mol/L)**

量取 139 mL 硝酸,稀释至 1 000 mL。

5.3.3.1.3　**硝酸钠硝酸饱和溶液**

将硝酸钠溶于硝酸溶液(0.1 mol/L)中,至有晶体析出为止。

5.3.3.1.4　**硝酸银溶液(0.005 mol/L)**

称取 0.85 g 硝酸银,溶于水,加几滴硝酸,稀释至 1 000 mL。

5.3.3.1.5　**氯化钠溶液(0.01 mol/L)**

称取 0.58 g 氯化钠,溶于水,稀释至 1 000 mL。

5.3.3.1.6　**电解质溶液**

称取 170 g 硝酸钠,加 114.6 mL 乙酸(冰醋酸)(优级纯)及 1 300 mL"乙醇(95%)"(优级纯),稀释至 2 000 mL。

5.3.3.2　**称样**

将样品置于铂坩埚中,在 500 ℃下灼烧 6 h,于干燥器中冷却至室温。

试样置于聚乙烯小杯中,采用替代法进行称量,精确至 0.000 01 g。试样质量作浮力校正,校正方法见附录 A。

5.3.3.3　**预滴定**

阴极室中加入 100 mL 硝酸钠硝酸饱和溶液,为了消除其中痕迹量卤素离子对测定引起误差,一般预先加入 1 mL 硝酸银溶液(0.005 mol/L)。阳极室中加入 100 mL 电解质溶液。在 5 ℃下通入高纯氮 1 h 除氧。吸取少量阳极室电解质溶液至中间室内(溶液在中间室内深度约 2 mm)。向阳极室中加入 20 滴氯化钠溶液(0.01 mol/L),阳极室和中间室用红黑布包严。在 10.186 mA 电流下电解 90 s,用增量法作预滴定曲线。预滴定完成后,用加压和减压的方法洗涤中间室,并洗涤电解池内壁,记录最终指示电位。绘制预滴定曲线(见图 3)。图中 C 点是预滴定终点,A 点表示电解停止的时间,B 点表示完成洗涤后溶液的最后 E 值。超过滴定所消耗的电荷量(BC 间相应的电荷量),应计入滴定的总电荷量中。

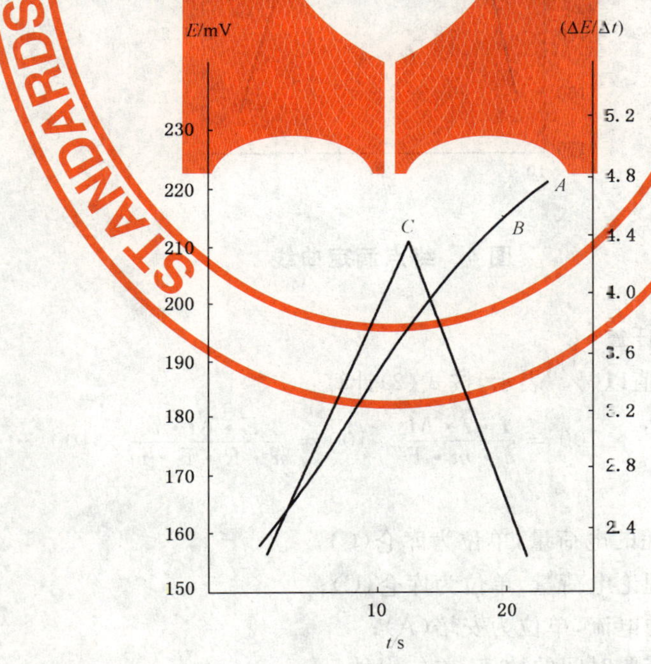

图 3　预滴定曲线

5.3.3.4　**滴定和求终点**

依次打开活塞 1 和活塞 2,利用减压让阳极室电解质溶液充满中间室,关好活塞。向盛试样的聚乙烯杯中加水若干滴，令其大部溶解。加样时，用一洗净的滴管将溶液吸至滴管中，插在胶塞的孔中备用。杯及未溶解的试样投入已预滴定的阳极室电解质溶液中，搅拌溶液，令其全部溶解。阳极室电解质溶液面上继续通高纯氮。在假负载上调节电流到 101.86 mA，接上两个电极，停止搅拌，开始电解。当电解产生的银离子达到试样反应所需量的一半时，在搅拌的情况下，加入滴管中约一半的溶液，停止搅拌，再经过 500 s～1 000 s，仍在搅拌情况下，将滴管中的溶液全部加完，停止搅拌，当电解产生的银离子量相当于试样所需计算量的 99.90%～99.95%时，停止电解。先打开搅拌，5 min 后用加压和减压的方法洗涤中间室，并洗涤电解池内壁，吸取阳极室电解质溶液洗涤滴管若干次，从支管中通高纯氮 40 min 后，从阳极室中取出聚乙烯小杯。

在 10.186 mA 电流下，同预滴定一样，电解池放在冰水中，用增量法作终点滴定曲线，至过终点后，再多作几点即可。用阳极室电解质溶液洗涤砂芯、四壁若干次，并再洗涤滴管若干次，记下读数，绘制 E-t、$(\Delta E/\Delta t)$-t 的终点滴定曲线见图 4。图中 C 点是滴定终点，A 点表示电解停止的时间，B 点表示完成洗涤后溶液的最后 E 值。

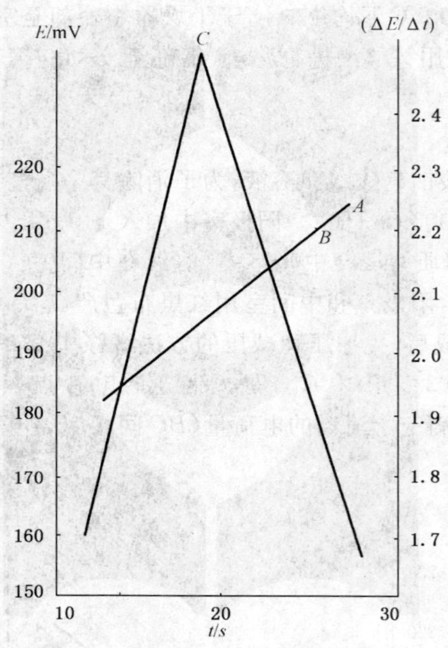

图 4　终点滴定曲线

5.3.4　计算

5.3.4.1　氯化钠质量分数的计算

氯化钠的质量分数 w，数值以“%”表示，按式(2)计算：

$$w=\frac{Q_P}{Q_T}\times 100=\frac{I\cdot t\cdot M}{n\cdot m\cdot \mathrm{F}}\times 100=\frac{E\cdot M\cdot t}{n\cdot R\cdot \mathrm{F}\cdot m}\times 100 \quad\cdots\cdots(2)$$

式中：

Q_P——电解试样实际消耗的电荷量，单位为库仑(C)；

Q_T——电解试样所需的理论电荷量，单位为库仑(C)；

I——电解时通过溶液的电流，单位为安培(A)；

t——电解试样实际所需要时间的数值，单位为秒(s)；

M——氯化钠摩尔质量的数值，单位为克每摩尔(g/mol)；

n——电子转移个数；

m——氯化钠质量的数值，单位为克(g)；

F——法拉第常数,单位为安培秒每摩尔(A·s/mol);

E——标准电池的电动势,单位为伏特(V);

R——标准电阻的阻值,单位为欧姆(Ω)。

式(2)中:

$$Q_P = I_1 t_1 + I_2[t_C + (t_A - t_B) + t_P] \quad \cdots\cdots(3)$$

式中:

I_1——大电流电解的电流值,单位为毫安培(mA);

t_1——大电流电解时间的数值,单位为秒(s);

I_2——预滴定和求终点的电流值,单位为毫安培(mA);

t_C——到达终点时间的数值,单位为秒(s);

t_A——相应于 A 点时间的数值,单位为秒(s);

t_B——相应于 B 点时间的数值,单位为秒(s);

t_P——预滴定中 BC 间相应时间的数值,单位为秒(s)。

5.3.4.2 含量测定结果的不确定度及计算

含量测定结果的扩展不确定度一般应小于 0.02%(k=2),计算方法参见附录 B。

5.4 pH 值

按 GB/T 9724 的规定测定。

5.5 澄清度试验

称取 25 g 样品,溶于 100 mL 水中,其浊度不得大于 HG/T 3484 中规定的澄清度标准 2 号。

5.6 水不溶物

称取 50 g 样品,溶于 200 mL 水中,在水浴上保温 1 h 后,按 GB/T 9738 的规定测定。

5.7 碘化物

称取 11 g 样品,溶于 50 mL 水中,移入分液漏斗中,加 2 mL 盐酸及 5 mL 三氯化铁溶液(100 g/L),摇匀,放置 5 min。加 10 mL 四氯化碳,振摇 1 min,静置分层,收集四氯化碳层于比色管中,再每次用 5 mL四氯化碳萃取两次,并入比色管中(保留试样水溶液)。有机层所呈紫色不得深于标准比色溶液。

标准比色溶液的制备是取 1 g 样品及含 0.1 mg 的碘(I)标准溶液和含 0.5 mg 的溴(Br)标准溶液,与样品同时同样处理(保留标准水溶液)。

5.8 溴化物

将 5.7 分液漏斗中保留的试样水溶液每次用 5 mL 四氯化碳萃取两次,弃去四氯化碳,于溶液中加 35 mL 硫酸溶液(1+1)及 10 mL 铬酸溶液(100 g/L),摇匀,放置 5 min。加 10 mL 四氯化碳,振摇 1 min,放置分层。收集四氯化碳层于比色管中,再用 5 mL 四氯化碳萃取,并入比色管中。有机层所呈黄色不得深于标准比色溶液。

标准比色溶液的制备是取 5.7 中保留的标准水溶液与 5.8 中试样水溶液同时同样处理。

5.9 硫酸盐

称取 1 g 样品,溶于 20 mL 水中,加 0.5 mL 盐酸溶液(20%)酸化后,按 GB/T 9728 的规定测定。溶液所呈浊度不得大于标准比浊溶液。

标准比浊溶液的制备是取含 0.01 mg 的硫酸盐(SO_4)标准溶液,与样品同时同样处理。

5.10 总氮量

称取 2 g 样品,溶于水,稀释至 140 mL,按 GB/T 609 的规定测定。溶液所呈黄色不得深于标准比色溶液。

标准比色溶液的制备是取含 0.01 mg 的氮(N)标准溶液,与样品同时同样处理。

5.11 磷酸盐

称取 1 g 样品,溶于适量水中,加 2 滴饱和 2,4-二硝基酚指示液,滴加硝酸溶液(13%)至黄色刚刚消失，稀释至 10 mL 后，按 GB/T 9727 的规定测定。有机层所呈蓝色不得深于标准比色溶液。

标准比色溶液的制备是取含 0.005 mg 的磷酸盐(PO_4)标准溶液，与样品同时同样处理。

5.12 六氰合铁(Ⅱ)酸盐

称取 3.5 g 样品，溶于 12 mL 水中，加 0.2 mL 硫酸溶液(20%)，加 0.2 mL 铁-亚铁混合液，摇匀，放置 2 min。加 1 mL 磷酸二氢钠溶液(200 g/L)，摇匀，放置 30 min。溶液所呈蓝色不得深于标准比色溶液。

标准比色溶液的制备是取 1 g 样品及含 0.002 5 mg 的六氰合铁(Ⅱ)酸盐[$Fe(CN)_6$]标准溶液，与样品同时同样处理。

5.13 镁

按 GB/T 9723—2007 的规定测定。

5.13.1 仪器条件

光源：镁空心阴极灯；

波长：285.2 nm；

火焰：乙炔-空气。

5.13.2 测定方法

称取 10 g 样品，溶于水，稀释至 100 mL。取 10 mL，共四份。按 GB/T 9723—2007 中 7.2.2 的规定测定，结果按 7.2.3 的规定计算。

5.14 钾

按 GB/T 9723—2007 的规定测定。

5.14.1 仪器条件

光源：钾空心阴极灯；

波长：766.5 nm；

火焰：乙炔-空气。

5.14.2 测定方法

同 5.13.2 条。

5.15 钙

按 GB/T 9723—2007 的规定测定。

5.15.1 仪器条件

光源：钙空心阴极灯；

波长：422.7 nm；

火焰：乙炔-空气。

5.15.2 测定方法

称取 10 g 样品，溶于水，稀释至 100 mL。取 20 mL，共四份。按 GB/T 9723—2007 中 7.2.2 的规定测定，结果按 7.2.3 的规定计算。

5.16 铁

称取 3 g 样品，溶于 15 mL 水中，用盐酸溶液(15%)调节溶液的 pH 值至 2 后，按 GB/T 9739 的规定测定。溶液所呈红色不得深于标准比色溶液。

标准比色溶液的制备是取含 0.003 mg 的铁(Fe)标准溶液，与样品同时同样处理。

5.17 钡

5.17.1 试验制剂的制备

准确称取 0.02 g 氯化钡，溶于 100 mL 乙醇溶液(3+7)中。取 2.5 mL 与 10 mL 硫酸钠($Na_2SO_4 \cdot 10H_2O$)溶液(400 g/L)混合，准确放置 1 min(使用前混合)。

5.17.2 测定方法

称取 1 g 样品，溶于水中，稀释至 20 mL，加 0.5 mL 盐酸溶液(20%)。加入至 1.25 mL 试验制剂中，稀释至 25 mL，摇匀，放置 5 min。溶液所呈浊度不得大于标准比浊溶液。

标准比浊溶液的制备是取含 0.01 mg 的钡(Ba)标准溶液，与样品同时同样处理。

5.18 重金属

称取 4 g 样品，溶于水，稀释至 20 mL。取 15 mL，按 GB/T 9735 的规定测定。溶液所呈暗色不得深于标准比色溶液。

标准比色溶液的制备是取剩余的 5 mL 样品溶液及含 0.01 mg 的铅(Pb)标准溶液，稀释至 15 mL，与同体积样品溶液同时同样处理。

6 检验规则

对于批量生产的产品，按照 JJG 1006 的要求进行均匀性初检。

批量产品经初步检验合格方可进行分装，之后抽取样品进行正式检验。

正式检验抽样规则：当总体单元数少于 200 时，抽取单元数 n 不少于 11 个；当总体单元数大于 200 少于 500 时，n 不少于 12 个；当总体单元数大于 500 时，n 不少于 15 个。

7 包装及标志

按 GB 15346 的规定进行包装、贮存与运输，并给出标志，其中：

包装单位：第 3 类；

内包装形式：NB-4、NB-5、NB-6；

外包装形式：用规格为 600 g/m^2 的盒板纸制盒，外层裱紫色电光纸。

附　录　A
（规范性附录）
被称量物质质量的空气浮力校正

被称物的真空质量(m_Z)，单位为克(g)，按式(A.1)计算：

$$m_Z = m_K + \rho_K\left(\frac{1}{\rho_W} - \frac{1}{\rho_F}\right)m_K \qquad \cdots\cdots(A.1)$$

式中：

m_K——被称量物的质量，单位为克(g)；

ρ_K——称量时空气的密度，单位为克每立方厘米(g/cm^3)；

ρ_W——被称量物质的密度，单位为克每立方厘米(g/cm^3)；

ρ_F——砝码的密度，单位为克每立方厘米(g/cm^3)。

式(A.1)中：

空气的密度(ρ_K)，单位为克每立方厘米(g/cm^3)，按式(A.2)计算：

$$\rho_K = 0.001\,29\left(\frac{273.15}{t+273.15}\right)\left(\frac{P_1 - 0.378\,3 \times P_2}{101.3}\right) \qquad \cdots\cdots(A.2)$$

式中：

P_1——大气压的数值，单位为千帕(kPa)；

P_2——室温下水的蒸气压的数值，单位为千帕(kPa)；

t——室内温度的数值，单位为摄氏度(℃)。

式(A.2)中：

水的蒸气压的数值(P_2)，单位为千帕(kPa)，按式(A.3)计算：

$$P_2 = W \times P_3 \qquad \cdots\cdots(A.3)$$

式中：

W——空气的相对湿度的数值，以%表示；

P_3——室温下水的饱和蒸气压的数值，单位为千帕(kPa)。见表A.1。

水的饱和蒸气压的数值见表A.1。

表A.1　水的饱和蒸气压(kPa)

温度(℃)	0.0	0.1	0.2	0.3	0.4	0.5	0.6	0.7	0.8	0.9
11	1.312	1.321	1.329	1.338	1.347	1.356	1.365	1.374	1.383	1.392
12	1.402	1.411	1.420	1.430	1.439	1.448	1.458	1.468	1.477	1.487
13	1.497	1.507	1.516	1.526	1.536	1.546	1.556	1.567	1.577	1.587
14	1.598	1.608	1.618	1.629	1.639	1.650	1.661	1.672	1.682	1.693
15	1.704	1.715	1.726	1.737	1.749	1.760	1.771	1.783	1.794	1.806
16	1.817	1.829	1.840	1.852	1.864	1.876	1.888	1.900	1.912	1.924
17	1.937	1.949	1.961	1.974	1.986	1.999	2.011	2.024	2.037	2.050
18	2.063	2.076	2.089	2.102	2.115	2.129	2.142	2.155	2.169	2.183
19	2.196	2.210	2.224	2.238	2.252	2.266	2.280	2.294	2.308	2.323
20	2.337	2.352	2.366	2.381	2.396	2.410	2.425	2.440	2.455	2.471

表 A.1（续）

温度(℃)	0.0	0.1	0.2	0.3	0.4	0.5	0.6	0.7	0.8	0.9
21	2.486	2.501	2.517	2.532	2.548	2.563	2.579	2.595	2.611	2.627
22	2.643	2.659	2.675	2.692	2.708	2.724	2.741	2.758	2.775	2.791
23	2.808	2.825	2.843	2.860	2.877	2.894	2.912	2.930	2.947	2.965
24	2.983	3.001	3.019	3.037	3.055	3.074	3.092	3.111	3.129	3.148
25	3.167	3.186	3.205	3.224	3.243	3.262	3.282	3.301	3.321	3.341
26	3.361	3.381	3.401	3.421	3.441	3.461	3.482	3.502	3.523	3.544
27	3.565	3.586	3.607	3.628	3.649	3.671	3.692	3.714	3.735	3.757
28	3.779	3.801	3.824	3.846	3.868	3.891	3.913	3.936	3.959	3.982
29	4.005	4.028	4.052	4.075	4.099	4.122	4.146	4.170	4.194	4.218
30	4.243	4.267	4.292	4.316	4.341	4.366	4.391	4.416	4.441	4.467
31	4.492	4.518	4.544	4.570	4.596	4.622	4.648	4.675	4.701	4.728
32	4.755	4.782	4.809	4.836	4.863	4.891	4.919	4.946	4.974	5.002
33	5.030	5.059	5.087	5.116	5.144	5.173	5.202	5.231	5.261	5.290
34	5.320	5.349	5.379	5.409	5.439	5.470	5.500	5.531	5.561	5.592
35	5.623	5.654	5.686	5.717	5.749	5.781	5.813	5.845	5.877	5.909
36	5.942	5.975	6.007	6.040	6.074	6.107	6.140	6.174	6.208	6.242
37	6.276	6.310	6.345	6.379	6.414	6.449	6.484	6.519	6.555	6.590
38	6.626	6.662	6.698	6.734	6.771	6.807	6.844	6.881	6.918	6.956
39	6.993	7.031	7.068	7.106	7.145	7.183	7.221	7.260	7.299	7.338
40	7.377	7.417	7.456	7.496	7.536	7.576	7.617	7.657	7.698	7.739
41	7.780	7.821	7.863	7.904	7.946	7.988	8.030	8.073	8.115	8.158
42	8.201	8.244	8.288	8.331	8.375	8.419	8.463	8.508	8.552	8.597
43	8.642	8.687	8.732	8.778	8.824	8.870	8.916	8.962	9.009	9.056
44	9.103	9.150	9.198	9.245	9.293	9.341	9.390	9.438	9.487	9.536

附 录 B
（资料性附录）
含量测定结果不确定度的计算

B.1 含量测定结果的A类标准不确定度分量的计算

A类标准不确定度分量[$u_A(\overline{w})$]按式（B.1）计算：

$$u_A(\overline{w}) = \frac{s(\overline{w})}{\sqrt{n}} \qquad \text{(B.1)}$$

式中：

$s(\overline{w})$——n 次测定结果的标准偏差，数值以“%”表示。

B.2 含量测定结果的B类相对合成标准不确定度分量的计算

根据第5章式(2)含量测定结果的B类相对合成标准不确定度分量[$u_{cBrel}(\overline{w})$]按式(B.2)计算：

$$u_{cBrel}(w) = \sqrt{u^2_{rel}(I) + u^2_{rel}(t) + u^2_{rel}(m) + u^2_{rel}(M) + u^2_{rel}(\mathrm{F}) + u^2_{rel}(x)} \qquad \text{(B.2)}$$

式中：

$u_{rel}(I)$——电流相对标准不确定度分量；

$u_{rel}(t)$——时间的相对标准不确定度分量；

$u_{rel}(m)$——氯化钠质量数值的相对标准不确定度分量；

$u_{rel}(M)$——氯化钠摩尔质量数值的相对标准不确定度分量；

$u_{rel}(\mathrm{F})$——法拉第常数的相对标准不确定度分量；

$u_{rel}(x)$——终点判断的相对标准不确定度分量。

B.2.1 电流相对标准不确定度分量计算

电流相对标准不确定度分量[$u_{rel}(I)$]按式(B.3)计算：

$$u_{rel}(I) = \frac{u(I)}{I} \qquad \text{(B.3)}$$

式中：

$u(I)$——电流的标准不确定度分量，单位为安培(A)；

I——电流的数值，以标准电池的电压值除以标准电阻的数值得到，单位为安培(A)。

式(B.3)中：

$$\frac{u(I)}{I} = \sqrt{\left[\frac{u(\mathrm{rep})}{I}\right]^2 + \left[\frac{u(V)}{V}\right]^2 + \left[\frac{u(R)}{R}\right]^2} \qquad \text{(B.4)}$$

式中：

$u(\mathrm{rep})$——电流稳定性的标准不确定度分量，单位为安培(A)；

$u(V)$——控温标准电池组的电压的标准不确定度分量，单位为伏特(V)；

V——控温标准电池组的电压的数值，单位为伏特(V)；

$u(R)$——标准电阻的标准不确定度分量，单位为欧姆(Ω)；

R——标准电池电阻的数值，单位为欧姆(Ω)。

式(B.4)中：

$$u_{rep} = \frac{\Delta I}{\sqrt{3}} \qquad \text{(B.5)}$$

式中：

ΔI——电流示值瞬间噪声，由7位半数字多用表观察电流波动性区间，单位为安培(A)。

式(B.4)中：

$$u(V)=\frac{U_V}{k} \quad \cdots\cdots(B.6)$$

式中：

U_V——控温标准电池组的电压的扩展不确定度，单位为伏特(V)；

k——包含因子。

式(B.4)中：

$$u(R)=\frac{U_R}{k} \quad \cdots\cdots(B.7)$$

式中：

U_R——标准电阻的扩展不确定度，单位为欧姆(Ω)；

k——包含因子。

B.2.2 时间相对标准不确定度分量计算

时间相对标准不确定度分量[$u_{rel}(t)$]按式(B.8)计算：

$$u_{rel}(t)=\frac{u(t)}{t} \quad \cdots\cdots(B.8)$$

式中：

$u(t)$——时间的标准不确定度分量，单位为秒(s)；

t——时间的数值，单位为秒(s)。

式(B.8)中：

$$u(t)=\sqrt{u^2(t_0)+\sum_{i=1}^{i}u^2(t_i)} \quad \cdots\cdots(B.9)$$

式中：

$u(t_0)$——计时时间间隔的标准不确定度分量，单位为秒(s)；

$u(t_i)$——多次启动、停止电解操作中，电解与计时同步性的标准不确定度分量，单位为秒(s)。

式(B.9)中：

$$u(t_0)=\frac{\Delta t}{\sqrt{3}} \quad \cdots\cdots(B.10)$$

式中：

Δt——计时时间间隔的误差，单位为秒(s)。

式(B.9)中：

$$u(t_i)=\frac{\Delta t_i}{\sqrt{3}} \quad \cdots\cdots(B.11)$$

式中：

Δt_i——电解与计时同步性的误差，单位为秒(s)。

B.2.3 氯化钠质量数值的相对标准不确定度分量计算

氯化钠质量数值的相对标准不确定度分量[$u_{rel}(m)$]按式(B.12)计算：

$$u_{rel}(m)=\frac{u(m)}{m} \quad \cdots\cdots(B.12)$$

式中：

$u(m)$——氯化钠质量数值的标准不确定度分量，单位为克(g)；

m——氯化钠质量的数值，单位为克(g)。

式(B.12)中：

$$u(m)=\frac{U_m}{k} \quad \cdots\cdots(B.13)$$

式中：

U_m——替代称量中标准砝码的扩展不确定度，单位为克(g)；

k——包含因子。

注：浮力修正的不确定度：由于浮力修正的质量 Δm 只占称量质量 m 的万分之几，浮力修正的不确定度 $u(\Delta m)$ 只是 Δm 的千分之几，因此，浮力修正的不确定度 $u(\Delta m)$ 对于质量称量可忽略不计。

天平最大允许误差引入的不确定度分量：因本标准含量测定方法中规定使用替代法称量样品质量，不确定度可忽略不计。

B.2.4 氯化钠摩尔质量数值的相对标准不确定度分量计算

氯化钠摩尔质量数值的相对标准不确定度分量[$u_{rel}(M)$]按式(B.14)计算：

$$u_{rel}(M)=\frac{u(M)}{M} \quad \cdots\cdots(B.14)$$

式中：

$u(M)$——氯化钠摩尔质量数值的标准不确定度分量，单位为克每摩尔(g/mol)；

M——氯化钠摩尔质量的数值，单位为克每摩尔(g/mol)。

式(B.14)中：

$$u(M)=\sqrt{u(\mathrm{Na})^2+u(\mathrm{Cl})^2} \quad \cdots\cdots(B.15)$$

式中：

$u(\mathrm{K})$——氯化钠中钾元素的相对原子质量数值的标准不确定度分量，单位为克每摩尔(g/mol)；

$u(\mathrm{Cl})$——氯化钠中氯元素的相对原子质量数值的标准不确定度分量，单位为克每摩尔(g/mol)。

B.2.5 法拉第常数相对标准不确定度分量计算

法拉第常数相对标准不确定度分量 $u_{rel}(\mathrm{F})$ 采用国际公布的最新量值。

B.2.6 终点判断的相对标准不确定度分量计算

终点判断的相对标准不确定度分量 $u_{rel}(x)$ 按式(B.16)计算：

$$u_{rel}(x)=\frac{u(\Delta t)}{t} \quad \cdots\cdots(B.16)$$

式中：

$u(\Delta t)$——根据曲线图上横坐标间距(即时间间隔)产生的不确定度分量，单位为秒(s)；

t——电解时间，单位为秒(s)。

B.2.7 含量测定结果的B类相对合成标准不确定度分量[$u_{cBrel}(\overline{w})$]的计算

将上述计算的数值代入式(B.2)，进行计算。

B.3 含量测定结果的合成标准不确定度的计算

含量测定结果的合成标准不确定度[$u_c(\overline{w})$]按式(B.17)计算：

$$u_c(\overline{w})=\sqrt{u_A^2(\overline{w})+u_{cB}^2(\overline{w})} \quad \cdots\cdots(B.17)$$

式中：

$u_A(\overline{w})$——含量测定结果A类标准不确定度分量，数值以“%”表示；

$u_{cB}(\overline{w})$——含量测定结果的B类合成标准不确定度分量，数值以“%”表示。

式(B.17)中：

$$u_{cB}(\overline{w})=u_{cBrel}(\overline{w})\times\overline{w} \quad \cdots\cdots(B.18)$$

式中：

$u_{cBrel}(\overline{w})$——含量测定结果的B类相对合成标准不确定度分量，数值以“%”表示；

$\overline{w}$——含量测定结果的平均值，数值以“%”表示。

B.4 含量测定结果扩展不确定度的计算

含量测定结果的扩展不确定度[$U(\overline{w})$]按式(B.19)计算：

$$U(\overline{w}) = k \times u_c(\overline{w}) \quad \cdots\cdots (B.19)$$

式中：

$u_c(\overline{w})$——含量测定结果合成标准不确定度，数值以“%”表示；

k——包含因子(一般情况下 $k=2$)。

ICS 71.040.30
G 61

中华人民共和国国家标准

GB 10734—2008
代替 GB 10734—1989

第一基准试剂 乙二胺四乙酸二钠

**Primary chemical—
Ethylenediamine tetraacetic acid disodium salt**

2008-06-18 发布　　2009-06-01 实施

中华人民共和国国家质量监督检验检疫总局
中国国家标准化管理委员会　发布

前　言

本标准第4章、5.3.3、5.3.4.1条为强制性，其他条文为推荐性的。

本标准代替GB 10734—1989《第一基准试剂(容量)乙二胺四乙酸二钠》，与GB 10734—1989相比，主要变化如下：

——标准名称改为“第一基准试剂　乙二胺四乙酸二钠”；

——增加了规范性引用文件(1989年版的第2章，本版的第2章)；

——修改了含量测定原理的描述(1989年版的4.1.1，本版的5.3.1)；

——修改了恒电流库仑装置示意图(1989年版的4.1.3.4，本版的5.3.2.4)；

——完善了预滴定的操作(1989年版的4.1.4.3，本版的5.3.3.4)；

——修改了检验规则(1989年版的第5章，本版的第6章)；

——取消了附录B、附录C(1989年版的附录B、附录C)；

——增加了含量测定结果不确定度的计算方法(本版的附录B)。

本标准的附录A为规范性附录，附录B为资料性附录。

本标准由中国石油和化学工业协会提出。

本标准由全国化学标准化技术委员会化学试剂分会归口。

本标准负责起草单位：中国计量科学研究院、北京化学试剂研究所。

本标准主要起草人：马联弟、吴冰、韩宝英、强京林。

本标准所代替标准的历次版本发布情况为：

——GB 10734—1989。

第一基准试剂
乙二胺四乙酸二钠

分子式:$C_{10}H_{14}N_2O_8Na_2 2H_2O$

结构式:

```
               O                                              O
               ‖                                              ‖
NaO — C — CH2                                    CH2 — C — OH
                  \                            /
                    N — CH2 — CH2 — N                          ·2H2O
                  /                            \
 HO — C — CH2                                    CH2 — C — ONa
               ‖                                              ‖
               O                                              O
```

相对分子质量:372.2381(根据 2005 年国际相对原子质量)。

1 范围

本标准规定了第一基准试剂 乙二胺四乙酸二钠的性状、规格、试验、检验规则和包装及标志。

本标准适用于第一基准试剂 乙二胺四乙酸二钠的检验。

2 规范性引用文件

下列文件中的条款通过本标准的引用而成为本标准的条款。凡是注日期的引用文件,其随后所有的修改单(不包括勘误的内容)或修订版均不适用于本标准,然而,鼓励根据本标准达成协议的各方研究是否可使用这些文件的最新版本。凡是不注日期的引用文件,其最新版本适用于本标准。

GB/T 602 化学试剂 杂质测定用标准溶液的制备(GB/T 602—2002,ISO 6353-1:1982,NEQ)

GB/T 603 化学试剂 试验方法中所用制剂及制品的制备(GB/T 603—2002,ISO 6353-1:1982,NEQ)

GB/T 6682 分析实验室用水规格和试验方法(GB/T 6682—2008,ISO 3696:1987,MOD)

GB/T 9724 化学试剂 pH 值测定通则(GB/T 9724—2007,ISO 6353-1:1982,NEQ)

GB/T 9728 化学试剂 硫酸盐测定通用方法(GB/T 9728—2007,ISO 6353-1:1982,NEQ)

GB/T 9729 化学试剂 氯化物测定通用方法(GB/T 9729—2007,ISO 6353-1:1982,NEQ)

GB/T 9735 化学试剂 重金属测定通用方法(GB/T 9735—2008,ISO 6353-1:1982,NEQ)

GB/T 9738 化学试剂 水不溶物测定通用方法(GB/T 9738—2008,ISO 6353-1:1982,NEQ)

GB/T 9739 化学试剂 铁测定通用方法(GB/T 9739—2006,ISO 6353-1:1982,NEQ)

GB 15346 化学试剂 包装及标志

HG/T 3484 化学试剂 标准玻璃乳浊液和澄清度标准

JJG 99 砝码

JJG 116 标准电阻器

JJG 119—2005 实验室 pH(酸度)计

JJG 153 标准电池

JJG 1006 一级标准物质技术规范

3 性状

本试剂为白色结晶粉末，溶于水，几乎不溶于乙醇。

4 规格

乙二胺四乙酸二钠的规格见表1。

表 1

名　称	第一基准
含量($C_{10}H_{14}N_2O_8Na_2 \cdot 2H_2O$)，$w$/%	99.98～100.02
pH(50 g/L，25 ℃)	4.0～5.0
络合力试验	合 格
澄清度试验/号	≤3
水不溶物，w/%	≤0.003
氯化物(Cl)，w/%	≤0.004
硫酸盐(SO_4)，w/%	≤0.01
氨基三乙酸($C_6H_9NO_6$)，w/%	≤0.05
铁(Fe)，w/%	≤0.000 5
铜(Cu)，w/%	≤0.000 25
重金属(以 Pb 计)，w/%	≤0.001

5 试验

5.1 警告

本试验方法中使用的部分试剂具有毒性或腐蚀性，一些试验过程可能导致危险情况，操作者应采取适当的安全和健康措施。

5.2 一般规定

本章中除另有规定外，所用试剂的纯度应在分析纯以上，标准溶液、制剂及制品，均按 GB/T 602、GB/T 603 的规定制备，实验用水应符合 GB/T 6682 中二级水规格，样品均按精确至 0.01 g 称量，所用溶液以"%"表示的均为质量分数。氮气应使用高纯气体。

5.3 含量

5.3.1 方法原理

库仑分析法是通过测定被分析物质定量地进行某一电极反应，或是被分析物质与某一电极反应的产物定量地进行化学反应所消耗的电荷量(库仑)来进行定量分析的方法。库仑分析法的原理是基于法拉第电解定律，电极反应产物的质量(m)数学表达见式(1)：

$$m = \frac{M}{n \cdot \mathrm{F}} \cdot I \cdot t \qquad \cdots\cdots(1)$$

式中：

M——物质的摩尔质量，单位为克每摩尔(g/mol)；

n——电子转移个数；

F——法拉第常数，单位为安培秒每摩尔(A·s/mol)；

I——电解时通过溶液的电流，单位为安培(A)；

t——电解的时间，单位为秒(s)。

恒电流精密库仑滴定法是以恒定电流通过电解池，使工作电极上电解产生一种滴定剂并与电解池中的被测物质进行定量反应，用电化学方法来指示反应终点，通过电解消耗的电量根据法拉第定律计算滴定剂的用量，从而计算出被测物质的含量。

本方法是在恒电流下以汞齐化锌电极为阳极，电解产生的二价锌离子与电解池溶液中待测的 H_2Y^2 反应测定乙二胺四乙酸二钠的含量。

5.3.2 仪器和装置

5.3.2.1 酸度计：符合 JJG 119—2005 第 4 章中“0.001 级”的要求。

5.3.2.2 砝码：符合 JJG 99 检定的要求。克组，年变化小于 10 μg；毫克组，年变化小于 4 μg。

5.3.2.3 恒温油槽：控温精度为±0.01 ℃。

5.3.2.4 恒电流库仑装置示意图(见图 1)。

1——高精密计时恒流源；

2——七位半数字多用表；

3——电解池；

4——终点指示器(酸度计)；

5——假负载电阻；

6——标准电阻；

7——检流计；

8——控温标准电池组；

9——步进开关；

10——恒温油槽。

图 1 恒电流库仑装置示意图

a) 高精密计时恒流源：稳定性优于十万分之一的动态特性好的直流稳流电源，具有 1.018 6×100 mA和 1.018 6×10 mA 两种输出电流，电流值用补偿法确定；计时最小分辨 0.1 ms，电流与计时同步性小于 0.1 ms。

b) 控温标准电池组：应符合 JJG 153 的要求。量程 1 V，年变化小于 5 μV。

c) 标准电阻：应符合 JJG 116 的要求。相对不确定度一般不大于 3×10^{-6}。

d) 直流辐射式检流计：内阻＜100 Ω，临界外阻＜1 000 Ω，分度值＜3×10^{-9} A/分度。

5.3.2.5 终点指示电路(见图 2)：

金汞齐电极为指示电极，饱和甘汞电极为参比电极，两电极之间的电压为 1.2 V。

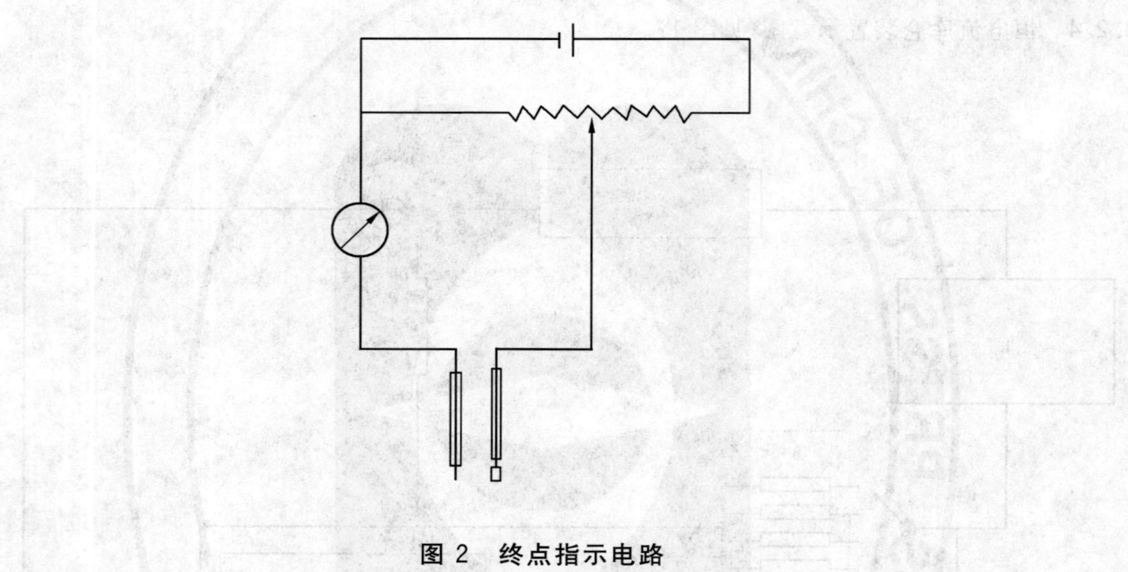

图 2 终点指示电路

5.3.2.6 电解池装置(见图 3)。

阳极室(左边)和阴极室(右边)是用 95 料玻璃制成的直径 50 mm、高 125 mm 的圆筒。两室之间用直径 20 mm、长 80 mm 的玻璃管水平连接，在管中熔封三片分别为 2、2、3 号玻璃砂芯，由此形成的两个中间室各有一根带活塞的支管，用抽气减压和氮气加压方法使电解质溶液出入中间室。小室两片砂芯之间的距离为 20 mm，大室两片砂芯之间的距离为 40 mm。阳极室口上紧配一个预先处理好的白橡胶塞 1，通过塞子分别插入汞齐化锌电极 2、金汞齐电极 3、饱和甘汞电极 4、氮气进气管 5、氮气出气管 6。阳极室底部有一个密封在聚四氟乙烯管内的约 20 mm 长的搅拌磁铁 8。阴极室有一个铂电极 10，其底部浇铸了一个硅凝胶塞 9。

电解池装置放在有磁力搅拌器的工作台上。

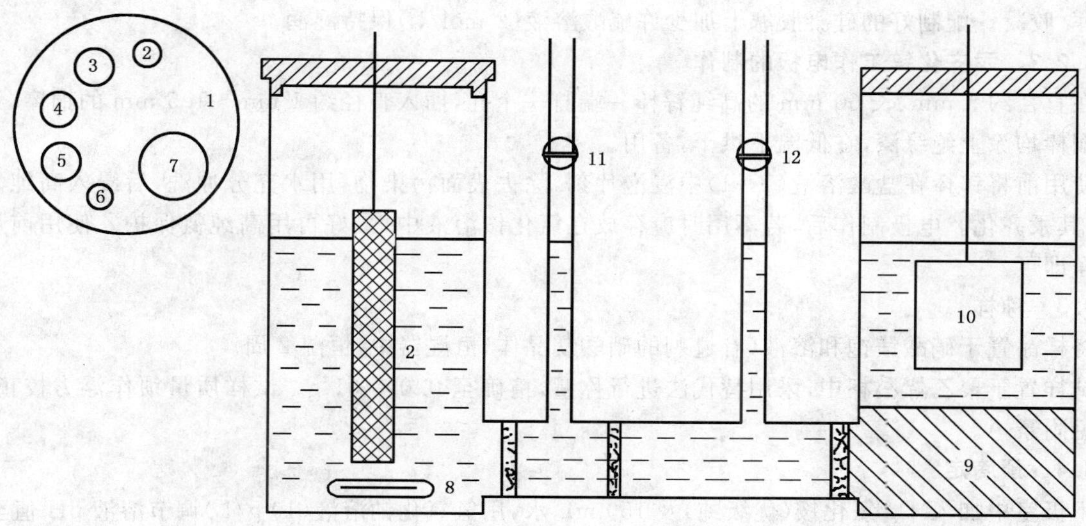

1——白橡皮塞；
2——汞齐化锌工作电极；
3——金汞齐指示电极；
4——饱和甘汞电极；
5——氮气进气管；
6——氮气出气管；
7——加样孔；
8——搅拌子；
9——硅凝胶塞；
10——铂电极；
11——活塞1；
12——活塞2。

图3 电解池装置

5.3.3 测定

5.3.3.1 制剂的制备

5.3.3.1.1 硫酸溶液(2 mol/L)

量取111 mL硫酸，缓缓注入700 mL水中，冷却，稀释至1 000 mL。

5.3.3.1.2 乙二胺四乙酸二钠溶液(0.1 mol/L)

称取37.22 g乙二胺四乙酸二钠，溶于水，稀释至1 000 mL。

5.3.3.1.3 氯化铵溶液(1 mol/L)

称取53.49 g氯化铵，溶于水，稀释至1 000 mL。

5.3.3.2 试验的准备

5.3.3.2.1 电解池的清洗

新电解池在使用前先用洗液浸泡片刻，后用水反复冲洗及抽洗至砂芯无色，再用水反复抽洗数次。用氯化铵溶液(内加约0.5 g乙二胺四乙酸二钠)充满电解池，浸泡数日，以去掉玻璃内壁上可溶解的离子(如钙、镁等)，直至使用前再反复用水洗净，备用。

清洗好的电解池可多次使用，只需将实验液抽去，反复用水抽洗即可。

5.3.3.2.2 硅凝胶塞的配制

称取12.5 g硅酸钠，置于150 mL烧杯中，加50 mL水溶解，加20 mL硫酸溶液(2 mol/L)，搅拌均匀并煮沸，待溶液冷却后倒入电解池的阴极室(右边)，在缓慢搅拌下逐渐加入硫酸溶液(2 mol/L)至溶液变浑、胶凝。配制好的硅凝胶塞上加少许硫酸溶液(2 mol/L)保持湿润。

5.3.3.2.3 汞齐化锌工作电极的制作

在直径约 5 mm、长 60 mm 的高纯锌棒一端打一个孔，插入直径约 1 mm～1.5 mm 的铜棒，锌棒上端及铜棒均涂上绝缘漆，在低温下烘干，备用。

使用前将锌棒在盐酸溶液(1+1)中浸泡片刻，除去表面污染物，用水充分冲洗，后浸入高纯汞中片刻，使其汞齐化。电极制作后，若不用时应存放在氯化铵溶液中，最好再用高纯氮保护。使用前反复用水洗净即可。

5.3.3.3 称样

将样品置于硝酸镁饱和溶液(有过剩的硝酸镁晶体)恒湿器中，恒湿 2 周。

试样置于聚乙烯小杯中，采用替代法进行称量，精确至 0.000 C1 g。试样质量须作浮力校正，校正方法见附录 A。

5.3.3.4 预滴定

阳极室中加入 4 g 氯化铵(优级纯)及 150 mL 水，用氢氧化钠溶液(10 g/L)调节溶液 pH 值至 7.0，在搅拌下从支管向溶液中通入高纯氮，除去溶解氧。打开活塞，向中间室引进约 2 mm 深的电解质溶液，加入数滴乙二胺四乙酸二钠溶液(0.1 mol/L)。阴极室中加入 40 mL 的硫酸溶液(1 mol/L)，并同时加入 0.3 g 氢氧化钾(优级纯)调 pH 值至 7.0，在 10.186 mA 电流下用增量法作预滴定曲线(见图 4)。完成预滴定后用加压和减压的方法洗涤中间室数次，并用阳极室溶液洗涤电解池内壁，最后使中间室的电解质溶液恢复至 2 mm。记录下最终的电流值，超过滴定部分的电荷量计算在总的电荷量中。

5.3.3.5 滴定和求终点

打开活塞，使电解质溶液充满中间室，关闭活塞，通过氮气进气管向液面上方吹气，使阳极室保持正压，以防空气进入。通过加样孔投入试样(连杯)及 0.5 g 氢氧化钾(优级纯)，搅拌至试样溶解。在缓慢搅拌下，在 101.86 mA 电流下，电解产生锌离子滴定溶液中的 H_2Y^{2-}，至试样的 99.9% 被滴定，切断电源，记下时间，计算消耗的电荷量。用电解质溶液充分洗涤中间室及阳极室内壁，并将溶液的 pH 值调节到 7.0，向中间室引进 2 mm 深的电解质溶液之后，改用 10.186 mA 电流，用增量法求绘终点曲线。再次洗涤中间室数次，直至电流值不变为止，记录下指示电流值。根据记录的指示电流-电解时间的数据，绘制滴定终点曲线。典型终点曲线见图 4。图中 *A* 点表示电解停止时的电流值，*B* 点表示完成洗涤后的电流值，曲线两直线部分延长线的交点 *C* 即为滴定终点。

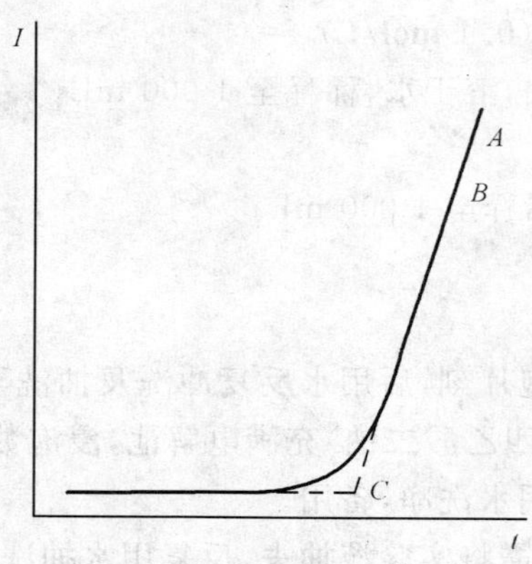

图 4 终点曲线示意图

从图4中计算出到达终点前消耗的电荷量及扩散到中间室的 H_2Y^{2-} 离子所消耗的电荷量，即 A、B 两点间的电荷量。

5.3.4 计算

5.3.4.1 乙二胺四乙酸二钠质量分数的计算

乙二胺四乙酸二钠的质量分数 w，数值以“%”表示，按式(2)计算：

$$w=\frac{Q_{\mathrm{P}}}{Q_{\mathrm{T}}}\times 100=\frac{I\cdot t\cdot M}{n\cdot m\cdot \mathrm{F}}\times 100=\frac{E\cdot M\cdot t}{n\cdot R\cdot \mathrm{F}\cdot m}\times 100 \quad\cdots\cdots(2)$$

式中：

Q_{P}——电解试样 m 实际消耗的电荷量，单位为库仑(C)；

Q_{T}——电解试样 m 所需的理论电荷量，单位为库仑(C)；

I——电解时通过溶液的电流，单位为安培(A)；

t——电解试样 m 实际所需要的时间，单位为秒(s)；

M——乙二胺四乙酸二钠摩尔质量的数值，单位为克每摩尔(g/mol)；

n——电子转移个数；

m——乙二胺四乙酸二钠质量的数值，单位为克(g)；

F——法拉第常数，单位为安培秒每摩尔(A·s/mol)；

E——标准电池的电动势，单位为伏特(V)；

R——标准电阻的阻值，单位为欧姆(Ω)。

式(2)中：

$$Q_P=I_1t_1+I_2[t_{\mathrm{C}}+(t_{\mathrm{A}}-t_{\mathrm{B}})+t_{\mathrm{P}}] \quad\cdots\cdots(3)$$

式中：

I_1——大电流电解的电流值，单位为毫安培(mA)；

t_1——大电流电解的时间，单位为秒(s)；

I_2——预滴定和求终点的电流值，单位为毫安培(mA)；

t_{C}——到达终点的时间，单位为秒(s)；

t_{A}——相应于A点的时间，单位为秒(s)；

t_{B}——相应于B点的时间，单位为秒(s)；

t_{P}——预滴定中BC间相应的时间，单位为秒(s)。

5.3.4.2 含量测定结果的不确定度及计算

含量测定结果的扩展不确定度一般应小于0.02%($k=2$)，计算方法参见附录B。

5.4 pH值

按GB/T 9724的规定测定。

5.5 络合力试验

5.5.1 试验溶液及制剂的制备

5.5.1.1 样品溶液

称取0.327 g样品，溶于热水，冷却，移入100 mL容量瓶中，稀释至刻度，摇匀。

5.5.1.2 碳酸钙溶液

称取0.100 g预先于200 ℃干燥2 h的碳酸钙，置于100 mL容量瓶中，加10 mL水及0.4 mL盐酸溶液(20%)，溶解，用氨水溶液(10%)中和，稀释至刻度，摇匀。

5.5.1.3 硫酸铜溶液

称取0.250 g五水合硫酸铜，置于100 mL容量瓶中，溶于水，稀释至刻度，摇匀。

5.5.2 测定方法

量取5.00 mL样品溶液，加3滴氨水溶液(10%)及2.5 mL草酸铵溶液(40 g/L)，在不断摇动下，加 5.00 mL 碳酸钙溶液，溶液应透明。如果在摇动 1 min 后，溶液仍有混浊，再加 0.2 mL 样品溶液，摇动 1 min 后，溶液应变为透明。

量取 5.00 mL 样品溶液，加 0.5 mL 氨水溶液(1%)及 0.5 mL 六氰合铁(Ⅱ)酸钾溶液(100 g/L)，在不断摇动下加 4.8 mL 硫酸铜溶液，溶液应为淡蓝绿色，不得有红色。

5.6 澄清度试验

称取 5 g 样品，溶于 100 mL 水中。其浊度不得大于 HG/T 3484 中规定的澄清度标准 3 号。

5.7 水不溶物

称取 20 g 样品，溶于 300 mL 沸水中，按 GB/T 9738 的规定测定。

5.8 氯化物

称取 0.5 g 样品，溶于 10 mL 热水中，加 2 mL 硝酸溶液(25%)，振摇至沉淀完全析出，过滤，以水洗涤三次，合并滤液及洗液，稀释至 20 mL，按 GB/T 9729 的规定测定。溶液所呈浊度不得大于标准比浊溶液。

标准比浊溶液的制备是取含 0.02 mg 的氯化物(Cl)标准溶液，稀释至 20 mL，与同体积试液同时同样处理。

5.9 硫酸盐

5.9.1 试验溶液Ⅰ的制备

称取 3 g 样品，置于铂皿中，缓缓加热炭化，于 600 ℃灼烧至白。必要时加 5 mL 水，蒸干，再于 600 ℃ 灼烧，反复处理至残渣完全变白。加 20 mL 水，滴加 6 mL 硝酸溶液(25%)，在水浴上蒸干。残渣溶于热水中，冷却，稀释至 30 mL(必要时过滤)。

5.9.2 测定方法

量取 5 mL 试验溶液Ⅰ，稀释至 20 mL，加 0.5 mL 盐酸溶液(20%)酸化后，按 GB/T 9728 的规定测定。溶液所呈浊度不得大于标准比浊溶液。

标准比浊溶液的制备是取含 0.05 mg 的硫酸盐(SO_4)标准溶液，稀释至 20 mL，与同体积试液同时同样处理。

5.10 氨基三乙酸

5.10.1 仪器

脉冲或示波极谱仪。

5.10.2 试验条件

工作电极：滴汞电极；

参比电极：银-氯化银或饱和甘汞电极；

对电极：铂电极；

灵敏度：适当选择；

除氧方式：通氮气 5 min 以上；

扫描电位范围：−0.6 V～−1.1 V。

5.10.3 测定方法

称取 1 g 样品，加 30 mL 热水溶解，冷却，用氢氧化钠溶液(100 g/L)调节溶液 pH 值至 10.5～10.7(用酸度计控制)。滴加氯化镉溶液(50 g/L)至溶液有微量沉淀[滴加过程中应保持溶液 pH 值为 10.5～10.7 之间，必要时用氢氧化钠溶液(100 g/L)调节]，用氢氧化钠溶液(0.02 g/L)稀释至 50 mL。用极谱仪测定，其极谱波高不得大于标准波高的一半。

标准是取含 0.5 mg 的氨基三乙酸($C_6H_9NO_6$)标准溶液及 1 g 样品，加 30 mL 热水溶解，冷却，与同体积样品溶液同时同样处理。

5.11 铁

5.11.1 试验溶液Ⅱ的制备

称取 3 g 样品，置于铂皿中，缓缓加热炭化，于 600 ℃灼烧至白。必要时加 5 mL 水，蒸干，再于 600 ℃ 灼烧，反复处理至残渣完全变白。加 10 mL 水溶解残渣，滴加盐酸溶液(20%)中和，过量 1 mL，在水浴上保温 10 min，稀释至 30 mL。

5.11.2 测定方法

量取 10 mL 试验溶液Ⅱ，用氨水溶液(10%)调节溶液的 pH 值至 2，稀释至 15 mL 后，按 GB/T 9739 的规定测定。溶液所呈红色不得深于标准比色溶液。

标准比色溶液的制备是取含 0.005 mg 的铁(Fe)标准溶液，稀释至 15 mL，与同体积试液同时同样处理。

5.12 铜

量取 10 mL 试验溶液Ⅱ(5.11.1)，加 5 mL 柠檬酸铵溶液(200 g/L)，用氨水调节溶液的 pH 值至 9，并过量 1 mL，稀释至 25 mL。加 1 mL 二乙基二硫代氨基甲酸钠溶液(1 g/L)，摇匀，加 5 mL 异戊醇萃取，振摇 1 min，有机相所呈黄色不得深于标准比色溶液。

标准比色溶液的制备是取含 0.002 5 mg 的铜(Cu)标准溶液，稀释至 10 mL，与同体积试液同时同样处理。

5.13 重金属

量取 20 mL 试验溶液Ⅰ(5.9.1)，用氨水溶液(10%)调节溶液的 pH 值至 4 后，按 GB/T 9735 的规定测定。溶液所呈暗色不得深于标准比色溶液。

标准比色溶液的制备是取含 0.02 mg 的铅(Pb)标准溶液，稀释至 25 mL，与同体积试液同时同样处理。

6 检验规则

对于批量生产的产品，按照 JJG 1006 的要求进行均匀性初检。

批量产品经初步检验合格方可进行分装，之后抽取试样进行正式检验。

正式检验抽样规则：当总体单元数少于 200 时，抽取单元数 n 不少于 11 个；当总体单元数大于 200 少于 500 时，n 不少于 12 个；当总体单元数大于 500 时，n 不少于 15 个。

7 包装及标志

按 GB 15346 的规定进行包装、贮存与运输，并给出标志，其中：

包装单位：第 3 类；

内包装形式：NB-4、NB-5、NB-6；

外包装形式：用规格为 600 g/m^2 的盒板纸制盒，外层裱蓝色电光纸。

附 录 A
(规范性附录)
被称量物质质量的空气浮力校正

被称物的真空质量(m_Z),单位为克(g),按式(A.1)计算:

$$m_Z = m_K + \rho_K \left(\frac{1}{\rho_W} - \frac{1}{\rho_F}\right) m_K \quad \cdots\cdots (A.1)$$

式中:

m_K——被称量物的质量,单位为克(g);

ρ_K——称量时空气的密度,单位为克每立方厘米(g/cm^3);

ρ_W——被称量物质的密度,单位为克每立方厘米(g/cm^3);

ρ_F——砝码的密度,单位为克每立方厘米(g/cm^3)。

式(A.1)中:

空气的密度(ρ_K),单位为克每立方厘米(g/cm^3),按式(A.2)计算:

$$\rho_K = 0.001\ 29 \left(\frac{273.15}{t + 273.15}\right)\left(\frac{P_1 - 0.378\ 3 \times P_2}{101.3}\right) \quad \cdots\cdots (A.2)$$

式中:

P_1——大气压的数值,单位为千帕(kPa);

P_2——室温下水的蒸气压的数值,单位为千帕(kPa);

t——室内温度的数值,单位为摄氏度(℃)。

式(A.2)中:

水的蒸气压的数值(P_2),单位为千帕(kPa),按式(A.3)计算:

$$P_2 = W \times P_3 \quad \cdots\cdots (A.3)$$

式中:

W——空气的相对湿度的数值,以%表示;

P_3——室温下水的饱和蒸气压的数值,单位为千帕(kPa)。

水的饱和蒸气压的数值见表 A.1。

表 A.1 水的饱和蒸气压(kPa)

温度(C°)	0.0	0.1	0.2	0.3	0.4	0.5	0.6	0.7	0.8	0.9
11	1.312	1.321	1.329	1.338	1.347	1.356	1.365	1.374	1.383	1.392
12	1.402	1.411	1.420	1.430	1.439	1.448	1.458	1.468	1.477	1.487
13	1.497	1.507	1.516	1.526	1.536	1.546	1.556	1.567	1.577	1.587
14	1.598	1.608	1.618	1.629	1.639	1.650	1.661	1.672	1.682	1.693
15	1.704	1.715	1.726	1.737	1.749	1.760	1.771	1.783	1.794	1.806
16	1.817	1.829	1.840	1.852	1.864	1.876	1.888	1.900	1.912	1.924
17	1.937	1.949	1.961	1.974	1.986	1.999	2.011	2.024	2.037	2.050
18	2.063	2.076	2.089	2.102	2.115	2.129	2.142	2.155	2.169	2.183

表 A.1（续）

温度(C°)	0.0	0.1	0.2	0.3	0.4	0.5	0.6	0.7	0.8	0.9
19	2.196	2.210	2.224	2.238	2.252	2.266	2.280	2.294	2.308	2.323
20	2.337	2.352	2.366	2.381	2.396	2.410	2.425	2.440	2.455	2.471
21	2.486	2.501	2.517	2.532	2.548	2.563	2.579	2.595	2.611	2.627
22	2.643	2.659	2.675	2.692	2.708	2.724	2.741	2.758	2.775	2.791
23	2.808	2.825	2.843	2.860	2.877	2.894	2.912	2.930	2.947	2.965
24	2.983	3.001	3.019	3.037	3.055	3.074	3.092	3.111	3.129	3.148
25	3.167	3.186	3.205	3.224	3.243	3.262	3.282	3.301	3.321	3.341
26	3.361	3.381	3.401	3.421	3.441	3.461	3.482	3.502	3.523	3.544
27	3.565	3.586	3.607	3.628	3.649	3.671	3.692	3.714	3.735	3.757
28	3.779	3.801	3.824	3.846	3.868	3.891	3.913	3.936	3.959	3.982
29	4.005	4.028	4.052	4.075	4.099	4.122	4.146	4.170	4.194	4.218
30	4.243	4.267	4.292	4.316	4.341	4.366	4.391	4.416	4.441	4.467
31	4.492	4.518	4.544	4.570	4.596	4.622	4.648	4.675	4.701	4.728
32	4.755	4.782	4.809	4.836	4.863	4.891	4.919	4.946	4.974	5.002
33	5.030	5.059	5.087	5.116	5.144	5.173	5.202	5.231	50261	5.290
34	5.320	5.349	5.379	5.409	5.439	5.470	5.500	5.531	5.561	5.592
35	5.623	5.654	5.686	5.717	5.749	5.781	5.813	5.845	5.877	5.909
36	5.942	5.975	6.007	6.040	6.074	6.107	6.140	6.174	6.208	6.242
37	6.276	6.310	6.345	6.379	6.414	6.449	6.484	6.519	6.555	6.590
38	6.626	6.662	6.698	6.734	6.771	6.807	6.844	6.881	6.918	6.956
39	6.993	7.031	7.068	7.106	7.145	7.183	7.221	7.260	7.299	7.338
40	7.377	7.417	7.456	7.496	7.536	7.576	7.617	7.657	7.698	7.739
41	7.780	7.821	7.863	7.904	7.946	7.988	8.030	8.073	8.115	8.158
42	8.201	8.244	8.288	8.331	8.375	8.419	8.463	8.508	8.552	8.597
43	8.642	8.687	8.732	8.778	8.824	8.870	8.916	8.962	9.009	9.056
44	9.103	9.150	9.198	9.245	9.293	9.341	9.390	9.438	9.487	9.536

附　录　B
（资料性附录）
含量测定结果不确定度的计算

B.1　含量测定结果的A类标准不确定度分量的计算

A类标准不确定度分量[$u_A(\overline{w})$]按式（B.1）计算：

$$u_A(\overline{w}) = \frac{s(\overline{w})}{\sqrt{n}} \qquad \cdots\cdots(B.1)$$

式中：

$s(\overline{w})$——n 次测定结果的标准偏差，数值以“%”表示。

B.2　含量测定结果的B类相对合成标准不确定度分量的计算

根据第5章式(2)含量测定结果的B类相对合成标准不确定度分量[$u_{cBrel}(\overline{w})$]按式(B.2)计算：

$$u_{cBrel}(w) = \sqrt{u_{rel}^2(I) + u_{rel}^2(t) + u_{rel}^2(m) + u_{rel}^2(M) + u_{rel}^2(\mathrm{F}) + u_{rel}^2(x)} \qquad \cdots\cdots(B.2)$$

式中：

$u_{rel}(I)$——电流相对标准不确定度分量；

$u_{rel}(t)$——时间的相对标准不确定度分量；

$u_{rel}(m)$——乙二胺四乙酸二钠质量数值的相对标准不确定度分量；

$u_{rel}(M)$——乙二胺四乙酸二钠摩尔质量数值的相对标准不确定度分量；

$u_{rel}(\mathrm{F})$——法拉第常数的相对标准不确定度分量；

$u_{rel}(x)$——终点判断的相对标准不确定度分量。

B.2.1　电流相对标准不确定度分量计算

电流相对标准不确定度分量[$u_{rel}(I)$]按式(B.3)计算：

$$u_{rel}(I) = \frac{u(I)}{I} \qquad \cdots\cdots(B.3)$$

式中：

$u(I)$——电流的标准不确定度分量，单位为安培(A)；

I——电流的数值，以标准电池的电压值除以标准电阻的数值得到，单位为安培(A)。

式(B.3)中：

$$\frac{u(I)}{I} = \sqrt{\left[\frac{u(rep)}{I}\right]^2 + \left[\frac{u(V)}{V}\right]^2 + \left[\frac{u(R)}{R}\right]^2} \qquad \cdots\cdots(B.4)$$

式中：

$u(rep)$——电流稳定性的标准不确定度分量，单位为安培(A)；

$u(V)$——控温标准电池组的电压的标准不确定度分量，单位为伏特(V)；

V——控温标准电池组的电压的数值，单位为伏特(V)；

$u(R)$——标准电阻的标准不确定度分量，单位为欧姆(Ω)；

R——标准电池电阻的数值，单位为欧姆(Ω)。

式(B.4)中：

$$u_{rep} = \frac{\Delta I}{\sqrt{3}} \qquad \cdots\cdots(B.5)$$

式中：

ΔI——电流示值瞬间噪声，由 7 位半数字多用表观察电流波动性区间，单位为安培(A)。

式(B.4)中：

$$u(V)=\frac{U_V}{k} \qquad \cdots\cdots(B.6)$$

式中：

U_V——控温标准电池组的电压的扩展不确定度，单位为伏特(V)；

k——包含因子。

式(B.4)中：

$$u(R)=\frac{U_R}{k} \qquad \cdots\cdots(B.7)$$

式中：

U_R——标准电阻的扩展不确定度，单位为欧姆(Ω)；

k——包含因子。

B.2.2　时间相对标准不确定度分量计算

时间相对标准不确定度分量[$u_{rel}(t)$]按式(B.8)计算：

$$u_{rel}(t)=\frac{u(t)}{t} \qquad \cdots\cdots(B.8)$$

式中：

$u(t)$——时间的标准不确定度分量，单位为秒(s)；

t——时间的数值，单位为秒(s)。

式(B.8)中：

$$u(t)=\sqrt{u^2(t_0)+\sum_{i=1}^{i}u^2(t_i)} \qquad \cdots\cdots(B.9)$$

式中：

$u(t_0)$——计时时间间隔的标准不确定度分量，单位为秒(s)；

$u(t_i)$——多次启动、停止电解操作中，电解与计时同步性的标准不确定度分量，单位为秒(s)。

式(B.9)中：

$$u(t_0)=\frac{\Delta t}{\sqrt{3}} \qquad \cdots\cdots(B.10)$$

式中：

Δt——计时时间间隔的误差，单位为秒(s)。

式(B.9)中：

$$u(t_i)=\frac{\Delta t_i}{\sqrt{3}} \qquad \cdots\cdots(B.11)$$

式中：

Δt_i——电解与计时同步性的误差，单位为秒(s)。

B.2.3　乙二胺四乙酸二钠质量数值的相对标准不确定度分量计算

乙二胺四乙酸二钠质量数值的相对标准不确定度分量[$u_{rel}(m)$]按式(B.12)计算：

$$u_{rel}(m)=\frac{u(m)}{m} \qquad \cdots\cdots(B.12)$$

式中：

$u(m)$——乙二胺四乙酸二钠质量数值的标准不确定度分量，单位为克(g)；

m——乙二胺四乙酸二钠质量的数值，单位为克(g)。

式(B.12)中：

$$u(m)=\frac{U_{\mathrm{m}}}{k} \qquad \cdots\cdots\cdots\cdots(\text{B.13})$$

式中：

U_{m}——替代称量中标准砝码的扩展不确定度，单位为克(g)；

k——包含因子。

注1：浮力修正的不确定度：由于浮力修正的质量 Δm 只占称量质量 m 的万分之几，浮力修正的不确定度 $u(\Delta m)$ 只是 Δm 的千分之几，因此，浮力修正的不确定度 $u(\Delta m)$ 对于质量称量可忽略不计。

注2：天平最大允许误差引入的不确定度分量：因本标准含量测定方法中规定使用替代法称量样品质量，不确定度可忽略不计。

B.2.4 乙二胺四乙酸二钠摩尔质量数值的相对标准不确定度分量计算

乙二胺四乙酸二钠摩尔质量数值的相对标准不确定度分量[$u_{\mathrm{rel}}(M)$]按式(B.14)计算：

$$u_{\mathrm{rel}}(M)=\frac{u(M)}{M} \qquad \cdots\cdots\cdots\cdots(\text{B.14})$$

式中：

$u(M)$——乙二胺四乙酸二钠摩尔质量数值的标准不确定度分量，单位为克每摩尔(g/mol)；

M——乙二胺四乙酸二钠摩尔质量的数值，单位为克每摩尔(g/mol)。

式(B.14)中：

$$u(M)=\sqrt{10u(\mathrm{C})^2+18u(\mathrm{H})^2+2u(\mathrm{N})^2+10u(\mathrm{O})^2+2u(\mathrm{Na})^2} \qquad \cdots\cdots(\text{B.15})$$

式中：

$u(\mathrm{C})$——乙二胺四乙酸二钠中碳元素的相对原子质量数值的标准不确定度分量，单位为克每摩尔(g/mol)；

$u(\mathrm{H})$——乙二胺四乙酸二钠中氢元素的相对原子质量数值的标准不确定度分量，单位为克每摩尔(g/mol)；

$u(\mathrm{N})$——乙二胺四乙酸二钠中氮元素的相对原子质量数值的标准不确定度分量，单位为克每摩尔(g/mol)；

$u(\mathrm{O})$——乙二胺四乙酸二钠中氧元素的相对原子质量数值的标准不确定度分量，单位为克每摩尔(g/mol)；

$u(\mathrm{Na})$——乙二胺四乙酸二钠中钠元素的相对原子质量数值的标准不确定度分量，单位为克每摩尔(g/mol)。

B.2.5 法拉第常数相对标准不确定度分量计算

法拉第常数相对标准不确定度分量 $u_{\mathrm{rel}}(\mathrm{F})$ 采用国际公布的最新量值。

B.2.6 终点判断的相对标准不确定度分量计算

终点判断的相对标准不确定度分量 $u_{\mathrm{rel}}(x)$ 按式(B.16)计算：

$$u_{\mathrm{rel}}(x)=\frac{u(\Delta t)}{t} \qquad \cdots\cdots\cdots\cdots(\text{B.16})$$

式中：

$u(\Delta t)$——根据曲线图上横坐标间距(即时间间隔)产生的不确定度分量，单位为秒(s)；

t——电解时间，单位为秒(s)。

B.2.7 含量测定结果的B类相对合成标准不确定度分量[$u_{\mathrm{cBrel}}(\overline{w})$]的计算

将上述计算的数值代入式(B.2)，进行计算。

B.3　含量测定结果的合成标准不确定度的计算

含量测定结果的合成标准不确定度[$u_c(\overline{w})$]按式(B.17)计算：

$$u_c(\overline{w}) = \sqrt{u_A^2(\overline{w}) + u_{cB}^2(\overline{w})} \quad \cdots\cdots(B.17)$$

式中：

$u_A(\overline{w})$——含量测定结果A类标准不确定度分量，数值以"%"表示；

$u_{cB}(\overline{w})$——含量测定结果的B类合成标准不确定度分量，数值以"%"表示。

式(B.17)中：

$$u_{cB}(\overline{w}) = u_{cBrel}(\overline{w}) \times \overline{w} \quad \cdots\cdots(B.18)$$

式中：

$u_{cBrel}(\overline{w})$——含量测定结果的B类相对合成标准不确定度分量，数值以"%"表示；

$\overline{w}$——含量测定结果的平均值，数值以"%"表示。

B.4　含量测定结果扩展不确定度的计算

含量测定结果的扩展不确定度[$U(\overline{w})$]按式(B.19)计算：

$$U(\overline{w}) = k \times u_c(\overline{w}) \quad \cdots\cdots(B.19)$$

式中：

$u_c(\overline{w})$——含量测定结果合成标准不确定度，数值以"%"表示；

k——包含因子(一般情况下$k=2$)。

ICS 71.040.30
G 61

中华人民共和国国家标准

GB 10735—2008
代替 GB 10735—1989

第一基准试剂 无水碳酸钠

**Primary chemical—
Sodium carbonate anhydrous**

2008-06-18 发布 2009-06-01 实施

中华人民共和国国家质量监督检验检疫总局
中国国家标准化管理委员会 发布

前言

本标准第4章、5.3.3、5.3.4.1条为强制性，其他条文为推荐性的。

本标准代替GB 10735—1989《第一基准试剂（容量）无水碳酸钠》，与GB 10735—1989相比，主要变化如下：

——标准名称改为“第一基准试剂 无水碳酸钠”；

——增加了规范性引用文件（1989年版的第2章，本版的第2章）；

——修改了含量测定原理的描述（1989年版的4.1.1，本版的5.3.1）；

——修改了恒电流库仑装置示意图（1989年版的4.1.3.4，本版的5.3.2.4）；

——完善了预滴定方法（1989年版的4.1.4.2，本版的5.3.3.3）；

——修改了加样后通入氮气的条件（1989年版的4.1.4.3，本版的5.3.3.4）；

——修改了检验规则（1989年版的第5章，本版的第6章）；

——增加了含量测定结果不确定度的计算方法（本版的附录B）；

——取消了附录B、附录C（1989年版的附录B、附录C）。

本标准的附录A为规范性附录，附录B为资料性附录。

本标准由中国石油和化学工业协会提出。

本标准由全国化学标准化技术委员会化学试剂分会归口。

本标准负责起草单位：中国计量科学研究院、北京化学试剂研究所。

本标准主要起草人：马联弟、吴冰、韩宝英、强京林。

本标准所代替标准的历次版本发布情况为：

——GB 10735—1989。

第一基准试剂　无水碳酸钠

分子式：Na_2CO_3

相对分子质量：105.988 6（根据2005年国际相对原子质量）。

1　范围

本标准规定了第一基准试剂　无水碳酸钠的性状、规格、试验、检验规则和包装及标志。

本标准适用于第一基准试剂　无水碳酸钠的检验。

2　规范性引用文件

下列文件中的条款通过本标准的引用而成为本标准的条款。凡是注日期的引用文件，其随后所有的修改单（不包括勘误的内容）或修订版均不适用于本标准，然而，鼓励根据本标准达成协议的各方研究是否可使用这些文件的最新版本。凡是不注日期的引用文件，其最新版本适用于本标准。

GB/T 602　化学试剂　杂质测定用标准溶液的制备(GB/T 602—2002，ISO 6353-1:1982，NEQ)

GB/T 603　化学试剂　试验方法中所用制剂及制品的制备(GB/T 603—2002，ISO 6353-1:1982，NEQ)

GB/T 609　化学试剂　总氮量测定通用方法(GB/T 609—2006，ISO 6353-1:1982，NEQ)

GB/T 6682　分析实验室用水规格和试验方法(GB/T 6682—2008，ISO 3696:1987，MOD)

GB/T 9723—2007　化学试剂　火焰原子吸收光谱法通则

GB/T 9728　化学试剂　硫酸盐测定通用方法(GB/T 9728—2007，ISO 6353-1:1982，NEQ)

GB/T 9729　化学试剂　氯化物测定通用方法(GB/T 9729—2007，ISO 6353-1:1982，NEQ)

GB/T 9734—2008　化学试剂　铝测定通用方法(ISO 6353-1:1982，NEQ)

GB/T 9738　化学试剂　水不溶物测定通用方法(GB/T 9738—2008，ISO 6353-1:1982，NEQ)

GB/T 9739　化学试剂　铁测定通用方法(GB/T 9739—2006，ISO 6353-1:1982，NEQ)

GB 15346　化学试剂　包装及标志

HG/T 3484　化学试剂　标准玻璃乳浊液和澄清度标准

JJG 99　砝码

JJG 116　标准电阻器

JJG 119—2005　实验室pH(酸度)计

JJG 153　标准电池

JJG 1006　一级标准物质技术规范

3　性状

本试剂为白色粉末，暴露于空气中逐渐吸水成为一水合物，溶于水，不溶于乙醇。

4　规格

无水碳酸钠的规格见表1。

表 1

名　　称	第 一 基 准
含量(Na_2CO_3),w/%	99.98~100.02
澄清度试验/号	≤2
水不溶物,w/%	≤0.005
氯化物(Cl),w/%	≤0.001
硫化合物(以 SO_4 计),w/%	≤0.003
总氮量(N),w/%	≤0.001
磷酸盐及硅酸盐(以 SiO_3 计),w/%	≤0.002 5
镁(Mg),w/%	≤0.000 5
铝(Al),w/%	≤0.001
钾(K),w/%	≤0.005
钙(Ca),w/%	≤0.005
铁(Fe),w/%	≤0.000 3
重金属(以 Pb 计),w/%	≤0.000 5

5 试验

5.1 警告

本试验方法中使用的部分试剂具有毒性或腐蚀性,一些试验过程可能导致危险情况,操作者应采取适当的安全和健康措施。

5.2 一般规定

本章中除另有规定外,所用试剂的纯度应在分析纯以上,标准溶液、制剂及制品,均按 GB/T 602、GB/T 603 的规定制备,实验用水应符合 GB/T 6682 中二级水规格,样品均按精确至 0.01 g 称量,所用溶液以"%"表示的均为质量分数。氮气应使用高纯气体。

5.3 含量

5.3.1 方法原理

库仑分析法是通过测定被分析物质定量地进行某一电极反应,或是被分析物质与某一电极反应的产物定量地进行化学反应所消耗的电荷量(库仑)来进行定量分析的方法。库仑分析法的原理是基于法拉第电解定律,电极反应产物的质量(m)数学表达见式(1):

$$m=\frac{M}{n\cdot \mathrm{F}}\cdot I\cdot t \qquad \cdots\cdots(1)$$

式中:

M——物质的摩尔质量,单位为克每摩尔(g/mol);

n——电子转移个数;

F——法拉第常数,单位为安培秒每摩尔(A·s/mol);

I——电解时通过溶液的电流,单位为安培(A);

t——电解的时间,单位为秒(s)。

恒电流精密库仑滴定法是以恒定电流通过电解池,使工作电极上电解产生一种滴定剂并与电解池中的被测物质进行定量反应,用电化学方法来指示反应终点,通过电解消耗的电量根据法拉第定律计算滴定剂的用量,从而计算出被测物质的含量。

本方法采用铂网电极(表面积 60 cm^2)作阳极,利用阳极上

$$4OH^{-}-4e = 2H_2O+O_2\uparrow$$

的电极反应测定无水碳酸钠的含量，用酸度计指示反应终点。

5.3.2 仪器和装置

5.3.2.1 酸度计：符合 JJG 119—2005 第 4 章中“0.001 级”的要求。

5.3.2.2 砝码：符合 JJG 99 检定的要求。克组，年变化小于 10 μg；毫克组，年变化小于 4 μg。

5.3.2.3 恒温油槽：控温精度为±0.01 ℃。

5.3.2.4 恒电流库仑装置示意图(见图 1)。

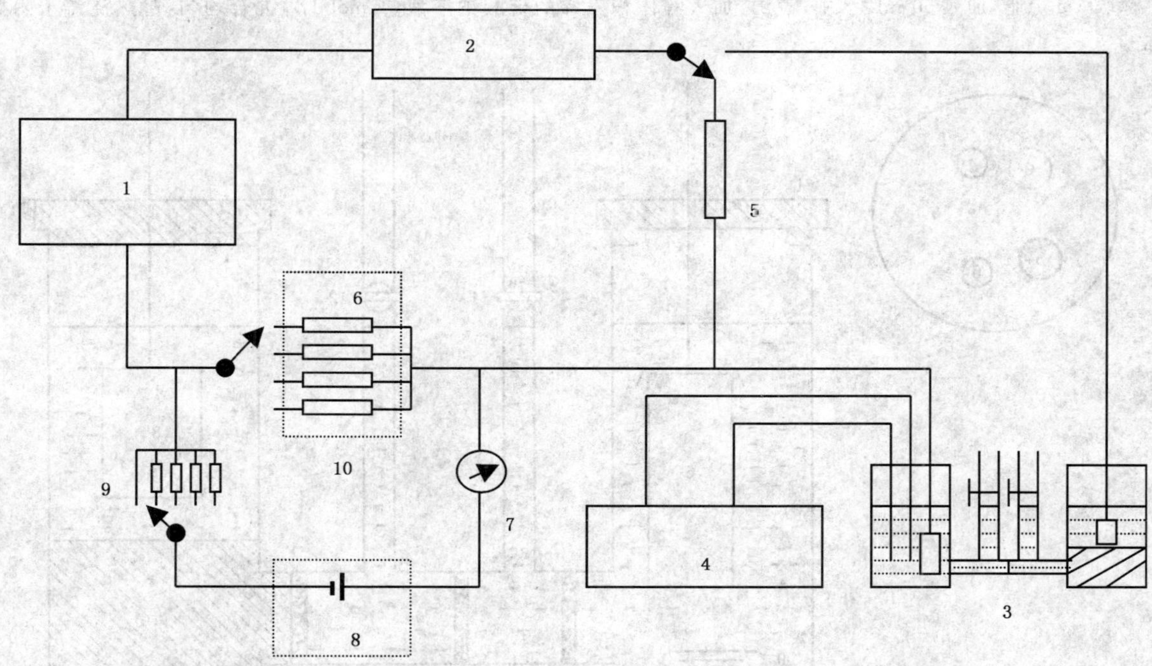

1——高精密计时恒流源；

2——七位半数字多用表；

3——电解池；

4——终点指示器(酸度计)；

5——假负载电阻；

6——标准电阻；

7——检流计；

8——控温标准电池组；

9——步进开关；

10——恒温油槽。

图 1 恒电流库仑装置示意图

a) 高精密计时恒流源：稳定性优于十万分之一的动态特性好的直流稳流电源，具有 1.018 6×100 mA 和 1.018 6×10 mA 两种输出电流，电流值用补偿法确定；计时最小分辨 0.1 ms，电流与计时同步性小于 0.1 ms。

b) 控温标准电池组：应符合 JJG 153 的要求。量程 1 V，年变化小于 5 μV。

c) 标准电阻：应符合 JJG 116 的要求。相对不确定度一般不大于 3×10^{-6}。

d) 直流辐射式检流计：内阻<100 Ω，临界外阻<1 000 Ω，分度值<3×10^{-9} A。

5.3.2.5 电解池装置(见图 2)。

阳极室(左边)和阴极室(右边)是用石英玻璃制成的直径 50 mm、高 125 mm 的圆筒。两室之间用直径 20 mm、长 80 mm 的石英玻璃管水平连接，在管中熔封三片分别为 2、2、3 号玻璃砂芯，由此形成的两个中间室各有一根带活塞的支管，用抽气减压和氮气加压方法使电解质溶液出入中间室。小室两片砂芯之间的距离为 20 mm，大室两片砂芯之间的距离为 40 mm。阳极室口上紧配一个预先处理好的白橡胶塞 1，通过塞子分别插入玻璃电极 2、饱和甘汞电极 3、氮气进气管 4、氮气出气管 5、表面积约 60 cm^2 的铂网阳极 6，阳极室底部有一个密封在聚四氟乙烯管内的约 20 mm 长的搅拌磁铁 9，聚乙烯盖 10 放在铂网阳极顶上。阴极室有一片 50 mm×75 mm 铜片作阴极 8，其底部浇铸了一个琼脂胶塞 7。

电解池装置放在有磁力搅拌器的工作台上。

注：琼脂胶塞的制备

称取 3 g 琼脂，加入 50 mL 水中，煮沸，加入等体积煮沸的硫酸钠溶液（1 mol/L），混合均匀，趁热浇铸于阴极室底部。

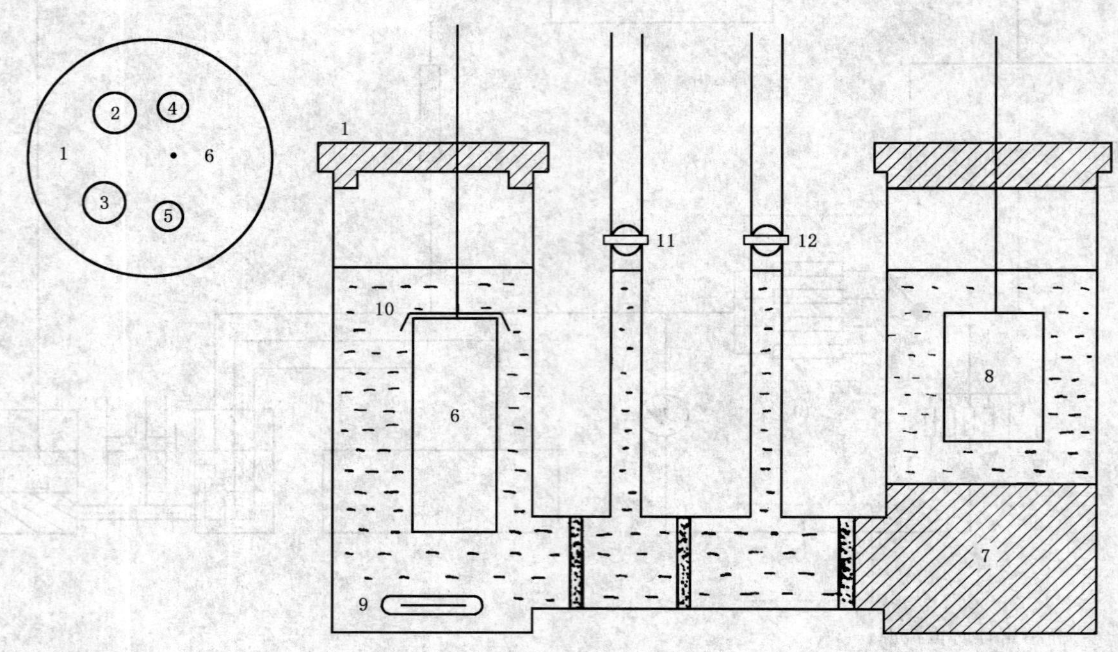

1——白橡胶塞；

2——玻璃电极；

3——饱和甘汞电极；

4——氮气进气管；

5——氮气出气管；

6——铂网阳极；

7——琼脂胶塞；

8——铜片阴极；

9——搅拌子；

10——聚乙烯盖；

11——活塞 1；

12——活塞 2。

图 2 电解池装置

5.3.3 测定

5.3.3.1 制剂的制备

5.3.3.1.1 硫酸钠溶液[1 mol/L]

称取 322.2 g 硫酸钠（$Na_2SO_4 \cdot 10H_2O$）（优级纯），溶于水，稀释至 1 000 mL。

5.3.3.1.2 硫酸铜溶液[0.5 mol/L]

称取 79.8g 五水合硫酸铜，溶于水，稀释至 1 000 mL。

5.3.3.2 **称样**

将样品置于铂坩埚中，在(270±10) ℃下干燥 4 h，于干燥器中冷却至室温。

试样置于聚四氟乙烯小杯中，采用替代法进行称量，精确至 0.000 01 g。试样质量须作浮力校正，校正方法见附录 A。

5.3.3.3 **预滴定**

阴极室中加入 100 mL 硫酸铜溶液[0.5 mol/L]，阳极室加入 1.8 g 经重结晶的硫酸钠，溶于 130 mL 无二氧化碳的水中。在搅拌下从支管向阳极液通高纯氮 40 min，除去溶解的二氧化碳，插入玻璃电极和饱和甘汞电极。调节氮气进气管的进气量，维持一个小的氮气流，使阳极室电解质溶液液面上保持高纯氮气氛。打开活塞 1 和活塞 2，让阳极室电解质溶液流进中间室约 2 mm 深，在 10.186 mA 电流下，改变电极极性，对电解质溶液进行预处理。之后，在 10.186 mA 电流下，用增量法作预滴定曲线，预滴定完成后，用加压和减压的方法洗涤中间室数次，并用电解质溶液洗涤电解池内壁，最后使中间室的电解质溶液恢复至 2 mm 深，记录最终的 pH 值，绘制预滴定曲线(见图 3)。图中 C 点是滴定终点，A 点表示电解停止的时间，B 点表示完成洗涤后溶液的最终 pH 值。超过滴定终点部分的电荷量应记入总的电荷量中。取出玻璃电极和饱和甘汞电极，用聚四氟乙烯塞子塞上相应的两个孔。

图 3 预滴定曲线

5.3.3.4 **滴定和求终点**

依次打开活塞 1 和活塞 2，利用减压让阴极室电解质溶液充满中间室，关闭活塞 1 及活塞 2，将氮气调节到较小的流量，通过进气管向液面上方吹气，使阳极室保持正压以防止空气进入。将称好的试样连同小杯一起投入已预滴定的阳极室电解质溶液中，搅拌溶液。停止搅拌，在假负载电阻上调节电流值为 101.86 mA，接上两个电极，开始电解。在电解过程中，每隔 15 min 观察一次电流值，如有变化进行调节。当电解时间比试样纯度为 100%时所需时间长 2 s 时，停止电解，记下电解的时间。

将阳极室中电解质溶液转移至平底石英烧瓶中，将小室中溶液吹回阳极室，用聚乙烯滴管吸取此溶液反复洗涤铂网及其上的聚乙烯盖和橡胶塞，将洗涤液转移至上述平底烧瓶中。将大室中溶液吹回到阳极室，如上法进行洗涤后，将洗涤液再转移至上述平底烧瓶中，一并煮沸 10 min，除去二氧化碳，待溶液冷却至室温，转移回电解池的阳极室中，通高纯氮 40 min。

在 10.186 mA 电流下，用增量法绘制终点曲线。以铂网为阴极，铜片为阳极，每通过一定电量，记录溶液 pH 值的变化，直至过终点后再多做几点。同预滴定一样反复洗涤连接管中的砂芯、阳极室内壁及顶盖，直至 pH 值恒定，绘制 pH—t 和(ΔpH/Δt)—t 的曲线，求出终点。典型的终点滴定曲线见图 3。图中 C 点是滴定终点，A 点表示电解停止的时间，B 点表示完成洗涤后溶液的最后 pH 值。

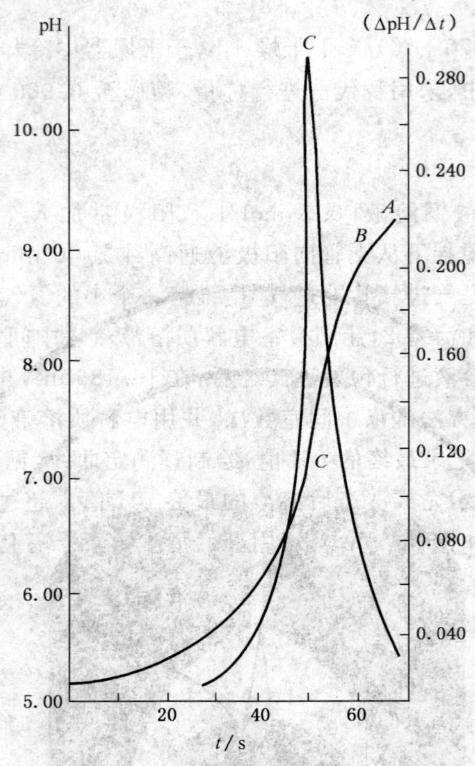

图 4 终点滴定曲线

5.3.4 计算

5.3.4.1 无水碳酸钠质量分数的计算

无水碳酸钠的质量分数 w,数值以“%”表示,按式(2)计算:

$$w=\frac{Q_P}{Q_T}\times 100=\frac{I\cdot t\cdot M}{n\cdot m\cdot \mathrm{F}}\times 100=\frac{E\cdot M\cdot t}{n\cdot R\cdot \mathrm{F}\cdot m}\times 100 \quad \cdots\cdots(2)$$

式中:

Q_P——电解试样实际消耗的电荷量,单位为库仑(C);

Q_T——电解试样所需的理论电荷量,单位为库仑(C);

I——电解时通过溶液的电流,单位为安培(A);

t——电解试样实际所需要的时间,单位为秒(s);

M——无水碳酸钠摩尔质量的数值,单位为克每摩尔(g/mol);

n——电子转移个数;

m——无水碳酸钠质量的数值,单位为克(g);

F——法拉第常数,单位为安培秒每摩尔(A·s/mol);

E——标准电池的电动势,单位为伏特(V);

R——标准电阻的阻值,单位为欧姆(Ω)。

式(2)中:

$$Q_P=I_1t_1+I_2[t_C+(t_A-t_B)+t_P] \quad \cdots\cdots(3)$$

I_1——大电流电解的电流值,单位为毫安培(mA);

t_1——大电流电解的时间,单位为秒(s);

I_2——预滴定和求终点的电流值,单位为毫安培(mA);

t_C——到达终点的时间,单位为秒(s);

t_A——相应于 A 点的时间,单位为秒(s);

t_B——相应于 B 点的时间，单位为秒(s)；

t_P——预滴定中 BC 间相应的时间，单位为秒(s)。

5.3.4.2 含量测定结果的不确定度及计算

含量测定结果的扩展不确定度一般应小于 0.02%($k=2$)，计算方法参见附录 B。

5.4 澄清度试验

称取 5 g 样品，溶于 100 mL 水中，其浊度不得大于 HG/T 3484 中规定的澄清度标准 2 号。

5.5 水不溶物

称取 10 g 样品，溶于 200 mL 水中，按 GB/T 9738 的规定测定。

5.6 氯化物

称取 1 g 试样，溶于 10 mL 水中，滴加硝酸溶液(25%)中和后，按 GB/T 9729 的规定测定。溶液所呈浊度不得大于标准比浊溶液。

标准比浊溶液的制备是取含 0.01 mg 的氯化物(Cl)标准溶液，稀释至 10 mL，与同体积试液同时同样处理。

5.7 硫化合物

称取 0.5 g 样品，溶于 10 mL 水中，加 0.3 mL“30%过氧化氢”，煮沸数分钟，冷却，用盐酸溶液(20%)调节溶液 pH 值至 5～6，再煮沸，冷却，稀释至 20 mL，加 0.5 mL 盐酸溶液(20%)酸化后，按 GB/T 9728 的规定测定。溶液所呈浊度不得大于标准比浊溶液。

标准比浊溶液的制备是取含 0.015 mg 的硫酸盐(SO_4)标准溶液，稀释至 20 mL，与同体积试液同时同样处理。

5.8 总氮量

称取 2 g 样品，溶于水，稀释至 140 mL，按 GB/T 609 的规定测定。溶液所呈黄色不得深于标准比色溶液。

标准比色溶液的制备是取含 0.02 mg 的氮(N)标准溶液，与样品同时同样处理。

5.9 磷酸盐及硅酸盐

称取 0.5 g 样品，溶于 50 mL 水中，加 2.4 mL 盐酸溶液(20%)，稀释至 80 mL，加热至沸，冷却。加 5 mL 钼酸铵溶液(100 g/L)，用氨水溶液(10%)或盐酸溶液(20%)调节溶液 pH 值至 1.8(用酸度计测定)，再加热至沸，于水浴上保温 20 min，冷却。加 10 mL 盐酸，移入分液漏斗中，用 25 mL 4-甲基-2-戊酮(甲基异丁基甲酮)萃取 2 min。取有机相，用 25 mL 盐酸溶液(0.5%)洗涤。取有机相，加 0.2 mL 新制备的氯化亚锡盐酸溶液(20 g/L)，加 1 mL 乙醇(无水乙醇)，摇匀。有机相所呈蓝色不得深于标准比色溶液。

标准比色溶液的制备是取含 0.012 mg 的硅酸盐(SiO_3)标准溶液，加 0.6 mL 盐酸溶液(20%)，稀释至 80 mL，与同体积试液同时同样处理。

5.10 镁

按 GB/T 9723—2007 的规定测定。

5.10.1 仪器条件

光源：镁空心阴极灯；

波长：285.2 nm；

火焰：乙炔-空气。

5.10.2 测定方法

称取 10 g 试样，溶于水，用盐酸溶液(20%)调节试液 pH 值至 5～6，过量 5 mL，稀释至 100 mL。取 10 mL，共四份。按 GB/T 9723—2007 中 7.2.2 的规定测定，结果按 7.2.3 的规定计算。

5.11 铝

称取 1 g 样品，溶于水，滴加盐酸溶液(20%)调节溶液 pH 值至 5～6，过量 0.25 mL，煮沸，冷却，用氨水溶液(10%)调节溶液 pH 值至中性,稀释至 10 mL,按 GB/T 9734—2008 中 6.1 的规定测定。溶液所呈红色不得深于标准比色溶液。

标准比色溶液的制备是取含 0.01 mg 的铝(Al)标准溶液,稀释至 10 mL,与同体积试液同时同样处理。

5.12 钾

按 GB/T 9723—2007 的规定测定。

5.12.1 仪器条件

光源:钾空心阴极灯;

波长:766.4 nm;

火焰:乙炔-空气。

5.12.2 测定方法

同 5.10.2。

5.13 钙

按 GB/T 9723—2007 的规定测定。

5.13.1 仪器条件

光源:钙空心阴极灯;

波长:422.7 nm;

火焰:乙炔-空气。

5.13.2 测定方法

称取 10 g 试样,溶于水,用盐酸溶液(20%)调节试液 pH 值至 5～6,过量 2.5 mL,稀释至 100 mL。取 20 mL,共四份。按 GB/T 9723—2007 中 7.2.2 的规定测定,结果按 7.2.3 的规定计算。

5.14 铁

称取 1 g 样品,溶于水,滴加盐酸溶液(20%)调节溶液 pH 值至 5～6,过量 0.5 mL,煮沸,冷却,稀释至 15 mL,用氨水溶液(10%)调节溶液 pH 值至 2 后,按 GB/T 9739 的规定测定。溶液所呈红色不得深于标准比色溶液。

标准比色溶液的制备是取含 0.003 mg 的铁(Fe)标准溶液,加 10 mL 水及 0.5 mL 盐酸溶液(20%),稀释至 15 mL,与同体积试液同时同样处理。

5.15 重金属

称取 6 g 样品,溶于 25 mL 水中,用硝酸溶液(25%)中和,过量 0.5 mL,在水浴上蒸干。残渣溶于水,用氢氧化钠溶液[c(NaOH)=0.1 mol/L]调节溶液 pH 值至 4,稀释至 40 mL。取 30 mL,加0.2 mL 乙酸溶液(30%)及 10 mL 新制备的饱和硫化氢水,摇匀,放置 10 min。溶液所呈暗色不得深于标准比色溶液。

标准比色溶液的制备是取剩余的 10 mL 试样溶液及含 0.015 mg 的铅(Pb)标准溶液,稀释至 30 mL,与同体积试液同时同样处理。

6 检验规则

对于批量生产的产品,按照 JJG 1006 的要求进行均匀性初检。

批量产品经初步检验合格方可进行分装,之后抽取试样进行正式检验。

正式检验抽样规则:当总体单元数少于 200 时,抽取单元数 n 不少于 11 个;当总体单元数大于 200 少于 500 时,n 不少于 12 个;当总体单元数大于 500 时,n 不少于 15 个。

7 包装及标志

按 GB 15346 的规定进行包装、贮存与运输,并给出标志,其中:

包装单位:第 3 类;

内包装形式:NB-4、NB-5、NB-6;

外包装形式:用规格为 600 g/m^2 的盒板纸制盒,外层裱蓝色电光纸。

附 录 A
(规范性附录)
被称量物质质量的空气浮力校正

被称物的真空质量(m_Z),单位为克(g),按式(A.1)计算:

$$m_Z = m_K + \rho_K\left(\frac{1}{\rho_W} - \frac{1}{\rho_F}\right)m_K \quad \cdots\cdots(A.1)$$

式中:

m_K——被称量物的质量,单位为克(g);

ρ_K——称量时空气的密度,单位为克每立方厘米(g/cm^3);

ρ_W——被称量物质的密度,单位为克每立方厘米(g/cm^3);

ρ_F——砝码的密度,单位为克每立方厘米(g/cm^3)。

式(A.1)中:

空气的密度(ρ_K),单位为克每立方厘米(g/cm^3),按式(A.2)计算:

$$\rho_K = 0.001\,29\left(\frac{273.15}{t + 273.15}\right)\left(\frac{P_1 - 0.378\,3 \times P_2}{101.3}\right) \quad \cdots\cdots(A.2)$$

式中:

P_1——大气压的数值,单位为千帕(kPa);

P_2——室温下水的蒸气压的数值,单位为千帕(kPa);

t——室内温度的数值,单位为摄氏度(℃)。

式(A.2)中:

水的蒸气压的数值(P_2),单位为千帕(kPa),按式(A.3)计算:

$$P_2 = W \times P_3 \quad \cdots\cdots(A.3)$$

式中:

W——空气的相对湿度的数值,以%表示;

P_3——室温下水的饱和蒸气压的数值,单位为千帕(kPa)。

水的饱和蒸气压的数值见表A.1。

表 A.1 水的饱和蒸气压(kPa)

温度(℃)	0.0	0.1	0.2	0.3	0.4	0.5	0.6	0.7	0.8	0.9
11	1.312	1.321	1.329	1.338	1.347	1.356	1.365	1.374	1.383	1.392
12	1.402	1.411	1.420	1.430	1.439	1.448	1.458	1.468	1.477	1.487
13	1.497	1.507	1.516	1.526	1.536	1.546	1.556	1.567	1.577	1.587
14	1.598	1.608	1.618	1.629	1.639	1.650	1.661	1.672	1.682	1.693
15	1.704	1.715	1.726	1.737	1.749	1.760	1.771	1.783	1.794	1.806
16	1.817	1.829	1.840	1.852	1.864	1.876	1.888	1.900	1.912	1.924
17	1.937	1.949	1.961	1.974	1.986	1.999	2.011	2.024	2.037	2.050
18	2.063	2.076	2.089	2.102	2.115	2.129	2.142	2.155	2.169	2.183
19	2.196	2.210	2.224	2.238	2.252	2.266	2.280	2.294	2.308	2.323
20	2.337	2.352	2.366	2.381	2.396	2.410	2.425	2.440	2.455	2.471

表 A.1（续）

温度(℃)	0.0	0.1	0.2	0.3	0.4	0.5	0.6	0.7	0.8	0.9
21	2.486	2.501	2.517	2.532	2.548	2.563	2.579	2.595	2.611	2.627
22	2.643	2.659	2.675	2.692	2.708	2.724	2.741	2.758	2.775	2.791
23	2.808	2.825	2.843	2.860	2.877	2.894	2.912	2.930	2.947	2.965
24	2.983	3.001	3.019	3.037	3.055	3.074	3.092	3.111	3.129	3.148
25	3.167	3.186	3.205	3.224	3.243	3.262	3.282	3.301	3.321	3.341
26	3.361	3.381	3.401	3.421	3.441	3.461	3.482	3.502	3.523	3.544
27	3.565	3.586	3.607	3.628	3.649	3.671	3.692	3.714	3.735	3.757
28	3.779	3.801	3.824	3.846	3.868	3.891	3.913	3.936	3.959	3.982
29	4.005	4.028	4.052	4.075	4.099	4.122	4.146	4.170	4.194	4.218
30	4.243	4.267	4.292	4.316	4.341	4.366	4.391	4.416	4.441	4.467
31	4.492	4.518	4.544	4.570	4.596	4.622	4.648	4.675	4.701	4.728
32	4.755	4.782	4.809	4.836	4.863	4.891	4.919	4.946	4.974	5.002
33	5.030	5.059	5.087	5.116	5.144	5.173	5.202	5.231	5.261	5.290
34	5.320	5.349	5.379	5.409	5.439	5.470	5.500	5.531	5.561	5.592
35	5.623	5.654	5.686	5.717	5.749	5.781	5.813	5.845	5.877	5.909
36	5.942	5.975	6.007	6.040	6.074	6.107	6.140	6.174	6.208	6.242
37	6.276	6.310	6.345	6.379	6.414	6.449	6.484	6.519	6.555	6.590
38	6.626	6.662	6.698	6.734	6.771	6.807	6.844	6.881	6.918	6.956
39	6.993	7.031	7.068	7.106	7.145	7.183	7.221	7.260	7.299	7.338
40	7.377	7.417	7.456	7.496	7.536	7.576	7.617	7.657	7.698	7.739
41	7.780	7.821	7.863	7.904	7.946	7.988	8.030	8.073	8.115	8.158
42	8.201	8.244	8.288	8.331	8.375	8.419	8.463	8.508	8.552	8.597
43	8.642	8.687	8.732	8.778	8.824	8.870	8.916	8.962	9.009	9.056
44	9.103	9.150	9.198	9.245	9.293	9.341	9.390	9.438	9.487	9.536

附 录 B
（资料性附录）
含量测定结果不确定度的计算

B.1 含量测定结果的 A 类标准不确定度分量的计算

A 类标准不确定度分量[$u_A(\overline{w})$]按式(B.1)计算：

$$u_A(\overline{w})=\frac{s(\overline{w})}{\sqrt{n}} \qquad \cdots\cdots(B.1)$$

式中：

$s(\overline{w})$——n 次测定结果的标准偏差，数值以“%”表示。

B.2 含量测定结果的 B 类相对合成标准不确定度分量的计算

根据第 5 章式(2)含量测定结果的 B 类相对合成标准不确定度分量[$u_{cBrel}(\overline{w})$]按式(B.2)计算：

$$u_{cBrel}(w)=\sqrt{u_{rel}^2(I)+u_{rel}^2(t)+u_{rel}^2(m)+u_{rel}^2(M)+u_{rel}^2(\mathrm{F})+u_{rel}^2(x)} \qquad \cdots\cdots(B.2)$$

式中：

$u_{rel}(I)$——电流相对标准不确定度分量；

$u_{rel}(t)$——时间的相对标准不确定度分量；

$u_{rel}(m)$——无水碳酸钠质量数值的相对标准不确定度分量；

$u_{rel}(M)$——无水碳酸钠摩尔质量数值的相对标准不确定度分量；

$u_{rel}(\mathrm{F})$——法拉第常数的相对标准不确定度分量；

$u_{rel}(x)$——终点判断的相对标准不确定度分量。

B.2.1 电流相对标准不确定度分量计算

电流相对标准不确定度分量[$u_{rel}(I)$]按式(B.3)计算：

$$u_{rel}(I)=\frac{u(I)}{I} \qquad \cdots\cdots(B.3)$$

式中：

$u(I)$——电流的标准不确定度分量，单位为安培(A)；

I——电流的数值，以标准电池的电压值除以标准电阻的数值得到，单位为安培(A)。

式(B.3)中：

$$\frac{u(I)}{I}=\sqrt{\left[\frac{u(rep)}{I}\right]^2+\left[\frac{u(V)}{V}\right]^2+\left[\frac{u(R)}{R}\right]^2} \qquad \cdots\cdots(B.4)$$

式中：

$u(rep)$——电流稳定性的标准不确定度分量，单位为安培(A)；

$u(V)$——控温标准电池组的电压的标准不确定度分量，单位为伏特(V)；

V——控温标准电池组的电压的数值，单位为伏特(V)；

$u(R)$——标准电阻的标准不确定度分量，单位为欧姆(Ω)；

R——标准电池电阻的数值，单位为欧姆(Ω)。

式(B.4)中：

$$u_{rep}=\frac{\Delta I}{\sqrt{3}} \qquad \cdots\cdots(B.5)$$

式中：

ΔI——电流示值瞬间噪声，由 7 位半数字多用表观察电流波动性区间，单位为安培(A)。

式(B.4)中：

$$u(V)=\frac{U_V}{k} \qquad \cdots\cdots(B.6)$$

式中：

U_V——控温标准电池组的电压的扩展不确定度，单位为伏特(V)；

k——包含因子。

式(B.4)中：

$$u(R)=\frac{U_R}{k} \qquad \cdots\cdots(B.7)$$

式中：

U_R——标准电阻的扩展不确定度，单位为欧姆(Ω)；

k——包含因子。

B.2.2 时间相对标准不确定度分量计算

时间相对标准不确定度分量[$u_{rel}(t)$]按式(B.8)计算：

$$u_{rel}(t)=\frac{u(t)}{t} \qquad \cdots\cdots(B.8)$$

式中：

$u(t)$——时间的标准不确定度分量，单位为秒(s)；

t——时间的数值，单位为秒(s)。

式(B.8)中：

$$u(t)=\sqrt{u^2(t_0)+\sum_{i=1}^{i}u^2(t_i)} \qquad \cdots\cdots(B.9)$$

式中：

$u(t_0)$——计时时间间隔的标准不确定度分量，单位为秒(s)；

$u(t_i)$——多次启动、停止电解操作中，电解与计时同步性的标准不确定度分量，单位为秒(s)。

式(B.9)中：

$$u(t_0)=\frac{\Delta t}{\sqrt{3}} \qquad \cdots\cdots(B.10)$$

式中：

Δt——计时时间间隔的误差，单位为秒(s)。

式(B.9)中：

$$u(t_i)=\frac{\Delta t_i}{\sqrt{3}} \qquad \cdots\cdots(B.11)$$

式中：

Δt_i——电解与计时同步性的误差，单位为秒(s)。

B.2.3 无水碳酸钠质量数值的相对标准不确定度分量计算

无水碳酸钠质量数值的相对标准不确定度分量[$u_{rel}(m)$]按式(B.12)计算：

$$u_{rel}(m)=\frac{u(m)}{m} \qquad \cdots\cdots(B.12)$$

式中：

$u(m)$——无水碳酸钠质量数值的标准不确定度分量，单位为克(g)；

m——无水碳酸钠质量的数值，单位为克(g)。

式(B.12)中：

$$u(m)=\frac{U_m}{k} \qquad \text{(B. 13)}$$

式中：

U_m——替代称量中标准砝码的扩展不确定度，单位为克(g)；

k——包含因子。

注：浮力修正的不确定度：由于浮力修正的质量 Δm 只占称量质量 m 的万分之几，浮力修正的不确定度 $u(\Delta m)$ 只是 Δm 的千分之几，因此，浮力修正的不确定度 $u(\Delta m)$ 对于质量称量可忽略不计。

天平最大允许误差引入的不确定度分量：因本标准含量测定方法中规定使用替代法称量样品质量，不确定度可忽略不计。

B.2.4　无水碳酸钠摩尔质量数值的相对标准不确定度分量计算

无水碳酸钠摩尔质量数值的相对标准不确定度分量[$u_{\text{rel}}(M)$]按式(B.14)计算：

$$u_{\text{rel}}(M)=\frac{u(M)}{M} \qquad \text{(B. 14)}$$

式中：

$u(M)$——无水碳酸钠摩尔质量数值的标准不确定度分量，单位为克每摩尔(g/mol)；

M——无水碳酸钠摩尔质量的数值，单位为克每摩尔(g/mol)。

式(B.14)中：

$$u(M)=\sqrt{2u(\text{Na})^2+u(\text{C})^2+3u(\text{O})^2} \qquad \text{(B. 15)}$$

式中：

$u(\text{Na})$——无水碳酸钠中钠元素的相对原子质量数值的标准不确定度分量，单位为克每摩尔(g/mol)；

$u(\text{C})$——无水碳酸钠中碳元素的相对原子质量数值的标准不确定度分量，单位为克每摩尔(g/mol)；

$u(\text{O})$——无水碳酸钠中氧元素的相对原子质量数值的标准不确定度分量，单位为克每摩尔(g/mol)。

B.2.5　法拉第常数相对标准不确定度分量计算

法拉第常数相对标准不确定度分量 $u_{\text{rel}}(\text{F})$ 采用国际公布的最新量值。

B.2.6　终点判断的相对标准不确定度分量计算

终点判断的相对标准不确定度分量 $u_{\text{rel}}(x)$ 按式(B.16)计算：

$$u_{\text{rel}}(x)=\frac{u(\Delta t)}{t} \qquad \text{(B. 16)}$$

式中：

$u(\Delta t)$——根据曲线图上横坐标间距(即时间间隔)产生的不确定度分量，单位为秒(s)；

t——电解时间，单位为秒(s)。

B.2.7　含量测定结果的 B 类相对合成标准不确定度分量[$u_{\text{cBrel}}(\overline{w})$]的计算

将上述计算的数值代入式(B.2)，进行计算。

B.3　含量测定结果的合成标准不确定度的计算

含量测定结果的合成标准不确定度[$u_{\text{c}}(\overline{w})$]按式(B.17)计算：

$$u_{\text{c}}(\overline{w})=\sqrt{u_{\text{A}}^2(\overline{w})+u_{\text{cB}}^2(\overline{w})} \qquad \text{(B. 17)}$$

式中：

$u_{\text{A}}(\overline{w})$——含量测定结果 A 类标准不确定度分量，数值以“%”表示；

$u_{\text{cB}}(\overline{w})$——含量测定结果的 B 类合成标准不确定度分量，数值以“%”表示。

式(B.17)中：

$$u_{cB}(\overline{w}) = u_{cBrel}(\overline{w}) \times \overline{w} \qquad \cdots\cdots(B.18)$$

式中：

$u_{cBrel}(\overline{w})$——含量测定结果的B类相对合成标准不确定度分量，数值以“%”表示；

$\overline{w}$——含量测定结果的平均值，数值以“%”表示。

B.4　含量测定结果扩展不确定度的计算

含量测定结果的扩展不确定度[$U(\overline{w})$]按式(B.19)计算：

$$U(\overline{w}) = k \times u_c(\overline{w}) \qquad \cdots\cdots(B.19)$$

式中：

$u_c(\overline{w})$——含量测定结果合成标准不确定度，数值以“%”表示；

k——包含因子(一般情况下 $k=2$)。

ICS 71.040.30
G 61

中华人民共和国国家标准

GB 10736—2008
代替 GB 10736—1989

工作基准试剂　氯化钾

Working chemical—Potassium chloride

2008-06-18 发布　　2009-06-01 实施

中华人民共和国国家质量监督检验检疫总局
中国国家标准化管理委员会　发布

前　言

本标准第4章、第5.3.1、5.3.2条为强制性的，其他条文为推荐性的。

本标准代替GB 10736—1989《工作基准试剂（容量）氯化钾》，与GB 10736—1989相比主要变化如下：

——标准名称改为《工作基准试剂　氯化钾》；

——修改了含量的测定方法（1989年版的4.1，本版的5.3）。

——pH值、水不溶物、硫酸盐、总氮量、磷酸盐、铁、重金属七项改用化学试剂通用方法测定（1989年版的4.2、4.3.2、4.3.5、4.3.6、4.3.7、4.3.11、4.3.13，本版的5.4、5.6、5.9、5.10、5.11、5.15、5.17）。

本标准由中国石油和化学工业协会提出。

本标准由全国化学标准化技术委员会化学试剂分会（SAC/TC 63/SC 3）归口。

本标准负责起草单位：北京化学试剂研究所。

本标准主要起草人：韩宝英、强京林。

本标准所代替标准的历次版本发布情况为：

——GB 10736—1977、GB 10736—1989。

工作基准试剂　氯化钾

分子式：KCl

相对分子质量：74.551(根据2005年国际相对原子质量)。

1　范围

本标准规定了工作基准试剂　氯化钾的性状、规格、试验、检验规则和包装及标志。

本标准适用于滴定分析用工作基准试剂　氯化钾的检验。

2　规范性引用文件

下列文件中的条款通过本标准的引用而成为本标准的条款。凡是注日期的引用文件，其随后所有的修改单(不包括勘误的内容)或修订版均不适用于本标准，然而，鼓励根据本标准达成协议的各方研究是否可使用这些文件的最新版本。凡是不注日期的引用文件，其最新版本适用于本标准。

GB/T 601　化学试剂　标准滴定溶液的制备

GB/T 602　化学试剂　杂质测定用标准溶液的制备(GB/T 602—2002,ISO 6353-1:1982,NEQ)

GB/T 603　化学试剂　试验方法中所用制剂及制品的制备(GB/T 603—2002,ISO 6353-1:1982,NEQ)

GB/T 609　化学试剂　总氮量测定通用方法(GB/T 609—2006,ISO 6353-1:1982,NEQ)

GB/T 6682　分析实验室用水规格和试验方法(GB/T 6682—2008,ISO 3696:1987,MOD)

GB/T 9723—2007　化学试剂　火焰原子吸收光谱法通则

GB/T 9724　化学试剂　pH值测定通则(GB/T 9724—2007,ISO 6353-1:1982,NEQ)

GB/T 9727　化学试剂　磷酸盐测定通用方法(GB/T 9727—2007,ISO 6353-1:1982,NEQ)

GB/T 9728　化学试剂　硫酸盐测定通用方法(GB/T 9728—2007,ISO 6353-1:1982,NEQ)

GB/T 9735　化学试剂　重金属测定通用方法(GB/T 9735—2008,ISO 6353-1:1982,NEQ)

GB/T 9738　化学试剂　水不溶物测定通用方法(GB/T 9738—2008,ISO 6353-1:1982,NEQ)

GB/T 9739　化学试剂　铁测定通用方法(GB/T 9739—2006,ISO 6353-1:1982,NEQ)

GB 10737　工作基准试剂　含量测定通则　称量电位滴定法

GB 15346　化学试剂　包装及标志

HG/T 3484　化学试剂　标准玻璃乳浊液和澄清度标准

HG/T 3921　化学试剂　采样及验收规则

3　性状

本试剂为白色结晶粉末，溶于水，几乎不溶于乙醇。

4　规格

氯化钾的规格见表1。

表1

名　称	工作基准
含量(KCl),w/%	99.95～100.05
pH值(50 g/L,25 ℃)	5.5～8.0
澄清度试验，号	≤2

表 1（续）

名　　称	工 作 基 准
水不溶物，w/%	≤0.003
碘化物(I)，w/%	≤0.001
溴化物(Br)，w/%	≤0.02
硫酸盐(SO_4)，w/%	≤0.001
总氮量(N)，w/%	≤0.000 5
磷酸盐(PO_4)，w/%	≤0.000 5
钠(Na)，w/%	≤0.02
镁(Mg)，w/%	≤0.000 5
钙(Ca)，w/%	≤0.001
铁(Fe)，w/%	≤0.000 1
钡(Ba)，w/%	≤0.001
重金属(以 Pb 计)，w/%	≤0.000 5

5 试验

5.1 警告

本试验方法中使用的部分试剂具有毒性或腐蚀性，一些试验过程可能导致危险情况，操作者应采取适当的安全和健康措施。

5.2 一般规定

本章中除另有规定外，所用标准滴定溶液、标准溶液、制剂及制品，均按 GB/T 601、GB/T 602、GB/T 603 的规定制备，实验用水应符合 GB/T 6682 中三级水规格，样品均按精确至 0.01 g 称量，所用溶液以“%”表示的均为质量分数。

5.3 含量

按 GB 10737 的规定测定。

5.3.1 硝酸银标准滴定溶液滴定标准物质氯化钾

称取 0.2 g 于 500 ℃～600 ℃灼烧至恒量的标准物质氯化钾，精确至 0.000 01 g。置于反应瓶中，加 70 mL 水溶解，加 10 mL 淀粉指示液(10 g/L)，用硫离子选择电极(或银电极)作指示电极，用 217 型双盐桥饱和甘汞电极(外盐桥套管内装饱和硝酸铵或硝酸钾溶液)作参比电极。用硝酸银标准滴定溶液[$c(AgNO_3)=0.1$ mol/L]滴定至终点。称量硝酸银标准滴定溶液，应精确至 0.000 1 g。

5.3.2 含量的测定

含量的测定同 5.3.1，用样品代替标准物质。

氯化钾的质量分数 w，数值以“%”表示，按式(1)计算：

$$w=\frac{m_1\times m_4\times w_b}{m_2\times m_3} \qquad (1)$$

式中：

m_1——标准物质氯化钾质量的数值，单位为克(g)；

m_4——滴定样品时，硝酸银标准滴定溶液质量的数值，单位为克(g)；

w_b——标准物质氯化钾的含量(质量分数)，数值以“%”表示；

m_2——滴定标准物质氯化钾时，硝酸银标准滴定溶液质量的数值，单位为克(g)；

m_3——样品质量的数值，单位为克(g)。

5.4 pH 值

按 GB/T 9724 的规定测定。

5.5 澄清度试验

称取 25 g 样品，溶于 100 mL 水中，其浊度不得大于 HG/T 3484 中规定的澄清度标准 2 号。

5.6 水不溶物

称取 50 g 样品，溶于 200 mL 水中，在水浴上保温 1 h 后，按 GB/T 9738 的规定测定。

5.7 碘化物

称取 11 g 样品，溶于 50 mL 水中，移入分液漏斗中，加 2 mL 盐酸及 5 mL 三氯化铁溶液（100 g/L），摇匀，放置 5 min。加 10 mL 四氯化碳，振摇 1 min，放置分层，收集四氯化碳层于比色管中，用四氯化碳萃取两次，每次 5 mL，并入比色管中（保留试样水溶液）。有机层所呈紫色不得深于标准比色溶液。

标准比色溶液的制备是取 1 g 样品及含 0.1 mg 的碘（I）标准溶液和含 2.0 mg 的溴（Br）标准溶液，与样品同时同样处理（保留标准水溶液）。

5.8 溴化物

将 5.7 分液漏斗中保留的试样水溶液用四氯化碳萃取两次，每次 5 mL，弃去四氯化碳，于溶液中加 35 mL 硫酸溶液（1+1）及 10 mL 铬酸溶液（100 g/L），摇匀，放置 5 min。加 10 mL 四氯化碳，振摇 1 min，放置分层。收集四氯化碳层于比色管中，再用 5 mL 四氯化碳萃取，并入比色管中。有机层所呈黄色不得深于标准比色溶液。

标准比色溶液的制备是取 5.7 中保留的标准水溶液与 5.8 中试样水溶液同时同样处理。

5.9 硫酸盐

称取 1 g 样品，溶于 20 mL 水中，加 0.5 mL 盐酸溶液（20%）酸化后，按 GB/T 9728 的规定测定。溶液所呈浊度不得大于标准比浊溶液。

标准比浊溶液的制备是取含 0.01 mg 的硫酸盐（SO_4）标准溶液，与样品同时同样处理。

5.10 总氮量

称取 2 g 样品，溶于水，稀释至 140 mL，按 GB/T 609 的规定测定。溶液所呈黄色不得深于标准比色溶液。

标准比色溶液的制备是取含 0.01 mg 的氮（N）标准溶液，与样品同时同样处理。

5.11 磷酸盐

称取 1 g 样品，溶于适量水中，加 2 滴饱和 2,4-二硝基酚指示液，滴加硝酸溶液（13%）至黄色刚刚消失，稀释至 10 mL 后，按 GB/T 9727 的规定测定。有机层所呈蓝色不得深于标准比色溶液。

标准比色溶液的制备是取含 0.005 mg 的磷酸盐（PO_4）标准溶液，与样品同时同样处理。

5.12 钠

按 GB/T 9723—2007 的规定测定。

5.12.1 仪器条件

光源：钠空心阴极灯；

波长：589.0 nm；

火焰：乙炔-空气。

5.12.2 测定方法

称取 1 g 样品，溶于水，稀释至 100 mL。取 10 mL，共四份。按 GB/T 9723—2007 中 7.2.2 的规定测定，结果按 7.2.3 的规定计算。

5.13 镁

按 GB/T 9723—2007 的规定测定。

5.13.1 仪器条件

光源：镁空心阴极灯；

波长:285.2 nm;

火焰:乙炔-空气。

5.13.2 测定方法

称取 20 g 样品,溶于水,稀释至 100 mL。取 10 mL,共四份。按 GB/T 9723—2007 中 7.2.2 的规定测定,结果按 7.2.3 的规定计算。

5.14 钙

称取 0.3 g 样品,溶于 10 mL 水中,加 10 mL“乙醇(95%)”、0.5 mL 混合碱及 1 mL 乙二醛缩双邻氨基酚乙醇溶液(2 g/L),摇匀,放置 5 min。用 5 mL 三氯甲烷萃取(温度不超过 30 ℃),立即比色。有机层所呈红色不得深于标准比色溶液。

标准比色溶液的制备是取含 0.003 mg 的钙(Ca)标准溶液,与样品同时同样处理。

5.15 铁

称取 3 g 样品,溶于 15 mL 水中,用盐酸溶液(15%)将溶液的 pH 值调至 2 后,按 GB/T 9739 的规定测定。溶液所呈红色不得深于标准比色溶液。

标准比色溶液的制备是取含 0.003 mg 的铁(Fe)标准溶液,与样品同时同样处理。

5.16 钡

5.16.1 试验制剂的制备

准确称取 0.02 g 氯化钡,溶于 100 mL 无水乙醇溶液(3+7)中。取 2.5 mL 与 10 mL 硫酸钠($Na_2SO_4 \cdot 10H_2O$)溶液(400 g/L)混合,准确放置 1 min(使用前混合)。

5.16.2 测定方法

称取 1 g 样品,溶于水中,稀释至 20 mL,加 0.5 mL 盐酸溶液(20%)。加入至 1.25 mL 试验制剂中,稀释至 25 mL,摇匀,放置 5 min。溶液所呈浊度不得大于标准比浊溶液。

标准比浊溶液的制备是取含 0.01 mg 的钡(Ba)标准溶液,与样品同时同样处理。

5.17 重金属

称取 4 g 样品,溶于水,稀释至 20 mL。取 15 mL,按 GB/T 9735 的规定测定。溶液所呈暗色不得深于标准比色溶液。

标准比色溶液的制备是取剩余的 5 mL 样品溶液及含 0.01 mg 的铅(Pb)标准溶液,稀释至 15 mL,与同体积样品溶液同时同样处理。

6 检验规则

按 HG/T 3921 的规定进行采样及验收。

7 包装及标志

按 GB 15346 的规定进行包装、贮存与运输,并给出标志,其中:

包装单位:第 3 类;

内包装形式:NB-4、NB-5;

外包装形式:用规格为 600 g/m² 的盒板纸制盒,外层裱紫色电光纸。

ICS 85-010
Y 30

中华人民共和国国家标准

GB/T 10741—2008
代替 GB/T 10741—1989

纸浆　苯醇抽出物的测定

Pulps—Determination of alcohol-benzene solubles

2008-08-19 发布　　2009-05-01 实施

中华人民共和国国家质量监督检验检疫总局
中国国家标准化管理委员会　发布

前　言

本标准代替 GB/T 10741—1989《纸浆苯醇抽出物的测定法》。

本标准与 GB/T 10741—1989 相比，主要变化如下：

——增加了前言；

——修改了操作内容；取消用滤纸包扎样品，增加用脱脂棉过滤排液管口；取消用称量瓶蒸干溶剂，规定用底瓶直接蒸干，烘箱温度由(105±3)℃改为(105±2)℃(本版的第 7 章)；

——增加了规范性引用文件(本版的第 2 章)；

——修改了试样的采取和制备(本版的第 6 章)；

——增加了结果的报告内容(本版的第 8 章)。

本标准由中国轻工业联合会提出。

本标准由全国造纸工业标准化技术委员会归口。

本标准起草单位：天津轻工业造纸技术研究所、中国制浆造纸研究院。

本标准主要起草人：聂俊红。

本标准所代替标准的历次版本发布情况为：

——GB/T 10741—1989。

本标准由全国造纸工业标准化技术委员会负责解释。

纸浆 苯醇抽出物的测定

1 范围

本标准规定了纸浆中苯醇抽出物的测定方法。

本标准适用于各种化学浆和半化学浆。

2 规范性引用文件

下列文件中的条款通过本标准的引用而成为本标准的条款。凡是注日期的引用文件，其随后所有的修改单(不包括勘误的内容)或修订版均不适用于本标准，然而，鼓励根据本标准达成协议的各方研究是否可使用这些文件的最新版本。凡是不注日期的引用文件，其最新版本适用于本标准。

GB/T 462 纸、纸板和纸浆 分析试样水分的测定(GB/T 462—2008，ISO 287:1985，ISO 638:1978，MOD)

GB/T 740 纸浆 试样的采取(GB/T 740—2003，ISO 7213:1981，IDT)

3 原理

用苯醇抽提纸浆，然后将抽出液蒸发、干燥、称量，从而定量地测定其残余物的量。

4 试剂

苯醇混合液：量取 2 体积分析纯苯及 1 体积分析纯 95%乙醇，混匀。

5 仪器

一般实验室仪器及

5.1 索氏抽提器：抽提器的体积应为 60 mL～120 mL，底瓶容量 150 mL。

5.2 分析天平：感量 0.000 1 g。

5.3 恒温水浴：具有温度调节器。

5.4 烘箱：通风，且具有温度调节器。

6 试样采取和制备

6.1 取样

纸浆试样的采取按照 GB/T 740 的规定进行。

6.2 试样的制备

将样品剪成或撕成大小约 1.5 cm×1.5 cm 的试样，且混合均匀。操作时应戴上干净的手套，并小心拿取，防止污染。制备好的试样应贮存于带盖的磨口广口瓶中。

6.3 水分含量的测定

按照 GB/T 462 测定试样的绝干物含量。

7 试验步骤

称取(5±0.002)g 风干试样，先将一小团预先用苯醇抽提过的脱脂棉放入索氏抽提器(5.1)的排液管中，然后将试样放入索氏抽提器(5.1)。将已于(105±2)℃烘干并恒重的底瓶连接到索氏抽提器上，将相当于索氏抽提器体积 1.5 倍的苯醇混合液加到底瓶中，连接冷凝器，将仪器安装在恒温水浴(5.3)

上开始抽提。

调节煮沸速度，使得每小时可抽提循环 6 次，如此至少抽提 6 h，并保证总的抽提循环次数至少为 36 次。抽提结束后，抽提液应是清亮的，不应带有纤维，最后将底瓶放在恒温水浴(5.3)上蒸发至干，然后在(105±2)℃烘箱(5.4)中烘干至恒重(相邻的两次称量，质量相差应不大于 0.5 mg)。

8 结果的表述

8.1 计算方法

苯醇抽出物含量按式(1)计算，以%表示。

$$X = \frac{m_0}{m_1} \times 100 \qquad \cdots\cdots(1)$$

式中：

X——苯醇抽出物的含量，%；

m_0——苯醇抽出物的质量，单位为克(g)；

m_1——绝干试样的质量，单位为克(g)。

8.2 结果表示

同时测定两次，取其算术平均值作为测定结果。

两次测定计算值的差应不超过 0.10%。

9 质量保证和控制

9.1 测定时，应严格控制抽提液的温度和速度，因为它直接影响测定结果。

9.2 试验过程中，应避免脱脂棉从排气管口脱落，导致纤维流入抽提液。

10 试验报告

试验报告应包括以下内容：

a) 本标准的编号；

b) 鉴定试样的所有资料；

c) 试验时间和地点；

d) 以含量(%)表示的测定结果；

e) 试验中所观察到的任何异常现象；

f) 本标准或规范性引用文件中未规定的，并可能影响测定结果的任何操作。

ICS 85-010
Y 30

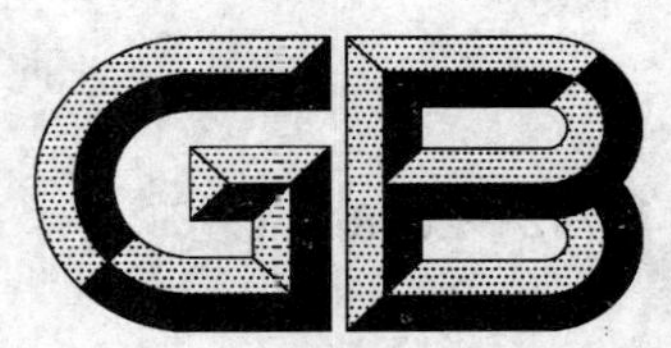

中华人民共和国国家标准

GB/T 10742—2008
代替 GB/T 10742—1989

造纸原料　果胶含量的测定

Raw fiber material—Determination of pectin content

2008-08-19 发布　　　　2009-05-01 实施

中华人民共和国国家质量监督检验检疫总局
中国国家标准化管理委员会　发布

前　言

本标准代替 GB/T 10742—1989《造纸原料果胶含量的测定》。

本标准与 GB/T 10742—1989 相比主要变化如下：

——增加了前言；

——将引用标准修改为规范性引用文件（1989 年版的第 2 章；本版的第 2 章），增加了引用的标准；

——修改了原理（1989 年版的 3.1；本版的 3.1）；

——修改了试剂的要求（1989 年版的 3.2；本版的 3.2）；

——修改了仪器的要求（1989 年版的 3.3；本版的 3.3）；

——删除了 1989 年版的 3.4；

——修改了试验步骤，将试验过程分成七部分，并对个别步骤进行了修改（1989 年版的 3.5；本版的 3.4）；

——修改了计算公式和结果表示（1989 年版的 3.6；本版的 3.5）；

——修改了比色法（1989 年版的第 4 章；本版的第 4 章）；

——增加了试验报告（本版的第 5 章）。

本标准由中国轻工业联合会提出。

本标准由全国造纸工业标准化技术委员会归口。

本标准起草单位：中华人民共和国深圳出入境检验检疫局、中国制浆造纸研究院。

本标准主要起草人：顾浩飞、徐嵘、杨左军、欧阳姗、章雅玲。

本标准所代替标准的历次版本发布情况为：

——GB/T 10742—1989。

本标准由全国造纸工业标准化技术委员会负责解释。

造纸原料　果胶含量的测定

警告：使用本标准的人员应有正规实验室工作的实践经验。本标准未指出所有可能的安全问题。使用者有责任采取适当的安全和健康措施，并保证符合国家有关法规规定的条件。

1　范围

本标准规定了造纸原料中果胶含量的测定方法。

本标准适用于各种造纸原料中果胶含量的测定。

本标准提供了两种测定果胶含量的方法，即重量法与咔唑比色法，两种测定方法具有同等效力。

2　规范性引用文件

下列文件中的条款通过本标准的引用而成为本标准的条款。凡是注日期的引用文件，其随后所有的修改单(不包括勘误的内容)或修订版均不适用于本标准，然而，鼓励根据本标准达成协议的各方研究是否可使用这些文件的最新版本。凡是不注日期的引用文件，其最新版本适用于本标准。

GB/T 2677.1　造纸原料分析用试样的采取

GB/T 2677.2　造纸原料水分的测定

GB/T 6682　分析实验室用水规格和试验方法(GB/T 6682—2008，ISO 3696：1987，MOD)

3　方法一　重量法

3.1　原理

用草酸铵溶液抽出原料中的果胶物质，再加入含有盐酸的乙醇溶液，使果胶从抽出液中分出，然后用稀氨水溶液溶解所得的果胶物质，再加入氢氧化钠使所有果胶物质皆被水解，变成可溶性的果胶酸盐，最后用氯化钙沉淀为果胶酸钙。以果胶酸钙的含量表示果胶物质的含量。

3.2　试剂

除非另有说明，在分析中应使用确认为分析纯的试剂。

3.2.1　水，GB/T 6682，三级。

3.2.2　苯醇混合液：量取 33 体积的乙醇和 67 体积的苯混合而成。

3.2.3　1%草酸铵溶液，称取 5 g 无水草酸铵溶于水中，再加水定容至 500 mL。

3.2.4　0.5%草酸铵溶液，称取 2.5 g 无水草酸铵溶于水中，再加水定容至 500 mL。

3.2.5　氨水，NH_3H_2O，氨的水溶液，$\rho=0.90$ g/mL。

3.2.6　含有盐酸的乙醇溶液：量取 1 000 mL 乙醇，加入 11 mL 盐酸($\rho=1.19$ g/mL)，混合均匀。

3.2.7　含有盐酸的乙醇洗涤液：量取 1 000 mL 乙醇，11 mL 盐酸($\rho=1.19$ g/mL)及 250 mL 水，混合均匀。

3.2.8　0.1 mol/L 氢氧化钠溶液，称取 4 g 氢氧化钠溶于水中，加水定容至 1 000 mL。

3.2.9　1 mol/L 乙酸溶液，量取 29 mL 冰乙酸(99%～100%)，加水定容至 500 mL。

3.2.10　1 mol/L 氯化钙溶液，称取 110 g 无水氯化钙溶于水中，加水定容至 1 000 mL。

3.3　仪器

实验室常用仪器及以下仪器。

3.3.1　电子天平，感量 0.001 g。

3.3.2　索氏抽提器。

3.3.3　500 mL 带回流冷凝器的锥形瓶。

3.3.4　可调温电热板。

3.3.5 烘箱，可调 105 ℃±2 ℃。

3.4 试验步骤

3.4.1 试样的采取及处理

按 GB/T 2677.1 的规定进行。

3.4.2 试样的称取

准确称取 1 g～3 g（精确至 0.001 g）试样，准备两份平行试料。如果样品的果胶含量较高，则根据检测值对试样量进行调整，最低不能低于 1 g。同时另称取试样按 GB/T 2677.2 测定水分。

3.4.3 试样的净化

用定性滤纸包好试样，用线扎住，放入索式抽提器（3.3.2）中。加入 100 mL 苯醇混合液（3.2.2），置于沸水浴上抽提 3 h，去除干扰性杂质，将试样取出散开风干。

注：试验应在通风柜中进行，使用完的苯醇混合液可蒸馏提纯后重复使用。

3.4.4 果胶物质的提取

将风干试样（3.4.3）移入 500 mL 锥形瓶中（3.3.3），加入 100 mL 的 1%草酸铵溶液（3.2.3），装上回流冷凝器，在沸水浴中加热 3 h。用倾泻法滤出提取液，尽量保留残渣于锥形瓶中，勿使其流入滤纸。再加 100 mL 的 0.5%草酸铵溶液（3.2.4）于锥形瓶中装上回流冷凝器，重新置入沸水浴中，加热 2 h，使果胶物质充分提取。用上次所用滤纸滤出提取液。再用热水洗涤残渣及滤纸 3 次，合并两次所得滤液及洗液于 500 mL 烧杯中。

3.4.5 果胶物质的沉淀

将滤液置于可调温电热板上，垫上石棉网，控制温度使滤液不沸腾，蒸发浓缩至 70 mL～80 mL，冷却后移入 100 mL 容量瓶中，加水至刻度，摇匀。移取 25 mL 此溶液于 500 mL 烧杯中，然后在不断搅拌下，徐徐加入 90 mL 含有盐酸的乙醇溶液（3.2.6），静置过夜，过滤。并用约 30 mL 含有盐酸的乙醇洗涤液（3.2.7）分 3 次洗涤沉淀出的果胶物质。

3.4.6 果胶物质的溶解

将过滤后所得沉淀连同滤纸放入另一小烧杯中，倾 75 mL 热氨水溶液［75mL 沸水与 1.5 mL 氨水（3.2.5）混合而成］于滤纸上，煮沸数分钟，过滤。再倾入少量热水于盛有滤纸的烧杯中，煮沸数分钟，过滤。如此重复 2 次～3 次，集所有的滤液于 500 mL 烧杯中，加入 100 mL 的 0.1 mol/L 氢氧化钠溶液（3.2.8），用玻璃棒搅匀，静置 12 h。

3.4.7 果胶酸钙的沉淀

在上述溶液中加入 50 mL 的 1 mol/L 乙酸溶液（3.2.9），搅匀静置 5 min 后，加入 50 mL 的 1 mol/L 氯化钙溶液（3.2.10），搅匀静置 1 h 后，煮沸 5 min。趁热用滤纸过滤，以热水洗涤，然后将带有沉淀的滤纸置于扁形称量瓶中，移入烘箱（3.3.5），于（105±2）℃烘干至恒重。滤纸在过滤前需称取其风干质量，并另取两份试样按照 GB/T 2677.2 测定滤纸的水分，以计算滤纸的绝干质量。

注：所得沉淀在（105±2）℃条件下烘干 4 h 后取出，然后在干燥器中冷却 0.5 h。称量后继续烘干 1 h，取出后在干燥器中冷却，称量。若两次质量之差小于 0.1%，则视为恒重。

3.5 结果计算

原料中果胶的含量以测定的果胶酸钙的含量来表示，按式（1）计算结果：

$$X = \frac{(m_1 - m)400}{m_0(100 - w)} \times 100\% \quad \cdots\cdots(1)$$

式中：

X——果胶的含量（以果胶酸钙计），%；

m——滤纸的绝干质量，单位为克（g）；

m_1——烘干至恒重后沉淀连同滤纸的质量，单位为克（g）；

m_0——试样的质量，单位为克（g）；

w——试样的水分,%。

取三次测定结果的平均值,精确至小数点后两位,三次测定值的相对标准偏差应不超过 0.20%。若超过,则应加测一份试样,排除异常值后,取三次测定值的平均值作为报告值。

4 方法二 咔唑比色法

4.1 原理

用草酸铵溶液抽提出原料中的果胶物质,再加入含有盐酸的乙醇溶液,使果胶物质从抽出液中分离出来。然后用稀氨水溶液溶解所得的果胶物质,在强酸中水解生成半乳糖醛酸,并与咔唑发生缩合反应,所得紫红色溶液可用于比色法测定。以半乳糖醛酸的含量表示果胶物质的含量。

4.2 试剂

除非另有说明,在分析中应使用确认为分析纯的试剂。

4.2.1 水,GB/T 6682,三级。

4.2.2 1%草酸铵溶液,称取 5 g 无水草酸铵溶于水中,再加水定容至 500 mL。

4.2.3 0.5%草酸铵溶液,称取 2.5 g 无水草酸铵溶于水中,再加水定容至 500 mL。

4.2.4 氨水,NH_3H_2O,氨的水溶液,$\rho=0.90$ g/mL。

4.2.5 含有盐酸的乙醇溶液:量取 1 000 mL 乙醇,加入 11 mL 盐酸($\rho=1.19$ g/mL),混合均匀。

4.2.6 含有盐酸的乙醇洗涤液:量取 1 000 mL 乙醇,11 mL 盐酸($\rho=1.19$ g/mL)及 250 mL 水,混合均匀。

4.2.7 1 000 mg/L 半乳糖醛酸标准溶液,称取半乳糖醛酸 0.1 g(精确至 0.000 1 g),溶于水中,加水定容至 100 mL。

4.2.8 0.15%咔唑无水乙醇,称取 0.075 g 咔唑,溶于无水乙醇,并用无水乙醇定容至 50 mL。

4.2.9 浓硫酸,H_2SO_4,$\rho=1.84$ g/mL,质量分数是 95%～98%。

4.3 仪器

实验室常用仪器及以下仪器。

4.3.1 电子天平,感量 0.000 1 g。

4.3.2 500 mL 带回流冷凝器的锥形瓶。

4.3.3 可调温电热板。

4.3.4 紫外可见分光光度计。

4.4 试验步骤

4.4.1 试样的采取及处理

按 GB/T 2677.1 的规定进行。

4.4.2 试样的称取

准确称取 1 g(精确至 0.001 g)试样,准备两份平行试样。如果样品的果胶含量较高,则根据检测值对试样量进行调整,称样量可减少至 0.2 g。同时另称取试样按 GB/T 2677.2 测定水分。

4.4.3 果胶物质的提取

将试样放入 500 mL 锥形瓶(4.3.2)中,加入 100 mL 的 1%草酸铵溶液(4.2.2),装上回流冷凝器,在沸水浴中加热 3 h。用倾泻法滤出提取液,尽量保留残渣于锥形瓶中,勿使其流入滤纸。再加 100 mL 的 0.5%草酸铵溶液(4.2.3)于锥形瓶中装上回流冷凝器,重新置入沸水浴中,加热 2 h,使果胶物质充分提取。用上次所用滤纸滤出提取液。再用热水洗涤残渣及滤纸 3 次,合并两次所得滤液及洗液于 500 mL 烧杯中。

4.4.4 果胶物质的沉淀

将滤液置于可调温电热板上,垫上石棉网,控制温度使滤液不沸腾,蒸发浓缩至约为 70 mL～80 mL,冷却后移入 100 mL 容量瓶中,加水至刻度,摇匀。移取 25 mL 此溶液于 500 mL 烧杯中,然后在不断搅拌下，徐徐加入 90 mL 含有盐酸的乙醇溶液(4.2.5)，静置过夜，过滤。并用约 30 mL 含有盐酸的乙醇洗涤液(4.2.6)分 3 次洗涤沉淀出的果胶物质。

4.4.5 果胶物质的溶解

将过滤后所得沉淀连同滤纸放入另一小烧杯中，倾 75 mL 热氨水溶液[75 mL 沸水与 1.5 mL 氨水(4.2.4)混合而成]于滤纸上，煮沸数分钟，过滤。再倾入少量热水于盛有滤纸的烧杯中，煮沸数分钟，过滤。如此重复 2 次～3 次，集所有的滤液于 500 mL 烧杯中，然后转移至 250 mL 容量瓶中定容，得待测溶液。

4.4.6 标准曲线的绘制

分别移取半乳糖醛酸标准溶液(4.2.7)0 mL、2 mL、4 mL、6 mL、8 mL、10 mL 于 6 个 100 mL 容量瓶中，并用蒸馏水定容，得到系列标准溶液，其浓度分别是 0 mg/L、20 mg/L、40 mg/L、60 mg/L、80 mg/L、100 mg/L，分别移取上述系列标准溶液 1 mL 于 6 支比色管中，加 8 mL 浓硫酸(4.2.9)，摇匀。在 75 ℃水浴中加热 15 min，取出后在冷水中冷却，加入 0.2 mL 的 0.15%咔唑无水乙醇溶液(4.2.8)，摇匀。在室温下暗处显色 2 h，并在显色后 30 min 内，在 530 nm 波长下，用 1 cm 比色皿，以空白溶液做参比，测定吸光度值，绘制吸光度-浓度标准曲线。

4.4.7 果胶物质的测定

按 4.4.6 中标准溶液的显色方法进行显色，并测定。

4.5 结果计算

原料中果胶的含量以测定的半乳糖醛酸的含量来表示，按式(2)计算结果：

$$X = \frac{c}{m \times 10 \times (100 - w)} \times 100\% \qquad \cdots\cdots(2)$$

式中：

X——果胶的含量(以半乳糖醛酸计)，%；

c——标准曲线上得出的半乳糖醛酸的浓度，单位为毫克每升(mg/L)；

m——试样的质量，单位为克(g)；

w——试样的水分，%。

取三次测定结果的平均值，精确至小数点后两位，三次测定值的相对标准偏差应不超过 0.20%。若超过，则应加测一份试样，排除异常值后，取三次测定值的平均值作为报告值。

5 试验报告

试验报告应包括以下内容：

a) 本标准的编号；

b) 完整鉴定样品所必要的全部资料；

c) 注明测定方法；

d) 标准步骤变更的说明；

e) 用数值表示结果，并标明“以果胶酸钙计”或“以半乳糖醛酸计”；

f) 试验中所观察到的任何异常现象；

g) 本标准或规范性引用文件中未规定的，并可能影响测定结果的任何操作。

ICS 67.220.20
X 41

中华人民共和国国家标准

GB 10783—2008
代替 GB 10783—1996

食品添加剂　辣椒红

Food additive—Paprika red

2008-12-03 发布　　　　2009-06-01 实施

中华人民共和国国家质量监督检验检疫总局
中国国家标准化管理委员会　发布

前　言

本标准的第4章为强制性的，其余为推荐性的。

本标准代替GB 10783—1996《食品添加剂　辣椒红》。

本标准与GB 10783—1996相比，主要修改如下：

——对辣椒素指标进行了修订；

——取消了原标准中灰分和重金属指标，增加了铅指标。

本标准由全国食品添加剂标准化技术委员会提出。

本标准由全国食品添加剂标准化技术委员会、全国食品发酵标准化中心归口。

本标准起草单位：青岛红星化工集团天然色素有限公司、河南省漯河市中大天然食品添加剂有限公司、河北晨光天然色素有限公司、中国食品发酵工业研究院、北京金晔生物工程有限公司、青岛英特生物科技有限公司、邯郸市中进天然色素有限公司、青岛赛特香料有限公司。

本标准主要起草人：李惠宜、卢庆国、孙爱俊、文雁君、陈闽芳、欧阳杰、张志忠、张发茂、陈艳燕、孙瑾、阎炳宗、连运河、柴秋儿。

本标准所代替标准的历次版本发布情况为：

——GB 10783—1989、GB 10783—1996。

食品添加剂　辣椒红

1　范围

本标准规定了食品添加剂辣椒红的技术要求、试验方法、检验规则、标志、包装、运输及贮存等要求。

本标准适用于以辣椒果皮及其制品为原料，经萃取、过滤、浓缩、脱辣椒素等工艺制成的辣椒红，可以用食用油脂调整色价。

2　规范性引用文件

下列文件中的条款通过本标准的引用而成为本标准的条款。凡是注日期的引用文件，其随后所有的修改单（不包括勘误的内容）或修订版均不适用于本标准，然而，鼓励根据本标准达成协议的各方研究是否可使用这些文件的最新版本。凡是不注日期的引用文件，其最新版本适用于本标准。

GB/T 5009.37—2003　食用植物油卫生标准的分析方法

GB/T 5009.75　食品添加剂中铅的测定

GB/T 5009.76　食品添加剂中砷的测定

GB/T 6682　分析实验室用水规格和试验方法（GB/T 6682—2008，ISO 3696:1987，MOD）

3　分子式、结构式和相对分子质量

3.1　分子式

辣椒红素：$C_{40}H_{56}O_3$。

辣椒玉红素：$C_{40}H_{56}O_4$。

3.2　结构式

辣椒红素：

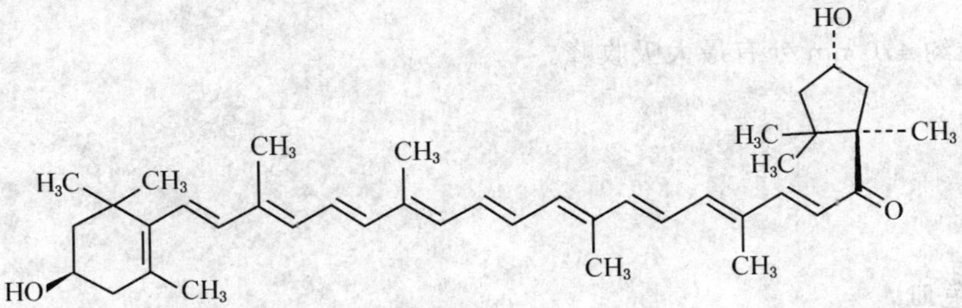

辣椒玉红素：

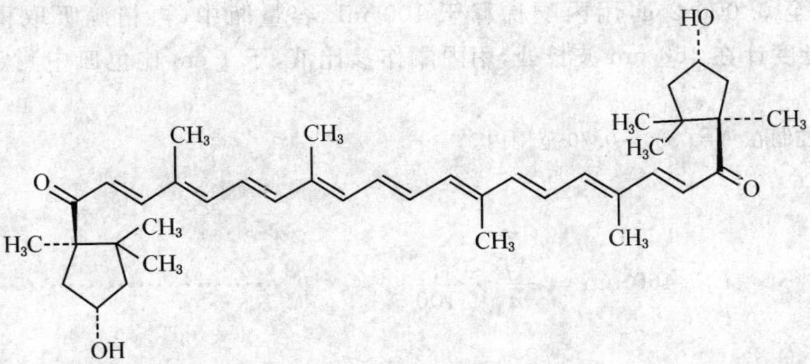

3.3　相对分子质量

辣椒红素：584.85。

辣椒玉红素:600.85。

4 技术要求

4.1 性状

深红色油状液体。

4.2 理化指标

应符合表1的规定。

表1 理化指标

项　　目		指　　标
吸光度 $E_{1\,\mathrm{cm}}^{1\%}$460 nm	≥	50
砷(以As计)/(mg/kg)	≤	3
铅(以Pb计)/(mg/kg)	≤	2
己烷残留量/(mg/kg)	≤	25
总有机溶剂残留量/(mg/kg)	≤	50
辣椒素质量分数/%		符合标称

5 试验方法

除非另有说明,在分析中仅使用确认为分析纯的试剂和GB/T 6682中规定的水。

5.1 鉴别

5.1.1 溶解性

溶于乙醇,易溶于植物油、丙酮、乙醚、三氯甲烷,几乎不溶于水,不溶于甘油。

5.1.2 显色反应

在1滴试样中加2滴~3滴三氯甲烷和1滴硫酸,应呈现暗蓝色。

5.1.3 最大吸收峰

样品溶解在正己烷中,在约470 nm处有最大吸收峰。

5.2 吸光度

5.2.1 试剂

丙酮。

5.2.2 仪器

分光光度计,附1 cm比色皿。

5.2.3 分析步骤

准确称取0.1 g试样,精确至0.000 2 g,用丙酮稀释于100 mL容量瓶中,再精确吸取稀溶液10 mL,稀释至100 mL,用分光光度计在460 nm波长处,用丙酮作参比液,于1 cm比色皿中测定其吸光度。

注:被测比色液的吸光度范围宜控制在A=0.30~0.70范围内。

5.2.4 结果计算

吸光度按式(1)计算:

$$E_{1\,\mathrm{cm}}^{1\%}460\ \mathrm{nm}=\frac{Af}{m}\times\frac{1}{100} \qquad \cdots\cdots(1)$$

式中:

$E_{1\,\mathrm{cm}}^{1\%}$460 nm——被测试样浓度为1%,用1 cm比色皿,在460 nm处的吸光度;

A——实测试样的吸光度;

f——稀释倍数；

m——试样质量，单位为克(g)。

5.3 砷

按 GB/T 5009.76 规定的方法测定。

5.4 铅

按 GB/T 5009.75 规定的方法测定。

5.5 己烷残留量和总有机溶剂残留量

按照 GB/T 5009.37—2003 中 4.8 规定的方法测定。

5.6 辣椒素

5.6.1 分析步骤

准确称取约 5.00 g 试样于 300 mL 磨口三角瓶中，准确加入 100 mL 70％甲醇液，振摇 30 min。静置 5 min 后过滤，过滤时盖住漏斗，防止蒸发。弃去初滤液 25 mL，其余滤液混匀后，按表 2 要求制备试液。

表 2 试液制备

项　　目	1# 瓶	2# 瓶	3# 瓶	4# 瓶
滤液/mL	4.00	4.00	—	—
去离子水/mL	17.8	16.8	19.0	18.00
1 mol/L 盐酸/mL	1.00	—	1.00	—
1 mol/L 氢氧化钠/mL	—	2.00	—	2.00
测定值	A_1	A_2	A_3	A_4

4 个瓶中的试液分别用甲醇定容至 100 mL 并摇匀，于 248 nm 和 296 nm 处分别测定四种溶液的吸光度 A_1、A_2、A_3、A_4、A_1'、A_2'、A_3'、A_4'(使用石英比色杯和氘灯)。

5.6.2 结果计算

a)　248 nm 处，试样中辣椒素的质量分数按式(2)计算：

$$X=\frac{[(A_2-A_1)-(A_4-A_3)]\times 2\,500}{314\times m} \qquad (2)$$

b)　296 nm 处，试样中辣椒素的质量分数按式(3)计算：

$$X=\frac{[(A_2'-A_1')-(A_4'-A_3')]\times 2\,500}{127\times m} \qquad (3)$$

式中：

X——试样中辣椒素的质量分数，％；

2 500——试样的稀释倍数；

314 和 127——校正系数；

m——试样质量，单位为克(g)。

式(2)和式(3)计算结果相差不得超过 10％，否则需重做。

6 检验规则

6.1 批次的确定

由生产单位按照其相应的规则确定产品的批号，经最后混合且有均一性质量的产品为一批。

6.2 取样方法和取样量

在每批产品中随机抽取样品，每批按包装件数的 3％抽取小样，每批不得少于三个包装，每个包装抽取样品不得少于 100 g，将抽取试样迅速混合均匀，分装入两个洁净、干燥的瓶中，瓶上注明生产厂、产品名称、批号、数量及取样日期，一瓶作检验，一瓶密封留存备查。

6.3 出厂检验

6.3.1 出厂检验项目包括吸光度、己烷残留量、总有机溶剂残留量和辣椒素。

6.3.2 每批产品须经生产厂检验部门按本标准规定的方法检验，并出具产品合格证后方可出厂。

6.4 型式检验

第4章中规定的所有项目均为型式检验项目。型式检验每一年进行一次，或当出现下列情况之一时进行检验：

——原料、工艺发生较大变化时；

——停产后重新恢复生产时；

——出厂检验结果与平常记录有较大差别时。

6.5 判定规则

对全部技术要求进行检验，检验结果中若有指标不符合本标准要求时，应重新双倍取样进行复检。复检结果即使有一项不符合本标准，则整批产品判为不合格。

如供需双方对产品质量发生异议时，可由双方协商选定仲裁机构，按本标准规定的检验方法进行仲裁。

7 标志、包装、运输和贮存

7.1 标志

食品添加剂必须有包装标志和产品说明书，标志内容应包括：品名、产地、生产厂名、卫生许可证号、生产许可证号、规格、生产日期、批号或者代号、保质期限、产品标准号等，并在标志上明确标示“食品添加剂”字样。

7.2 包装

产品的包装应采用国家批准的、并符合相应的食品包装卫生标准的材料。

7.3 运输和贮存

7.3.1 产品在运输过程中不得与有毒、有害及污染物质混合载运，避免雨淋日晒等。

7.3.2 产品应贮存在干燥、阴凉、避光的地方，不得与有毒、有害及有腐蚀性等物质混存。

7.3.3 产品自生产之日起，在符合上述贮运条件、包装完好的情况下，保质期应不少于12个月。

ICS 67.160.20
X 51

中华人民共和国国家标准

GB/T 10792—2008
代替 GB/T 10792—1995

碳酸饮料（汽水）

Carbonated beverages

2008-04-21 发布

2008-11-01 实施

中华人民共和国国家质量监督检验检疫总局
中国国家标准化管理委员会 发布

前言

本标准代替 GB/T 10792—1995《碳酸饮料(汽水)》。

本标准与 GB/T 10792—1995 相比主要变化如下：

——对术语和产品分类进行了修改；

——对感官要求进行了修改；

——取消了净含量误差的要求；

——理化指标中删除了可溶性固形物、总酸、咖啡因、甜味剂、防腐剂、着色剂等指标，增加了果汁含量指标；

——二氧化碳气容量改为 1.5 倍；

——修改了标志要求；

——取消了保质期的规定。

本标准的附录 A 为资料性附录。

本标准由中国轻工业联合会提出。

本标准由全国食品工业标准化技术委员会饮料分技术委员会归口。

本标准起草单位：中国饮料工业协会技术工作委员会、杭州娃哈哈集团有限公司、广东健力宝集团有限公司、百事(中国)有限公司、中国食品工业发酵研究院。

本标准主要起草人:李惠宜、孙伟、翟鹏贵、赵雪梅、程缅、李羽楠。

本标准所代替标准的历次版本发布情况为：

—— GB 10792—1989,GB/T 10792—1995。

碳酸饮料(汽水)

1 范围

本标准规定了碳酸饮料(汽水)的产品分类、技术要求、试验方法、检验规则、标志、包装、运输和贮存。

本标准适用于碳酸饮料(汽水)。

2 规范性引用文件

下列文件中的条款通过本标准的引用而成为本标准的条款。凡是注日期的引用文件,其随后所有的修改单(不包括勘误的内容)或修订版均不适用于本标准,然而,鼓励根据本标准达成协议的各方研究是否可使用这些文件的最新版本。凡是不注日期的引用文件,其最新版本适用于本标准。

GB 2760 食品添加剂使用卫生标准

GB 2759.2 碳酸饮料卫生标准

GB 7718 预包装食品标签通则

GB/T 12143.4 碳酸饮料中二氧化碳的测定方法

GB 13432 预包装特殊膳食用食品标签通则

GB 14880 食品营养强化剂使用卫生标准

3 术语和定义

下列术语和定义适用于本标准。

3.1

碳酸饮料(汽水) carbonated beverages

在一定条件下充入二氧化碳气的饮料,不包括由发酵法自身产生的二氧化碳气的饮料。

4 产品分类

4.1 果汁型碳酸饮料

含有一定量果汁的碳酸饮料,如橘汁汽水、橙汁汽水、菠萝汁汽水或混合果汁汽水等。

4.2 果味型碳酸饮料

以果味香精为主要香气成分,含有少量果汁或不含果汁的碳酸饮料,如橘子味汽水、柠檬味汽水等。

4.3 可乐型碳酸饮料

以可乐香精或类似可乐果香型的香精为主要香气成分的碳酸饮料。

4.4 其他型碳酸饮料

除上述三类以外的碳酸饮料,如苏打水、盐汽水、姜汁汽水、沙士汽水等。

5 技术要求

5.1 感官要求

应具有反映该类产品特点的外观、滋味,不得有异味、异臭和外来杂物。

5.2 理化指标

应符合表1的规定。

表 1 理化指标

项目	果汁型	果味型、可乐型及其他型
二氧化碳气容量(20℃)/倍 ≥	1.5	
果汁含量(质量分数)/%	2.5	—

5.3 食品添加剂和食品营养强化剂

使用量及使用范围应符合 GB 2760 和 GB 14880 的规定。

5.4 卫生要求

应符合 GB 2759.2 的规定。

6 试验方法

6.1 感官要求

在室温下，打开包装，立即取一定量混合均匀的被测样品，鉴别气味，品尝滋味。并取约 50 mL 混合均匀的被测样品，置于 100 mL 透明烧杯中，在自然光或相当于自然光的感官评定室内，观察其外观，检查其有无杂质。

6.2 理化指标

6.2.1 二氧化碳气容量

6.2.1.1 减压器法(常规检验法)

将碳酸饮料样品瓶(罐)用检压器上的针头刺穿瓶盖(或罐盖)，旋开放气阀排气，待压力表指针回零后，立即关闭放气阀，将样品瓶(或罐)往复剧烈振摇约 40 s，待压力稳定后，记下兆帕数(取小数后两位)。旋开放气阀，随即打开瓶盖(或罐盖)，用温度计测量容器内液体的温度。

根据测得的压力和温度，查碳酸气吸收系数表，即得二氧化碳气容量的容积倍数(参见附录 A)。

6.2.1.2 蒸馏滴定法(仲裁法)

按 GB 12143.4 规定的方法测定。

7 检验规则

7.1 批次的确定

由生产单位的质量管理部门按照其相应的规则确定产品的批次。

7.2 取样方法和取样量

出厂检验时，每批随机抽取 12 个最小独立包装，6 个供感官要求、理化指标检验，2 个供微生物检验，另 4 个留作备用。型式检验时，每批随机抽取 12 个最小独立包装，6 个供感官要求、理化指标检验，2 个供微生物检验，另 4 个留作备用。

7.3 出厂检验

7.3.1 出厂检验项目包括感官要求、二氧化碳气容量及大肠菌群。

7.3.2 每批产品应按本标准规定的方法检验，并出具产品合格证。

7.4 型式检验

本标准技术要求中规定的除果汁含量之外的项目为型式检验项目。果汁含量为不定期检验项目。型式检验每一年进行一次，或当出现下列情况之一时进行检验：

——原料、工艺、设备发生较大变化时；

——长期停产后重新恢复生产时；

——出厂检验结果与正常生产有较大差别时；

——国家质量监督检验机构提出要求时。

7.5 判定规则

除微生物指标外，检验项目如不符合本标准时，对不合格项目从该批次产品中加倍抽样复验。复验结果仍有一项不合格,判定该批产品为不合格品。微生物指标不符合本标准时,判定该批产品为不合格品,不得复检。

8 标志、包装、贮存和运输

8.1 产品标签应符合 GB 7718 和 GB 13432 的规定。果汁型碳酸饮料应标明果汁含量。可溶性固形物含量低于 5%的产品可声称为“低糖”。

8.2 包装材料和容器应符合相关标准的要求。

8.3 产品运输应避免日晒、雨淋,不得与有毒、有异味、易挥发、易腐蚀的物品混装运输。

8.4 产品应在清洁、干燥、通风避光、无虫害、无鼠害的仓库内贮存。

附 录 A
（资料性附录）
碳酸气吸收系数表

碳酸气吸收系数表见表 A.1。

表 A.1

温度/℃	压力/MPa																	
	0.00	0.01	0.02	0.03	0.04	0.05	0.06	0.07	0.08	0.09	0.10	0.11	0.12	0.13	0.14	0.15	0.16	0.17
0	1.71	1.88	2.05	2.22	2.39	2.56	2.73	2.90	3.07	3.23	3.40	3.57	3.74	3.91	4.08	4.25	4.42	4.59
1	1.65	1.81	1.97	2.13	2.30	2.46	2.62	2.78	2.95	3.11	3.27	3.43	3.60	3.76	3.92	4.08	4.25	4.41
2	1.58	1.74	1.90	2.05	2.21	2.37	2.52	2.68	2.83	2.99	3.15	3.30	3.46	3.62	3.77	3.93	4.09	4.24
3	1.53	1.68	1.83	1.98	2.13	2.28	2.43	2.58	2.73	2.88	3.03	3.18	3.34	3.49	3.64	3.79	3.94	4.09
4	1.47	1.62	1.76	1.91	2.05	2.20	2.35	2.49	2.64	2.78	2.93	3.07	3.22	3.36	3.51	3.65	3.80	3.94
5	1.42	1.56	1.71	1.85	1.99	2.13	2.27	2.41	2.55	2.69	2.83	2.97	3.11	3.25	3.39	3.53	3.67	3.81
6	1.38	1.51	1.65	1.78	1.92	2.06	2.19	2.33	2.46	2.60	2.74	2.87	3.01	3.14	3.28	3.42	3.55	3.69
7	1.33	1.46	1.59	1.73	1.86	1.99	2.12	2.25	2.38	2.51	2.64	2.78	2.91	3.04	3.17	3.30	3.43	3.56
8	1.28	1.41	1.54	1.66	1.79	1.91	2.04	2.17	2.29	2.42	2.55	2.67	2.80	2.93	3.05	3.18	3.31	3.43
9	1.24	1.36	1.48	1.60	1.73	1.85	1.97	2.09	2.21	2.34	2.46	2.58	2.70	2.82	2.95	3.07	3.19	3.31
10	1.19	1.31	1.43	1.55	1.67	1.78	1.90	2.02	2.14	2.25	2.37	2.49	2.61	2.73	2.84	2.96	3.08	3.20
11	1.15	1.27	1.38	1.50	1.61	1.72	1.84	1.95	2.07	2.18	2.29	2.41	2.52	2.63	2.75	2.86	2.98	3.09
12	1.12	1.23	1.34	1.45	1.56	1.67	1.78	1.89	2.00	2.11	2.22	2.33	2.44	2.55	2.66	2.77	2.88	2.99
13	1.08	1.19	1.30	1.40	1.51	1.62	1.72	1.83	1.94	2.05	2.15	2.26	2.37	2.47	2.58	2.69	2.79	2.90
14	1.05	1.15	1.26	1.36	1.46	1.57	1.67	1.78	1.88	1.98	2.09	2.19	2.29	2.40	2.50	2.60	2.71	2.81
15	0.02	1.12	1.22	1.32	1.42	1.52	1.62	1.72	1.82	1.92	2.02	2.13	2.23	2.33	2.43	2.53	2.63	2.73
16	0.98	1.08	1.18	1.28	1.37	1.47	1.57	1.67	1.76	1.86	1.96	2.05	2.15	2.25	2.35	2.44	2.54	2.64
17	0.96	1.05	1.14	1.24	1.33	1.43	1.52	1.62	1.71	1.81	1.90	1.99	2.09	2.18	2.28	2.37	2.47	2.56
18	0.93	1.02	1.11	1.20	1.29	1.39	1.48	1.57	1.66	1.75	1.84	1.94	2.03	2.12	2.21	2.30	2.39	2.49
19	0.90	0.99	1.08	1.17	1.26	1.35	1.44	1.53	1.61	1.70	1.79	1.88	1.97	2.06	2.15	2.24	2.33	2.42
20	0.88	0.96	1.05	1.14	1.22	1.31	1.40	1.48	1.57	1.66	1.74	1.83	1.92	2.00	2.09	2.18	2.26	2.35
21	0.85	0.94	1.02	1.11	1.19	1.28	1.36	1.44	1.53	1.61	1.70	1.78	1.87	1.95	2.03	2.12	2.20	2.29
22	0.83	0.91	0.99	1.07	1.16	1.24	1.32	1.40	1.48	1.57	1.65	1.73	1.81	1.89	1.97	2.06	2.14	2.22
23	0.80	0.88	0.96	1.04	1.12	1.20	1.28	1.36	1.44	1.52	1.60	1.68	1.76	1.84	1.91	1.99	2.07	2.15
24	0.78	0.86	0.94	1.01	1.09	1.17	1.24	1.32	1.40	1.47	1.55	1.63	1.71	1.78	1.86	1.94	2.01	2.09
25	0.76	0.83	0.91	0.93	1.06	1.13	1.21	1.28	1.36	1.43	1.51	1.58	1.66	1.73	1.81	1.88	1.96	2.03

表 A.1（续）

温度/℃	压力/MPa																	
	0.18	0.19	0.20	0.21	0.22	0.23	0.24	0.25	0.26	0.27	0.28	0.29	0.30	0.31	0.32	0.33	0.34	0.35
0	4.76	4.93	5.09	5.26	5.43	5.60	5.77	5.94	6.11	6.28	6.45	6.62	6.79	6.95	7.12	7.20	7.45	7.63
1	4.57	4.73	4.90	5.06	5.22	5.38	5.54	5.71	5.87	6.03	6.19	6.36	6.52	6.68	6.84	7.01	7.17	7.33
2	4.40	4.55	4.71	4.87	5.02	5.18	5.34	5.49	5.65	5.81	5.96	6.12	6.27	6.43	6.59	6.74	6.90	7.06
3	4.24	4.39	4.54	4.69	4.84	4.99	5.14	5.29	5.45	5.60	5.75	5.90	6.05	6.20	6.35	6.50	6.65	6.80
4	4.09	4.24	4.38	4.53	4.67	4.82	4.96	5.11	5.25	5.40	5.54	5.69	5.83	5.98	6.13	6.27	6.42	6.56
5	3.95	4.09	4.23	4.38	4.52	4.66	4.80	4.94	5.08	5.22	5.33	5.50	5.64	5.78	5.92	6.06	6.20	6.34
6	3.82	3.96	4.10	4.23	4.37	4.50	4.64	4.77	4.91	5.06	5.18	5.32	5.45	5.59	5.73	5.86	6.00	6.13
7	3.70	3.83	3.96	4.09	4.22	4.35	4.48	4.62	4.75	4.88	5.01	5.14	5.27	5.40	5.53	5.67	5.80	5.93
8	3.56	3.69	3.81	3.91	4.07	4.19	4.32	4.45	4.57	4.70	4.82	4.95	5.08	5.20	5.33	5.48	5.58	5.71
9	3.43	3.56	3.68	3.80	3.92	4.05	4.17	4.29	4.41	4.53	4.66	4.78	4.90	5.02	5.14	5.27	5.39	5.51
10	3.32	3.43	3.55	3.67	3.79	3.90	4.02	4.14	4.26	4.38	4.49	4.61	4.73	4.85	4.97	5.08	5.20	5.32
11	3.20	3.32	3.43	3.55	3.66	3.77	3.89	4.00	4.12	4.23	4.34	4.46	4.57	4.68	4.80	4.91	5.03	5.14
12	3.10	3.21	3.32	3.43	3.54	3.65	3.76	3.87	3.98	4.09	4.20	4.31	4.42	4.53	4.64	4.76	4.87	4.98
13	2.01	3.11	3.22	3.33	3.43	3.54	3.65	3.76	3.86	3.97	4.08	4.18	4.29	4.40	4.50	4.61	4.72	4.82
14	2.92	3.02	3.12	3.23	3.33	3.43	3.54	3.64	3.74	3.85	3.95	4.06	4.16	4.26	4.37	4.47	4.57	4.68
15	2.83	2.93	3.03	3.13	3.23	3.33	3.43	3.53	3.63	3.78	3.84	3.94	4.04	4.14	4.24	4.34	4.44	6.54
16	2.73	2.83	2.93	3.03	3.12	3.22	3.32	3.42	3.51	3.61	3.71	3.80	3.90	4.00	4.10	4.19	4.29	4.39
17	2.65	2.75	2.84	2.94	3.03	3.13	3.22	3.31	3.41	3.50	3.60	3.69	3.79	3.88	3.98	4.07	4.16	4.26
18	2.58	2.67	2.76	2.85	2.94	3.03	3.13	3.22	3.31	3.40	3.49	3.58	3.68	3.77	3.86	3.95	4.04	4.18
19	2.50	2.59	2.68	2.77	2.86	2.95	3.04	3.13	3.22	3.31	3.39	3.48	3.57	3.66	3.75	3.84	3.98	4.02
20	2.44	2.52	2.61	2.70	2.78	2.87	2.96	3.04	3.13	3.22	3.30	3.39	3.48	3.56	3.65	3.74	3.82	3.91
21	2.37	2.46	2.54	2.62	2.71	2.79	2.88	2.96	3.05	3.13	3.21	3.30	3.38	3.47	3.55	3.64	3.72	3.80
22	2.30	2.38	2.47	2.55	2.63	2.71	2.79	2.87	2.96	3.04	3.12	3.20	3.28	3.37	3.45	3.53	3.61	3.69
23	2.23	2.31	2.39	2.47	2.55	2.63	2.71	2.79	2.87	2.95	3.03	3.11	3.18	3.26	3.34	3.42	3.50	2.58
24	2.17	2.25	2.32	2.40	2.48	2.55	2.63	2.71	2.79	2.86	2.94	3.02	3.09	3.17	3.25	3.32	3.40	3.48
25	2.11	2.18	2.26	2.33	2.41	2.48	2.56	2.63	2.71	2.78	2.86	2.93	3.01	3.08	3.16	3.23	3.31	3.38

表 A.1（续）

温度/℃	压力/MPa														
	0.36	0.37	0.38	0.39	0.40	0.41	0.42	0.43	0.44	0.45	0.46	0.47	0.48	0.49	0.50
0	7.80	7.97	8.14	8.31	8.48	8.64	8.81	8.98	9.15	9.32	9.49	9.66	9.83	10.00	10.17
1	7.49	7.66	7.82	7.98	8.14	8.31	8.47	8.63	8.79	8.96	9.12	9.28	9.44	9.61	9.77
2	7.21	7.37	7.52	7.68	7.84	7.99	8.15	8.31	7.46	8.62	8.78	8.93	9.09	9.24	9.40
3	6.95	7.10	7.25	7.40	7.56	7.71	7.86	8.01	8.16	8.31	8.46	8.61	8.76	8.91	9.06
4	6.71	6.85	7.00	7.14	7.29	7.43	7.58	7.72	7.87	8.02	8.16	8.31	8.45	8.60	8.74
5	6.48	6.62	6.76	6.91	7.06	7.19	7.33	7.47	7.61	7.75	7.89	8.03	8.17	8.31	8.45
6	6.27	6.41	6.54	6.68	6.81	6.96	7.09	7.22	7.36	7.49	7.63	7.76	7.90	8.04	8.17
7	6.06	6.19	6.32	6.45	6.59	6.72	6.85	6.98	7.11	7.24	7.37	7.51	7.64	7.77	7.90
8	5.84	5.96	6.09	6.22	6.34	6.47	6.60	6.72	6.85	6.98	7.10	7.23	7.36	7.48	7.61
9	5.63	5.75	5.88	6.00	6.12	6.24	6.36	6.49	6.61	6.73	6.85	6.98	7.10	7.22	7.34
10	5.44	5.55	5.67	5.79	5.91	6.03	6.14	6.26	6.38	6.50	6.61	6.73	6.85	6.97	7.09
11	5.25	5.37	5.48	5.60	5.71	5.82	5.94	6.05	6.17	6.28	6.39	6.51	6.62	6.73	6.85
12	5.09	5.20	5.31	5.42	5.53	5.64	5.75	5.86	5.97	6.08	6.19	6.30	6.41	6.52	6.63
13	4.93	5.04	5.14	5.25	5.36	5.47	5.57	5.68	5.79	5.89	6.00	6.11	6.21	6.32	6.43
14	4.78	4.88	4.99	5.09	5.20	5.30	5.40	5.51	5.61	5.71	5.82	5.92	6.02	6.13	6.23
15	4.64	4.74	4.84	4.94	5.04	5.14	5.24	5.34	5.44	5.54	5.65	5.75	5.85	5.95	6.05
16	4.48	4.58	4.68	4.78	4.87	4.97	5.07	5.17	5.26	5.36	5.46	5.55	5.65	5.75	5.85
17	4.35	4.45	4.54	4.64	4.73	4.82	4.92	5.01	5.11	5.20	5.30	5.39	5.49	5.58	5.67
18	4.23	4.32	4.41	4.50	4.59	4.68	4.77	4.87	4.96	5.06	5.14	5.23	5.32	5.42	5.51
19	4.11	4.20	4.28	4.37	4.46	4.55	4.64	4.73	4.82	4.91	5.00	5.09	5.18	5.26	5.35
20	4.00	4.08	4.17	4.26	4.34	4.43	4.52	4.60	4.69	4.78	4.86	4.95	5.04	5.12	5.21
21	3.89	3.97	4.06	4.14	4.23	4.31	4.39	4.48	4.56	4.65	4.73	4.82	4.90	4.98	5.07
22	3.77	3.86	3.94	4.02	4.10	4.18	4.27	4.35	4.43	4.51	4.59	4.67	4.76	4.84	4.92
23	3.66	3.74	3.82	3.90	3.98	4.06	4.14	4.22	4.30	4.37	4.45	4.53	4.61	4.69	4.77
24	3.56	3.63	3.71	3.79	3.86	3.94	4.02	4.10	4.17	4.25	4.33	4.40	4.48	4.58	4.64
25	3.46	3.53	3.61	3.68	3.76	3.83	3.91	3.98	4.06	4.13	4.20	4.28	4.35	4.43	4.50

ICS 83.100
G 30

中华人民共和国国家标准

GB/T 10799—2008
代替 GB/T 10799—1989

硬质泡沫塑料 开孔和闭孔体积百分率的测定

Rigid cellular plastics—Determination of the volume percentage of open cells and of closed cells

2008-01-04 发布　　2008-09-01 实施

中华人民共和国国家质量监督检验检疫总局
中国国家标准化管理委员会　发布

前言

本标准是对GB/T 10799—1989《硬质泡沫塑料开孔与闭孔体积百分率试验方法》的修订，试验原理参考了国际标准ISO 4590:2002《硬质泡沫塑料　开孔和闭孔体积百分率的测定》，试验方法参考了ASTM D 6226-05《硬质泡沫塑料开孔百分率的试验方法》。

本标准代替GB/T 10799—1989。

本标准与GB/T 10799—1989相比主要变化如下：

——试验仪器结构和操作方法改变：GB/T 10799—1989中分别采用压力变化法和体积膨胀法测量不可透过体积，所用仪器和操作方法都不一样；本标准只用体积膨胀法测量不可透过体积。

——试验样品尺寸变化：GB/T 10799—1989中体积膨胀法检测时试样尺寸为：长×宽×厚(100 mm×30 mm×30 mm)；本标准中，标准试样是两个立方体，尺寸为：2.5 cm×2.5 cm×2.5 cm 。另一个可选择的外形是两个圆柱体，其横截面大小为6.25 cm^2，高为2.5 cm。

——开、闭孔率计算方法改变：GB/T 10799—1989中通过检测数据作图外推得到；本标准则直接以检测数据通过相关公式计算得到。

——矫正切割形成的表面泡孔的方法改变：GB/T 10799—1989中以表面积和几何体积之比不同的至少三组试样，每组取三个试样，测定试样表观开孔体积百分率，然后作图外推进行校正；本标准中，直接对单一被测样品用刀片沿着立方体的各边平行于面将两个试样各切三次。三等分两个立方体一共产生16个更小的立方体，暴露出来的表面积和切割时产生的开孔泡数量增加为双倍，再进行测量以此进行计算获取校正值。

本标准的附录B为规范性附录，附录A为资料性附录。

本标准由中国轻工业联合会提出。

本标准由全国塑料制品标准化技术委员会归口。

本标准起草单位：江苏省产品质量监督检验研究院、北京工商大学。

本标准主要起草人：王燕、朱宇宏、周晓玲、甘超、陈倩。

本标准所代替标准的历次版本发布情况为：

——GB/T 10799—1989。

硬质泡沫塑料
开孔和闭孔体积百分率的测定

1 范围

本标准规定了硬质泡沫塑料开孔和闭孔体积百分率的测定方法。

本标准适用于含有由聚合物隔膜或孔壁分割成许多小泡孔的泡沫塑料，这些泡孔可能是开孔的(相通的)或闭孔的(不相通的)或这些类型的复合。

2 规范性引用文件

下列文件中的条款通过本标准的引用而成为本标准的条款。凡是注日期的引用文件，其随后所有的修改单(不包括勘误的内容)或修订版均不适用于本标准，然而，鼓励根据本标准达成协议的各方研究是否可使用这些文件的最新版本。凡是不注日期的引用文件，其最新版本适用于本标准。

GB/T 6342—1996 泡沫塑料与橡胶 线性尺寸的测定(idt ISO 1923:1981)

GB/T 6379.4—2006 测量方法与结果的准确度(正确度与精密度) 第4部分:确定标准测量方法正确度的基本方法(ISO 5725-4:1994,IDT)

GB/T 8810—2005 硬质泡沫塑料吸水率的测定(ISO 2896:2001,MOD)

GB/T 12811—1991 硬质泡沫塑料平均泡孔尺寸试验方法

ISO 4590:2002 硬质泡沫塑料 开孔与闭孔体积百分率试验方法

3 术语和定义、符号

3.1 术语和定义

下列术语和定义适用于本标准。

3.1.1

闭孔 closed cell

封闭的泡孔，不和其他泡孔相通。

3.1.2

开孔 open cell

泡孔壁没有完全封闭，并且和其他泡孔直接或间接相通。

3.1.3

闭孔和泡孔壁体积 volume of closed cells and cell walls

气体无法通过的内部体积，包括由固体聚合物体积(泡孔壁，支柱)、填充物体积、使用固体颗粒或纤维造成个别闭孔体积和由于泡孔壁破裂而相互连接但与外部不相通的一群小泡孔体积的集合。

3.1.4

未修正的开孔体积 uncorrected volume of open cells

包括材料内部可渗水的泡孔体积和因切割造成的表面各种不规则的开孔体积。

3.2 符号 symbols

下列符号适用于本标准。

d 样品直径，cm

h 样品高度，cm

l 样品长度,cm

O_v 体积,开孔百分率

V 样品几何体积,cm^3

V_{CALIB} 校准标准试块,cm^3

$V_{CHAMBER}$ 样品仓体积,cm^3

V_{EXP} 膨胀体积,cm^3

V_{SPEC} 样品置换体积,cm^3

w 样品宽度,cm

4 原理

本方法基于波仪耳-马略特定律(Boyle-Mariotte law)测定多孔塑料材料开孔体积的多孔性。波仪耳-马略特定律表明密闭气体体积的增加导致压力成比例的降低。

本方法测定开孔泡的数值。通过测定一种材料可得到的泡孔体积来确定多孔性,剩余体积为密闭泡孔和孔壁的体积。待测样品制备时需要切割,会造成一小部分密闭孔被打开,这些被打开的开孔误差的矫正见附录 B。

试验仪器由两个已知体积的试验容器通过阀门连接。其中一个容器是校准过的样品仓,它用于放入试验样品,并连接高纯度的干燥气体(99.99%),例如氮气或氦气。将试样室的气体压力增加到预先设定的压力值,记为 p_1,之后将两个试验容器连通阀门打开,降低后的压力值记为 p_2。两次压力的比值 p_1/p_2 与样品仓中被样品取代的体积有直接的关系。通过这个体积和试样几何体积的不同测定试样的开孔率。

注:选择的干燥气体不能对试验有不适合的影响,如溶解试样或容易渗透到样品中。

5 仪器

5.1 气体比重仪

比重仪设备的示意图见图 1。它应包含以下几个特征:

5.1.1 试样室($V_{CHAMBER}$),体积约在 30 cm^3～150 cm^3 之间,精确到 0.1 cm^3。

5.1.2 膨胀参考体积(V_{EXP}),是精确校准过的体积,精确到 0.1 cm^3。

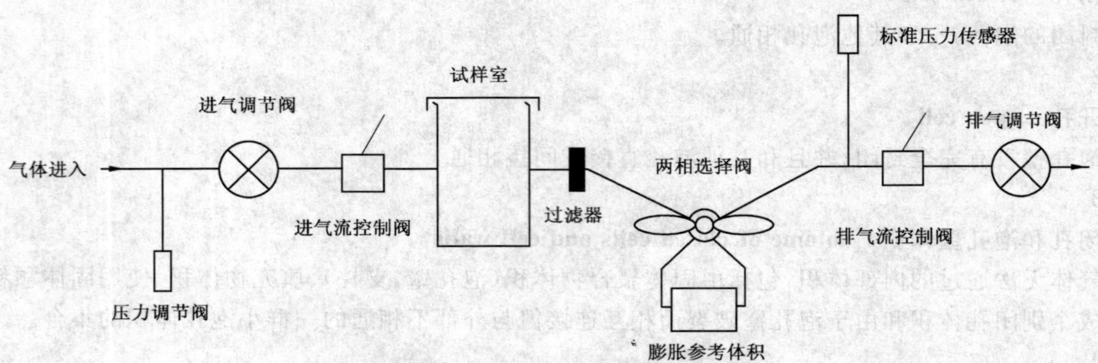

图 1 气体比重仪设备的示意图

5.1.3 标准压力传感器,测量范围在 0 kPa～175 kPa,有最小体积位移和 0.1%的线性。

5.1.4 压力调节阀,避免压力传感器的压力过大。

5.1.5 过滤器,阻止粉末等堵塞传感器和控制阀。

5.1.6 进气流控制阀,控制气体压力。

5.1.7 排气流控制阀,控制气体排出。

5.1.8 两相选择阀，将参考体积与样品仓相连。

5.1.9 无孔标准样块，(如不锈钢球体)已知体积应占试样室体积的三分之一至三分之二。

5.1.10 数字标尺，读取压力传感器上压力值，精确到 0.007 kPa。

5.1.11 试样室密封盖，含环型密封圈。

5.1.12 气体比重仪校准程序，参见附录 A。

5.2 切割设备

用于试样的制备，如带锯或竖锯，其锯刃具备平滑切割的能力。也可以采用孔洞切割器。

5.3 测量仪器

游标卡尺或千分尺测量仪器，能精确测量试样到 0.003 cm。

6 样品

6.1 试样尺寸

标准试样是两个立方体，尺寸为：2.5 cm×2.5 cm×2.5 cm（见注 1）。另一个可选择的外形是两个圆柱体，其横截面大小为 6.25cm^2，高为 2.5cm(见注 2)。在一些实际情况下(例如，试样室的尺寸较小或试验材料的数量有限的时候)，可以只用一个立方体或圆柱体试样。但是，试样置换体积(V_{SPEC})至少是样品仓体积的 15%。

注 1：由于表面积不同，不能采用 5 cm×2.5 cm×2.5 cm 的长方体代替两个立方体进行分析。

注 2：圆柱体形状的试样不适用各向异性材料。

6.2 试样要求

6.2.1 除非有其他协议要求，至少要随机选择 3 组两个立方体或两个圆柱体试样。所有试样不能有任何瑕疵。

6.2.2 试样应从一个样品上切取，且表面要光滑。允许使用切削技术或使用 400 号或更细的砂纸打磨使试样表面光滑。最后应除去试样表面的粉尘。

7 试验环境

7.1 在温度为(23±2)℃，相对湿度为(50±5)%的标准试验环境中调节试样至少 24 h。

7.2 由于此试验方法基于精确的气压测定值，因此环境、仪器的设备、试样以及样品容器的温度应恒定在±2℃范围内。

8 试验过程

8.1 测量并记录样品的长度 l、高度 h、宽度 w，精确到 0.003 cm。如果采用圆柱体样品，测量高度 h 和直径 d。

8.2 关闭流量阀。

8.3 调节两相选择阀，使膨胀室和系统其他部分隔离。

8.4 打开排气阀。

8.5 打开样品仓，确认其清洁干燥后放入试样，盖好样品仓盖。

8.6 当所有阀门打开时，等待一段时间使流动的干燥气体通过样品仓将试样的孔洞、缝隙和样品之间的空气和水气等不洁气体排出。记录所用时间。

8.7 关闭排气阀，打开流量阀，使气压上升到 20 kPa；然后关闭流量阀，打开排气阀。当气压降到 3 kPa以下时，关闭排气阀。该清扫过程至少重复 2 次。排气阀应保持打开直到清扫程序结束。记录所用的清扫循环次数。

8.8 操作两相选择阀，使膨胀体积仓和系统其他部分相连。使气压降低到稳定值，根据需要将显示气压校正控制在 0 位。

8.9 调节两相选择阀，使膨胀体积仓和系统其他部分隔离，确保显示压力不偏离 0 位，如果发生偏离，重复 8.8。

8.10 忽略任何气压变化，关闭排气阀。

8.11 打开流量阀，使样品仓升压至 20 kPa。

注：在一些情况下可以用低于 20 kPa 气压进行吹扫和试验。采用的气压不能使试样变形。如果使用不同气压，需要在报告中注明。

8.12 关闭流量阀，使压力稳定或等待一定时间(对大多数样品最好等待 10 s～15 s)，记录最终气压值 p_1。如果气压不稳定，记录所用的时间。

8.13 迅速操作两相选择阀，再次使膨胀体积仓和系统其他部分相连，按照 8.12 的方法使压力稳定或等待一定时间，记录最终气压 p_2。

注：如果气压读数连续不断地下降，则泡孔可能被破坏或者试验气体通过泡孔壁扩散进去。在这种情况下，就不可能得到准确的开孔率。

8.14 打开排气阀，压力降至 0 kPa。

8.15 如果样品采用多次测定的方法，重新回到 8.8 开始。

8.16 取出样品仓中试样。如果设备几天不用，关闭试样室，切断气体供给。

8.17 按式(1)计算试样体积：

$$V_{\mathrm{SPEC}} = V_{\mathrm{CHAMER}} - \frac{V_{\mathrm{EXP}}}{\frac{p_1}{p_2} - 1} \qquad \cdots\cdots(1)$$

式中：

V_{SPEC}——试样体积，单位为立方厘米(cm^3)；

V_{CHAMER}——试样室体积，单位为立方厘米(cm^3)；

V_{EXP}——膨胀参考体积，单位为立方厘米(cm^3)；

p_1——试样室增压后压力，单位为千帕(kPa)；

p_2——两个试验容器连通阀门打开，降低后的压力，单位为千帕(kPa)。

注：对于其他类型的手工和自动操作的气体比重仪，操作和校准方面参考操作说明书。

9 结果表示

9.1 样品的几何体积 V 计算方法如下。

9.1.1 两个立方体的几何体积 V 按式(2)计算：

$$V = (l_1 \times w_1 \times h_1) + (l_2 \times w_2 \times h_2) \qquad \cdots\cdots(2)$$

式中：

V——试样体积，单位为立方厘米(cm^3)；

l_1——1 号试样长，单位为厘米(cm)；

w_1——1 号试样宽，单位为厘米(cm)；

h_1——1 号试样高，单位为厘米(cm)；

l_2——2 号试样长，单位为厘米(cm)；

w_2——2 号试样宽，单位为厘米(cm)；

h_2——2 号试样高，单位为厘米(cm)。

9.1.2 两个圆柱体的几何体积 V 按式(3)计算：

$$V = \frac{\pi \times d_1^2 \times h_1}{4} + \frac{\pi \times d_2^2 \times h_2}{4} \qquad \cdots\cdots(3)$$

式中：

V——试样体积，单位为立方厘米(cm^3)；

d_1——1号试样直径，单位为厘米(cm)；

h_1——1号试样高，单位为厘米(cm)；

d_2——2号试样直径，单位为厘米(cm)；

h_2——2号试样高，单位为厘米(cm)。

9.2 试样的体积开孔率 O_v 按式(4)计算：

$$O_v = \frac{(V - V_{SPEC})}{V} \times 100 \quad \cdots\cdots (4)$$

式中：

O_v——试样的体积开孔率，%；

V——试样体积，单位为立方厘米(cm^3)；

V_{SPEC}——样品置换体积，单位为立方厘米(cm^3)。

9.3 闭孔和孔壁体积百分率 CW_v 按式(5)计算：

$$CW_v = 100 - O_v \quad \cdots\cdots (5)$$

式中：

CW_v——闭孔和孔壁体积百分率，%；

O_v——试样的体积开孔率，%。

9.4 已知固态材料密度时，泡孔壁所占的体积百分率 W_v 按式(6)计算：

$$W_v = \frac{m}{s_g \times V} \times 100 \quad \cdots\cdots (6)$$

式中：

m——试样质量，单位为克(g)；

s_g——材料的密度，单位为克每立方厘米(g/cm^3)；

V——试样的几何体积，单位为立方厘米(cm^3)。

9.5 闭孔体积百分率 C_v 按式(7)计算：

$$C_v = 100 - O_v - W_v \quad \cdots\cdots (7)$$

式中：

C_v——闭孔体积百分率，%；

O_v——试样的体积开孔率，%；

W_v——泡孔壁所占的体积百分率，%。

10 试验报告

试验报告应包括下列内容：

a) 本标准编号；

b) 泡沫材料的种类和名称；

c) 样品制造日期和批号；

d) 样品数量，试验条件，试验用气体和其他需要注明的内容；

e) 试验日期；

f) 所有试样试验结果的平均值作为试样的开孔率；

g) 如果需要，所有试样试验结果的平均值作为试样的闭孔率和泡孔壁百分率。

11 精确度和偏差

11.1 精确度

表1是基于2004年4种试验材料在6个实验室的检测，根据GB/T 6379.4—2006进行一系列试

验得到一个联合声明。对于每种材料，所有样品由同一个试验室制备，但是每个检测实验室再分别制备试验样块。对每种材料每个实验室得到5个试验数据。其精确度，特征重复性（S_r 和 r）和重现性（S_R 和 R）见表1（注意：R 和 r 仅仅是考虑这个试验方法近似精确度而体现的一种平均方式。表1中的数据不能用于决定采用还是拒绝使用某个材料，因为这些数据仅仅适用于联合声明中试验材料的数据，对于其他批号、程序、条件、材料或试验室的重现性并不可靠。这个试验方法的试验人员应根据GB/T 6379.4—2006描述的原理，产生自己的试验材料和实验室数据。

表1 开孔

%

材料	Avg	SrA	SRB	rC	RD
A	29.7	2.7	5.4	7.5	15.1
B	3.2	0.8	2.4	2.2	6.8
C	9.9	1.0	3.1	2.9	8.5
D	95.7	1.6	3.4	4.5	9.4

注：SrA——指定材料的试验室内部的标准偏差。所有参与的试验室共享试验结果的标准偏差。
SRB——试验室间的再现性，表达为标准偏差。
rC——试验室内部两个结果的临界＝2.8×Sr。
RD——试验室间的两个结果的临界＝2.8×SR。

注：表1中的精确度数据是在这个试验方法指定的试验条件下得到的。如果一种材料有确定的其他试验条件，此精确度数据不能被采用。

11.2 偏差

目前还没有公认的标准来评价这个试验方法的偏差。

附 录 A
（资料性附录）
气体比重仪校准程序

A.1 气体比重仪操作原理

A.1.1 气体比重仪是一种气体转换比重仪，可以测定粉末或块状物规则或不规则形状的固体物质体积的装置。设备的示意图见图 A.1。

图 A.1 气体比重仪简化示意图

A.1.2 假设 V_{CHAMER} 和 V_{EXP} 同时在环境大气压 p_a 和环境温度 t_a 下，且 V_{CHAMER} 和 V_{EXP} 之间的选择阀是关闭的。向 V_{CHAMER} 中充气使气压升至 p_1。根据样品的质量平衡得到 V_{CHAMER}，见式(A.1)。

$$p_1(V_{CHAMER}-V_{SPE})=n_C R t_a \quad \cdots\cdots (A.1)$$

式中：

p_1——试样室增压后压力，单位为千帕(kPa)；

V_{CHAMER}——校准样品体积，单位为立方厘米(cm^3)；

V_{SPE}——校准膨胀室体积，单位为立方厘米(cm^3)；

n_C——样品仓气体的摩尔数，单位摩尔(mol)；

R——气体常量，单位为帕立方米每摩尔开尔文[$Pa \cdot m^3/(mol \cdot K)$]；

t_a——环境温度，单位为开尔文(K)。

A.1.2.1 膨胀体积的质量方程，见式(A.2)。

$$p_a V_{EXP}=n_{EXP} R t_a \quad \cdots\cdots (A.2)$$

式中：

p_a——环境大气压，单位为帕(Pa)；

n_{EXP}——膨胀体积气体的摩尔数，单位为摩尔(mol)。

A.1.2.2 当选择阀打开后，气压降低到中间值 p_2，质量平衡变为式(A.3)：

$$p_2(V_{CHAMBER}-V_{SPEC}+V_{EXP})=n_C R t_a+n_{EXP} R t_a \quad \cdots\cdots (A.3)$$

将式(A.1)和式(A.2)替代到式(A.3)中：

$$p_2(V_{CHAMBER}-V_{SPEC}+V_{EXP})=p_1(V_{CHAMER}-V_{EXP})+p_a V_{EXP} \quad \cdots\cdots (A.4)$$

或者：

$$(p_2-p_1)(V_{CHAMBER}-V_{SPEC})=(p_a-p_2)V_{EXP} \quad \cdots\cdots (A.5)$$

然后：

$$V_{CHAMBER}-V_{SPEC}=\frac{p_a-p_2}{p_2-p_1}V_{EXP} \quad \cdots\cdots (A.6)$$

在分母上加上和减去 p_a 并重新排列，见式(A.7)：

$$-V_{SPEC}=-V_{CHAMBER}+\frac{(p_a-p_2)V_{EXP}}{(p_2-p_a)-(p_1-p_a)} \quad \cdots\cdots (A.7)$$

分子分母同时除以 $p_a - p_2$，见式(A.8)：

$$V_{SPEC} = V_{CHAMBER} - \frac{V_{EXP}}{-\left[1 - \frac{(p_1 - p_a)}{(p_a - p_2)}\right]} \quad \cdots\cdots (A.8)$$

或者：

$$V_{SPEC} = V_{CHAMBER} - \frac{V_{EXP}}{\frac{(p_1 - p_a)}{(p_a - p_2)} - 1} \quad \cdots\cdots (A.9)$$

由于在式(A.1)、式(A.9)中表示的 p_1、p_2 和 p_a 为绝对压力，而在式(A.9)中 p_1、p_2 使用前都减去了 p_a，新变量 p_{1g}、p_{2g} 便被称为标准压力，见式(A.10)和式(A.11)：

$$p_{1g} = p_1 - p_a \quad \cdots\cdots (A.10)$$

$$p_{2g} = p_2 - p_a \quad \cdots\cdots (A.11)$$

式(A.9)改写为式(A.12)：

$$V_{SPEC} = V_{CHAMBER} - \frac{V_{EXP}}{\frac{p_{1g}}{p_{2g}} - 1} \quad \cdots\cdots (A.12)$$

A.1.3 式(A.12)即为比重仪的计算方程。校准过程用来测定 $V_{CHAMBER}$ 和 V_{EXP}，而且压力值是采用标准压力传感器来测量的。应保证能以控制的速率充气和排气，最合适的试样尺寸和参考体积以及清除试样的水气，因为水气导致式(A.1)～式(A.3)不符合所描述的行为。

A.2 校准比重仪理论

A.2.1 在气体比重仪中检测试样前应知道试样仓和膨胀仓的体积。允许这些内部体积采用可移动的、精确标准试块的方法测定。

A.2.2 假设 V_{CALIB} 被取出，$V_{CHAMBER}$ 被充气增压至 p_1 且 V_{EXP} 被密闭在零标准(环境)气压，同时阀门关闭。打开阀门，环境被建立起来：

$$p_1 V_{CHAMBER} = p_2 (V_{CHAMBER} + V_{EXP}) \quad \cdots\cdots (A.13)$$

式中：

p_2——形成的中间压力值，单位为帕(Pa)。

A.2.3 将 V_{CALIB} 放置到 $V_{CHAMBER}$ 中重复充气产生膨胀：

$$p_1^* (V_{CHAMBER} - V_{CALIB}) = p_2^* (V_{CHAMBER} - V_{CALIB} + V_{EXP}) \quad \cdots\cdots (A.14)$$

式中：

p_1^* 和 p_2^*——V_{CALIB} 放置前后的膨胀气压，单位为帕(Pa)。

A.2.4 V_{CALIB}、p_1、p_2、p_1^* 和 p_2^* 被假设是已知的或可测得的，可以得到 $V_{CHAMBER}$ 和 V_{EXP}，处理式(A.13)得到 V_{EXP}：

$$V_{EXP} = V_{CHAMBER} \frac{p_1 - p_2}{p_2} \quad \cdots\cdots (A.15)$$

将式(A.15)代入式(A.14)中得到：

$$p_1^* (V_{CHAMBER} - V_{CALIB}) = p_2^* (V_{CHAMBER} - V_{CALIB}) + p_2^* (V_{CHAMBER}) \frac{p_1 - p_2}{p_2} \quad \cdots\cdots (A.16)$$

集合所有的项得到 $V_{CHAMBER}$：

$$V_{CHAMBER} = \frac{V_{CALIB}(p_1^* - p_2^*)}{(p_1^* - p_2^*) - \frac{p_2^*}{p_2}(p_1 - p_2)} \quad \cdots\cdots (A.17)$$

A.2.5 将实验得到和已知的数据值代入式(A.17)中得到 $V_{CHAMBER}$，再将 $V_{CHAMBER}$ 代入到式(A.15)得到需要的 V_{EXP}。

A.3 校准比重仪

A.3.1 此过程测定的$V_{CHAMBER}$和V_{EXP}至少取3次的重复试验的平均值。可以产生一张数据表，是根据A.2.3、A.2.4和A.2.5计算出结果。

A.3.2 在所有新设备，或样品仓、导管、附件、样品杯发生变化，以及操作温度与正常校准温度23℃有所不同时应使用这个过程。

A.3.3 打开电源，预热设备至少15 s。将样品杯和V_{CALIB}标准试块放置到设备中直至热平衡。

A.3.4 连接分析气体，调整进气管的气压在0 kPa～152 kPa(0 psig～22 psig)。

A.3.5 将空样品杯放入设备中，对试样至少进行3次同样的清扫和增压，这将用于实际分析(一般20 kPa)。将p_1和p_2记录在校准数据表中相应的位置上，见表A.1。

表 A.1 气体比重仪校准数据表

气体比重仪$V_{CHAMBER}$和V_{EXP}计算数据单 (压力单位为kPa，体积单位为cm^3)			
空样品杯		装有V_{CALIB}	
1. p_1 ______	p_2 ______	1. p_1^* ______	p_2^* ______
2. p_1 ______	p_2 ______	2. p_1^* ______	p_2^* ______
3. p_1 ______	p_2 ______	3. p_1^* ______	p_2^* ______
V_{CALIB}=__________ cm^3			
从上面的数据得到的计算结果：			
$V_{CHAMBER}$=__________ cm^3[in^3]，3次均值			
V_{EXP}=__________ cm^3[in^3]，3次均值			
设备编号：__________ 校准日期：__________ 检测人员：__________			

A.3.6 将V_{CALIB}标准试块放入空样品中，至少对样品进行3次操作。将V_{CALIB}、p_1^*和p_2^*记录在校准数据表中相应的位置上，见表A.1。

注：合适的校准标准试块是不锈钢球，且已知体积。

A.3.7 计算设备的$V_{CHAMBER}$和V_{EXP}。将这些数据和设备的ID编号，以及日期和操作人员ID编号记录在数据表上。

附 录 B
（规范性附录）
试样制备时开孔误差的矫正

B.1 有两个方法矫正切割形成的表面开孔，且都只用于计算含有两个立方体试样，不能用于含有两个圆柱体形状的试样。

B.2 方法1——通过将每个立方体分割8块的方法校正试样制备时产生的开孔，测量开孔率，见图B.1。

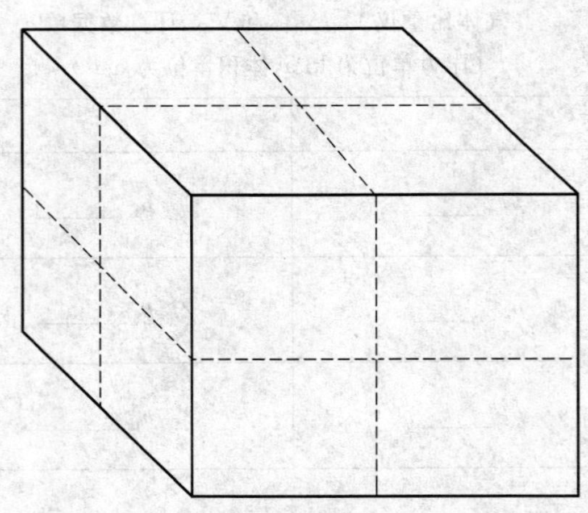

图 B.1 试样的三等分

B.2.1 按照本标准方法描述的完成试验且测量几何体积 V 和试样体积 V_{SPEC}。

B.2.2 用刀片沿着立方体的各边平行于面将两个试样各切三次。三等分两个立方体一共产生16个更小的立方体，暴露出来的表面积和切割时产生的开孔泡数量增加为双倍。

注1：当测量一个立方体尺寸时，这个方法产生一个误差，也就是每个拐角处的开孔泡面体积计算了三次，同时两个面接触的开孔泡面体积计算了两次。当试样尺寸与泡孔尺寸的比值较大时，如一个2.4 cm的立方体的平均泡孔尺寸为0.30 mm，那么这个误差可以忽略。随着相对于试样尺寸不断增加的泡孔尺寸，这个误差就需要考虑。

B.2.3 将所有的16个立方体试样都放入气体比重仪中的样品仓，并测量体积 V_{SPEC2}。

B.2.4 按式(B.1)计算试样开孔率 O_v：

$$O_v = \frac{V - 2V_{SPEC} + V_{SPEC2}}{V} \times 100\% \quad \cdots\cdots(B.1)$$

注2：这种计算是假设所有的泡孔尺寸相同。假如开孔率非常低，由于试样中不规则尺寸引起的负面因素就会产生。

B.3 方法2——利用泡孔直径校正制样产生的开孔，测量开孔率。

B.3.1 按照本标准方法描述的完成试验且测量几何体积 V 和试样体积 V_{SPEC}。

B.3.2 通过将两个试样各个面积累加起来计算试样的几何表面积 A，单位是 cm^2，见式(B.2)：

$$A = 2(l_1w_1 + l_1h_1 + h_1w_1) + 2(l_2w_2 + l_2h_2 + h_2w_2) \quad \cdots\cdots(B.2)$$

B.3.3 依据试验方法GB/T 8810—2005规定的方法测定泡孔材料的平均弦长 t。

B.3.4 利用B.3.2得到的几何表面积 A 和B.3.3中得到的平均弦长 t 计算表面泡孔所占体积 V_s，见式(B.3)：

$$V_s = \frac{A \times t}{1.14} \qquad \text{(B.3)}$$

注3：表面泡孔体积是泡孔尺寸的函数的公式，可以在GB/T 12811—1991中找到。

B.3.5 计算试样的开孔率 O_v，见式(B.4)：

$$O_v = \frac{V - V_{SPEC} - V_s}{V} \times 100\% \qquad \text{(B.4)}$$

ICS 81.060.20
Y 24

中华人民共和国国家标准

GB/T 10816—2008
代替 GB/T 10816—1989

紫 砂 陶 器

Zisha ware

2008-12-28 发布　　2009-06-01 实施

中华人民共和国国家质量监督检验检疫总局
中国国家标准化管理委员会　发布

前言

本标准代替 GB/T 10816—1989《紫砂陶器》。

本标准与 GB/T 10816—1989 相比主要变化如下：

——修改了标准的适用范围，壶类产品突出以手工打接、镶嵌成型法制成；

——吸水率根据紫砂陶器的性能和实际生产及使用情况作了调整；

——抗热震性由 200 ℃投入 20 ℃水中热交换一次不裂调整为 180 ℃至 20 ℃水中热交换一次不裂；

——对铅、镉溶出量允许极限进行了加严；

——在技术要求中增加了“所有产品的表面装饰不得采用有机物加工处理”；

——产品质量等级由原来的三个等级调整为优等品和合格品两个等级；

——取消了抗弯强度；

——增加了渗漏的检验方法；

——修改了检验规则。

本标准由中国轻工业联合会提出。

本标准由全国陶瓷标准化中心归口。

本标准由中华人民共和国宜兴出入境检验检疫局、江苏省宜兴方圆紫砂有限公司负责起草。

本标准主要起草人：王俊华、陈坤怀、朱荣华、鲍志强。

本标准所代替标准的历次版本发布情况为：

——GB/T 10816—1989。

紫 砂 陶 器

1 范围

本标准规定了紫砂陶器的产品分类、技术要求、试验方法、检验规则和包装、标志、运输、贮存。

本标准适用于质地细腻、含铁量较高的特种粘土制成的，呈色以赤褐为主，质地较坚硬而透气性能好的无釉紫砂陶器(其中壶类产品应以手工打接、镶嵌成型法制成)。

2 规范性引用文件

下列文件中的条款通过本标准的引用而成为本标准的条款。凡是注日期的引用文件，其随后所有的修改单(不包括勘误的内容)或修订版均不适用于本标准，然而，鼓励根据本标准达成协议的各方研究是否可使用这些文件的最新版本。凡是不注日期的引用文件，其最新版本适用于本标准。

GB/T 2828.1—2003 计数抽样检验程序 第1部分:按接收质量限(AQL)检索的逐批检验抽样计划(ISO 2859-1:1999,IDT)

GB/T 2829—2002 周期检验计数抽样程序及表(适用于对过程稳定性的检验)

GB/T 3298 日用陶瓷器抗热震性测定方法(GB/T 3298—2008,ASTM C 554-93,NEQ)

GB/T 3299 日用陶瓷器吸水率测定方法(GB/T 3299—1996,neq ASTM C 373:1977)

GB/T 3300 日用陶瓷器变形检验方法

GB/T 3301 日用陶瓷器的容积、口径误差、高度误差、重量误差、缺陷尺寸的测定方法

GB/T 3302 日用陶瓷器验收、包装、标志、运输、储存规则

GB/T 3303 日用陶瓷器缺陷术语

GB/T 3534 日用陶瓷器铅、镉溶出量测定方法(GB/T 3534—2002,neq ISO 6486-1:1999)

GB/T 5000 日用陶瓷名词术语

GB 12651 与食物接触的陶瓷制品铅、镉溶出量允许极限(GB 12651—2003,ISO 6486-2:1999,NEQ)

3 术语和定义

GB/T 3303 和 GB/T 5000 确立的以及下列术语和定义适用于本标准。

3.1

表面装饰 exterior decoration

产品的内外表面采用画、雕、刻、贴等手段进行对产品的装饰。

4 产品分类

4.1 按产品的用途分为壶类，杯类，盘碟类，蒸、汽锅类，花盆类及其他器物类。

4.2 按产品的规格可分为小型、中型、大型、特型，其规格范围见表1。

表 1

类　别	型　式			
	小型	中型	大型	特型
壶类容量/mL	＜250	250～1 000	＞1 000～2 400	＞2 400
杯类口径/mm	＜40	40～70	＞70	—
盘碟类口径/mm	＜130	130～230	＞230～350	＞350
蒸、汽锅类容量/mL	＜250	250～1 000	＞1 000～2 400	＞2 400
花盆类口径/mm	＜100	100～200	＞200～400	＞400
其他器物类	视其外型相似情况，分别按上述各类定型			

4.3　按产品外观质量分为优等品、合格品。

5　技术要求

5.1　吸水率

5.1.1　壶类，杯类，盘碟类，蒸、汽锅类：2.5%～6.0%。

5.1.2　花盆类不大于12.0%。

5.2　抗热震性：180 ℃至20 ℃水中热交换一次不裂（成套产品以壶类为代表件）。

5.3　铅、镉溶出量允许极限：按GB 12651规定执行。

5.4　产品的口径或高度误差：±2.0%。

5.5　有盖产品的盖与口应吻合。

5.6　壶类产品在倾斜70°时，盖子不应脱落。

5.7　成套产品的色泽应基本一致。

5.8　除花盆类以外的所有等级产品不应有渗漏、磕碰缺陷（花盆类磕碰缺陷规定见表2）。

表 2

序号	缺陷名称	测定项目	产品规格	优等品	合格品
1	变形	口径/mm	壶、杯类口径：		
			小于或等于70	小于1.0	小于1.5
			大于70	小于1.5	小于2.5
			盘碟类口径：		
			小型	小于1.0	小于2.0
			中型	小于2.0	小于3.0
			大型	小于2.5	小于3.5
			特型	小于口径的1.0%	小于口径的1.5%
			蒸、汽锅类口径：		
			小型	小于1.5	小于2.0
			中型	小于2.0	小于2.5
			大型	小于3.0	小于3.5
			特型	小于口径的1.5%	小于口径的2.0%
			花盆类口径：		
			小型	小于2.0	小于3.0
			中型	小于3.0	小于5.0
			大型	小于4.0	小于6.0
			特型	小于口径的2.0%	小于口径的2.5%

表 2（续）

序号	缺陷名称	测定项目	产品规格	优等品	合格品
2	斑点	直径/mm	小型 中型 大型 特型	小于 1.0,限 2 个 小于 1.0,限 3 个 小于 1.5,限 3 个 小于 2.0,限 3 个	小于 1.0,限 3 个 小于 1.5,限 3 个 小于 1.5,限 4 个 小于 2.5,限 3 个
3	坯爆	直径/mm	小型 中型 大型 特型	不允许	小于 1.0,限 2 个 小于 1.0,限 3 个 小于 1.0,限 4 个 小于 1.0,限 5 个
4	熔洞	直径/mm	小型 中型 大型 特型	不允许	小于 1.0,限 2 个 小于 1.0,限 3 个 小于 1.0,限 4 个 小于 1.0,限 5 个
5	裂纹	长度/mm	小型 中型 大型 特型	不允许	显见面不允许;非显见面小于 2.0,限 1 条 显见面不允许;非显见面小于 4.0,限 1 条 显见面不允许;非显见面小于 6.0,限 1 条 显见面不允许;非显见面小于 8.0,限 1 条
6	疙瘩	直径/mm	小型 中型 大型 特型	小于 1.0,限 1 个 小于 2.0,限 1 个 小于 3.0,限 1 个 小于 4.0,限 1 个	小于 2.0,限 1 个 小于 3.0,限 2 个 小于 4.0,限 2 个 小于 5.0,限 2 个
7	磕碰	长度/mm	花盆类： 小型 中型	不允许	不允许
			花盆类： 大型 特型	显见面不允许;非显见面小于 8.0,限 1 个	显见面不允许;非显见面小于 10.0,限 1 个
8	烟熏	—	各型产品	不允许	不明显
9	色脏	面积/mm^2	花盆类	显见面小于 3.0,限 1 个;非显见面小于 6.0,限 1 个	显见面小于 4.0,限 2 个;非显见面小于 8.0,限 2 个
			其他各型产品	显见面不允许;非显见面小于 3.0,限 1 个	显见面不允许;非显见面小于 4.0,限 2 个

注：缺陷折算规定如下：

① 除已明确规定的缺陷外,表中所规定的缺陷允许范围均指显见面,非显见面的缺陷均可按显见面规定的尺寸增大 50%。

② 凡遇直径小于规定幅度 50%的缺陷,而其数量较规定略多时,可以两个折算一个,但所增加的绝对个数不得超过原等级规定总数的 50%(如原规定总数为单数时,可将总数加 1,变成双数再折半)。

③ 在允许范围内的浅色斑点,其个数可放宽 50%。

④ 本标准未能包括的缺陷,可按相似缺陷处理。

5.9 所有产品的表面装饰不得采用有机物加工处理。

5.10 产品的外观质量按表2规定的缺陷范围分级，并应符合下列规定：

a) 优等品每件产品不得超过两种(花盆不得超过三种)缺陷；

b) 合格品每件产品不得超过三种(花盆不得超过四种)缺陷。

6 试验方法

6.1 吸水率

吸水率的测定按GB/T 3299规定执行。

6.2 抗热震性

抗热震性的测定按GB/T 3298规定执行。

6.3 铅、镉溶出量

铅、镉溶出量的测定按GB/T 3534规定执行。

6.4 口径误差、高度误差、缺陷尺寸

口径误差、高度误差、缺陷尺寸的测定按GB/T 3301规定执行。

6.5 变形

变形的测定按GB/T 3300规定执行。

6.6 渗漏

将试样盛满水后，静置24 h，观察制品外部有无水印或水珠。

7 检验规则

7.1 交收检验

每件产品应经制造厂检验部门全数检验并经交收检验合格后方可出厂，出厂时应附有证明产品质量合格的文件。

7.1.1 交收检验项目为本标准5.4～5.10规定的内容。

7.1.2 交收检验按GB/T 2828.1—2003的各项规定执行。各检验项目的不合格分类、接收质量限、检验水平及抽样方案见表3，一次正常检查抽样的判定数组见表4。

表3

检验项目	不合格分类	接收质量限(AQL)	检验水平(IL)	抽样方案
5.4	B	4.0	特殊检验水平S-3	一次抽样(从正常检查一次抽样开始，按转移规则进行)
5.6			一般检验水平Ⅱ	
5.7				
5.10				
5.8	A	2.5		
5.9				

表 4

批量范围	一般检验水平Ⅱ						特殊检验水平 S-3		
	AQL 为 2.5 的抽样方案			AQL 为 4.0 的抽样方案			AQL 为 4.0 的抽样方案		
	样本量	Ac	Re	样本量	Ac	Re	样本量	Ac	Re
1～25	5	0	1	3	0	1	3	0	1
26～50	5	0	1	13	1	2	3	0	1
51～90	20	1	2	13	1	2	3	0	1
91～150	20	1	2	20	2	3	5	0	1
151～280	32	2	3	32	3	4	13	1	2
281～500	50	3	4	50	5	6	13	1	2
501～1 200	80	5	6	80	7	8	13	1	2
1 201～3 200	125	7	8	125	10	11	13	1	2
3 201～10 000	200	10	11	200	14	15	20	2	3
10 001～35 000	315	14	15	315	21	22	20	2	3
35 001～150 000	500	21	22	315	21	22	32	3	4
150 001～500 000	500	21	22	315	21	22	32	3	4
≥500 001	500	21	22	315	21	22	50	5	6

7.1.3 受检产品可按单件、套具、等级、花面、器型等形成批，必要时还可细分。

7.1.4 样本抽取：单件产品按表 3 的规定从交货批中直接随机抽取样本量。成箱配套产品根据交货批产品数量对照表 3 的要求查出相应的样本量，用样本量除以每箱内的产品数，其商若是整数则以此数值为抽取的箱数；其商若是小数，则去除小数，在整数位加 1 为抽取的箱数。从交货批产品中随机抽取确定箱数的成箱配套产品，然后从抽取的箱中随机抽取该批产品的样本量（每箱中抽出的样本数应大致相等）。

7.1.5 交收检验项目中，如有一项不合格，则判定为不合格。该批产品由交货方返工后方可再一次提交检验。

7.2 型式检验

7.2.1 型式检验项目为本标准技术要求的全部内容，其中吸水率、抗热震性和铅、镉溶出量每半年进行一次，其他项目每一年进行一次，有下列情况之一时应进行型式检验：

a) 产品原料改变时；

b) 生产工艺变更可能影响产品性能时；

c) 停产 6 个月以上再恢复生产时；

d) 生产工艺过程中发生意外事故；

e) 交收检验结果与正常生产检验结果有较大差异；

f) 国家质量监督检验机构提出型式检验要求时。

7.2.2 型式检验按 GB/T 2829—2002 的规定执行，各检验项目的不合格分类、不合格质量水平、判别水平、样本量、判定数组见表 5。

表 5

检验项目	不合格分类	不合格质量水平(RQL)	判别水平(DL)	抽样类型	样本量	Ac	Re
5.1	B	40	Ⅰ	二次	$n_1=3$ $n_2=3$	0 1	2 2
5.2	B	25	Ⅰ	二次	$n_1=5$ $n_2=5$	0 1	2 2
5.3	A	15	Ⅰ	一次	6	0	1
5.4	B	20	Ⅲ	一次	32	3	4
5.5	B	20	Ⅲ	一次	32	3	4
5.6	B	20	Ⅲ	一次	32	3	4
5.7	B	20	Ⅲ	一次	32	3	4
5.8	A	6.5	Ⅲ	一次	32	0	1
5.9	A	6.5	Ⅲ	一次	32	0	1
5.10	B	20	Ⅲ	一次	32	3	4

7.2.3 检验的各个项目中，如有一项不合格，则判为不合格。

8 包装、标志、运输、贮存

产品的包装、标志、运输、贮存按 GB/T 3302 规定执行。

ICS 21.220.10
G 42

中华人民共和国国家标准

GB/T 10821—2008
代替 GB/T 10821—1993

农业机械用V带和多楔带 尺寸

V-belt and V-ribbed belt for agricultural machines—Dimensions

(ISO 5289:1992,Agricultural machinery—Endless hexagonal belts and groove sections of corresponding pulleys;ISO 3410:1989,Agricultural machinery—Endless variable-speed V-belts and groove sections of corresponding pulleys,NEQ)

2008-06-18 发布　　2009-02-01 实施

中华人民共和国国家质量监督检验检疫总局
中国国家标准化管理委员会　发布

前　言

本标准对应于ISO 5289:1992《农业机械　环形六角带及相应带轮的轮槽截面》和ISO 3410:1989《农业机械　环形变速V带及相应带轮的轮槽截面》，本标准与ISO 5289:1992和ISO 3410:1989一致性程度为非等效。

本标准代替GB/T 10821—1993《农业机械用V带尺寸》。

本标准与GB/T 10821—1993相比主要变化如下：

——增加了前言和引用标准（见前言和引用标准）；

——适用范围增加了农业机械用窄V带尺寸和农业机械用多楔带尺寸（1993年版的第1章，本版的第1章）；

——删去农业机械用普通V带截面尺寸、基准长度系列、测量带轮参数和测量条件，直接引用GB/T 11544和HG/T 3745，（1993年版的5.1、5.2、5.3、5.4、6）；

——增加了农业机械用窄V带尺寸要求（见第5章）；

——增加了农业机械用多楔带尺寸要求（见第7章）；

——按照美国农业工程师协会标准ASAE S211.5JUL98《农业机械用V带和多楔带传动》，将农业机械用V带和多楔带尺寸有效制参数增加为附录A（见附录A）。

本标准的附录A为资料性附录。

本标准由中国石油和化学工业协会提出。

本标准由化学工业胶带标准化技术归口单位归口。

本标准起草单位：无锡市中惠橡胶科技有限公司、马鞍山锐生工贸有限公司、浙江紫金港胶带有限公司、浙江三维橡胶制品有限公司、青岛橡胶工业研究所。

本标准主要起草人：朱树生、朱六生、郑有灿、张国方、韩德深、许喆。

本标准与所代替标准的历次版本发布情况为：

——GB 10821—1989，GB/T 10821—1993。

农业机械用V带和多楔带　尺寸

1　范围

本标准规定了农业机械用普通V带、窄V带、变速V带(以下简称“V带”)、六角带和多楔带(以下简称“带”)的主要尺寸和测量方法。

本标准适用于农业机械用一般传动的普通V带和窄V带、双面传动的六角带、变速传动V带和多楔带传动的多楔带。

如果按照美国农业工程师协会标准ASAE S211.5JUL98制造农业机械用V带和多楔带,其尺寸参考附录A进行生产。

2　规范性引用文件

下列文件中的条款通过本标准的引用而成为本标准的条款。凡是注日期的引用文件,其随后所有的修改单(不包括勘误的内容)或修改版均不适用于本标准,然而,鼓励根据本标准达成协议的各方研究是否可使用这些文件的最新版本。凡是不注日期的引用文件,其最新版本适用于本标准。

GB/T 11544　普通V带和窄V带尺寸(GB/T 11544—1997,neq ISO 4184:1992)

GB/T 13490　V带　带的均匀性　测量中心距变化量的试验方法(GB/T 13490—2006,ISO 9608:1994,IDT)

GB/T 16588　工业用多楔带及带轮尺寸(PH、PJ、PK、PL和PM型)(GB/T 16588—1996,eqv ISO 9982:1991)

HG/T 2819　联组窄V带

HG/T 3745　联组普通V带

ISO 4183　传动带-普通和窄V带-槽形带轮(基准宽度制)

ISO 5291　带传动-联组普通V带用槽轮、槽截面AJ、BJ、CJ、DJ(有效制)

3　农业机械用普通V带尺寸

根据截面尺寸,V带可分为HA、HB、HC、HD等型号,联组V带在型号前加联组数目(用阿拉伯数字表示),V带的尺寸准确性是通过测量V带在测长机轮槽中来检验。其截面尺寸相当于GB/T 11544中的A、B、C、D四种型号和HG/T 3745中的AJ、BJ、CJ、DJ四种型号。

4　农业机械用六角带尺寸

4.1　截面

带的理论截面是一个六角形。该六角形是由两个相同的、大底边相互重合的等腰梯形组成的。因此,带的中性面(实际上与六角形的横向对角线相重合)应位于带的总高度的一半处。根据截面尺寸,带可分为HAA、HBB、HCC、HDD等型号。各种型号带的截面尺寸见表1、图1。

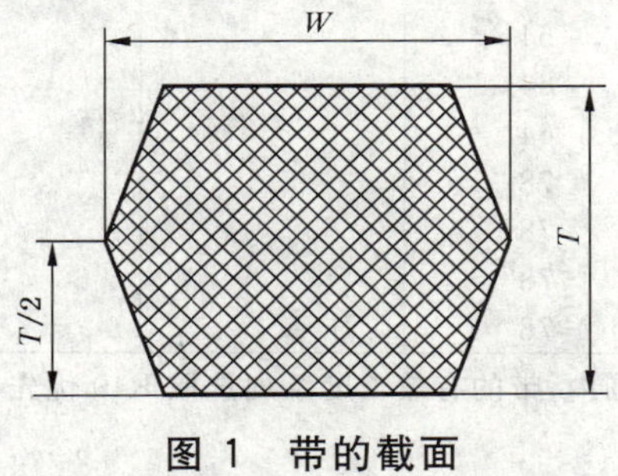

图1　带的截面

表 1 单位为毫米

型　　号	HAA	HBB	HCC	HDD
带　　宽 W	13	17	22	32
带　　高 T	10	13	17	25

4.2　长度

带的有效长度和极限偏差按表 2 规定。有效长度是带在测长机上承受规定张力时，位于测量带轮有效直径 d_e(见图 2)上的周线长度。

表 2　有效长度系列 单位为毫米

有效长度			HAA	HBB	HCC	HDD
基本尺寸	极限偏差					
	上偏差	下偏差				
1 250	8	16	+			
1 320	9	18	+			
1 400	9	18	+			
1 500	9	18	+			
1 600	9	18	+			
1 700	11	22	+			
1 800	11	22	+			
1 900	11	22	+			
2 000	11	22	+	+		
2 120	13	26	+	+		
2 240	13	26	+	+	+	
2 360	13	26	+	+	+	
2 500	13	26	+	+	+	
2 650	15	30	+	+	+	
2 800	15	30	+	+	+	
3 000	15	30	+	+	+	
3 150	15	30	+	+	+	
3 350	18	36	+	+	+	
3 550	18	36	+	+	+	
3 750	18	36		+	+	
4 000	18	36		+	+	+
4 250	22	44		+	+	+
4 500	22	44		+	+	+
4 750	22	44		+	+	+
5 000	22	44		+	+	+
5 300	26	52			+	+
5 600	26	52			+	+
6 000	26	52			+	+
6 300	26	52			+	+
6 700	32	64			+	+
7 100	32	64			+	+
7 500	32	64			+	+
8 000	32	64			+	+
8 500	39	78				+
9 000	39	78				+
9 500	39	78				+
10 000	39	78				+

注：在 1 250 mm～10 000 mm 范围内，带的有效长度系列选取 R40 优先数系。有＋号处，表示该型号为公称有效长度。

4.3 长度偏差

带长极限偏差是这样计算的：上偏差为$+P/2$，下偏差为$-P$，其中P按式(1)计算：

$$P = 0.8\sqrt[3]{L} + 0.006L \quad \cdots\cdots(1)$$

式中：

L——优先数系 R10 中的数，他们的值等于或略大于表 2 中有效长度数值。

4.4 有效长度的测量

4.4.1 测量装置

测量装置为一专用测长机(见图 2)。它主要包括两个尺寸相同的带轮，其中一个带轮可在测量力F作用下，沿带轮所在平面移动。测量参数和测量条件按表 3 规定。

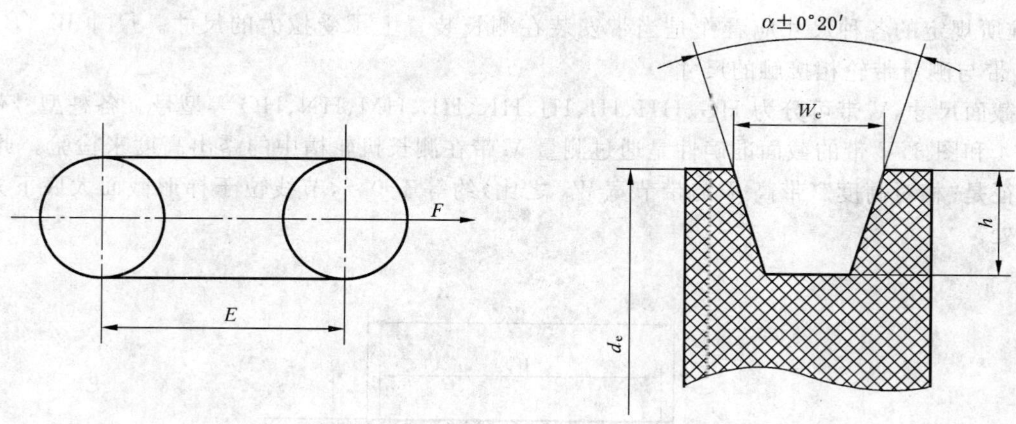

图 2 测长机及测量带轮尺寸

表 3 测量带轮尺寸和测量力

名 称	符号	单位	HAA	HBB	HCC	HDD
有效宽度	W_e	mm	13	16.5	22.4	32.8
最小槽深	h	mm	8	10	14	20
有效直径	d_e	mm	95.49	127.32	190.99	286.48
有效圆周长	C_e	mm	300	400	600	900
测量力	F	N	300	450	850	1 400
槽 角	α	°	34	34	34	36

4.4.2 长度测量

将被测量带安装在测长机轮槽中，即符合 ISO 4183 和 ISO 5291 规定的普通 V 带用 AJ、BJ、CJ、DJ 轮槽。对可动带轮施加测量力F，使带至少转动三整圈后，测量两带轮中心距E。

带的有效长度L_e，即在轮槽宽度等于有效宽度W_e处的 V 带长度(式(2))：

$$L_e = 2E + C_e \quad \cdots\cdots(2)$$

式中：

L_e——带的有效长度，单位为毫米(mm)；

E——两轮中心距，单位为毫米(mm)；

C_e——测量带轮有效圆周长(见表 3),单位为毫米(mm)。

5 农业机械用窄 V 带尺寸

根据截面尺寸窄 V 带可分为 H9N(H3V)、H15N(H5V)、H25N(H8V)等型号,联组 V 带在型号前加联组数目(用阿拉伯数字表示),其截面尺寸相当于 GB/T 11544 中的 9N(3V)、15N(5V)、25N(8V)三种型号和 HG/T 2819 中的 9J、15J、25J 三种型号。V 带的尺寸准确性可通过测量 V 带在测长机轮槽中来检验。

6 农业机械用变速 V 带尺寸

6.1 截面

农业机械用变速 V 带单位截面积要传递很大的力。故当它楔入带轮时,截面要发生明显变形。因此,本标准所规定的各种尺寸应看作是当带安装在测长装置上承受拉力的尺寸。尺寸 W_p、B、W 和 T 都是指 V 带与测量带轮相接触的尺寸。

根据截面尺寸,V 带可分为 HG、HH、HI、HJ、HK、HL、HM、HN、HO 等型号。各种型号带的截面尺寸见表 4 和图 3,V 带的截面准确性是通过测量 V 带在测长机轮槽中的露出高度来检验。此类 V 带的截面特征是"相对高度"(带高 T 与带节宽 W_p 之比)约等于 0.5,节线位于梯形截面大底下方约三分之一带高处。

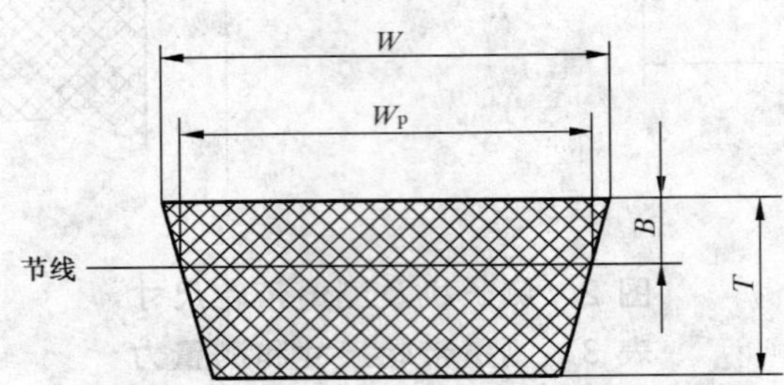

图 3 带的截面

表 4 截面尺寸

单位为毫米

尺寸	符号	HG	HH	HI	HJ	HK	HL	HM	HN	HO
节宽	W_p	15.4	19	23.6	29.6	35.5	41.4	47.3	53.2	59.1
顶宽	W	16.5	20.4	25.4	31.8	38.1	44.5	50.8	57.2	63.5
高度	T	8	10	12.7	15.1	17.5	19.8	22.2	23.9	25.4
节线以上高度	B[a]	2.5	3	3.8	4.7	5.7	6.6	7.6	8.5	9.5

[a] 近似表示值 $B=0.16W_p$。

6.2 长度

V 带的基准长度系列和极限偏差按表 5 规定。基准长度是 V 带在测长机上承受规定拉力时,位于测量 V 带基准直径 d_d(见图 4)上的周线长度。

V 带长极限偏差是这样计算的:上偏差为 $+P/2$,下偏差为 $-P$,其中 P 按式(3)计算:

$$P = 0.8\sqrt[3]{L} + 0.006L \qquad (3)$$

式中:

L——优先数系 R10 中的数,他们的值等于或略大于表 5 中基准长度数值。

表 5 基准长度系列

单位为毫米

基准长度			HG	HH	HI	HJ	HK	HL	HM	HN	HO
基本尺寸	极限偏差										
	上偏差(+)	下偏差(−)									
630	5	10	+								
670	5	10	+								
710	6	12	+								
750	6	12	+								
800	6	12	+	+							
850	6	12	+	+							
900	7	14	+	+							
950	7	14	+	+							
1 000	7	14	+								
1 060	8	16	+	+	+						
1 120	8	16	+	+	+						
1 180	8	16		+	+						
1 250	8	16		+	+						
1 320	9	18		+	+						
1 400	9	18		+	+	+					
1 500	9	18		+	+	+					
1 600	9	18		+	+	+	+				
1 700	11	22			+	+	+				
1 800	11	22			+	+	+				
1 900	11	22				+	+				
2 000	11	22				+	+	+	+		
2 120	13	26				+	+	+	+	+	
2 240	13	26				+	+	+	+	+	+
2 360	13	26				+	+	+	+	+	+
2 500	13	26					+	+	+	+	+
2 650	15	30					+	+	+	+	+
2 800	15	30					+	+	+	+	+
3 000	15	30					+	+	+	+	+
3 150	15	30						+	+	+	+
3 350	18	36						+	+	+	+
3 550	18	36						+	+	+	+
3 750	18	36						+	+	+	+
4 000	18	36						+	+	+	+
4 250	22	44							+	+	+
4 500	22	44							+	+	+
4 750	22	44							+	+	+
5 000	22	44							+	+	+

6.3 长度极限偏差

在 630 mm～5 000 mm 范围内，V 带的基准长度系列选自 R40 优先数系，如需中间值，可从 R80 优先数系中选取。有＋号处，表示该型号有相应标准规定的基准长度。

6.4 中心距变化量

V 带在转动一周中的中心距变化量与 V 带公称长度和顶宽的要求见表 6。

表 6 中心距变化量

单位为毫米

公称长度	中心距变化量不大于	
	顶宽≤25	顶宽>25
≤1 000	1.2	1.8
>1 000～2 000	1.6	2.2
>2 000～5 000	2	3.4
>5 000	2.5	3.4

6.5 基准长度和中心距变化量的测量

6.5.1 测量装置

测量装置为一专用测长机(见图 5)。它主要包括两个尺寸相同的带轮,其中一个轮可在测量力 F 作用下,沿带轮所在平面移动。带轮的基准直径是通过测量相对地安装在轮槽中的两个直径为 d 的平行量棒的外切平面间距 K 值来检验(见图 4)。各测量参数和测量条件按表 7 规定。

表 7 测量带轮参数和测量条件

单位为毫米

项目	符号		HG	HH	HI	HJ	HK	HL	HM	HN	HO
基准宽度	W_d		15.4	19	23.6	29.6	35.5	41.4	47.3	53.2	59.1
基准宽度线以上槽深	b		2.5	3	3.8	4.7	5.7	6.6	7.6	8.5	9.5
基准宽度线以下槽深	h_{min}		8	10	13	16	19	22	25	28	32
基准直径	d_d	基本尺寸	95.49	95.49	127	159.16	191	223	254.7	286.5	318.31
		极限偏差	±0.13								
基准圆周长	C_d		300	300	400	500	600	700	800	900	1 000
测量力/N	F		350	530	800	1 300	1 800	2 500	3 300	3 300	3 300
量棒直径	d	基本尺寸	15.805	19.5	24.2	30.379	36.43	42.5	48.54	54.6	60.655
		极限偏差	+0.005	+0.005		+0.006				+0.006	
			−0.003	−0.004		−0.005				−0.007	
量棒外切面距离	K	基本尺寸	114.85	119.38	160	196.37	235.6	275	314.1	353.4	392.61
		极限偏差	±0.20								

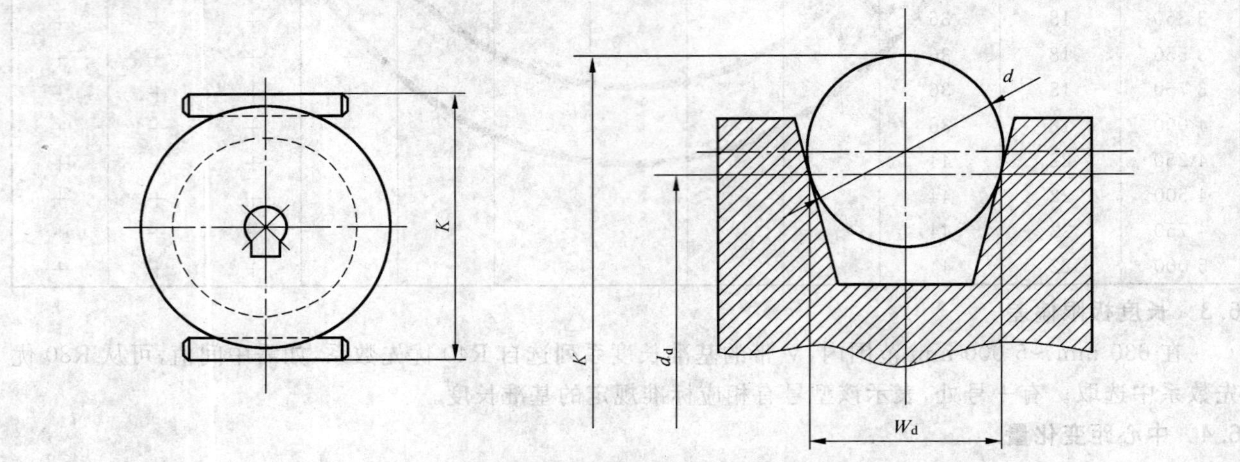

图 4 轮径测量方法

6.5.2　长度测量

将被测V带安装在测长机槽轮中，对可动轮施加测量力 F，使V带至少转动两整圈后，测量两带轮间中心距 E。

V带基准长度按式(4)计算：

$$L_d = 2E + C_d \tag{4}$$

式中：

L_d——V带的基准长度，单位为毫米(mm)；

E——两带轮中心距，单位为毫米(mm)；

C_d——测量带轮基准圆周长(见表7)，单位为毫米(mm)。

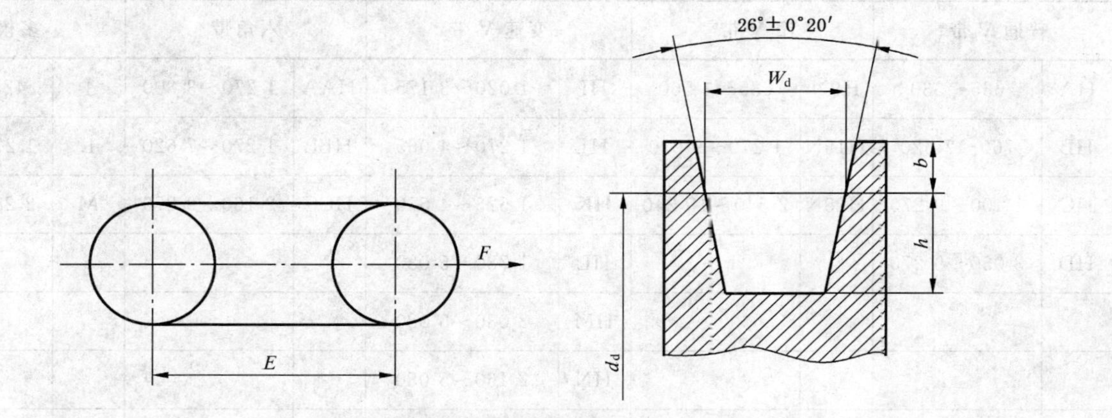

图5　测长机及测量带轮尺寸

6.5.3　中心距变化量的测量

中心距变化量的测量和计算按GB/T 13490进行。

7　农业机械用多楔带尺寸

农业机械用多楔带尺寸及测量见GB/T 16588。根据截面尺寸可分为J、L、M等型号，其截面尺寸相当于GB/T 16588中的PJ、PL、PM三种型号。

附 录 A
（资料性附录）
农业机械用V带和多楔带尺寸有效制参数

A.1 有效长度范围

V带和多楔带有效长度范围见表A.1。

表A.1 有效长度范围

单位为毫米

普通V带[a]		窄V带[a]		变速V带		六角带		多楔带	
HA	635～330	H9N	635～3 560	HI	1 020～3 175	HAA	1 270～3 300	J	425～2 540
HB	760～7 620	H15N	1 270～9 020	HJ	1 270～4 065	HBB	1 270～7 620	L	1 270～3 685
HC	1 400～9 270	H25N	2 540～15 240	HK	1 525～4 570	HCC	2 160～9 270	M	2 285～9 270
HD	3 050～9 270			HL	1 780～5 080				
				HM	2 030～5 080				
				HN	2 160～5 080				
				HO	2 285～5 080				
				HQ	2 285～5 080				

[a] 包括联组V带。

A.2 有效长度极限偏差

V带和多楔带有效长度极限偏差见表A.2。

表A.2 有效长度极限偏差

单位为毫米

有效长度范围	有效长度极限偏差
$L_e \leqslant 1\ 300$	±10
$1\ 300 < L_e \leqslant 2\ 500$	±13
$2\ 500 < L_e \leqslant 3\ 150$	±16
$3\ 150 < L_e \leqslant 4\ 000$	±20
$4\ 000 < L_e \leqslant 5\ 000$	±25
$5\ 000 < L_e \leqslant 6\ 300$	±32
$6\ 300 < L_e \leqslant 8\ 000$	±40
$8\ 000 < L_e \leqslant 10\ 000$	±50

A.3 有效长度的配组差

V带和多楔带有效长度的配组差见表A.3。

表 A.3 有效长度配组差

单位为毫米

有效长度范围	单组配组差	
	普通张力系数	高张系数[a]
$L_e \leqslant 1\ 375$	4	2
$1\ 375 < L_e \leqslant 2\ 820$	6	3
$2\ 820 < L_e \leqslant 6\ 000$	10	5
$6\ 000 < L_e \leqslant 10\ 000$	16	6

[a] 高张系数带指含以下材料的带:芳纶、玻璃纤维或钢丝加固物等。

A.4 测量有效长度和露出高度参数

测量V带有效长度和露出高度参数见表A.4和图A.1。

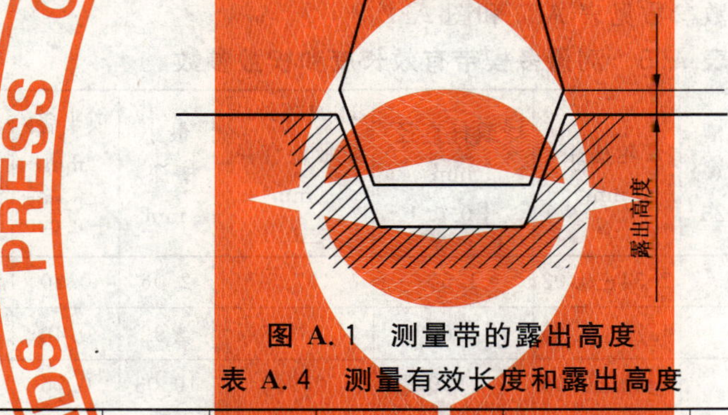

图 A.1 测量带的露出高度

表 A.4 测量有效长度和露出高度

型号	带轮外径/mm ±0.10	带轮有效周长/mm	带轮槽楔角/(°) ±0.25	带轮槽顶宽/mm	球和杆直径/mm	球和杆外缘处带轮直径/mm ±0.10	最小槽深/mm	每带总测量力/N	最大露出高度(以槽顶为参照)/mm	
									非联组	联组
HA	95.5	300	34	13	12.5±0.01	108.2	12	300	2.5	4.5
HB	143.2	450	34	16.5	15.5±0.02	157.7	14	450	2.5	5.0
HC	222.8	700	34	22.4	21.0±0.02	242.2	19	850	2.5	6.5
HD	318.3	1 000	36	32.8	30.5±0.02	346.6	26	1 800	3.0	7.0
HAA	95.5	300	34	13	12.5±0.01	108.2	12	300	0.8	
HBB	143.2	450	34	16	15.5±0.02	157.7	14	450	0.8	
HCC	222.8	700	36	22	21.0±0.02	242.2	19	850	0.8	
H9N	95.5	300	38	8.89	8.50±0.01	104.3	8.5	445	2.5	5.1
H15N	191.0	600	38	15.24	15.00±0.02	207.8	15.0	1 000	3.0	6.4
H25N	318.3	1 000	38	25.40	25.00±0.02	346.3	25.1	2 225	4.1	7.6
HI	127.3	400	26	25.40	24.5±00.01	150.7	20	800	4.1	

表 A.4(续)

型号	带轮外径/mm ±0.10	带轮有效周长/mm	带轮槽楔角/(°) ±0.25	带轮槽顶宽/mm	球和杆直径/mm	球和杆外缘处带轮直径/mm ±0.10	最小槽深/mm	每带总测量力/N	最大露出高度(以槽顶为参照)/mm	
									非联组	联组
HJ	159.2	500	26	31.75	30.50±0.01	187.8	23	1 300	4.1	
HK	191.0	600	26	38.10	36.50±0.01	224.8	26	1 800	4.6	
HL	222.8	700	26	44.45	42.50±0.01	261.7	29	2 500	5.1	
HM	254.6	800	26	50.80	48.50±0.01	298.7	32	3 300	5.1	
HN	286.5	900	26	57.00	54.50±0.01	336.4	34	3 300	5.6	
HO	318.3	1 000	26	63.00	60.00±0.01	372.1	37	3 300	5.6	
HQ	318.3	1 000	30	76.20	72.50±0.01	386.5	40	3 300	5.6	

A.5 测量多楔带有效长度和楔数参数

测量多楔带有效长度和楔数参数见表 A.5 和图 A.2。

表 A.5 测量多楔带有效长度和楔数参数

型号	带轮外径/mm	带轮有效周长/mm	带轮槽角度/(°) ±0.25	带轮槽距/mm	球或杆直径/mm ±0.001	球或杆外缘处带轮直径/mm ±0.1	最小槽深/mm	顶半径/mm $^{+0.005}_{-0.000}$	以槽顶为参照最大露出高度/mm	每楔总测量力/N
J	95.5	300	40	2.34±0.03	1.50	97.5	2.06	0.20	2.50	50
L	159.2	500	40	4.70±0.05	4.00	163.5	4.92	0.40	5.60	200
M	254.6	800	40	9.40±0.08	7.00	259.2	10.03	0.75	7.60	450

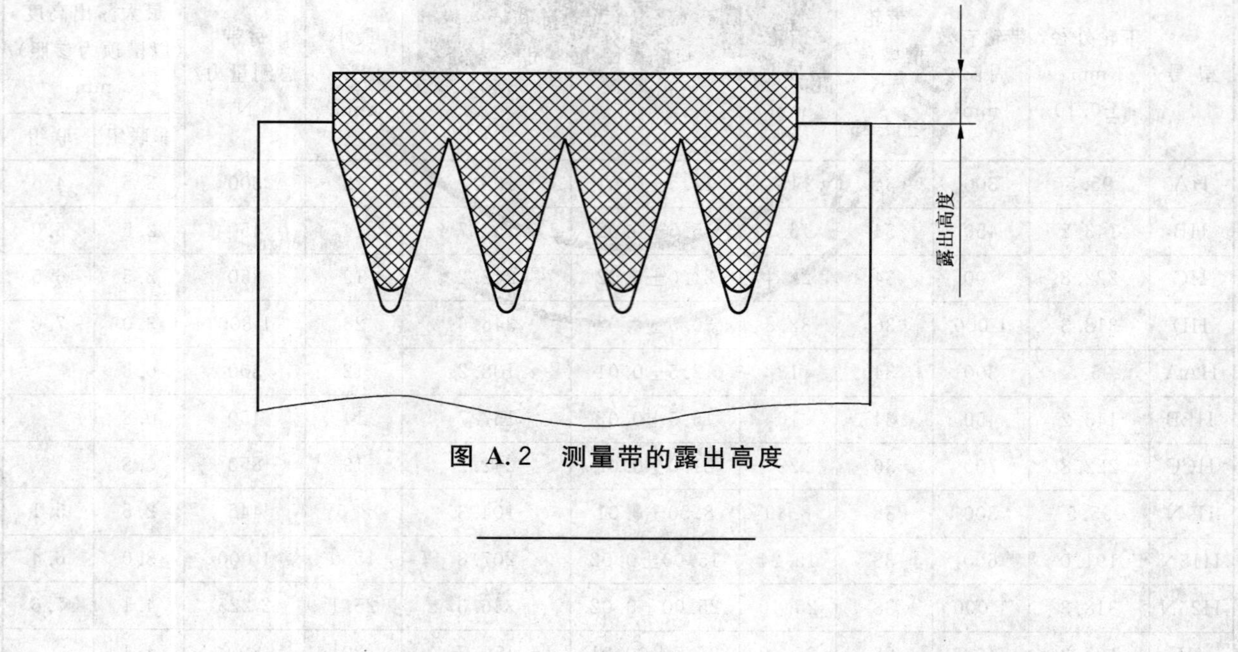

图 A.2 测量带的露出高度

ICS 83.160.99
G 41

中华人民共和国国家标准

GB/T 10824—2008
代替 GB/T 10824—1996

充气轮胎轮辋实心轮胎技术规范

Technical specification of solid tyres for pneumatic tyres rims

2008-06-18 发布　　　　2009-02-01 实施

中华人民共和国国家质量监督检验检疫总局
中国国家标准化管理委员会　发布

前　言

本标准代替 GB/T 10824—1996。

本标准与前版标准 GB/T 10824—1996 的主要差异如下：

——拉断伸长率、拉伸强度、硬度调整了指标(1996 版表 3,本版表 1)；

——取消了检验规则及对包装的要求(1996 版的第 5 章和 6.2)；

——取消了轮胎规格、基本参数、主要尺寸和行驶速度与负荷对应关系的具体规定,以引用文件的形式予以规定(本版的 4.1)；

——附录 B 中增加了单位面积平均压力计算；

——附录 C 中对磨耗试样的取样进行了修订；

——增加了耐久性试验方法(附录 D)。

本标准的附录 A、附录 B、附录 C、附录 D 均为规范性附录。

本标准由中国石油和化学工业协会提出。

本标准由全国轮胎轮辋标准化技术委员会(SAC/TC 19)归口。

本标准负责起草单位:贵州前进橡胶有限公司、上海华向实芯轮胎有限公司、杭州中策橡胶有限公司。

本标准主要起草人:邱毅、陈亚洲、张水明、陈国华。

本标准所代替标准的历次版本发布情况为：

——GB/T 10824—1989、GB/T 10824—1996。

充气轮胎轮辋实心轮胎技术规范

1 范围

本标准规定了充气轮胎轮辋实心轮胎的术语和定义、要求、试验方法和标志。

本标准适用于平衡重式叉车、起升机、牵引车、装载机、平板车和固定平台搬运车等车辆上使用的充气轮胎轮辋实心轮胎。

2 规范性引用文件

下列文件所包括的条文，通过在本标准中引用而构成为本标准的条文，凡是注日期的引用文件，其随后所有的修改单(不包括勘误的内容)或修订版均不适用于本标准，然而，鼓励根据本标准达成协议的各方研究是否可使用这些文件的最新版本。凡不注日期的引用文件，其最新版本适用于本标准。

GB/T 528 硫化橡胶和热塑性橡胶拉伸应力应变性能的测定(GB/T 528—1998，eqv ISO 37:1994)

GB/T 531 橡胶袖珍硬度计压入硬度试验方法(GB/T 531—1999，idt ISO 7619:1986)

GB/T 1689 硫化橡胶耐磨性能的测定(用阿克隆磨耗机)

GB/T 2941 橡胶物理试验方法试样制备和调节通用程序(GB/T 2941—2006，ISO 23529:2004，IDT)

GB/T 6326 轮胎术语及其定义(GB/T 6326—2005，ISO 4223-1:2002，Definitions of some terms used in tyre industry—Part 1:Pneumatic tyres，NEQ)

GB/T 8170 数值修约规则

GB/T 10823 充气轮胎轮辋实心轮胎系列

HG/T 2177 轮胎外观质量

3 术语和定义

GB/T 6326 确立的以及下列术语和定义适用于本标准。

3.1

无印痕实心轮胎 no marking solid tyres

在使用过程中不会在地面留下印痕特别是刹车印痕的实心轮胎。

4 要求

4.1 轮胎规格、尺寸与负荷应符合 GB/T 10823 的规定。

4.2 轮胎的物理性能应符合表 1 的规定。

4.3 轮胎的外观质量应符合 HG/T 2177 的规定。

表 1 充气轮胎轮辋实心轮胎的物理性能表

项目	指标		
	基部胶	胎面胶	
		普通轮胎	无印痕轮胎
拉伸强度/MPa 不小于	13	18	
拉断伸长率/% 不小于	—	450	
硬度(邵尔 A)/度	85±5	67±5	
磨耗量(阿克隆)/cm^3 不大于	—	0.4	0.6
注：当基部胶含预处理纤维时，拉断强度与不含纤维相比，不得低于不含纤维基部胶扯断强度的 80%。			

4.4 轮胎按照 5.5 规定的试验方法进行耐久性试验后应满足其要求。

5 试验方法

5.1 轮胎的外直径、断面宽度和静负荷性能按附录 A 和附录 B 进行测定。

5.2 各层胶样的拉伸强度和拉断伸长率按附录 C 中的规定取样，按 GB/T 528 进行测定。

5.3 轮胎基部胶、胎面胶的硬度按 GB/T 531 测定。

5.4 轮胎胎面胶的磨耗减量按附录 C 中的规定取样，按 GB/T 1689 进行测定。

5.5 成品轮胎耐久性试验按本标准的附录 D 的规定进行。

6 标志

6.1 每条轮胎两侧应有下列标志：

a) 规格；

b) 商标、制造商名称或产地；

c) 轮辋规格；

d) 生产编号；

e) 检验标记。

6.2 轮胎上 a)～d)项的标志均需使用模刻印痕，其他标志可用水洗不掉的印痕。

附 录 A
（规范性附录）
轮胎的外缘尺寸测定方法

A.1 测量项目

外周长、断面宽度。

A.2 测试条件

A.2.1 测试的轮胎应是硫化后停放 72 h 以上，其中包括在 GB/T 2941 规定的标准试验室环境下至少停放 24 h（轮胎和轮辋的组合体）；

A.2.2 轮胎的外观质量应符合 HG/T 2177 的规定。

A.2.3 测量工具：

钢板尺和金属卷尺（不带弧度）：分度不大于 1.0 mm；

游标卡尺：精度高于 0.1 mm；

卡钳；

千分尺：精度 0.05 mm。

A.3 测量方法

A.3.1 轮胎外周长及外直径：将轮胎和轮辋的组合体固定在试验机上，使轮胎悬空，用金属卷尺沿胎冠中心线或靠近中心线最高处绕轮胎一周，测量外周长，数值取一位小数，并按式（A.1）求得外直径，修约到整数。

A.3.2 轮胎断面宽度：选取没有标志的胎侧最宽部位，用游标卡尺或卡钳在轮胎圆周四等分处测量四点的断面宽度。取算术平均值，修约到整数。

A.4 计算方法

轮胎外直径按式（A.1）计算：

$$D = L/\pi \qquad \text{(A.1)}$$

式中：

D——轮胎外直径，mm；

L——轮胎外周长，mm；

π——圆周率，取 3.14。

本附录测量和计算结果按 GB/T 8170 的规定进行修约。

附 录 B
（规范性附录）
轮胎静负荷性能测定方法

B.1 测试条件

B.1.1 测试的轮胎应是硫化后停放 72 h 以上，其中包括至少在 GB/T 2941 规定的标准试验室环境下停放 24 h；

B.1.2 轮胎的外观质量应符合 HG/T 2177 的规定；

B.1.3 轮胎的负荷、装配轮辋应符合现行轮胎的标准规定。

B.1.4 试验机的承压平面应垂直于轮胎的受力方向。

B.2 测量与计算

B.2.1 将符合本附录测试条件规定的轮胎安装在试验机上，按本标准中的附录 A 的规定测量轮胎外直径和断面宽度。

B.2.2 将轮胎承压部位涂上印油，在轮胎与承压平面之间铺放一张白纸，启动试验机，给轮胎施加负荷至规定值，持续 15 min 后，测量轮胎静负荷半径和负荷下断面宽度。

B.2.3 完成 B.2.2 测量后，取出印痕纸，用求积仪求出印痕面积（cm^2），计算取整数。

B.2.4 下沉量按公式（B.1）计算：

$$h_1 = D/2 - r_1 \quad \cdots\cdots\cdots\cdots (B.1)$$

式中：

h_1——轮胎的下沉量，mm；

D——轮胎的外直径，mm；

r_1——轮胎静负荷半径，mm。

B.2.5 下沉率按公式（B.2）计算：

$$f = \frac{2 \times h_1}{D - d} \times 100 \quad \cdots\cdots\cdots\cdots (B.2)$$

式中：

f——轮胎的下沉率，%；

h_1——轮胎的下沉量，mm；

D——轮胎的外直径，mm；

d——轮辋着合直径，mm。

B.2.6 单位面积平均压力按公式（B.3）计算：

$$N = P/10S \quad \cdots\cdots\cdots\cdots (B.3)$$

式中：

N——轮胎单位面积平均压力，kPa；

P——轮胎负荷，N；

S——轮胎印痕面积，cm^2。

B.3 试验条件允许差

B.3.1 负荷量精度为±2%。

B.3.2 本附录B.2.4、B.2.5的计算精确到小数点后一位，测量和计算结果按GB/T 8170规定进行修约。

附 录 C
（规范性附录）
轮胎物理性能试验方法

C.1 一般要求

C.1.1 硫化后的轮胎在取样前在室内调节时间应不少于 72 h，其中包括至少在 GB/T 2941 规定的标准试验室环境下停放 24 h。

C.1.2 从成品中所取样品或试样表面不平整或厚度大于相应标准规定时，应按 GB/T 2941 进行切削、打磨，样品厚度小于相应标准规定时，可按样品的实有厚度裁成试样进行试验。

C.2 胶料的物理性能试验

C.2.1 拉伸性能

C.2.1.1 取样时，对胎面胶部分，以胎冠中心线为基准，沿纵方向取样品，胎面胶厚度 6 mm～10 mm 的切取一层中层试样，在 10 mm 以上的切取中、下两层试样（冠部花纹特殊切样不在此限）。对中间部分，对基部部分，以基部胶的中心线为标准，沿着纵方向切取基部胶试样，基部胶在 25 mm 以下切取上、下二层试样，在 25 mm 以上的切取上、中、下三层试样。在分胶层部位的试样切取时，不得附有其他层胶。

C.2.1.2 将样品裁切、打磨成符合 GB/T 528 的 2 型试样，并标明试样的部位及层次。

C.2.1.3 当胎面胶花纹特殊不能切取标准尺寸时，可按实际情况裁取试样的夹持部分。

C.2.1.4 按 GB/T 528 进行拉伸性能试验。

C.2.2 硬度

C.2.2.1 在胎面、基部各层切取厚度不小于 6 mm、长度不小于 40 mm、宽度不小于 15 mm 的样品，或用同一层的最多三个样品叠成试样。

C.2.2.2 按 GB/T 531 测定各层样品的硬度，胎面胶表面硬度可直接在轮胎冠部测定；基部胶表面硬度，可在轮胎与轮辋轮廓表面曲线接触的部位测定，仲裁时应以样品制成的试样上所得结果为准。

C.2.3 耐磨性

阿克隆磨耗试验：以胎冠中心线为基准，沿纵方向切取样品。对胎面胶厚度在 10 mm 及其以下的样品，切取 2 个长约 250 mm，宽约 15 mm～20 mm 的样品，并以胎面层表面为试验面；对胎面胶厚度在 10 mm 以上的样品，切取二个长约 250 mm，宽约 15 mm～20 mm 的上、下两层试样，上层以胎面层表面为试验面，下层以靠近基部胶部位为试验面。

按 GB/T 1689 规定裁切，磨削及粘接试样。

按 GB/T 1689 进行试验，表示结果。

附 录 D
（规范性附录）
充气轮胎轮辋实心轮胎耐久性试验方法

D.1 试验设备与精度

D.1.1 试验转鼓的外直径为 1 700 mm±17 mm。

D.1.2 试验转鼓的试验面应为光滑的钢质面，表面宽度应大于或等于试验轮胎的断面总宽度。

D.1.3 温度测量仪应为数字显示的针式温度计，温度计的精度为±0.1 ℃。

D.1.4 试验机转鼓的表面线速度应满足试验的要求，速度的控制精度应为±0.1 km/h。

D.1.5 轮胎的中心轴线应与转鼓中心轴线平行，其精度应不大于 0.5°。

D.1.6 试验机转鼓施加给试验轮胎的负荷应满足试验要求，试验负荷的控制精度应为满量程的±1.5%。

D.2 试验条件

D.2.1 在整个试验过程中，实验室温度应为 25 ℃±5 ℃。

D.2.2 对试验轮胎进行钻孔。在距胎面最外表面 25 mm 的胎侧处和轮胎断面高度二分之一处各钻一测温孔。孔直径比测温棒的直径大 1 mm～2 mm，深度为轮胎断面宽度的二分之一。

D.2.3 将试验轮胎安装在实际使用的轮辋上，在实验室温度下的调节时间应不少于 72 h，其中包括在 GB/T 2941 规定的标准实验室环境下至少调节 8 h。

D.2.4 试验机转鼓的表面线速度为 10 km/h。

D.2.5 试验基准负荷为 GB/T 10823 中规定的平衡重式叉车 10 km/h 下驱动轮的负荷。

D.2.6 试验轮胎的负荷作用方向应垂直于轮胎与转鼓接触面的切线方向，且应通过安装试验轮胎的车轮中心，角度偏差应控制在 3°以内。

D.3 试验步骤

D.3.1 将准备好的试验轮胎和轮辋组合体固定到耐久试验机上，施加表 D.1 规定的第 1 阶段试验负荷。

D.3.2 测量试验轮胎测温孔内的初始温度。

D.3.3 以匀加速度启动试验机转鼓到 D.2.4 规定的速度。

D.3.4 按表 D.1 规定的程序进行试验。每一试验阶段运行间隔时间为 5 min，间隔时间内应卸载。

D.3.5 试验过程中，每次测量测温孔内温度均应在每一阶段试验结束后 1 min 内将测温棒插入轮胎测温孔的底部，待温度达到平衡时读数。

表 D.1 充气轮胎轮辋实心轮胎试验程序

试验阶段	试验负荷/%	运行时间/min
1	100	15
2	100	15
3	100	15
4	100	15
5	100	15

表 D.1（续）

试验阶段	试验负荷/%	运行时间/min
6	100	15
7	100	15
8	100	15
9	100	120

D.4 判定规则

试验结束后，任一阶段的每一个孔的温升不出现下列任一情况判定“通过试验”，否则判定“未通过试验”：

试验过程中，第8试验阶段及其以前任一阶段的温升（实测温度－初始温度）高于110 ℃、试验结束后轮胎起鼓或爆胎。

D.5 试验报告

试验报告至少应包括以下内容：

a） 试验轮胎的制造厂名称、商标、规格、生产编号；

b） 试验用轮辋规格；

c） 试验基准负荷、试验速度、环境温度、试验轮胎测温孔内初始温度；

d） 各试验阶段的测温孔内温度，以及试验结束后的轮胎情况；

e） 结论：“通过试验”或“未通过试验”；

f） 试验日期。

ICS 27.020
J 94

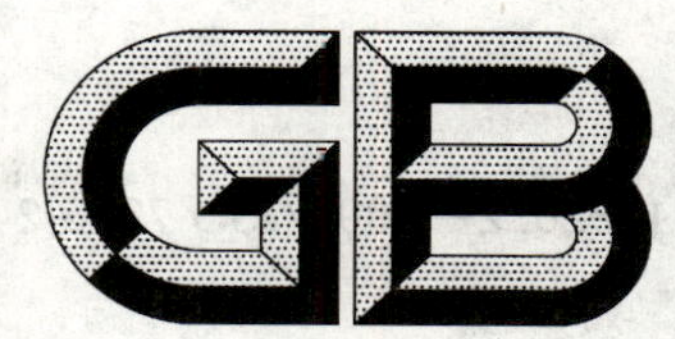

中华人民共和国国家标准

GB/T 10826.2—2008/ISO 7876-2:1991/Amd.1:1999
部分代替 GB/T 10826—1989

燃油喷射装置 词汇 第2部分:喷油器

Fuel injection equipment—Vocabulary—Part 2:Fuel injectors

(ISO 7876-2:1991/Amd.1:1999,IDT)

2008-11-04 发布　　　　2009-04-01 实施

中华人民共和国国家质量监督检验检疫总局
中国国家标准化管理委员会　发布

前　言

GB/T 10826《燃油喷射装置　词汇》分为五个部分：

——第1部分：喷油泵；

——第2部分：喷油器；

——第3部分：泵喷嘴；

——第4部分：高压油管和管端连接件；

——第5部分：共轨式燃油喷射装置。

本部分是GB/T 10826的第2部分。

本部分等同采用ISO 7876-2:1991/Amd.1:1999《燃油喷射装置　词汇　第2部分：喷油器》(英文版)。

本部分等同翻译ISO 7876-2:1991/Amd.1:1999。为便于使用，本部分做了如下编辑性修改：

——"本国标标准"一词改为"本部分"；

——删除了国际标准的前言；

——本部分对ISO 7876-2:1991中采用的其他国际标准，凡已被采用为我国标准的，用我国标准代替相应的国际标准；未被采用为我国标准的，仍直接采用国际标准。

本部分部分代替GB/T 10826—1989《柴油机燃油系统　术语》中有关喷油器部分，与GB/T 10826—1989相比，本部分主要变化如下：

——本部分修改为系列标准；

——对原喷油器部分技术内容进行了较大修改，并进行了分类编排。

本部分由中国机械工业联合会提出。

本部分由全国燃料喷射系统标准化技术委员会归口。

本部分起草单位：上海内燃机研究所、无锡油泵油嘴研究所、广西玉柴机器股份有限公司、无锡开普动力有限公司、慈溪三环柴油机有限公司。

本部分主要起草人：杜任方、居钰生、刘益军、陈公一、瞿俊鸣、毕晔、宋国婵、覃星念、陈云清、谢亚平。

本部分所代替标准的历次版本发布情况为：

——GB/T 10826—1989。

燃油喷射装置　词汇
第2部分:喷油器

1　范围

GB/T 10826 的本部分规定了有关压燃式发动机(柴油机)用喷油器及其零部件的词汇。

注:当所列术语中用到"燃油"这个单词时,只要不致引起误解均可略去不用。

2　术语和定义

2.1

喷油器　fuel injector

由喷油嘴(2.2)和喷油器体(2.3)组成的总成,通过它将一定量的燃油在高压下喷入燃烧室。

特殊结构的喷油器可以将喷油嘴和喷油器体合成一体(见 ISO 2698 规定)。

2.2

喷油嘴　nozzle

由两个主要零件,即针阀体(nozzle body)和针阀(valve needle)组成的阀。当针阀开启时通过它使燃油雾化。

2.3

喷油器体　nozzle holder

用以安装喷油嘴(2.2)使其定位在气缸盖上的总成。它包括除喷油嘴以外的所有喷油器零件。

3　工作原理

3.1

雾化　atomization

在高压下使液态燃油转化为由极小油滴组成的高速喷雾。

4　工作方法

4.1

(常规)喷油器　(conventional) fuel injector

仅由计量燃油压力驱动的喷油器(2.1)。

4.2

机械式喷油器　mechanical fuel injector

由外部机械装置驱动的喷油器(2.1)。

4.3

电控式喷油器　electrical fuel injector

由适当电动装置驱动的喷油器(2.1)。

4.4

液压式喷油器　hydraulic fuel injector

依靠燃油压力以外的液压方法来驱动的喷油器(2.1)。

注:喷油器可以由以上四种工作方法组合驱动(例如液压机械式等)。

5 角度定位方法

5.1

固定法兰定位式喷油器 fixed flange-located fuel injector

利用**喷油器壳体**(7.6)上的一个固定(整体)法兰来确定其在发动机上安装角度的**喷油器**(2.1)。

5.2

平面定位式喷油器 flats-located fuel injector

利用**喷油器壳体**(7.6)上的平面和相应形状的紧固法兰或压板,来确定其在发动机上安装角度的**喷油器**(2.1)。

5.3

钢球或销键定位式喷油器 ball/dowel-located fuel injector

利用**喷油器壳体**(7.6)上的钢球或销键和安装孔内对应的沟槽,来确定其在发动机上安装角度的**喷油器**(2.1)。

6 连接型式

6.1

法兰安装式喷油器 flange-mounted fuel injector

利用垂直于喷油器轴线的活动或整体式法兰,将其安装在发动机上,并至少用两只双头螺栓或螺柱固紧的**喷油器**(2.1)。

6.2

压板安装式喷油器 clamp-mounted fuel injector

利用一个单指状或双指状压板将其安装在发动机上,并用双头螺栓或螺柱固紧的**喷油器**(2.1)。

6.3

螺套安装式喷油器 screw-mounted fuel injector

通过一压紧**螺套**(7.20)将其安装并固紧在发动机上的**喷油器**(2.1)。

6.4

螺纹拧入式喷油器 screw-in fuel injector

利用**喷油器壳体**(7.6)或**喷油嘴紧帽** (7.19)上的外螺纹,将其安装并固紧在发动机上的喷油器。

7 喷油器体型式和零部件

7.1

调压弹簧上置式喷油器体 high spring nozzle holder

弹簧远离压力面(9.3)的喷油器体结构。

7.2

调压弹簧下置式喷油器体 low spring nozzle holder

弹簧靠近压力面(9.3)的喷油器体结构。

7.3

双弹簧喷油器体 two spring nozzle holder

通过两级弹簧驱动喷油嘴的喷油器体结构。

7.4

冷却式喷油器体 cooled nozzle holder

带冷却液通道的喷油器体结构。

7.5

无回油喷油器体　non-leak-off nozzle holder

无需回油管座(7.18)的喷油器体结构。

7.6

喷油器壳体　nozzle holder body

内部设有燃油道通,并用来安装所有其他零件以组成**喷油器体**(2.3)的零件。

7.7

过渡块　adaptor plate

安装在**喷油嘴**(2.2)和**喷油器壳体**(7.6)之间,用于限制针阀升程的零件。

7.8

喷油器体护帽　nozzle holder cap nut

用于防护和密封喷油嘴开启压力调节装置的零件。

7.9

顶杆　spindle

位于调压弹簧和针阀之间,具有一定长度的零件。

7.10

弹簧座　spring seat

在调压弹簧下置式喷油器中使用的短顶杆。

7.11

调压螺钉　adjusting screw

用来调节作用在针阀上弹簧力的螺钉。

7.12

调压垫片　pressure-adjusting shim

用来调节作用在针阀上弹簧力的垫片。

7.13

针阀升程调整垫片　needle lift adjusting shim

用来调整针阀升程限位用的垫片。

7.14

调压弹簧紧帽　spring cap nut

内装调压弹簧,并可起**调压螺钉**(7.11)作用的零件。

7.15

进油管座　fuel inlet connection

喷油器体(2.3)上用于安装高压油管的部分。

7.16

进油接头　fuel inlet connector; inlet studs

与**喷油器壳体**(7.6)相连,起**进油管座**(7.15)作用的过渡零件。

7.17

缝隙式滤清器　edge filter

装在**进油接头**(7.16)或**喷油器壳体**(7.6)内的一种进油滤清器。

7.18

回油管座　back-leakage connection

喷油器体(2.3)上与**回油**(9.4)管相连接的部分。

7.19

喷油嘴紧帽　nozzle retaining nut;nozzle cap nut

将**喷油嘴**(2.2)以及可能还有**过渡块**(7.7)固定在**喷油器壳体**(7.6)上的零件。

7.20

压紧螺套　gland nut

同轴安装在**喷油器壳体**(7.6)上，用于把**喷油器**(2.1)安装在发动机上的一种带螺纹、能自由旋转的零件。

7.21

隔热板　heat shield;seal

用来降低因燃烧生成热对**喷油嘴**(2.2)的作用。

7.22

带偏心弹簧室的喷油器体　nozzle holder with eccentric spring chamber

顶杆、弹簧及其壳体与喷油器体及喷油嘴的中心线成偏心布置的结构。

7.23

针阀运动传感器　needle-motion sensor;SOI-sensor

当喷油嘴针阀开启时,能发出电信号的传感器。

注：SOI="喷射开始"。

7.24

针阀升程传感器　needle-lift sensor

能随针阀升程按比例发射电信号,以便记录整个喷射过程的传感器(供研制新产品用)。

8　喷油嘴型式

8.1

轴针式喷油嘴　pintle nozzle

针阀上带有一成型突起（轴针),并伸入针阀体同轴喷孔内的**喷油嘴**(2.2)。

8.2

节流轴针式喷油嘴　delay [throttle] pintle nozzle

针阀的成型突起在针阀初始升程时使燃油产生节流的**轴针式喷油嘴**(8.1)。

8.3

扁平节流轴针式喷油嘴　flatted pintle nozzle

在针阀的成型突起上带有一个或多个磨扁平面,可在针阀初始升程时影响燃油流量的**节流轴针式喷油嘴**(8.2)。

8.4

"品陶"式喷油嘴(分流轴针式喷油嘴)　pintaux nozzle

具有一个或多个辅助喷孔,在针阀初始升程的节流阶段使燃油旁通的**节流轴针式喷油嘴**(8.2)。

8.5

孔式喷油嘴　hole-type nozzle

具有一个或多个喷孔,而针阀不影响喷孔面积的**喷油嘴**(2.2)。通常被称为单孔或多孔式喷油嘴。

8.6

无压力室喷油嘴(VCO喷油嘴)　vco ["valve" needle covered orifice]nozzle

当针阀关闭时，针阀将位于针阀体密封座面上的喷孔盖住的**孔式喷油嘴**(8.5)。

8.7

菌形阀式喷油嘴　poppet nozzle

具有一个向外开启的菌形针阀式**喷油嘴**(2.2)。

8.8

冷却式喷油嘴　cooled nozzle

针阀体内带有冷却通道的**喷油嘴**(2.2)。

9　一般术语

9.1

喷油器体安装直径　fuel injector shank diameter

决定**喷油器**(2.1)在发动机同轴位置处的直径。

9.2

喷油器体安装长度　fuel injector shank length

从(装上喷油嘴后)**喷油嘴紧帽**(7.19)的**主密封面**(9.9)到由喷油器具体安装型式所决定的喷油器体(2.3)上基准点的距离。

9.3

压力面　pressure face

针阀体、**喷油器壳体**(7.6),以及可能安装的**过渡块**(7.7),在喷油器装配后结合在一起所形成的防漏密封面。

9.4

回油　back-leakage;leak-off

通过针阀与针阀体之间的间隙泄漏的燃油。

9.5

喷油器(喷油嘴)开启压力　fuel injector (nozzle) opening pressure (NOP)

在缓慢增加流量的情况下,燃油开始从**喷油器**(2.1)中流出的最低液压。

9.6

喷油器(喷油嘴)工作压力　fuel injector (nozzle) working pressure

使**喷油器**(2.1)在发动机上发挥正常功能的喷油嘴稳定开启压力。

9.7

喷油器(喷油嘴)调定压力　fuel injector (nozzle) setting pressure

喷油器(2.1)经初始调定后可确保在稳定后有正确工作压力的喷油嘴开启压力。

9.8

喷油器(喷油嘴)关闭压力　fuel injector (nozzle) closing pressure

针阀开始关闭时的最高液压。

9.9

密封面　sealing face

喷油器(2.1)上用以密封发动机燃气的座面。一般位于**喷油嘴紧帽**(7.19)上。

9.10

密封锥面角度差　differential angle

喷油嘴针阀与针阀体配对密封锥面间的角度差。

9.11

差动比　differential ratio

针阀导杆直径与针阀座面直径之比。用两个直径值来表示(例如 6×3),单位为毫米(mm)。

9.12

喷雾锥角　spray cone angle

在多孔式喷油嘴中,包容各喷孔轴线所组成的锥形夹角。特殊型式的喷油嘴可能有多个喷雾锥角。

9.13

喷雾扩散角　spray dispersal angle

燃油离开**轴针式喷油器**(8.1)或**菌形阀式喷油嘴**(8.7),或**孔式喷油嘴**(8.5)的单个喷孔时所形成的锥形夹角。

9.14

喷锥倾斜角　spray cone offset angle;spray inclination angle

喷雾锥角(9.12)轴线与**喷油嘴**(2.2)轴线之间的夹角。

9.15

重叠度　overlap

在**节流轴针式喷油嘴**(8.2)中,当针阀关闭时测得的轴针节流部深入喷孔内的长度。

9.16

喷油嘴压力室　nozzle sac;sac hole

孔式喷油嘴(8.5)头部内的一个腔室,燃油由此进入喷孔。

9.17

喷油嘴压力室容积　nozzle sac volume

在**孔式喷油嘴** (8.5)头部内,当喷油嘴关闭时所确定的针阀与喷孔入口之间的容积。

9.18

喷油嘴密封座面　nozzle seat

喷油嘴关闭时,在针阀和针阀体之间防止燃油流向喷孔的接触线或面。

9.19

喷油器有害容积　fuel injector dead volume

喷油器(2.1) 内,在落座针阀与进油管座接头锥形底部之间所包含的高压容积。

参 考 文 献

[1] GB/T 1883—2005(所有部分) 往复式内燃机 词汇(ISO 2710,IDT).

[2] GB/T 10826.1—2007 燃油喷射装置 词汇 第1部分:喷油泵(ISO 7876-1:1990/Amd.1:1999,IDT).

[3] ISO 2698:1993 柴油机 压板安装式喷油器 7型和28型.

[4] ISO 8984-2:1987 道路车辆 压燃式发动机用喷油器的测试 第2部分:试验规程.

中 文 索 引

B

C

D

F

G

H

J

K

L

M

P

S

T

V

W

Y

Z

英 文 索 引

A

B

C

D

E

F

S

T

V

ICS 27.020
J 94

中华人民共和国国家标准

GB/T 10826.3—2008/ISO 7876-3:1993
部分代替 GB/T 10826—1989

燃油喷射装置 词汇 第3部分:泵喷嘴

Fuel injection equipment—Vocabulary—
Part 3:Unit injectors

(ISO 7876-3:1993,IDT)

2008-11-04 发布　　2009-04-01 实施

中华人民共和国国家质量监督检验检疫总局
中国国家标准化管理委员会　发布

前　言

GB/T 10826《燃油喷射装置　词汇》分为五个部分：

——第1部分：喷油泵；

——第2部分：喷油器；

——第3部分：泵喷嘴；

——第4部分：高压油管和管端连接件；

——第5部分：共轨式燃油喷射装置。

本部分是GB/T 10826的第3部分。

本部分等同采用ISO 7876-3:1991/Amd.1:1993《燃油喷射装置　词汇　第3部分：泵喷嘴》(英文版)。

本部分等同翻译ISO 7876-3:1991/Amd.1:1993。为便于使用，本部分做了如下编辑性修改：

——"本国标标准"一词改为"本部分"；

——删除了国际标准的前言；

——本部分对ISO 7876-3:1993中采用的其他国际标准，凡已被采用为我国标准的，用我国标准代替相应的国际标准；未被采用为我国标准的，仍直接采用国际标准。

本部分部分代替GB/T 10826—1989《柴油机燃油系统　术语》中有关泵喷嘴部分，与GB/T 10826—1989相比，主要变化如下：

——本部分修改为系列标准；

——对原泵喷嘴部分技术内容进行了较大修改。

本部分由中国机械工业联合会提出。

本部分由全国燃料喷射系统标准化技术委员会归口。

本部分起草单位：上海内燃机研究所、无锡油泵油嘴研究所、广西玉柴机器股份有限公司。

本部分主要起草人：毕晔、计维斌、居钰生、瞿俊鸣、梁锋、宋国婵、谢亚平、陈云清、黄鸣升、华弢。

本部分所代替标准的历次版本发布情况为：

——GB/T 10826—1989。

燃油喷射装置　词汇
第3部分:泵喷嘴

1　范围

GB/T 10826 的本部分规定了有关压燃式发动机(柴油机)用泵喷嘴及其零部件的词汇和定义,以补充 GB/T 1883[1] 的不足。

GB/T 10826 的本部分中的定义只适用于泵喷嘴;其他有关喷油器方面的一般性定义,可见 GB/T 10826.2。

2　规范性引用文件

下列文件中的条款通过 GB/T 10826 的本部分的引用而成为本部分的条款。凡是注日期的引用文件,其随后所有的修改单(不包括勘误的内容)或修订版均不适用于本部分,然而,鼓励根据本部分达成协议的各方研究是否可使用这些文件的最新版本。凡是不注日期的引用文件,其最新版本适用于本部分。

GB/T 10826.1—2007　燃油喷射装置　词汇　第1部分:喷油泵(ISO 7876-1:1990,IDT)

GB/T 10826.2—2008　燃油喷射装置　词汇　第2部分:喷油器(ISO 7876-2:1991/Amd.1:1999,IDT)

3　术语和定义

3.1

泵喷嘴　unit injector

将单缸泵和喷油器的性能集于一体,并通过它将定量燃油在高压下喷入燃烧室的总成。

注:**泵喷嘴**(3.1)可按以下三种主要特征分类:

a)　驱动方式(能量输入方式);

b)　正时控制;

c)　计量控制。

具有这些特征的泵喷嘴,可能是机械、液力电动或电子式。要全面描述一只**泵喷嘴**(3.1),需要对上述所有特征进行具体说明。

示例:

带电子正时和计量控制的机械驱动式泵喷嘴。

4　零部件

4.1

挺柱(随动件)部件　tappet (follower) assembly

将外部驱动件的运动转换成柱塞直线运动的部件。

4.2

挺柱(推杆)头部　tappet head

与外部驱动件接触、可与**挺柱部件**(4.1)分离的部分。

4.3

挺柱垫块　thrust pad

挺柱部件(4.1)中位于**挺柱头部**(4.2)与柱塞之间的零件。

4.4

挺柱体　tappet body

挺柱部件(4.1)中与挺柱导套(4.5)接触滑动的部分。

4.5

挺柱导套　tappet guide

挺柱体(4.4)或泵喷嘴体(4.8)中用以引导挺柱或挺柱部件(4.1)运动的零件或部分。

4.6

挺柱保持器　tappet retainer

在泵喷嘴(3.1)尚未装入发动机之前使挺柱部件(4.1)保持总装状态的零件。

4.7

回位弹簧　return spring

使挺柱与外部驱动件保持接触,并使柱塞回复至其行程起点的一个或多个零件。

4.8

泵喷嘴体　unit injector body

有泵油元件的总成或部件。

4.9

喷油嘴调压弹簧壳体　nozzle spring housing;nozzle spring chamber

用于安装喷油嘴调压弹簧(4.10)并设有燃油通道的部件。

4.10

喷油嘴调压弹簧　nozzle spring

对喷油嘴针阀施加预紧力的弹簧。

4.11

调压弹簧壳体紧帽　spring housing retaining nut;spring housing cap-nut

将喷油嘴调压弹簧壳体(4.9)和可能安装的中间件固紧在泵喷嘴体(4.8)总成上的零件。

4.12

喷油嘴紧帽　nozzle retaining nut;nozzle cap-nut

将喷油嘴和可能安装的过渡块固紧在喷油嘴调压弹簧壳体(4.9)上的零件。

4.13

喷油嘴和壳体紧帽　nozzle and housing retaining nut;nozzle and housing cap-nut

将喷油嘴调压弹簧壳体(4.9)和其他零件固紧在泵喷嘴体(4.8)总成上的零件。

4.14

计量装置　metering device

确定喷油量的部件。

也可使用GB/T 10826.1中所规定的某种计量方法。

5　一般术语

注:一般术语按照GB/T 10826.1和GB/T 10826.2中所规定的定义。

参考文献

[1] GB/T 1883—2005(所有部分) 往复式内燃机 词汇(ISO 2710,IDT).

中 文 索 引

B

H

J

P

T

英 文 索 引

ICS 27.020
J 94

中华人民共和国国家标准

GB/T 10826.4—2008/ISO 7876-4:2004
部分代替 GB/T 10826—1989

燃油喷射装置　词汇
第4部分:高压油管和管端连接件

Fuel injection equipment—Vocabulary—
Part 4:High-pressure pipes and end-connections

(ISO 7876-4:2004,IDT)

2008-11-04 发布　　　　2009-04-01 实施

中华人民共和国国家质量监督检验检疫总局
中国国家标准化管理委员会　发布

前言

GB/T 10826《燃油喷射装置 词汇》分为五个部分：

——第1部分：喷油泵；

——第2部分：喷油器；

——第3部分：泵喷嘴；

——第4部分：高压油管和管端连接件；

——第5部分：共轨式燃油喷射装置。

本部分是GB/T 10826的第4部分。

本部分等同采用ISO 7876-4:2004《燃油喷射装置 词汇 第4部分：高压油管和管端连接件》（英文版）。

本部分等同翻译ISO 7876-4:2004。为便于使用，本部分做了如下编辑性修改：

——本部分对ISO 7876-4:2004中采用的其他国际标准，凡已被采用为我国标准的，用我国标准代替相应的国际标准；未被采用为我国标准的，仍直接采用国际标准；

——“本国际标准”一词改为“本部分”；

——删除了国际标准的序言。

本部分部分代替GB/T 10826—1989《柴油机燃油系统 术语》中有关高压油管和管端连接件部分，与GB/T 10826—1989相比，主要变化如下：

——本部分修改为系列标准；

——对原高压油管和管端连接件部分技术内容进行了较大修改。

GB/T 10826.1—2007、GB/T 10826.2—2008、GB/T 10826.3—2008和GB/T 10826.4—2008一起代替GB/T 10826—1989的全部内容。

本部分由中国机械工业联合会提出。

本部分由全国燃料喷射系统标准化技术委员会归口。

本部分起草单位：上海内燃机研究所、广西玉柴机器股份有限公司、无锡油泵油嘴研究所。

本部分主要起草人：计维斌、居钰生、瞿俊鸣、毕晔、刘益军、朱锡芬、罗志坚、宋国婵、谢亚平、陈云清。

本部分所代替标准的历次版本发布情况为：

——GB/T 10826—1989。

燃油喷射装置　词汇
第4部分:高压油管和管端连接件

1　范围

GB/T 10826 的本部分规定了柴油机(压燃式发动机)喷油系统中高压油管和管端连接件的词汇。这些高压油管和管端连接件广泛应用于全球喷油系统中,需要有准确的术语。

注:当所列术语中用到"燃油"这个单词时,只要不致引起误解,均可将其略去不用。

2　规范性引用文件

下列文件中的条款通过 GB/T 10826 的本部分的引用而成为本部分的条款。凡是注日期的引用文件,其随后所有的修改单(不包括勘误的内容)或修订版均不适用于本部分,然而,鼓励根据本部分达成协议的各方研究是否可使用这些文件的最新版本。凡是不注日期的引用文件,其最新版本适用于本部分。

JB/T 8120.1—2000　压燃式发动机　高压油管用钢管　第1部分:单壁冷拉无缝钢管技术条件(idt ISO 8535-1:1996)

JB/T 8120.2—2000　压燃式发动机　高压油管用钢管　第2部分:复合式钢管技术条件(idt ISO 8535-2:1993)

3　术语和定义

3.1

高压油管　high-pressure fuel injection pipe

符合 JB/T 8120.1 或 JB/T 8120.2 规定、具有一定切割长度的钢管。

3.2

高压油管部件　high-pressure fuel injection pipe assembly

在管子两端各配有一个**管接螺母**(5.4),并且每个管端均冲制成能与**锥孔管座**(5.2)配用的成型端头的**高压油管**(3.1)。

注:油管可以按(或不按)所需用途进行弯曲。并可根据具体用途附加某些零部件。

3.3

高压油管组(合)件　assembled pipe set

用**装配夹块**(6.2)夹在一起固定在发动机上的,两根或多根**高压油管部件**(3.2)。

注:对一定用途的喷油泵,可以由多套高压油管组件组成。

3.4

管端连接件　end-connection

能使**高压油管部件**(3.2)与喷油泵和喷油器配用的零部件。

注:喷油泵和喷油器的定义分别见 GB/T 10826.1 和 GB/T 10826.2。

4　油管

4.1

无缝管　seamless tube

符合 JB/T 8120.1 规定的单壁冷拉无缝钢管。

4.2

复合管 **composite tube**

符合 JB/T 8120.2 规定内壁可能有缝,也可能无缝的多层壁钢管。

4.2.1

有缝复合管 **seamed composite tube; wrapped tube**

内壁有接缝,横截面为螺旋形结构的**复合管**(4.2)。

4.2.2

无缝复合管 **seamless composite tube**

内管为无缝,外管可以是无缝或有缝的复合管。

4.3

内孔表面质量等级 **bore grade**

对高压油管横截面的内表面上允许存在的缺陷数目和缺陷深度的一种定量说明。

注:质量等级仅适用于内孔表面为无缝的油管。

5 管端连接件(3.4)

5.1

密封面 **sealing face**

在**高压油管部件**(3.2)和与之配用的**管端连接件**(3.4)的**锥孔管座**(5.2)之间所形成的高压密封接触面。

5.2

锥孔管座 **female cone**

与高压油管部件(3.2)相配的锥孔管件。

注:各种标准锥孔管座见 ISO 2974。

5.3

管端接头 **connection end**

无**管接螺母**(5.4)的**高压油管部件**(3.2)中与**锥孔管座**(5.2)配用的成形端头。

注:各种标准管端接头见 ISO 2974。但可以有各种不同的连接结构。

5.4

管接螺母 **connector nut; union nut**

高压油管部件(3.2)中用以将**管端接头**(5.3)紧固在**锥孔管座**(5.2)上的零件。

5.5

管接护套 **connector collar**

在**高压油管部件**(3.2)中置于**管接螺母**(5.4)与**管端接头**(5.3)之间、用于需要改善连接状况而选用的零件。

5.6

基准直径 **reference diameter**

锥孔管座(5.2)和**管端接头**(5.3)之间的公共基本直径(其他尺寸以此为准),为**密封面**(5.1)上的理论接触线。

5.7

管端部件 **pipe end assembly**

属于**高压油管部件**(3.2)中的**管端连接件**(3.4)的零部件和结构。

6 高压油管部件(3.2)

6.1

弯曲半径 bend radius

弯曲成形的油管中心线的半径。

6.2

装配夹块 assembly clamp

将一根或多根高压油管部件与另一根高压油管部件夹紧在一起安装在发动机上的装置。

6.3

油管内径 pipe inside diameter

面积与高压油管(3.1)内孔横截面积相等的圆直径。

参 考 文 献

[1] GB/T 10826.1 燃油喷射装置 词汇 第1部分:喷油泵(GB/T 10826.1—2007,ISO 7876-1:1990,IDT).

[2] GB/T 10826.2 燃油喷射装置 词汇 第2部分:喷油器(GB/T 10826.2—2008,ISO 7876-2:1991/Amd.1:1999,IDT).

[3] ISO 2974 柴油机 采用60°锥孔管座的高压油管管端连接件.

中 文 索 引

英 文 索 引

A

B

C

E

F

H

P

R

S

STANDARDS PRESS OF CHINA

ICS 27.020
J 94

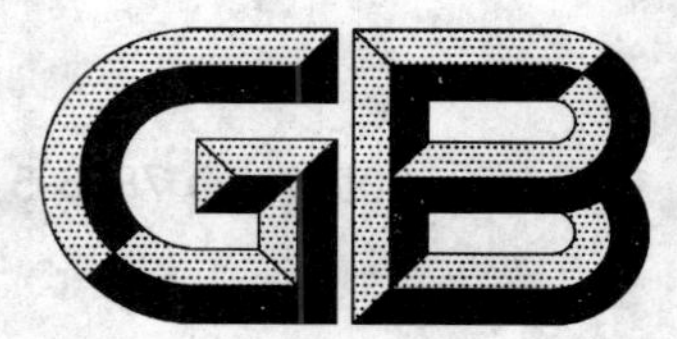

中华人民共和国国家标准

GB/T 10826.5—2008/ISO 7876-5:2004

燃油喷射装置 词汇 第5部分:共轨式燃油喷射系统

Fuel injection equipment—Vocabulary—
Part 5:Common rail fuel injection system

(ISO 7876-5:2004,IDT)

2008-11-04 发布 2009-04-01 实施

中华人民共和国国家质量监督检验检疫总局
中国国家标准化管理委员会 发布

前　言

GB/T 10826《燃油喷射装置　词汇》分为五个部分：

——第1部分：喷油泵；

——第2部分：喷油器；

——第3部分：泵喷嘴；

——第4部分：高压油管和管端连接件；

——第5部分：共轨式燃油喷射系统。

本部分是GB/T 10826的第5部分。

本部分等同采用ISO 7876-5:2004《燃油喷射装置　词汇　第5部分：共轨式燃油喷射系统》(英文版)。

本部分等同翻译ISO 7876-5:2004。为便于使用，本部分做了如下编辑性修改：

——本标准对ISO 7876-5:2004中采用的其他国际标准，凡已被采用为我国标准的，用我国标准代替相应的国际标准，未被采用为我国标准的，仍直接采用国际标准；

——"本国际标准"一词改为"本部分"；

——删除了国际标准前言。

本部分由中国机械工业联合会提出。

本部分由全国燃料喷射系统标准化技术委员会归口。

本部分起草单位：上海内燃机研究所、无锡油泵油嘴研究所、广西玉柴机器股份有限公司、浙江新柴股份有限公司。

本部分主要起草人：计维斌、居钰生、冯静、毕晔、杜海明、瞿俊鸣、卢选妹、朱锡芬、何旭培、陈云清、谢亚平、宋国婵。

本部分为首次制定。

燃油喷射装置　词汇
第5部分:共轨式燃油喷射系统

1　范围

GB/T 10826的本部分制定了柴油机(压燃式发动机)的共轨(CR)式燃油喷射系统及其零部件的词汇。

GB/T 10826的本部分所定义的是共轨式燃油喷射系统的专用术语;有关其他燃油喷射系统的术语和定义可见GB/T 10826。

注:当所列术语中用到"燃油"单词时,只要不致引起误解,均可略去不用。

2　术语和定义

2.1

共轨式(燃油)喷射系统　common rail [fuel] injection system

共轨式喷油系统　CR [fuel] injection system

以**燃油轨**(2.8)部件表征的高压燃油喷射系统,用以向各个**共轨式喷油器**(2.5)提供高压燃油,并可减少高压系统中的压力脉冲。

注:该喷射系统也可用下列特性表征:

——燃油轨压力可以不随发动机转速和负荷而变化,并可采用电子控制;

——喷射开始和结束可用共轨式喷油器上的电磁阀控制;

——喷射的能量系利用高压燃油经燃油轨供给喷油器;

——直接从燃油轨进行喷油。

2.2

初级输油泵　fuel feed pump

将燃油从油箱经由一个或几个滤清器输送到高压零部件的低压油泵。

2.3

高压供油泵　high-pressure supply pump

具有(齿轮泵、活塞泵等)任何结构形式、能在要求的最高压力下输送必需燃油量的机械驱动泵。

注:此类泵可包括一个或几个用以调节向**燃油轨**(2.8)输送燃油量的装置。

2.4

内置式输油泵　internal transfer pump

集中安置在高压供油泵壳体内,由同一根轴驱动的供油泵(如叶片泵、齿轮泵等)。

2.5

共轨式喷油器　CR [fuel] injector

包含有常规喷油器的特性,此外还包括一个例如采用电磁控制阀或压电驱动阀等以控制喷射开始和结束的装置的喷油器。

注1:共轨式喷油器可以包括或不包括喷油压力增大器,该增大器由高压燃油驱动。

注2:常规喷油器的定义见GB/T 10826.2。

2.6

压力控制阀　pressure control valve

高压系统中用以控制和改变**燃油轨**(2.8)中的压力,以便随发动机转速和负荷变化达到要求值的电动回油阀。

2.7

容积式供油控制阀　volumetric control valve

根据需求控制高压供油泵供油量的阀门。

2.8

燃油轨　rail

具有向共轨式喷油器供应燃油和减少各喷油器使高压系统产生压力脉冲这样双重功能的高压储油室。

注：可将其制成一单独零件（例如管状装置）安装在发动机上，或者就是气缸盖内的一个通道。

2.9

流量限制器　flow limiter

位于**燃油轨**（2.8）和每个**共轨式喷油器**（2.5）之间，用于当油管内的燃油超过最大允许流量时切断燃油的装置。

2.10

燃油阻尼器　flow damper

位于**燃油轨**（2.8）和每个**共轨式喷油器**（2.5）之间，用于缓冲每次喷油时在油管内产生压力脉冲的装置。

注：阻尼器也可用作**流量限制器**（2.9）。

2.11

共轨式压力传感器　[CR] pressure sensor

用以测量**燃油轨**（2.8）中压力，向**电控单元**（2.13）提供电信号的传感器。

2.12

压力限制器　pressure limiter

用以限制工作压力使其不超过最大允许压力的安全阀。

2.13

电控单元　electronic control unit [ECU]

依据发动机的转速和负荷以及其他工况（如空气温度、冷却介质温度、增压压力等），驱动**共轨式喷油器**（2.5）和其他诸如**容积式供油控制阀**（2.7）或**压力控制阀**（2.6）等阀门的装置。

2.14

进油节流装置　inlet throttling device

进油流量控制阀　inlet flow control valve

用以调节**高压供油泵**（2.3）进油口处的燃油流量，以控制向**燃油轨**（2.8）输送高压燃油量的装置。

参 考 文 献

[1] GB/T 1883(所有部分) 往复式内燃机 词汇(ISO 2710,IDT).

[2] GB/T 10826.2 燃油喷射装置 词汇 第2部分:喷油器(GB/T 10826.2—2008,ISO 7876-2:1991/Amd.1:1999,IDT).

中 文 索 引

英文索引

ICS 47.020.50
U 47

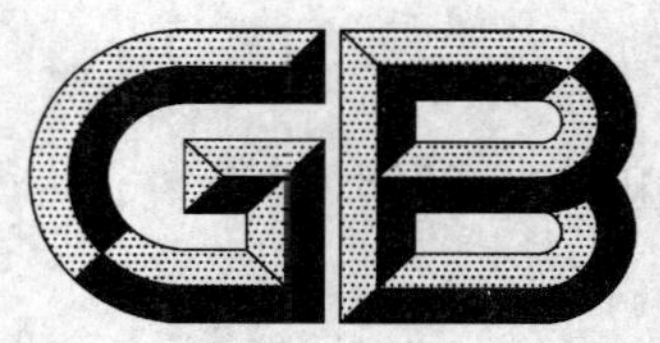

中华人民共和国国家标准

GB/T 10831—2008
代替 GB/T 10831—1989

船用电动单螺杆泵

Marine electric eccentric screw pump

2008-02-03 发布

2008-08-01 实施

中华人民共和国国家质量监督检验检疫总局
中国国家标准化管理委员会
发布

前　言

本标准代替 GB/T 10831—1989《船用电动单螺杆泵》。

本标准与 GB/T 10831—1989 相比，主要变化如下：

——增加了标记示例、选用材料的规格及牌号；

——取消了安全阀、进出口通径和汽蚀性能试验；

——泵的噪声值改为：A 计权声压级值应不大于 80 dB，机组的噪声值应不超过原动机或传动装置的噪声值加 3 dB；

——引用标准中增加四进位法兰标准。

本标准由中国船舶工业集团公司提出。

本标准由全国船用机械标准化技术委员会甲板机械与机舱辅机分技术委员会归口。

本标准起草单位：中国船舶工业综合技术经济研究院、天津泵业机械集团有限公司。

本标准主要起草人：汪远、王金来、王占民、蔡振仲。

本标准所代替标准的历次版本发布情况为：

——GB/T 10831—1989。

船用电动单螺杆泵

1 范围

本标准规定了船用电动单螺杆泵(以下简称泵)的产品分类、要求、试验方法、检验规则、标志、包装、运输和贮存。

本标准适用于输送机舱油污水和油渣等含有杂质的介质的泵的设计、制造和验收。

2 规范性引用文件

下列文件中的条款通过本标准的引用而成为本标准的条款。凡是注日期的引用文件,其随后所有的修改单(不包括勘误的内容)或修订版均不适用于本标准,然而,鼓励根据本标准达成协议的各方研究是否可使用这些文件的最新版本。凡是不注日期的引用文件,其最新版本适用于本标准。

GB/T 699—1999 优质碳素结构钢

GB/T 700—2006 碳素结构钢(ISO 630:1995,NEQ)

GB/T 1220—2007 不锈钢棒

GB/T 2503 船用铸铁法兰(四进位)

GB/T 2504 船用铸钢法兰(四进位)

GB/T 2505 船用铸铜法兰(四进位)

GB/T 3077—1999 合金结构钢

GB/T 3785—1983 声级计的电、声性能及测试方法

GB/T 5577—1985 合成橡胶牌号规定

GB/T 7659—1987 焊接结构用碳素钢铸件(neq ASTM A216:1982)

GB/T 9439—1988 灰铸铁件

GB/T 11352—1989 一般工程用铸造碳钢件(neq ISO 3755:1975)

CB/T 43 船用铸铁法兰

CB/T 44 船用铸钢法兰

CB/T 45 船用铸铜法兰

JB/T 8097 泵的振动测量与评价方法

JB/T 8098 泵的噪声测量与评价方法

3 术语

下列术语与定义适用于本标准。

3.1

正常工作 normal operation

泵在规定的工作条件下,其性能参数变化均在预定范围内的工作状态。

3.2

额定工况 rated condition

泵设计时规定的正常工作状态。

3.3

额定转速 rated revolution

泵在额定工况下的运转速度。

4 产品分类

4.1 型式

泵按结构型式分类如下：

a) 卧式单螺杆泵；

b) 立式单螺杆泵。

4.2 基本参数

4.2.1 泵的基本参数按表1。

表1 泵的基本参数

<table>
<tr><th>额定流量 Q/(m³/h)</th><th>额定排出压力 p_d/MPa</th><th>电机最大功率 p_{dr}/kW
≤</th><th>额定吸上真空度 h_1/MPa
≥</th></tr>
<tr><td>0.10</td><td rowspan="8">0.25
0.50</td><td rowspan="4">0.75</td><td rowspan="2">0.04</td></tr>
<tr><td>0.25</td></tr>
<tr><td>0.50</td><td rowspan="8">0.06</td></tr>
<tr><td>1.00</td></tr>
<tr><td>2.00</td><td>1.10</td></tr>
<tr><td>3.00</td><td>1.50</td></tr>
<tr><td>4.00</td><td>2.20</td></tr>
<tr><td>5.00</td><td>3.00</td></tr>
<tr><td rowspan="2">10.00</td><td>0.25</td><td>4.00</td></tr>
<tr><td>0.50</td><td>7.50</td></tr>
<tr><td colspan="4">注1：表中流量为输送常温(0℃～40℃)清水时的值。
注2：额定吸上真空度为在标准大气压力下输送20℃清水时的值。</td></tr>
</table>

4.2.2 泵在额定工况下运转时，实际流量偏差为额定流量的－5%～＋8%。

4.3 产品型号

4.3.1 泵的型号

泵的型号规定如下：

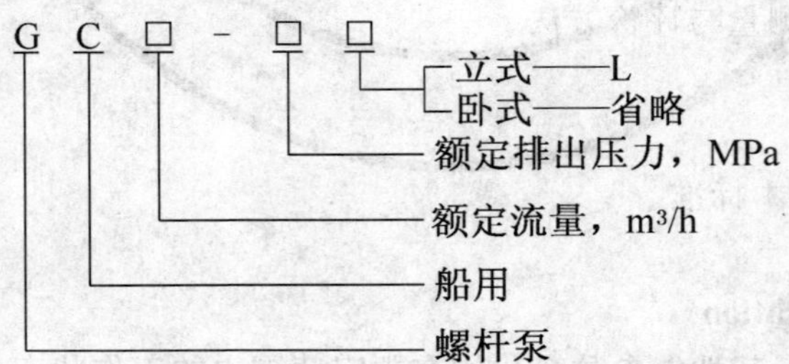

4.3.2 标记示例

额定流量为5 m³/h、额定排出压力为0.25 MPa的立式单螺杆泵标记为：

泵 GB/T 10831—2008 GC5-0.25L

4.4 接口

泵的进、出口法兰应符合GB/T 2503、GB/T 2504 、GB/T 2505、CB/T 43、CB/T 44、CB/T 45中任一标准的要求。必要时可按合同规定。

5 要求

5.1 外观

5.1.1 定子橡胶与定子壳体结合工作表面不应有脱胶和裂缝等缺陷。

5.1.2 铸件表面不应有裂纹、缩孔、疏松等缺陷。

5.2 材料

泵主要零件的材料按表2规定，也可用性能不低于表2规定的其他材料。

表2 主要零件材料

零件名称	材料	
	牌号	标准号
转子、轴	45	GB/T 699—1999
	1Cr18Ni9、0Cr17Ni4CuNb	GB/T 1220—2007
	40Cr、Cr12	GB/T 3077—1999
泵体、泵端盖、轴承座	ZG270-500	GB/T 11352—1989
	ZG275-485H	GB/T 7659—1987
	Q235-A	GB/T 700—2006
	1Cr18Ni9	GB/T 1220—2007
	35	GB/T 699—1999
	HT200	GB/T 9439—1988
万向节轴销	45	GB/T 699—1999
	40Cr、38CrMoAlA	GB/T 3077—1999
定子	丁腈橡胶(NBR)	GB/T 5577—1985

5.3 倾斜、摇摆

泵在表3规定的倾斜、摇摆值下，应能正常工作。

表3 倾斜、摇摆值

单位为度

横倾	纵倾	横摇	纵摇
±15	±5	±22.5	±7.5

5.4 额定流量

泵在表1规定的其他参数条件下，额定流量应满足4.2.1和4.2.2的要求。

5.5 额定吸上真空度

泵在表1规定的其他参数条件下，额定吸上真空度应满足4.2.1的要求。

5.6 耐压性

泵受压部件在1.5倍额定排出压力下(且不低于0.6 MPa)，应无渗漏、冒汗等现象。

5.7 泄漏量

5.7.1 当泵采用机械密封时，密封处的泄漏量应不大于3 mL/h。

5.7.2 当泵采用填料密封时，密封处的泄漏量应不大于15 mL/h。

5.8 轴承温度

泵在额定工况下，轴承的温度应不大于75℃。

5.9 噪声

泵在额定工况下，泵的A计权声压级值应不大于80 dB。机组的噪声值应不超过原动机包括传动装置的噪声值加3 dB。

5.10 振动烈度

泵在额定工况下工作时，立式泵的振动烈度有效值(v_{rms})应不大于 7.1 mm/s；卧式泵的振动烈度有效值(v_{rms})应不大于 4.5 mm/s。

5.11 连续运转

泵在额定工况下，应能连续运转 200 h。200 h 内不应故障停车和更换零件，定子不应损坏。

6 试验方法

6.1 仪器仪表

6.1.1 温度计或温度传感器的极限误差应不大于 1℃。

6.1.2 转速表、直接显示数字仪表、闪频计数仪的精度应不低于 0.25 级。

6.1.3 测量功率的仪器仪表精度等级应不低于 1.0 级。

6.1.4 容器标定的极限相对误差不大于 0.5%；衡器的感量应不大于被称重量的 0.5%。

6.1.5 流量计、压力表(真空表、水银差压表或压力传感器)的精度应不低于 1 级。

6.1.6 按照 GB/T 3785—1983 规定的Ⅰ型或精度高于Ⅰ型的声级计。

6.2 试验要求

6.2.1 压力测量点的位置应在泵进出口直管段上，测量点距泵的进口法兰或排出口法兰的距离为 2 倍管径。

6.2.2 温度的测量点应在泵进口前不小于 4 倍管径处。温度计或传感器也可以直接浸入介质或放置于薄壁金属圆筒内。介质从筒外流过，筒内用矿物油充满。

6.2.3 当电机与泵之间有减速装置时，应将测得的电机转速转换成泵的转速。

6.2.4 试验介质为 0℃～40℃清水。

6.3 试验前准备

泵在运转前应在轴承箱和万向联轴器密封衬套内填充 2/3 空腔的润滑脂。泵在运转时，先空载跑合 1 h，然后按额定排出压力的 1/5 逐步升压至额定排出压力，每次升压后的运转时间应不小于 10 min。

6.4 试验项目

6.4.1 外观

目测检查泵的外观。结果应符合 5.1 的要求。

6.4.2 材料

检查并核对泵所使用材料的牌号和材质证明书。结果应符合 5.2 的要求。

6.4.3 倾斜、摇摆

6.4.3.1 用固定倾斜代替倾斜、摇摆试验。

6.4.3.2 对于卧式泵，泵轴线与水平面成 20°；对于立式泵，泵轴线与水平面成 70°，固定并连续运转 30 min。结果应符合 5.3 的要求。

6.4.4 额定流量

6.4.4.1 泵在额定转速 n、额定吸上真空度 h_1 和额定排出压力 p_d 的工况下，测量流量的值。测量次数不少于 2 次，取平均值。结果应符合 5.4 的要求。

6.4.4.2 当试验转速与额定转速不同时，流量按公式(1)计算。

$$Q = Q_e \times (n/n_e) \qquad \cdots\cdots(1)$$

式中：

Q——换算到额定转速下的流量，单位为立方米每分钟(m^3/min)；

Q_e——试验转速下的流量，单位为立方米每分钟(m^3/min)；

n——额定转速，单位为转每分钟(r/min)；

n_e——试验转速，单位为转每分钟(r/min)。

6.4.5 额定吸上真空度

6.4.5.1 将吸入阀门完全打开，然后逐步关小吸入阀门，直到额定吸上真空度为止。结果应符合大于5.5要求。

6.4.5.2 将吸入阀门完全打开，然后逐步关小吸入阀门，直到净吸上高度为0.07 MPa或流量下降至额定流量的3%时止，测试工况点应不少于8个点，分别记录其流量和吸上真空度数值，每点测量不少于2次，取其平均值并绘制吸上真空度-流量(h_1-Q)特性曲线。

6.4.6 耐压性

承受压力的零件、部件以1.5倍的额定排出压力的水压进行试验，但水压不应低于0.6 MPa，保压时间不小于10 min。结果应符合5.6的要求。

6.4.7 泄漏量

用量杯或其他测量容器在机械密封或在填料密封的轴伸处测量泵泄漏量。结果应符合5.7的要求。

6.4.8 轴承温度

在轴承处的泵体表面，用测温仪器测量轴承的温度。结果应符合5.8的要求。

6.4.9 噪声

按JB/T 8098规定的方法对泵的噪声进行测量。结果应符合5.9的要求。

6.4.10 振动烈度

按JB/T 8097规定的方法对泵的振动烈度进行测量。结果应符合5.10的要求。

6.4.11 连续运转

在额定工况下，泵连续运转200 h。结果应符合5.11的要求。

7 检验规则

7.1 检验分类

泵的检验分为型式检验和出厂检验两类。

7.2 型式检验

7.2.1 泵的型式检验的项目和顺序见表4。

表4 检验项目和顺序

序号	检验项目	型式检验	出厂检验	要求的章条号	检验方法的章条号
1	外观	●	●	5.1	6.4.1
2	材料	●	●	5.2	6.4.2
3	倾斜、摇摆	●	—	5.3	6.4.3
4	额定流量	●	●	5.4	6.4.4
5	额定吸上真空度	●	○	5.5	6.4.5
6	耐压性	●	●	5.6	6.4.6
7	泄漏量	●	●	5.7	6.4.7
8	轴承温度	●	○	5.8	6.4.8
9	噪声	●	—	5.9	6.4.9
10	振动烈度	●	—	5.10	6.4.10
11	连续运转	●	—	5.11	6.4.11
注：●为必检项目；○为定购方与承制方协商检验项目；—为不检项目。					

7.2.2 泵进行型式检验的样品数量为1台。

7.2.3 泵在型式检验中全部项目符合要求，则判型式检验合格。若有不符合要求的项目，允许加倍取样，进行复验。若复验符合要求，则仍判泵型式检验合格；若复验中仍有不符合要求的项目，则判泵型式检验不合格。

7.3 出厂检验

7.3.1 泵应逐台进行出厂检验。

7.3.2 泵出厂检验项目和顺序见表4。

7.3.3 泵出厂检验全部项目符合要求，则判泵出厂检验合格。若有任何一项不符合要求，则允许采取纠正措施进行复验。若复验符合要求，则仍判泵出厂检验合格。若复验仍有不符合要求的项目，则判该台泵出厂检验不合格。

8 标志、包装、运输和贮存

8.1 标志

8.1.1 铭牌应采用黄铜或不锈钢等材料制作。

8.1.2 铭牌应标明下列内容：

a) 产品名称和型号；

b) 基本参数(包括额定流量、额定排出压力、额定吸上真空度等)；

c) 制造厂名称；

d) 出厂编号和制造日期；

e) 船检印记。

8.1.3 应用箭头表示泵的旋转方向，并有"禁止干运转"的标志。

8.2 包装

8.2.1 泵试验后，应重新油封并进行防锈处理。

8.2.2 油封后的泵机组及辅助设备应固定在防潮箱内，防止在运输过程中遭受损坏。

8.2.3 泵的进口、排出口及其他孔应用盖板或螺塞等封住或堵住。

8.2.4 泵的备品、备件和专用工具应涂防锈油脂并加以包装后随机固定在箱内。

8.2.5 每台泵应附有下列文件，并封存在防潮的文件袋内：

a) 产品合格证(包括产品名称和型号、产品出厂编号、检验员和公章、检验日期)；

b) 产品说明书；

c) 装箱清单(包括备件及专用工具清单)；

d) 船检证书。

8.2.6 包装箱外应标明制造厂名称、产品名称、型号、件数、质量、外包装尺寸、到站及发货站单位，并注明防潮、防雨、防曝晒及小心轻放等图样或字样。

8.3 运输与贮存

8.3.1 泵在运输时不应采用抛、滑或其他容易引起撞击的方法。

8.3.2 泵应贮存在通风干燥且不受日晒、雨淋的地方，包装箱应垫平放稳。

8.3.3 泵的油封有效期为半年。半年后应定期检查油封情况，必要时应重新油封。

ICS 47.020.50
U 47

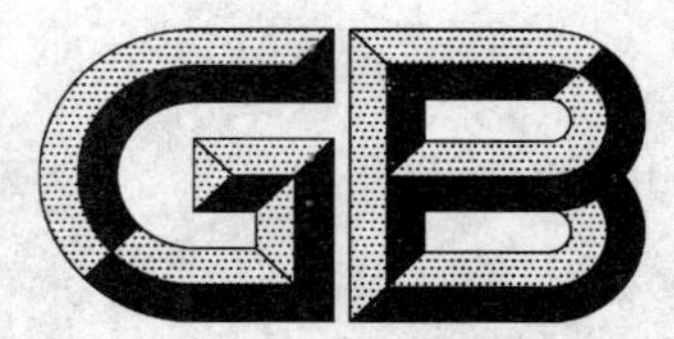

中华人民共和国国家标准

GB/T 10832—2008
代替 GB/T 10832—1989

船用离心泵、旋涡泵通用技术条件

General specification for centrifigual and vortex pumps of ship

2008-03-03 发布　　2008-09-01 实施

中华人民共和国国家质量监督检验检疫总局
中国国家标准化管理委员会　发布

前言

本标准代替 GB/T 10832—1989《船用离心泵、旋涡泵通用技术条件》。

本标准与 GB/T 10832—1989 相比，主要技术内容有如下变动：

——增加了以柴油机、汽轮机为原动机的章节；

——增加了叶轮最佳效率点在性能曲线中的使用区域；

——增加了舱外安装的使用环境要求；

——将平衡精度按照原标准图 2 的要求，更改为引用相应的机械行业规定；

——将原标准的振动测试和噪声测试表述引用国家标准；

——增加了紧固螺栓、放气接头、固定叶轮螺母、轴、轴套、回油管、联轴器、底座等技术要求；

——对压力泵壳的钻孔、厚度等进行了补充技术要求；

——增加了叶轮的密封环运转间隙的技术要求；

——修改了引用标准。

本标准由中国船舶重工集团公司提出。

本标准由中国船用机械标准化技术委员会甲板机械及机舱辅机分技术委员会归口。

本标准起草单位：中国船舶重工集团第七〇四研究所。

本标准主要起草人：孙卫平、杜云水、孙玉祥、李兵、顾青春。

本标准所代替标准的历次版本发布情况为：

——GB/T 10832—1989。

船用离心泵、旋涡泵通用技术条件

1 范围

本标准规定了船用离心泵、旋涡泵(以下简称:泵)的要求、试验方法、检验规则、标志、包装、运输和贮存。

本标准适用于船舶冷却系统、舱底压载系统、循环水系统、消防系统、辅锅炉给水系统、日用水系统等使用的各种海水泵、淡水泵及油污水泵的设计、制造和交付。

2 规范性引用文件

下列文件中的条款通过本标准的引用而成为本标准的条款。凡是注日期的引用文件,其随后所有的修改单(不包括勘误的内容)或修订版均不适用于本标准,然而,鼓励根据本标准达成协议的各方研究是否可使用这些文件的最新版本。凡是不注日期的引用文件,其最新版本适用于本标准。

GB/T 191—2000 包装储运图示标志(eqv ISO 780:1997)

GB/T 569—1965 船用法兰 连接尺寸和密封面

GB/T 699—1999 优质碳素结构钢

GB/T 1176—1987 铸造铜合金技术条件(neq ISO 1338:1977)

GB/T 1220—2007 不锈钢棒

GB/T 1348—1988 球墨铸铁件

GB/T 2501—1989 船用法兰连接尺寸和密封面(四进位)(neq ISO 2084:1974)

GB/T 3214—2007 水泵流量的测定方法

GB/T 3216—2005 回转动力泵 水力性能验收试验 1级和2级(ISO 9906:1999,MOD)

GB/T 4423—2007 铜及铜合金拉制棒

GB/T 5661—2004 轴向吸入离心泵机械密封和软填料用空腔尺寸(ISO 3069:2000,MOD)

GB/T 9239.1—2006 机械振动 恒态(刚性)转子平衡品质要求 第1部分:规范与平衡允差的检验(ISO 1940-1:2003,IDT)

GB/T 9439—1988 灰铁铸件

GB/T 13306—1991 标牌

GB/T 13384—1992 机电产品包装通用技术条件

GB/T 16301—2008 船舶机舱辅机振动烈度的测量和评价

CB/T 43 船用铸铁法兰

CB/T 44 船用铸钢法兰

CB/T 45 船用铸铜法兰

CB/T 46 船用搭焊钢法兰

JB/T 8097—1999 泵的振动测量与评价方法

JB/T 8098—1999 泵的噪声测量与评价方法

3 符号与缩略语

3.1 本标准所用符号及含义如下:

1:入口

2:出口

a:装置

C:临界

r:必需

rms:均方根极限值

SP:额定

3.2 本标准所用缩略语如下:

NPSH:汽蚀余量

$(NPSH)_a$:装置汽蚀余量

$(NPSH)_C$:临界汽蚀余量

$(NPSH)_r$:必需汽蚀余量

4 设计与结构

4.1 最小运转间隙

对青铜、11%～13%淬硬铬钢及类似具有低咬合倾向的材料,其最小运转间隙应符合表1的规定。对150 mm以上的直径,最小运转间隙应为0.43 mm+0.025 mm,其中0.025 mm是直径每增加25 mm时的间隙增量。对咬合倾向较大的材料和工作温度高于260℃时,上述直径间隙应再加0.125 mm。

使用青铜材料输送温度在50℃以下的洁净流体时,制造厂/供方可以采用比表1规定值小的间隙。

表1 最小运转间隙

单位为毫米

间隙处旋转部分直径	最小直径间隙	间隙处旋转部分直径	最小直径间隙
<50	0.25	90～99.99	0.40
50～64.99	0.28	100～114.99	0.40
65～79.99	0.30	115～124.99	0.40
80～89.99	0.35	125～149.99	0.43

4.2 放气

除通过短管布置做成自动放气外,所有泵均应设置放气接头。

4.3 安装性

泵组及其附属设备应满足舱内安装、舱外安装(有无遮蔽)以及泵组工作所在地的环境条件(包括最高和最低温度、异常湿度、空气腐蚀性或尘粒问题),弹性安装的立式泵的支撑应紧靠重心位置。

4.4 定位要求

泵体和轴承箱等主要零部件,设计上应采用肩形凹/凸起或定位销。

4.5 铸件

4.5.1 铸件承压与防护

受压铸件应能承受泵最高工作压力的1.5倍,铸件表面不得有渗漏及冒汗现象。装配前,铸铁件的流道表面应涂防锈油漆,轴承储油室内表面应清理干净,并涂耐油磁漆。

4.5.2 铸件修补

用补焊方法修补零件前,应将有缺陷金属内的夹渣清除干净,焊条与被修补金属的化学成分应相同。禁止用堵塞、敲击等办法修补受压铸件上的缺陷。补焊后的受压零件应重新进行水压试验,应能承受泵最高工作压力的1.7倍。

4.6 泵壳钻孔预留金属厚度

泵壳压力区内的钻孔和螺孔的底部以下和周围应有足够的金属厚度,以防止泄漏、介质的腐蚀和流体的冲刷。

4.7 泵壳、泵盖厚度

泵壳、泵盖的厚度应在最大工作压力和最高工作温度下具有足够的强度和刚度,承压零件应有不少于 3 mm 的金属腐蚀余量。

4.8 电机、汽轮机和柴油机驱动

4.8.1 电机的选择

泵所配电机的额定功率与泵额定工况轴功率之比应位于图 1 所示的曲线上方。泵的最大轴功率不应超过所配电机的额定功率，在满足这个要求的条件下，允许降低要求的百分比值。

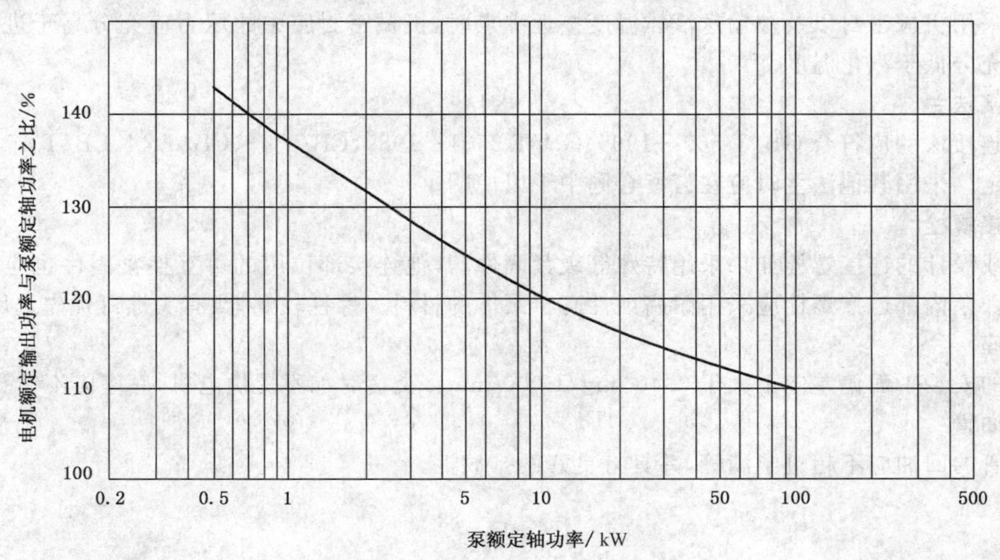

图 1 电机选择规定图

4.8.2 汽轮机和柴油机驱动泵的功率

选择的汽轮机和柴油机应保证泵在额定条件下需要的轴功率以及泵整个工作范围内需要的最大轴功率。

4.8.3 汽轮机和柴油机驱动泵的转速

汽轮机驱动泵应设计成可以在 105%额定转速下连续运行，且在紧急情况下具备在 110%的额定转速下作短暂运行的能力。

4.9 轴

4.9.1 轴应设计成刚性轴，泵的最高转速应比第一临界转速低 20%以上。

4.9.2 轴在采用刚性联轴器与电机轴相联或采用电机延伸轴作为水泵轴时，应满足 4.9.1 刚性轴的要求。

4.10 轴承与轴承体

4.10.1 滚动轴承在额定转速下的设计计算寿命不应小于 10 000 h。

4.10.2 当滚动轴承的轴径 D(mm)与额定转速 n_{sp}(r/min)的乘积 $Dn_{sp} \leqslant 16\ 000$ mm · r/min 时应采用油脂润滑；当 $Dn_{sp} > 16\ 000$ mm · r/min 时应采用稀油润滑；当 $Dn_{sp} > 300\ 000$ mm · r/min 或额定轴功率 P_{sp} 与额定转速 n_{sp} 的乘积 $P_{sp}n_{sp} > 2\ 000\ 000$ kW · r/min 时应采用滑动轴承。

4.10.3 流量大于 200 m^3/h 的泵应设有轴承测温孔，所测得的温度不应超过 80℃。

4.11 联轴器

联轴器的选择须考虑到温度、扭矩变化、启动次数、管路负荷和底座刚性等工作条件，对弹性元件联轴器传递的扭矩至少为驱动机标称扭矩的 1.5 倍。

4.12 轴套

在采用软填料的泵中，轴套应延伸到超出填料压盖外端面之外。

4.13 轴端螺母

固定叶轮的螺母螺纹旋向应在正常旋转时自动锁紧，同时必须采用可靠的机械锁紧方式。悬臂叶轮应采用不会露出轴上螺纹的有帽螺母。

4.14 轴封

4.14.1 用户可选用机械密封或软填料密封。

4.14.2 机械密封腔及软填料密封腔尺寸应符合 GB/T 5661—2004 的表 1 和表 C.1 的规定。

4.14.3 采用填料密封时，被输送液体温度超过 80℃时，填料函或填料压盖应采用水冷却。

4.14.4 采用机械密封以及被输送液体温度接近沸点时，机械密封腔中的压力应充分高于进口压力或使其温度充分低于汽化温度。

4.15 连接法兰

泵的连接法兰应符合 GB/T 569—1965、GB/T 2501—1989、CB/T 43、CB/T 44、CB/T 45、CB/T 46 的有关规定。采用其他法兰时应在订货合同中予以说明。

4.16 连接螺栓

选用或设计的连接螺栓如果采用特殊等级紧固件，其他连接部位用的可互换紧固件也应是同样特殊等级的。泵内部连接螺栓应采用耐腐蚀性高于泵体的材料。螺柱较螺栓、有头螺钉优先选用。

4.17 底座

底座的安装平面偏差应不大于 0.40 mm/1 000 mm。交货时如不提供电机，底座应不钻孔。

4.18 回油管

回油管的回油应不超过半满管，并具有良好的排放性。

5 要求

5.1 外观

铸件应无缩孔、砂眼、裂纹和其他类似缺陷，铸件表面应用打磨、钳工修理、喷砂、喷丸等方法清理。铸件分型面的飞边及浇冒口的残余部分应铲平。

5.2 材料

泵用材料大致可分为 3 类。第 I 类适用于海轮及远洋轮上输送海水的泵；第 II 类适用于海轮及远洋轮上输送淡水的泵；第 III 类适用于内河轮上的泵。3 类泵的基本用材料列于表 2。在选材时允许选用耐海水腐蚀性能和机械性能不低于表 2 规定的材料。如有特殊要求，用户可在订货时明确。

表 2 泵的基本用材料

<table>
<tr><th>零件名称</th><th>第 I 类</th><th>第 II 类</th><th>第 III 类</th></tr>
<tr><td>泵体、泵盖、填料压盖</td><td>ZCuZn16Si4
(GB/T 1176—1987)</td><td>QT450-10
(GB/T 1348—1988)</td><td>HT200
(GB/T 9439—1988)</td></tr>
<tr><td>轴</td><td>1Cr18Ni9
(GB/T 1220—2007)</td><td>3Cr13
(GB/T 1220—2007)</td><td rowspan="2">45
(GB/T 699—1999)</td></tr>
<tr><td>轴套</td><td>QAl9-4
(GB/T 4423—1992)</td><td>QAl9-4
(GB/T 4423—1992)</td></tr>
<tr><td>托架、联轴器</td><td>QT450-10
(GB/T 1348—1988)</td><td>QT450-10
(GB/T 1348—1988)</td><td>HT200
(GB/T 9439—1988)</td></tr>
<tr><td>叶轮</td><td>ZCuZn16Si4
(GB/T 1176—1987)</td><td>ZCuZn16Si4
(GB/T 1176—1987)</td><td></td></tr>
<tr><td>流道内部紧固件</td><td>HSn62-1
(GB/T 4423—1992)</td><td>HSn62-1
(GB/T 4423—1992)</td><td>45
(GB/T 699—1999)</td></tr>
<tr><td>密封环</td><td>ZCuSn10Pb1
(GB/T 1176—1987)</td><td>ZCuSn10Pb1
(GB/T 1176—1987)</td><td>HT200
(GB/T 9439—1988)</td></tr>
</table>

5.3 平衡

5.3.1 静平衡

泵的主要旋转元件如叶轮必须作静平衡，静平衡精度应不低于 GB/T 9239.1—2006 中的 G6.3 级，

允许静不平衡力矩 M_1(N·m)按式(1)计算

$$M_1 \leqslant e \cdot G \qquad \cdots\cdots(1)$$

式中：

e——允许偏心距，单位为米(m)；

G——叶轮重力，单位为牛(N)。

当静平衡允许静不平衡力矩折算到叶轮外缘的不平衡质量小于 3 g 时，可按 3 g 平衡。

5.3.2 动平衡

泵的转子部件做动平衡，动平衡精度应不低于 GB/T 9239.1—2006 中的 G6.3 级，动平衡的允许不平衡力矩 M_2(N·m)按式(2)计算

$$M_2 \leqslant \frac{1}{2} e \cdot G \qquad \cdots\cdots(2)$$

式中：

e——允许偏心距，单位为米(m)；

G——转子重力，单位为牛(N)。

5.3.3 平衡方式的选择

5.3.3.1 单级泵的平衡方式可按图 2 进行选择，当叶轮出口宽 b_2 与叶轮外径 D_2 之比值 b_2/D_2 与额定转速 n_{sp} 组成的坐标点位于图 2 的静平衡区时，叶轮只需作静平衡。

5.3.3.2 当单级泵叶轮的比值 b_2/D_2 与 n_{sp} 组成的坐标点位于图 2 的动平衡区时，叶轮必须装配在转子上作动平衡。

5.3.3.3 当单级泵叶轮的比值 b_2/D_2 与 n_{sp} 组成的坐标点位于图 2 的过渡区时，应视静平衡的结果再决定是否需作动平衡，即当叶轮剩余不平衡重力小于 5.3.1 规定值的 1/2 时，可不作动平衡，否则仍应作动平衡。

5.3.3.4 二级以上的多级泵的转子应作动平衡，在计算允许动不平衡力矩时，式(2)中的 G 应取转子的重力。

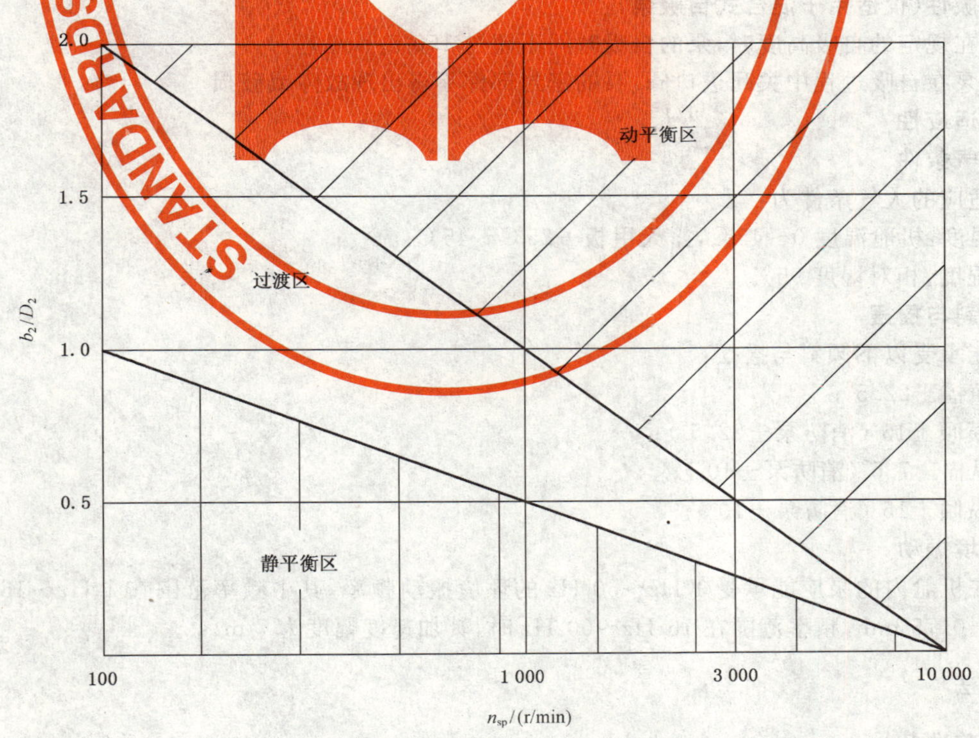

图 2 平衡方式选择图

5.4 性能

5.4.1 运转性

5.4.1.1 泵在符合其使用条件的情况下应连续运转平稳,无异常振动和噪声。

5.4.1.2 轴承体外表面温度不应超过 75℃,轴承温升不应超过 35℃。

5.4.1.3 填料密封对外的泄漏应保持成滴状,不能成线状,此时能保证连续可靠工作。

5.4.1.4 机械密封的公称直径小于等于 50 mm 时,平均泄漏量应不大于 3 mL/h;公称直径大于 50 mm小于等于 100 mm 时,平均泄漏量应不大于 5 mL/h;公称直径大于 100 mm 时,平均泄漏量应不大于 8 mL/h。

5.4.2 水力特性

5.4.2.1 在额定转速及额定流量时,泵的扬程容差－3%～＋5%、效率容差－4%～＋6%,必需汽蚀余量$(NPSH)_r$不大于规定值。必需汽蚀余量$(NPSH)_r$应以常温清水为准。

5.4.2.2 必需汽蚀余量是在临界汽蚀余量$(NPSH)_C$值的基础上加一个余量后定出的,此余量不得小于 0.3 m。

5.4.2.3 装置汽蚀余量$(NPSH)_a$应比必需汽蚀余量大 10%的余量,但不得小于 0.5 m。

5.4.2.4 在同一台泵的泵体中允许安装不同叶轮,以改变水力特性曲线,扩大使用范围。叶轮的最佳效率点应落在额定点和长期使用点之间。

5.4.3 振动

5.4.3.1 对于刚性安装的泵,振动烈度等级满足 JB/T 8097—1999 的 C 级规定值。

5.4.3.2 对于弹性安装的泵,振动烈度等级满足 GB/T 16301—2008 的 C 级规定值。

5.4.3.3 买方与制造方另有规定时,刚性安装泵的振动烈度等级满足 GB/T 16301—2008 的 C 级规定值。

5.4.4 噪声

5.4.4.1 泵的噪声测试方法按照 JB/T 8098—1999,结果满足 C 级规定值。

5.4.4.2 漩涡泵的噪声值可比 JB/T 8098—1999 的 C 级规定值放宽 5 dB。

5.4.5 自吸性(仅适用于混合式自吸泵)

5.4.5.1 在规定的自吸高度时,泵的自吸时间不超过 150 s。

5.4.5.2 泵在自吸过程中关死进口阀,泵的密封部件不得出现故障或破损。

5.5 环境适应性

5.5.1 大气条件

泵应适应的大气条件为:

a) 温度:机舱温度 0～45℃,露天甲板－25℃～45℃。

b) 湿度:相对湿度 95%。

5.5.2 倾斜与摇摆

泵应能承受以下倾斜与摇摆:

a) 横摇±22.5°;

b) 横倾±15°(消防泵±22.5°);

c) 纵摇±7.5°(消防泵±10°);

d) 纵倾±15°(消防泵±10°)。

5.5.3 环境振动

安装在机舱内的泵应能承受 1 Hz～60 Hz 的环境振动频率,其中频率范围在 1 Hz～16 Hz 时,位移幅值为±0.75 mm,频率范围在 16 Hz～60 Hz 时,其加速度幅度为 7 m/s^2。

6 试验方法

6.1 试验前准备

试验介质、设备、装置、试验条件及测量精度等应符合 GB/T 3216—2005 中有关章节的规定。

6.2 外观

检查泵的外观，其结果符合 5.1 的要求。

6.3 平衡

按照 GB/T 9239.1—2006 规定的方法确定不平衡量，其结果符合 5.3 的要求。

6.4 性能

6.4.1 运转性

6.4.1.1 在规定转速及工作范围内进行运转试验，以检查泵的制造、装配质量。

6.4.1.2 对采用软填料密封的泵，在起动后应调整填料压紧程度。在开始时不宜压得过紧，运转一段时间后逐步压紧填料，使通过填料密封的泄漏成滴状。

6.4.1.3 在轴承温度达到稳定状况并符合 5.4.1 规定值的条件下，按表 3 选定时间进行运转试验。

表 3 运转试验时间

额定工况下泵轴功率/kW	<10	≥10～50	>50～100	>100～400	>400
运转试验时间/h	>0.25	>0.5	>1.0	>1.5	>2.0

6.4.2 水力特性

6.4.2.1 型式试验时水力特性按以下规定进行：

a) 测量泵在额定转速下扬程、轴功率、效率与流量之间的关系，并绘出它们的关系曲线。最大流量至少应为额定流量的 120%。

b) 额定转速下，在 50% 额定流量、额定流量及 120% 额定流量时，测出泵的临界汽蚀余量 $(NPSH)_C$。

c) 泵的临界汽蚀余量指泵扬程或效率下降 $(2+\frac{K}{2})\%$ 时的汽蚀余量值。式中 K 为泵的型式数，K 与泵比转数 n_s 的关系式为 $K=n_s/193.2$。

d) 按 5.4.2.2 得出必需汽蚀余量 $(NPSH)_r$，绘制必需汽蚀余量 $(NPSH)_r$ 与泵流量之间的关系曲线。必需汽蚀余量 $(NPSH)_r$ 应以常温清水为准。

e) 试验按 GB/T 3216—2005 及 GB/T 3214—1991 规定的方法进行。

f) 额定流量时的必需汽蚀余量应不大于规定值。

6.4.2.2 出厂检验时水力特性按以下规定进行：

a) 额定转速下，在额定流量、最小允许工作流量及 120% 额定流量时测出泵的扬程及轴功率。

b) 在额定转速及额定流量时，测量泵的必需汽蚀余量 $(NPSH)_r$（汽蚀校核试验）。

c) 试验按 GB/T 3216—2005 及 GB/T 3214—1991 规定的方法进行。

6.4.3 振动

6.4.3.1 泵在额定工况下运转时进行振动测试。

6.4.3.2 振动烈度按 5.4.3.1 考核的泵，振动测试方法按照 JB/T 8097—1999 规定。

6.4.3.3 振动烈度按 5.4.3.2 考核的泵，振动测试方法按照 GB/T 16301—2008 规定。

6.4.3.4 振动测试结果满足 5.4.3 规定。

6.4.4 噪声

泵在额定工况下运转时进行噪声测试，噪声测试方法按照 JB/T 8098—1999，结果满足 5.4.4 规定。

6.4.5 自吸性（仅适用于混合式自吸泵）

6.4.5.1 自吸性能试验时的转速允差为 ±5%，试验不得少于 3 次，每次均应测定从起动到开始排水为止的时间。

6.4.5.2 自吸性能试验的吸入管路布置应符合图 3。

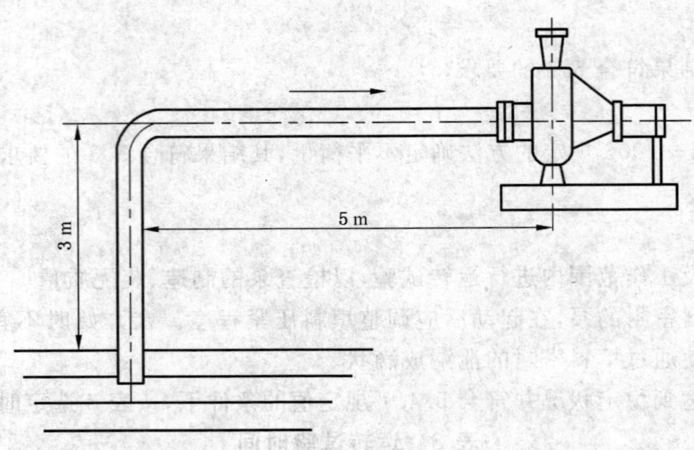

图3 自吸性能试验示意图

6.4.5.3 最大自吸高度试验时，可在泵进口安装规定高度的垂直管道，也可关闭进口阀，使真空度达到与规定安装高度相应的真空度。

6.4.5.4 关死进口阀，自吸运转 5 min，泵的密封部件不得出现故障或破损。

6.5 环境适应性

6.5.1 倾斜摇摆

6.5.1.1 以固定倾斜试验替代倾斜摇摆试验。

6.5.1.2 固定倾斜试验台的倾斜角为 22.5°，即卧式泵的轴线与水平面成 22.5°，立式泵的轴线与水平面成 67.5°。

6.5.1.3 试验在泵的额定转速、额定流量下进行，试验历时 1 h，测得的轴承温度、泵的流量、扬程、功率等性能指标均应符合规定值。

6.5.2 环境振动

6.5.2.1 对于 5.2 中的第Ⅰ、Ⅱ类的泵进行环境振动试验，包括共振探索及耐振试验。

6.5.2.2 应按照在船上固定的方式将泵固定在振动试验台上。试验必须在泵的横向、轴向、垂向三方向依次进行。

6.5.2.3 探索性振动的全振幅为 0.5 mm±0.1 mm，在 1 Hz～60 Hz 频率范围内，以 1 Hz 频率的间隔保持 15 s，若发现共振，则记下共振频率及方向。

6.5.2.4 耐振试验可分 2 种情况：如找到共振，则在最危险的共振频率上共振动 2 h；若无共振或在消除共振后，则在 30 Hz 频率以下进行 2 h 耐振试验。振动台的全振幅按表 4 规定的范围选择。

表 4 耐振试验振动台参数

频率范围/Hz	振幅或加速度
1～16	全振幅 0.75 mm±0.15 mm
16～60	加速度幅度 7 m/s^2

7 检验规则

7.1 检验分类

泵的检验分为出厂检验和型式检验。

7.2 型式检验

7.2.1 检验时机

具有以下情况之一时，泵应进行型式试验：

a) 每种规格的首制泵；

b) 转厂生产的首制泵；

c) 设计、结构、材料和工艺有重大修改并可能影响泵性能的泵；

d) 停产 5 年后恢复生产的泵；

e) 出厂检验结果与上次型式检验有较大差别时；

f) 国家质量监督机构提出进行型式检验的要求时。

7.2.2 项目和顺序

型式检验和出厂检验的项目和顺序按表 5 规定。

表 5 泵的检验项目

序号	检验项目		型式检验	出厂检验	要求章条号	试验方法章条号
1	外观		●	●	5.1	6.2
2	平衡		●	●	5.3	6.3
3	性能	运转性	●	●	5.4.1	6.4.1
4		水力特性	●	●	5.4.2	6.4.2
5		振动	●	○	5.4.3	6.4.3
6		噪声	●	○	5.4.4	6.4.4
7		自吸性	●	○	5.4.5	6.4.5
8	环境适应性	倾斜摇摆	●	—	5.5.2	6.5.1
9		环境振动	●	—	5.5.3	6.5.2
注：●为必检项目；○为订购方与承制方协商检验项目；—为不检项目。						

7.3 抽样与组批规则

7.3.1 抽检所包含的试验项目有：运转试验、性能试验、汽蚀校核试验、固定倾斜试验、振动测试和噪声测试。

7.3.2 抽检组批规则：年产 25 台以上的泵，每产 25 台抽检 1 台；年产不足 25 台的泵，每年应抽检 1 台。

7.3.3 抽检试验项目均应按本标准规定的试验方法进行试验，并符合有关的技术要求。

7.4 合格判据

7.4.1 每台泵均需由制造厂技术检验部门按本标准的规定进行检查。符合规定的为合格产品，并出具合格证后方能出厂。

7.4.2 抽检的泵如测检结果超差，则应加倍抽试，如符合规定仍为合格。如仍超差，则该批产品为不合格，应返修经逐台试验合格后方能出厂。

7.4.3 用户需要参加泵试验和检验时，应在合同中规定。

8 标志

8.1 标牌

应该在泵的明显位置设转向箭头和产品铭牌等标牌。标牌应按 GB/T 13306—1991 要求设计、制造，白底黑字阳文，采用黄铜、不锈钢等防腐材料。

8.2 铭牌内容

铭牌内容包括：

a) 泵名称及型号；

b) 泵额定性能参数：流量、扬程、转速、电机功率、必需汽蚀余量；

c) 泵组质量；

d) 出厂编号及出厂日期；

e) 船检标志；

f) 制造厂名称。

9 包装、运输和贮存

9.1 包装

9.1.1 防护包装按照 GB/T 13384—1992 的规定。

9.1.2 装箱

泵组的装箱要求为：

a) 装箱前对水泵进行清洗、干燥处理。对备件、专用工具等零件应用防锈油进行油封、包装。备件应带有标签，标出所属泵组编号。

b) 泵的进出口法兰孔及其他孔均应用堵板或堵塞封住。

c) 包装箱内壁应衬防潮材料，箱内须衬垫平稳，并放置一定的干燥剂。

d) 水泵电机组装后可靠地固定于箱内，泵的其他配套设备分别单件装箱。

e) 箱内包装应牢固，防止倾覆、翻倒。

f) 发货清单应经工厂技术检验部门进行签署。将装箱单和随机文件封于防潮的文件袋中装入箱内。

g) 包装箱明显部位应标有发送单位、地址、产品名称、收货部门标志，并注有醒目的防雨、防倒符号。

9.1.3 运输

泵组的运输要求应满足：

a) 整机运输，可用铁路、公路或海运。

b) 泵的运输严格按包装箱上的贮运标志作业。

c) 不允许与易燃、易爆、易腐蚀的物品一起装运。

d) 运输过程中要注意防雨、防潮、防日晒、防尘和防止撞击，泵组不允许倒置和翻滚，不得摔跌、敲击和碰撞。

9.1.4 随机文件

随泵供应的文件为：

a) 装箱清单；

b) 产品合格证；

c) 经签署的履历簿；

d) 使用说明书。

9.1.5 包装储运标志按照 GB/T 191—2000 的规定。

9.2 贮存

9.2.1 包装箱应存放在空气流通、不受日晒、雨淋积水的干燥仓库中，包装箱要垫平放稳，不与地面直接接触。

9.2.2 泵的有效油封期为 12 个月，应按期检查，必要时重新油封。

ICS 87.040
G 50

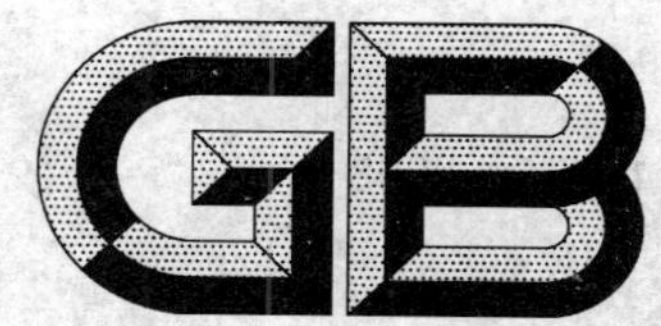

中华人民共和国国家标准

GB/T 10834—2008
代替 GB/T 10834—1989

船舶漆 耐盐水性的测定 盐水和热盐水浸泡法

Ship coatings—Determination of resistance to salt water—Salt water and hot salt water immersion method

2008-05-14 发布　　2008-10-01 实施

中华人民共和国国家质量监督检验检疫总局
中国国家标准化管理委员会　发布

前言

本标准代替国家标准 GB/T 10834—1989《船舶漆耐盐水性的测定　盐水和热盐水浸泡法》。

本标准与 GB/T 10834—1989 相比主要技术差异如下：

——增加规范性引用文件章节。

——引用标准中的 GB/T 1764《漆膜厚度测定法》，改为 GB/T 13452.2《色漆和清漆　漆膜厚度的测定》。

——将原标准规定的试验盐水为：用蒸馏水配制成 3% 的精制食用海盐水溶液或天然海水；改为天然海水或参照 ASTM D1141:1998《人造海水标准技术规范》(附录 A)配制的人造海水。

——将原标准规定耐热盐水浸泡试验 21 d 为一个周期，调整改为 7 d 为一个试验周期。

——调整后试验温度分为两种情况：

a)　在温度为(27±6)℃的自然海水或按附录 A 配制的人造海水浸泡；

b)　在温度为(35±2)℃的自然海水或按附录 A 配制的人造海水浸泡 7 d 为一周期，在每周期的最后 2 h 做温度为(80±2)℃的自然海水或按附录 A 配制的人造海水浸泡。

——调整了试验样板尺寸和涂层制备要求。

——增加了附录 A 人造海水配方。

本标准的附录 A 是规范性附录。

本标准由中国石油和化学工业协会提出。

本标准由全国涂料和颜料标准化技术委员会归口。

本标准起草单位：中国船舶重工集团公司第七二五研究所、中涂化工(上海)有限公司、浙江飞鲸漆业有限公司、海洋化工研究院、上海开林造漆厂、宁波飞轮造漆有限责任公司、中化建常州涂料化工研究院。

本标准起草人：黄淑珍、苏春海、陶乃旺、王玉珏、陆伯岑、钱叶苗、李华刚、袁泉利。

本标准于 1989 年首次发布。本次为第一次修订。

船舶漆　耐盐水性的测定
盐水和热盐水浸泡法

1　范围

本标准规定了船舶漆耐盐水性测定的试验装置、试样及其制备、试验条件、试验程序、试验结果及评定、试验报告。

本标准适用于钢质船体防锈漆膜及配套体系耐盐水和热盐水性能的测定。

2　规范性引用文件

下列文件中的条款通过本标准的引用而成为本标准的条款。凡是注日期的引用文件，其随后所有的修改单(不包括勘误的内容)或修订版均不适用于本标准，然而，鼓励根据本标准达成协议的各方研究是否可使用这些文件的最新版本。凡是不注日期的引用文件，其最新版本适用于本标准。

GB 712　船体用结构钢

GB/T 1765　测定耐湿热、耐盐雾、耐候性(人工加速)的漆膜制备法

GB/T 1766　色漆和清漆　涂层老化的评级方法(GB/T 1766—1995，neq ISO 4628-1:1980)

GB/T 3097—1997　海水水质标准

GB/T 3186　色漆、清漆和色漆与清漆用原材料　取样(GB/T 3186—2006，ISO 15528:2000，IDT)

GB/T 8923—1988　涂装前钢材表面锈蚀等级和除锈等级(eqv ISO 8501-1:1988)

GB/T 9278　涂料试样状态调节和试验的温湿度(GB/T 9278—2008，ISO 3270:1984，Paints and varnishes and their raw materials—Temperatures and hunidities for conditioning and testing，IDT)

GB/T 13452.2　色漆和清漆　漆膜厚度的测定(GB/T 13452.2—2008，ISO 2808:2007，IDT)

3　试验装置

3.1　试验槽

采用盐液恒温试验槽，与试验盐水接触的所有部分均由惰性材料(玻璃、塑料)制成。试验槽的尺寸一般为：700 mm×400 mm×400 mm，配有盖子和恒温加热系统。槽中各处盐水的流速和温度应基本一致，并保持一定的液面高度。

3.2　搅拌系统

可采用鼓入无油空气(是指在循环过程中水面不得漂浮油迹)或泵循环进行搅拌。不管采用哪种搅拌方式，都必须达到使整槽盐水都充分搅动的目的。

3.3　试板支架

用非传导性材料制成，应能使试板的试验面与垂直方向保持15°～20°角。

浸入槽中的试样与槽内壁至少距离30 mm。

4　试样及其制备

4.1　取样

按GB/T 3186规定抽取试验产品中有代表性的样品。

4.2　试板

除非另有规定外，试验板材应采用GB 712中的热轧普通碳素钢，尺寸为：300 mm×100 mm×

(2～3) mm,所试产品样板每组四块(其中一块为对比板)。

4.3 试样的制备

4.3.1 底材表面处理采用喷砂或抛丸,处理后钢板表面清洁度应达到 GB/T 8923—1988 规定的 Sa2½ 级,表面粗糙度(Ra)为 35 μm～70 μm。

4.3.2 试样漆膜的制备,除非另有规定或商定,应按 GB/T 1765 的规定进行,可采用刷涂或喷涂方式进行涂装。涂层体系的配套性、涂装道数、涂装厚度按相关产品技术或涂料生产商要求进行。试板背面应涂适当的保护涂料或受试涂料,试板的四边应以适当的方法封住。

4.4 试样的干燥

除非另有规定,试样漆膜应按 GB/T 9278 规定条件状态调节 7 d,方可投入试验。

4.5 漆膜厚度的测定

按 GB/T 13452.2 规定方法进行。

5 试验条件

5.1 试验盐水

试验盐水为符合 GB/T 3097—1997 中第一类经过滤的天然海水或人造海水。人造海水配方见附录 A。

5.2 试验温度

5.2.1 耐盐水试验盐水的温度为(27±6)℃;

5.2.2 耐热盐水的试验盐水温度为(35±2)℃,浸泡 7 d 为一个周期,在每个周期的最后 2 h 做温度(80±2)℃热盐水浸泡试验。

6 试验程序

6.1 浸泡程序

6.1.1 试验前对试验样板进行测厚度、检查、记录或照相。

6.1.2 将足够量的符合 5.1 规定的试验盐水注入试验槽中,开启加热和搅拌系统,调节试验盐水达到 5.2 规定温度条件并在整个试验阶段保持。

6.1.3 将试样浸入试验槽中试板支架上,使试样有四分之三浸泡于试验盐水中。浸入槽中的试样与槽内壁至少距离 30 mm,如果数个试样浸入同一个试验槽中,互相间隔至少应 30 mm。试验期间应不断变换试样在槽中的位置。

6.1.4 为避免试验盐水由于蒸发减少,试验槽要加盖,并应在适当时间补加蒸馏水保持试验槽中原有液面高度。

6.2 试验中间检查

试验过程中或每周期结束时,将试验样板从试验槽中取出,用自来水仔细冲洗样板,用滤纸或软布轻轻擦干,检查破坏现象,然后重新放置试验槽中,试验周期数和试验时间按产品标准规定进行。

6.3 最终检查

按规定时间或周期结束试验时,取出样板,用自来水洗去盐迹,用滤纸或软布擦干,然后按 GB/T 1766 检测涂层体系的失光、变色、生锈、起泡、脱落和裂纹等现象。如果需要,与同样制备的未浸泡的试样对比。如规定有恢复期,在所规定的恢复期后,重复此检查与对比。

7 试验结果及评定

对照试验前记录或照片,评定干膜破坏现象,并记录或照相,试板边缘 10 mm 内的破坏现象不列入试验结果。

8 试验报告

试验报告应包括下列内容：

a) 试验涂层体系的产品型号、名称、商标、批次、出厂日期；

b) 不同于本标准的试验条件及影响试验结果的其他情况；

c) 试验前每块试验样板状况；

d) 试验结果(记录或照片)；

e) 试验周期和时间；

f) 试验日期；

g) 试验单位及试验者。

附　录　A
（规范性附录）
人造海水配方

用下列分析纯级试剂溶于蒸馏水并稀释到总量为 1 L：

——24.53 g 氯化钠（NaCl）；

——11.11 g 6 水氯化镁（$MgCl_2 \cdot 6H_2O$）；

——4.09 g 无水硫酸钠（$NaSO_4$）；

——1.16 g 无水氯化钙（$CaCl_2$）；

——0.70 g 氯化钾（KCl）；

——0.20 g 碳酸氢钠（$NaHCO_3$）；

——0.10 g 溴化钾（KBr）。

ICS 47.020.99
U 41

中华人民共和国国家标准

GB/T 10836—2008/ISO 13617:2001
代替 GB/T 10836—1989

造船与船舶技术　船用焚烧炉要求

Ships and marine technology—Shipboard incinerators—Requirements

(ISO 13617:2001,IDT)

2008-06-19 发布　　　　2008-12-15 实施

中华人民共和国国家质量监督检验检疫总局
中国国家标准化管理委员会　发布

前 言

本标准等同采用 ISO 13617:2001《造船与船舶技术　船用焚烧炉要求》(英文版)。

本标准等同翻译 ISO 13617:2001。

为便于使用本标准作了下列编辑性修改:

——“本国际标准”一词修改为“本标准”;

——用空一字的格代替“—”;

——删去国际标准中的前言。

本标准代替 GB/T 10836—1989《船用焚烧炉技术条件》。

本标准与 GB/T 10836—1989 的主要差异:

——修改了标准名称;

——修改完善了船用焚烧炉的技术性能、操作控制、试验方法和检验规则等方面的内容。

本标准的附录 A、附录 B 和附录 D 为规范性附录,附录 C 为资料性附录。

本标准由中国船舶重工集团公司提出。

本标准由全国船用机械标准化技术委员会归口。

本标准起草单位:中国船舶重工集团公司第七〇四研究所。

本标准主要起草人:戴赟、李建明、任宇峰、卜锋斌、王大为、丘崇济、蒋财根、俞武江、钮侠昇。

本标准所代替标准的历次版本发布情况为:

——GB/T 10836—1989。

造船与船舶技术　船用焚烧炉要求

1　范围

本标准规定了用于焚烧船舶正常作业过程中产生的垃圾和其他废弃物(例如维护、操作、生活和货运附带废弃物)的船用焚烧炉的设计、制造、性能、操作、功能和试验要求。

本标准适用于单位容量在 1 500 kW 及以内的焚烧炉设备。

本标准不适用于具有特殊用途的船用焚烧炉系统,如用于焚烧化学物质、生产废料等工业废弃物的船用焚烧炉。

本标准没有涉及焚烧炉的电气供应要求,也没有涉及其底座连接和组件连接方法。

本标准的附录 A 和附录 B 分别规定了焚烧炉的排放要求和消防要求。对带有热回收装置的焚烧炉和其烟气温度的规定分别在资料性附录 C 和规范性附录 D 中给出。

本标准可能涉及到危险的材料、操作和设备,在其使用中产生的所有安全问题也可能没有完全被考虑到,因此,本标准使用者有责任去建立适当的安全和卫生措施,并在使用前规定规章限制的适用性。

2　规范性引用文件

下列文件中的条款通过本标准的引用而成为本标准的条款。凡是注日期的引用文件,其随后所有的修改单(不包括勘误的内容)或修订版均不适用于本标准,然而,鼓励根据本标准达成协议的各方研究是否可使用这些文件的最新版本。凡是不注日期的引用文件,其最新版本适用于本标准。

GB 4208—2008　外壳防护等级(IP 代码)(IEC 60529:2001,IDT)

GB/T 7358—1998　船舶电气装置　系统设计　总则 (idt IEC 60092-201:1994)

GB/T 13029.1—2003　船舶电气装置　低压电力系统用电缆的选择和安装(IEC 60092-352:1997,IDT)

IEC 92,船舶电气设备

IEC 60092-202:1994　船舶电气设备　第 202 部分:系统设计　保护

IEC 60092-301:1980　船舶电气设备　第 301 部分:设备　发电机和电动机

IEC 60092-503:1975　船舶电气设备　第 503 部分:专辑　1 千伏＜电压≤11 千伏的交流供电系统

国际海事组织(IMO),国际海上人命安全公约(SOLAS),1977,第 11 章第 2 节,第 3、26 和 44 条

国际海事组织(IMO),国际防止船舶造成污染公约(MARPOL 73/78)及相关条约修正案

3　术语和定义

下列术语和定义适用于本标准。

3.1

货运附带废弃物　cargo-associated waste

船舶上货物堆装和装卸过程中所产生的各种废弃物和货运附带废弃物,包括但不局限于衬板、支撑板、衬料、包装材料、胶合板、纸、纸板、铁丝和钢捆带。

3.2

货运残留物　cargo residues

船舶货运和物品堆放过程中的残留物,即那些不能装入货舱中的(装载过剩和溢出)或卸载后仍残留在货舱中的(卸载残留和溢出)任何货物残留物。

3.3

污染抹布　contaminated rags

沾有有害物质的抹布，在国际海事组织73/78防污公约的相关附件中对这种有害物质有明确定义。

3.4

生活废弃物　domestic waste

船舶上生活区产生的各种食品废弃物、生活污水和其他废弃物。

3.5

捕鱼工具　fishing gear

安放在水面上或水中的用于捕捉或控制海水或淡水生物的装置，或其中的一部分。

3.6

食品废弃物　food wastes

船舶上，特别是厨房和餐厅，产生的任何腐烂的或未腐烂的食物，如水果、蔬菜、家禽、肉制品、奶制品、食物残渣、食物碎屑以及其他被这些废弃物污染的物品。

3.7

垃圾　garbage

船舶正常作业期间产生的各类食品、生活和作业废弃物(新鲜鱼类及其碎片除外)，但不包括那些在国际海事组织73/78防污公约附件中所定义和列出的污染物。

3.8

焚烧炉　incinerators

用于焚烧与家庭废弃物成分差不多的固体废物和船舶作业中产生的液体废弃物，如生活废弃物、货运附带废弃物、维护和操作过程中产生的废弃物、货运残留物和捕鱼工具等的船用设备。

注：这种设备可设计成利用或不利用其产生的热量。

3.9

维护废弃物　maintenance waste

船舶维护和作业时产生的废弃物，如烟灰、机械沉淀物、刮落的油漆、甲板垃圾、擦洗废弃物、油抹布等。

3.10

作业废弃物　operational wastes

所有的货运废弃物、维护废弃物(包括灰尘和熔渣)以及3.7中定义的垃圾中的货物残留。

3.11

油抹布　oily rags

沾有油的抹布，该油的规定见国际海事组织73/78防污公约附录Ⅰ。

3.12

塑料　plastic

含有一种或多种合成有机高分子聚合物成分的固体材料，这种聚合物一般是通过加热或加压成型的。

注：塑料具有多种材料特性，从硬性和脆性，到软性和弹性。塑料在船舶上有着广泛的用途，包括但不局限于包装物(防潮膜、瓶子、容器和衬垫)、船舶构件(玻璃纤维、层压板、板壁、管系、绝缘材料、地板、地毯、纤维织品、油漆、涂料、粘合剂、电工和电子器件)、一次性的餐具和杯子、袋子、薄膜、漂浮物、鱼网、绑带、绳索等。

3.13

船舶　ship

在海洋环境中工作的任何类型的船，包括水翼艇、气垫船、潜水艇、浮式施工机械和固定的或移动的平台等。

3.14

污油泥 sludge oil

燃料油和润滑油分离器中产生的油泥，主辅机中的废弃润滑油，舱底油污水分离器和集油盘中的废油等。

3.15

废弃物 waste

废弃的、无用的、不需要的或准备废弃的物品。

4 一般设计要求

4.1 管系

燃油和污油泥管路应使用具有足够强度的并能满足权威机构要求的无缝钢管进行制造。钢、退火铜镍合金或镍铜合金、铜的短管(段)可以用在燃烧器上。非金属材料不能使用于燃油管路。外径 60 mm 以下(包括 60 mm)的管路的阀件及其附件可以使用螺纹连接，外径 33 mm 及其以上的有压管路不可使用螺纹连接。

4.2 旋转部件

所有旋转或运动的机械部件和裸露的电气部件都应采取保护措施，以免人员接近时造成危险。

4.3 绝热和冷却

4.3.1 焚烧炉炉壁应使用绝热耐火砖/耐火材料和一套冷却系统进行保护，正常操作中可接触到的焚烧炉外表面，其温度不应超过周围环境温度 20℃。

4.3.2 耐火材料应能承受热冲击和船舶航行中产生的正常振动。耐火材料的设计温度应比燃烧室的设计温度高 20%(见 4.12)。

4.3.3 燃烧室外壳应进行防护，以免人员操作时暴露在高于周围环境 20℃ 的高温下，或与表面温度超过 60℃ 的外表面直接接触。

示例 1：带有空气隔层的双层外罩。

示例 2：隔离式金属隔层。

4.4 侵蚀

焚烧系统的设计应使系统内部的侵蚀减至最低程度。

4.5 液体废弃物焚烧

在焚烧液体废弃物的系统中，必须设置能保证点火安全和燃烧稳定的设备，如采用柴油点火的辅助燃烧器或类似的方式。

4.6 燃烧室

燃烧室的设计应使其内部所有部件包括耐火材料和绝热材料都易于维护。

4.7 燃烧压力

燃烧过程应在负压下进行，即在任何情况下，焚烧炉内的压力应低于其所安装场所的环境压力，可以安装烟气引风机来提供负压。

4.8 加装固体废弃物

焚烧炉可使用手动或自动的方式加装固体废弃物。但在任何情况下，都应避免火灾危险，且加装固体废弃物时也应尽可能地不对操作人员造成伤害。

示例 1：在手动加装固体废弃物时，可设置加料保险装置，以确保当加料门打开时加料室与燃烧室隔离。

示例 2：当加料不是通过加料保险装置进行时，应设置联锁装置，以避免在焚烧炉作业或燃烧室温度高于 220℃ 时加料门开启。

4.9 供给系统

装有物料供给系统的焚烧炉应确保物料能够被送到燃烧室。供给系统的设计应防止操作人员和操作环境处于危险之中。

4.10 出灰

应安装联锁装置,以防止焚烧炉作业或燃烧室温度高于220℃时出灰门开启。

4.11 观察孔

焚烧炉的燃烧室应装有安全的观察孔,以便能对燃烧室中的垃圾堆积和燃烧过程提供可视化的监控。热量、火焰以及灰粒应不能穿过观察孔。

示例:一种安全观察孔的例子就是用带金属挡板的耐热玻璃。

4.12 设计温度

焚烧炉系统的设计和构造应按以下条件进行:

——燃烧室出口最高烟气温度:1 200℃;

——燃烧室出口最低烟气温度:850℃;

——燃烧室的预热温度:650℃。

分批装料的焚烧炉不需要预加热。然而,在无预热的分批装料焚烧炉中,焚烧炉的设计应确保实际燃烧区域的温度能在焚烧炉起动后5 min内达到600℃。

4.13 前扫气和后扫气

焚烧炉控制中应包括以下扫气环节:

——点火前扫气:燃烧室和排烟管内的换气量至少是其容积的4倍,且不少于15 s;

——重新启动期间:燃烧室和排烟管内的换气量至少是其容积的4倍,且不少于15 s;

——燃油中断之后的后扫气:在燃油阀关闭后扫气不少于15s。

4.14 排烟中氧气的含量

焚烧炉的设计应确保排放烟气中的含氧量至少为6%(在干燥的排气中测量)。

4.15 警告牌

焚烧炉的显要位置应贴有警告牌,警告在运行过程中未经许可不允许打开燃烧室门,也不允许焚烧炉中的垃圾过量。

4.16 指示牌

焚烧炉在其显要的位置上应装有指示牌,指示牌中应清楚说明以下操作过程:

——焚烧炉启动前清除燃烧室中的灰烬和炉渣,(当有必要时)清扫燃烧室的各气孔;

——操作流程和使用说明,包括正当的启动流程、正常的关闭程序、紧急关闭程序和装料流程(如果适用)。

4.17 烟气冷却

为了避免二噁英的产生,应将烟气在离燃烧室烟气出口2.5 m范围内骤冷到350℃(最大值)以下。

5 电气要求

5.1 通用要求

焚烧炉电气元件和设备,包括控制箱、安全设备、电缆和燃烧器等,应符合国际电工委员会(IEC)标准,特别是IEC 92。

5.2 切断装置

应在可触及的位置安装可锁定的切断装置,以便能够切断焚烧炉的所有电源。该切断装置应是该焚烧炉的一个组成部分或安装在焚烧炉附近(见7.1)。

5.3 带电元件

所有未绝缘的带电金属元件应加以保护,以防意外接触。

5.4 故障设计

电气设备的设计应使该设备发生故障时焚烧炉能够切断燃料的供应。

5.5 控制电路中的接线

在控制电路的设计中，每一个安全装置的所有电气触点必须串联连接，当某些装置电气触点需并联连接时，必须给予特殊的考虑。

5.6 元件额定电压

所有电气元器件和设备的额定电压都应与控制系统电源电压相匹配。

5.7 露天设备

所有露天的电气设备和电气装置应根据标准 GB/T 7358—1998 的表 5 来设计和安装。

5.8 控制设备试验和验收

所有电气和机械的控制设备都应按照国家标准并由国家认可的测试部门进行型式试验和验收。

5.9 控制电路设计

控制线路的设计，应使极限控制和主要安全控制能直接切断燃料的供应。

5.10 过电流保护

5.10.1 对于较电源导线细的内部布线，应基于其最小尺寸在控制箱外部按照 IEC 60092-202(1980 年修订版)的要求提供过电流保护。

5.10.2 内部接线的过电流保护点，应设置在较细导线与较粗导线的连接处。然而，若过电流保护是基于内部接线中最细导线来确定的，或是基于 IEC 60092-202 标准对内部接线提供全部过电流保护，这些方式也是允许的。

5.10.3 过电流保护装置应可触及，且应标明其性能指标。

5.11 电动机

5.11.1 所有的电动机都应装有与其所处环境相适应的外壳，外壳防护等级应符合 GB 4208—2008 的规定，至少为 IP44。

5.11.2 电动机应有一个耐腐蚀的铭牌，铭牌上指定的内容应与 IEC 60092-301 的规定相一致。

5.11.3 电动机应按照制造厂家的产品使用说明，通过整体热保护、过载装置或二者的联合保护装置的方式来实现运转保护，产品使用说明应符合 IEC 60092-202 的相关规定。

5.11.4 电动机应适用于连续工作工况，并且其设计环境温度至少为 45℃。

5.11.5 所有的电动机都应配有含接线柱或接线螺柱的接线盒，接线盒可以与电机机身为一体，也可固定在电机机身上。

5.12 点火装置

5.12.1 如设置自动电点火装置，应采用高压电火花、高能电火花或点火线圈的方式。

5.12.2 点火变压器应装有与其所处环境相适应的外壳，外壳防护等级应符合 GB 4208—2008 的规定，至少为 IP44。

5.12.3 点火装置的电缆应符合 IEC 60092-503 的要求。

5.13 电缆

船用焚烧炉上所使用的所有电缆都应按 GB/T 13029.1—2003 的要求进行选择和敷设。

5.14 连接

5.14.1 焚烧炉的主要金属机座或部套件应接地。非载流外壳、机座以及所有电气元器件和设备的类似部件应连接到焚烧炉机座或部套件上。通过安装方式而连接的电气元器件不需要额外的连接导体。

5.14.2 用于连接电气元器件和设备的接地线，表面应用连续的绿色来表示，其中的黄色条纹可有可无。

6 材料

焚烧炉各零部件材料的耐热性能、机械性能、抗氧化性能、抗腐蚀性能，像其他船用辅助设备一样，应能与其预定用途相适应。

7 操作控制

7.1 切断开关

整个装置应能通过安装在焚烧炉附近的切断开关与所有的电源断开(见5.2)。

7.2 应急停止开关

舱室外应设置一个应急停止开关,用于切断设备的所有电源。该应急停止开关应能停止燃油泵的所有动力供应。若焚烧炉装有烟气引风机,该烟气引风机应能独立于焚烧炉的其他装置而重新起动。

7.3 控制装置故障

7.3.1 总则

控制装置的设计应确保在发生7.3.2～7.3.4中列出的任一装置故障时能停止焚烧炉的运行,并切断燃料供给。

7.3.2 安全温度自动调节装置/通风

7.3.2.1 应配置专门的排烟温度控制器,并将其安装在排烟管上,当排烟温度超过制造厂的设计温度时,关闭燃烧器。

7.3.2.2 应配置燃烧温度控制器,并将其安装在燃烧室内,当燃烧室温度超过最高温度时关闭燃烧器。

7.3.2.3 应配置负压控制开关,以监控燃烧室中的通风和负压。负压控制开关的作用是为了确保在运行过程中焚烧炉内有足够的通风和负压。在炉内负压升到大气压力之前,燃烧器的程序继电器控制电路应断开,并报警。

7.3.3 熄火/低油压

7.3.3.1 焚烧炉应设有燃烧安全控制装置,以便在燃烧过程中出现点火失败和熄火的情况下关闭相关设备。燃烧安全控制装置应由火焰检测元件和相关装置组成,该装置的设计应确保任何部件的故障都会使燃烧系统安全地停止运行。

7.3.3.2 燃烧安全控制装置应能使燃烧失败到关闭燃油阀之间的时间不大于4 s。

7.3.3.3 燃烧安全控制装置应保证有一个不超过10 s的试点火时间,在这段时间内可供给燃料以形成燃烧。若火焰在10 s内不能形成,应立即切断燃烧器的燃料供给。

7.3.3.4 无论何时发生点火失败、熄火或任何元件故障,导致燃烧安全控制装置作用,仅可进行一次自动的重新启动。如未成功,应手动复位燃烧安全控制装置,然后才能重新启动。

7.3.3.5 禁止使用恒温式的燃烧安全控制装置,如烟道开关和通过开启式双金属螺旋片起作用的高温调节器。

7.3.3.6 当燃油压力降低到制造厂的设定值以下时,程序控制器应能显示故障状态,并锁定程序使燃烧只能在手动重启的状态下进行。这种情况同样适用于污油系统(该功能一般应用于压力对于燃烧过程非常重要或燃油泵不是燃烧器的组成部分的场合)。

7.3.4 失电控制

如果焚烧炉控制/报警屏(非遥控报警屏)的电源失灵,应自动关闭系统。

7.4 燃油控制阀

每个燃烧器的燃料供给管路中都应串联两个燃油电磁阀。对于拥有多个燃烧器的系统,可以在总燃料供给管路和每个燃烧器分管路上各安装一个燃油电磁阀,各管路电磁阀之间应以并联的方式进行电气连接,以保证操作同时进行。

7.5 报警装置和指示器

声音报警装置应提供输出端至本机的报警系统或中央报警系统。当发生故障时,应有可视指示器来显示发生何种故障(一个指示器可包含多种故障状况)。可视指示器的设计应遵循以下原则,当显示的故障与安全有关时，设备需手动复位。

7.6 燃烧室冷却

燃烧器关闭后，应充分冷却燃烧室。

例如：烟气引风机或喷射器应设计为持续运行。

烟气引风机或喷射器（如安装）不应在设备应急手动关闭后继续运转。

8 其他要求

8.1 使用和维护说明书

每一台焚烧炉设备都应提供带有图纸、电气原理图、备件清单等的使用和维护说明书。

8.2 船舶倾斜时的工作

所有安装在船上的仪表和元件的设计，应使其在船舶正浮和静态左右横倾15°（包括15°）以内任何角度和动态左右横摇22.5°（包括22.5°）以内任何角度以及同时首尾动态倾斜（纵摇）7.5°情况时能够工作。

8.3 能源

焚烧炉应配以充足的能源，以确保安全点火和完全燃烧。燃烧过程中燃烧室应有足够的负压，以保证没有烟或气体泄漏至周围区域（见7.3.2.3）。

8.4 集油盘

按制造商的使用说明书要求进行不定期检查的每一台设备，如燃烧器、各类泵、滤器等，下面均应设置集油盘。

9 试验

9.1 型式试验

每一种型号设计样机都应进行操作试验，并完成一份包含所有试验结果的试验报告。进行这些试验是为了确保所有部件（包括控制部件、安全保护装置等）的正确安装，并能够正常地工作。试验应包括9.3中描述的内容。

9.2 出厂试验

对于每个装置，如果预装配的，应进行运行试验，以确保所有部件（包括控制部件、安全保护装置等）的正确安装，并能够正常地工作。试验应包括9.3中描述的内容。

9.3 安装后试验

设备安装后应进行动作试验，进行这些试验是为了确保所有部件（包括控制部件、安全保护装置等）的正确安装，并能够正常地工作。4.13中提到的前扫气和重新启动期间的扫气时间应在总装试验过程中得到检验。

9.3.1 燃烧安全控制装置

燃烧安全控制装置应通过点火故障和熄火故障来验证，声音报警（如使用）、可视指示器报警和燃油阀关闭时间均需进行试验验证。

9.3.2 极限控制

9.3.2.1 燃油压力下降到安全燃烧所需压力以下时，应引起系统安全关闭。

9.3.2.2 设备中所配备的其他联锁装置应通过检验，验证其能按制造厂的规定要求进行正常工作。

9.3.3 燃烧控制

燃烧控制及其操作应平稳进行。

9.3.4 程序控制

程序控制应按预定模式通过周期控制和单元装置循环来进行检验。前扫气、点火、后扫气和调制都应进行检验。

9.3.5 燃油控制阀

系统中的两个燃油控制电磁阀都应在所有运行和关闭条件下进行检验，以确保其能正常工作。

9.3.6 低压控制

焚烧炉装置应进行一个低电压保护试验，以证明燃烧器的燃料供给能在焚烧炉因电压降低而出现故障之前能自动停止。

9.3.7 开关

所有的开关应通过试验，以验证其能正常工作。

10 证书

制造厂家应提供焚烧炉按本标准建造的合格证(以许可证书、合格证书或使用说明书形式)。

11 标记

每台焚烧炉都应有永久性标记，标记应包括如下内容：

——制造厂名称或商标；

——种类、型式、型号或其他制造厂为焚烧炉确定的牌号；

——以热量单位表示周期时间内焚烧炉设计的发热量。应尽量使用公制单位，其他热量单位也可以。

12 质量保证

12.1 符合本标准

焚烧炉的设计、制造和试验应确保其能达到本标准的要求。

12.2 质量保证体系

焚烧炉制造厂应拥有一个质量保证体系。该产品质量体系应由必要的元素组成，以确保焚烧炉的设计、制造、标记符合本标准。任何时候都不能出售不符合本标准要求的焚烧炉(见第10章)。

附 录 A
（规范性附录）
符合 MARPOL 73/78 的船舶上容量在 1 500 kW 及以内的船用焚烧炉的排放标准

A.1 术语和定义

主管机构

船上被授权悬挂的国旗所属国家的政府，即船旗国政府。

A.2 型式认可

每一台船用焚烧炉都应拥有国际海事组织(IMO)型式认可证书。为获取该证书，焚烧炉应按照 IMO 认可的标准进行设计和建造。每一型号均应由主管机构负责在工厂或经认可的试验室接受规定的型式认可试验。

A.3 试验测量

型式认可试验应包括下列参数的测量和记录。

参数	测量单位
最大热容量	kW/h 或 kcal/h
	kg/h(规定的废弃物)
	kg/h(规定的污油泥)
辅助燃料消耗量	kg/h(每台燃烧器)
燃烧室/燃烧区域 O_2 平均含量	%(体积百分比)
排烟中 CO 平均含量	mg/MJ
平均烟灰量	Bacharach 或 Ringelman 度
燃烧室出口烟气平均温度	℃
灰烬中含未燃尽成分量	%(质量百分比)

A.4 试验持续时间

对于污油泥焚烧和固体废弃物焚烧，型式试验所需持续时间如下所示：

——污油泥焚烧时间：　　6 h～8 h

——固体废弃物焚烧时间：　　6 h～8 h

A.5 型式认可试验用废油/废弃物规范

型式认可试验所用的废油或固体废弃物应含有以下成分：

a) 废油：75%重燃油的残渣油；
　　5%废润滑油；
　　20%乳化水。

b) 固体废弃物(2 类)：50%食物废弃物；
　　50%垃圾，大约包括：
　　——30%纸；
　　——40%硬纸板；
　　——10%破布；

——20%塑料。

该混合物应有50%的含水量和7%的不燃性固体物质。

废弃物类别的定义见表A.1。

表A.1 废弃物类别

类别	定　义
0	废料，高可燃性废弃物如纸、纸板、木盒以及可燃性地板废屑等的混合物，其中约有10%（质量百分比）的塑料袋、涂料纸、层压纸、处理过的波状纸板、油抹布、塑料或橡胶废料。这类废弃物含有达10%的含水量和5%的不燃性固体物质，燃烧时热值为19 771 kJ/kg(8 500 BTU/lb)
1	废品，可燃性废弃物如纸、纸板箱、木质废料、树叶以及可燃性地板废屑等的混合物。该混合物含有约20%（质量百分比）的厨房或自助餐厅垃圾，但仅包含少量或不包含经处理的纸张、塑料或橡胶废料。这类废弃物含有25%的含水量和10%的不燃性固体物质，燃烧时热值为15 119 kJ/kg(6 500 BTU/lb)
2	废物，由1类和3类废弃物的混合物组成，在质量上，两种组成成分近似相等。这类废弃物一般由客船所产生，含有50%的含水量和7%的不燃性固体物质，燃烧时热值为10 001 kJ/kg(4 300 BTU/lb)
3	垃圾，由饭馆、自助餐厅、厨房、医务室和同类设施等所产生的动植物废弃物组成。这类废弃物含有达70%的含水量和5%的不燃性固体物质，燃烧时热值为2 326 kJ/kg(1 000 BTU/lb)
4	水生类和动物残余，由运送动物类货物的船所产生的畜体、器官和固体有机废弃物组成，含有达85%的含水量和5%的不燃性固体物质，燃烧时热值为2 326 kJ/kg(1 000 BTU/lb)
5	副产品废弃物、液态或半液态物质，例如船舶工作中产生的焦油、涂料、溶剂、污泥、油、废油等，其热值应当由受破坏的各种材料确定
6	固体副产品废弃物，例如工业运行中产生的橡胶、塑胶、木质废料等，其热值应当由受破坏的各种材料确定

注1：本表仅供参考。

注2：此分类参照美国焚烧炉研究学会的废弃物分类，见IMO的MEPC.(59)33决议。

表A.2给出了指定物质的热值。

表A.2 指定物质的样本热值

物　质	热值/(kJ/kg)	热值/(kcal/kg)
蔬菜和易腐烂物质	5 700	1 360
纸	1 4300	3 415
抹布	15 500	3 700
塑胶	36 000	8 600
污油	36 000	8 600
污水污泥	3 000	716

注1：本表仅供参考。

注2：见IMO的MEPC.76(40)决议。

表A.3给出了指定物质的密度。

表 A.3 指定物质的样本密度

物 质	密度/(kg/m^3)
纸(松散)	50
垃圾(含水量 75%)	720
干垃圾	110
干木	190
木屑	220
船上的一般松散垃圾	130
注 1：本表仅供参考。 注 2：见 IMO 的 MEPC.76(40)决议。	

A.6 型式认可试验验收标准

根据本标准设计、制造、试验和标记的焚烧炉，其排放物应达到表 A.4 中所示的排放标准。

表 A.4 焚烧炉的型式试验发行标准

测试项目	验收标准
燃烧室中的 O_2 含量	6%～12%，按体积计
排烟中 CO 含量(最大平均值)	200 mg/MJ
烟灰量(最大平均值)	Bacharach 3 或 Ringelman 1(只有在非常短的时间内如启动时，才能接受更高的烟灰量)
灰烬中含未燃尽成分量	最大 10%，按质量计
燃烧室烟气出口的温度范围	850℃～1 200℃

烟气出口温度和 O_2 含量应在燃烧阶段测量，而不应在预加热和冷却阶段测量。对于分批装料的焚烧炉，以一次装料进行型式认可试验是可以的。

为将二噁英、易挥发有机化合物和排放物减到最小程度，同时达到完全和无烟地焚烧(包括塑料和其他合成材料的焚烧)，在实际的燃烧室/燃烧区域中的高温是绝对需要的。

A.7 与燃料相关的排放物

A.7.1 硫氧化物

尽管拥有好的焚烧技术，焚烧炉的排放仍取决于所焚烧物质的种类。如，某艘船舶装载的燃料含有较高的硫成分，那么从分离器分离出的废油，在焚烧炉中焚烧将导致硫氧化物的排放。但焚烧炉排放的 SO_x 总量不足主、辅机废气排放中 SO_x 量的 1%。

A.7.2 主要有机组分

主要有机成分(POC)不能进行连续测量。特别是到目前为止，还没有仪器能提供对 POC、HCl(氢氯化物)以及废弃物焚烧效果进行连续的遥感测量。这些测量仅能通过取样的方式，将样品送试验室进行分析。试验室对有机成分(未燃尽的废弃物)的化验将需要相当长的时间。因此，连续排放控制只能通过二次测量来保证。

A.7.3 船上的操作/排放控制

对于进行 IMO 型式鉴定的船用焚烧炉来说，排放控制/监控应限于以下内容：

——控制/监控燃烧室 O_2 含量(仅需抽样检查)；O_2 分析仪不需要存放在船上；

——控制/监控燃烧室烟气出口温度。

焚烧程序的连续自动控制确保了上述两个参数能被维持在规定的范围内。这种操作模式将确保微粒物和灰烬残渣中仅包含微量的有机成分。

A.8 客船/邮船装载的总容量大于 1 500 kW 的焚烧炉

A.8.1 典型条件

在这种类型的船上，可能将存在下列条件：

——产生巨大数量的可燃废弃物，并且这些废弃物中含有大量的塑料和合成材料；

——焚烧设备在大容量下长时间连续工作；

——这类船常常会在非常敏感的沿海区域工作。

A.8.2 烟气净化

由于设备的大容量，相对应的排放量很大，此时应考虑安装烟气的海水净化装置。该装置能对烟气进行高效地二次净化，从而将氢氯化物(HCl)、硫氧化物(SO_x)和颗粒物质(PM)降低到最低程度。

A.8.3 氮氧化物

对氮氧化物(NO_x)的限定只能结合对船舶总体污染(如主辅机、锅炉)中的某些未来可能的条款来考虑。

附 录 B
（规范性附录）
焚烧炉布置要求

B.1 国际海事组织（IMO）的应用文献

就构造、布置和隔离的目的而言，焚烧炉处所和废弃物堆装处所应分别按A类机器处所（SOLAS：1997，II-2/3.19）和高可燃性废弃物堆装室［服务处所（高危险性），SOLAS II-2/3.12］来处置。为了将这些处所潜在的火灾危险最小化，应按第II-2章的SOLAS（国际海上人命安全公约）来要求（B.2和B.3中给出）。

B.2 客船

B.2.1 焚烧炉和组合式焚烧炉/废弃物堆装室应使用条例26.2.2(12)进行空间布置。

B.2.2 废弃物堆装处所应使用条例26.2.2(13)进行空间布置。

B.3 其他所有船，包括载客36人以下的船

B.3.1 焚烧炉处所布置应符合下面任意一条：

——条例44.2.2(6)适用于无人操作的焚烧炉；

——条例44.2.2(7)适用于焚烧炉和组合式焚烧炉/废弃物堆装室。

B.3.2 条例44.2.2(9)适用于隔离的废弃物堆装处所的布置。

B.4 露天甲板上的安装

在下列条件均满足的情况下，安装于露天甲板上的焚烧炉和废弃物堆装处所在结构上可以不必分离，并且不需要安装任何火灾指示器或固定灭火装置：

——尽可能安装于船尾；

——焚烧炉和废弃物堆装处所远离危险易燃性液体或气体进出口至少5 m；在焚烧炉工作时，应确保这些进、出口的安全；

——若焚烧炉和废弃物储存室之间不存在某种结构的防火间隔，则它们之间相隔的距离应至少为2 m。

B.5 舱内消防设备

在焚烧炉为无人操作（包括带有废弃物自动供给系统的焚烧炉）和组合式焚烧炉/废弃物堆装室的情况下，应安装火灾指示器和灭火装置。

B.6 露天甲板上的消防设备

如焚烧炉和废弃物堆装处所位于露天甲板上，必须拥有两种灭火方式，即消防水龙带、半便携式灭火器、火灾监控器或这些灭火设备中任何两种的组合。固定式灭火系统可作为一种灭火方式。

B.7 热表面

B.7.1 烟气排出气道和焚烧炉表面应距离燃油、油箱或船舱壁至少500 mm；烟气排出管道应包扎绝热层，并与电气设备和易燃元件保持适当的距离；带套管的烟气排出管道应通到烟囱顶端；安装于机舱

外隔离室中的焚烧炉，其烟气排出管道在任何情况下都应保持安全可靠。

B.7.2 焚烧炉和其烟气排出管道应安装于相关条例规定的危险区域以外。

B.7.3 烟气排出管道不应与其他装置的烟道或排气管道相连通，并应单独排放。

B.8 垃圾输送管道

输送管道应遵循与机舱外焚烧炉处所同样的消防标准。

附 录 C
（资料性附录）
带有热回收装置的焚烧炉

C.1 烟气处理装置

焚烧炉中，烟气应通向热回收装置，烟气处理装置的设计应确保焚烧炉在节热盘管无水的情况下能继续工作，必要时，该功能可以通过旁通风门来实现。

C.2 报警装置

焚烧炉应配备一声光报警装置，以便在缺水时进行报警。

C.3 清洗与检查

热回收装置的烟气侧应有适当的清洗设备，并有足够的空间供检查受热外表面。

附 录 D
(规范性附录)
烟气温度

焚烧炉的类型确定后,应对其允许的最高烟气温度加以考虑。烟气温度是选择烟囱材料的一个决定性因素。当烟气温度高于430℃时,烟囱应使用特殊耐高温材料建造。

ICS 47.020
U 26

中华人民共和国国家标准

GB/T 10841—2008
代替 GB/T 10841—1989

船用号型

Marine shapes

2008-02-14 发布　　2008-09-01 实施

中华人民共和国国家质量监督检验检疫总局
中国国家标准化管理委员会　发布

前言

本标准代替 GB/T 10841—1989《船用号型》。

本标准与 GB/T 10841—1989 相比，主要有下列变化：

——增加了试验方法；

——修改了检验规则。

本标准由中国船舶工业集团公司提出。

本标准由全国船舶舾装标准化技术委员会归口。

本标准起草单位：沪东中华造船(集团)有限公司。

本标准主要起草人：吴月娟、刘俊伟、汤卫英、严青。

本标准所代替标准的历次版本发布情况为：

——GB/T 10841—1989。

船 用 号 型

1 范围

本标准规定了船用号型(以下简称号型)的分类和标记、要求、试验方法、检验规则、产品标志、包装和贮存。

本标准适用于船上目力通信用的各种船用号型的设计、制造和验收。

2 规范性引用文件

下列文件中的条款通过本标准的引用而成为本标准的条款。凡是注日期的引用文件,其随后所有的修改单(不包括勘误的内容)或修订版均不适用于本标准,然而,鼓励根据本标准达成协议的各方研究是否可使用这些文件的最新版本。凡是不注日期的引用文件,其最新版本适用于本标准。

GB/T 699—1999 优质碳素结构钢

GB/T 4240—1993 不锈钢丝(neq JIS G 4309:1988)

FZ 347—1985 黑色锦纶绳

YB/T 5303—2006 优质碳素结构钢丝

3 分类和标记

3.1 分类

号型按形状分为下列5种类型:

a) A型——球体号型;

b) B型——圆锥体号型;

c) C型——圆柱体号型;

d) D型——菱形体号型;

e) E型——双圆锥体号型。

3.2 结构和尺寸

3.2.1 A型号型的结构和基本尺寸见图1和表1。

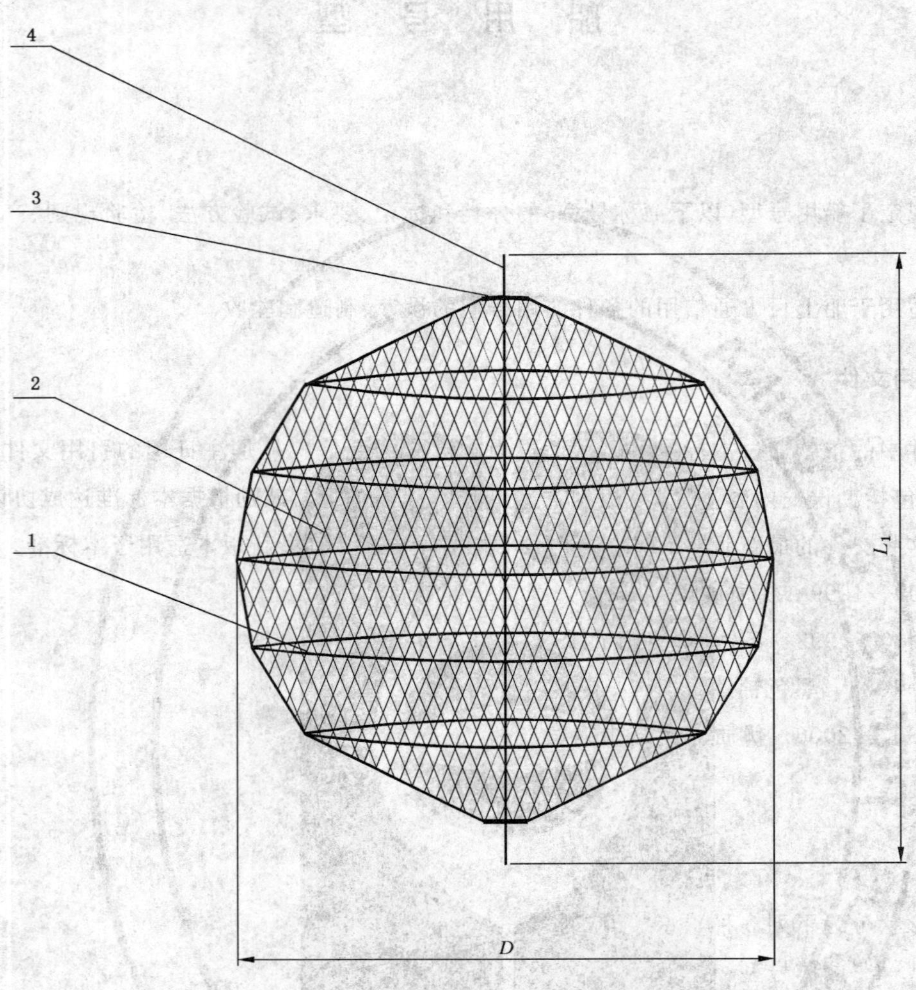

1——骨架；

2——线网；

3——托板；

4——中心索。

图1 A型号型

表1 A型号型的基本尺寸

单位为毫米

型　　号	主 要 尺 寸		质量/kg
	D	L_1	
A300	300	400	0.35
A400	400	500	0.5
A600	600	700	1.1
A900	900	1 000	3.3

3.2.2 B型号型的结构和基本尺寸见图2和表2。

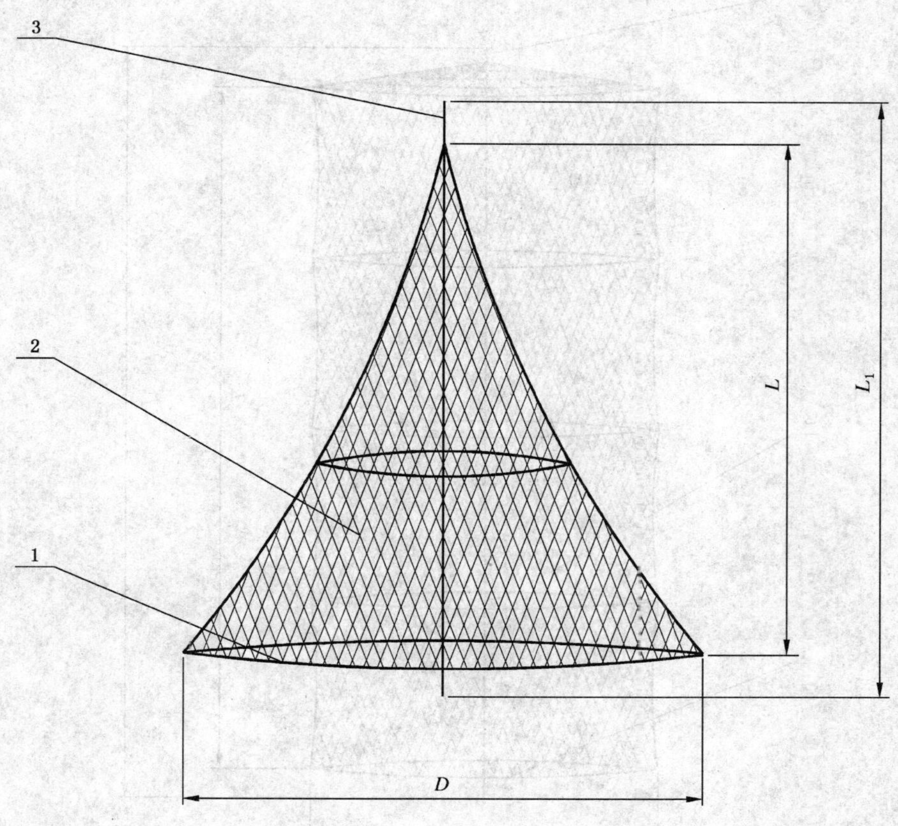

1——骨架；
2——线网；
3——中心索。

图2 B型号型的结构

表2 B型号型的基本尺寸

单位为毫米

型号	主要尺寸			质量/kg
	D	L	L_1	
B300	300	300	400	0.18
B400	400	400	500	0.3
B600	600	600	700	0.5
B900	900	900	1 000	1.7

3.2.3 C型号型的结构和基本尺寸见图3和表3。

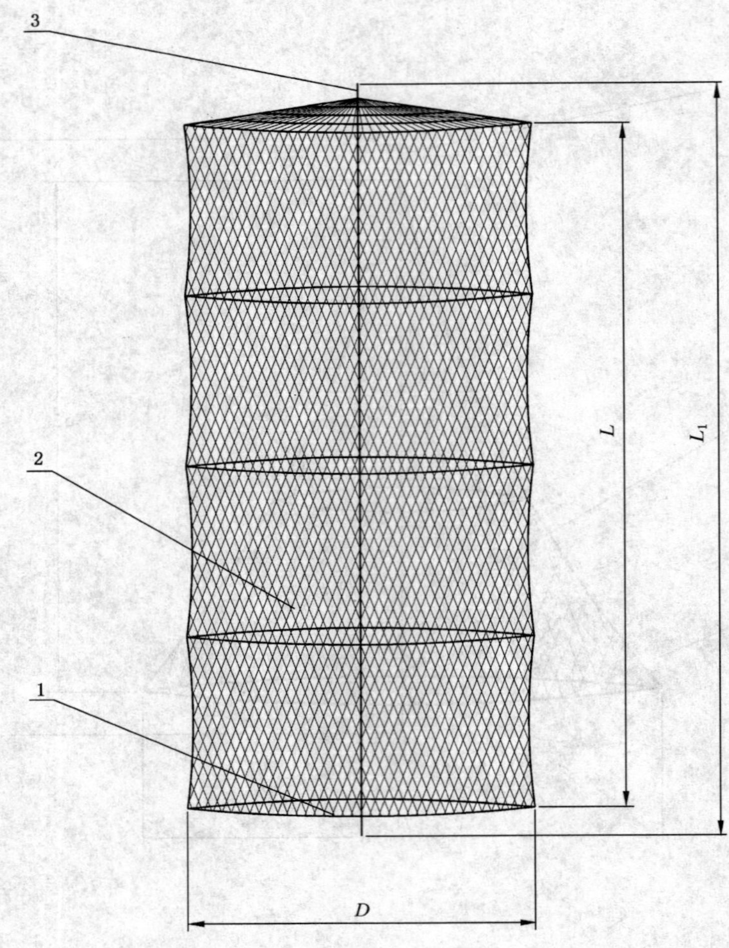

1——骨架；
2——线网；
3——中心索。

图3 C型号型的结构

表3 C型号型的基本尺寸

单位为毫米

型号	主要尺寸			质量/kg
	D	L	L_1	
C300	300	600	700	0.7
C400	400	800	900	1.0
C600	600	1 200	1 300	1.75
C900	900	1 800	1 900	4.2

3.2.4 D型号型的结构和基本尺寸见图4和表4。

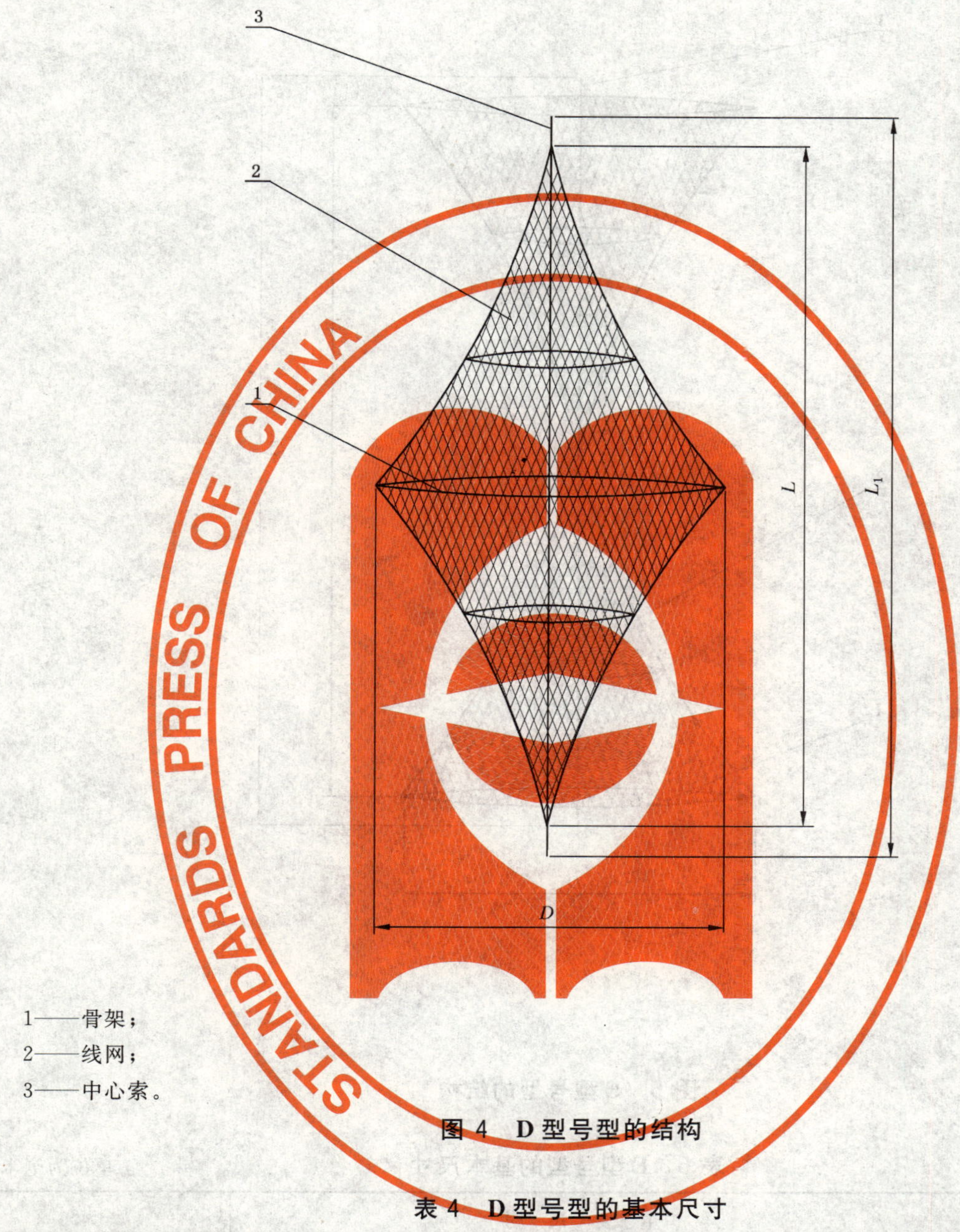

1——骨架；
2——线网；
3——中心索。

图4 D型号型的结构

表4 D型号型的基本尺寸

单位为毫米

型号	主要尺寸			质量/kg
	D	L	L_1	
D300	300	600	700	0.36
D400	400	800	900	0.65
D600	600	1 200	1 300	1.05
D900	900	1 800	1 900	3.1

3.2.5 E 型号型的结构和基本尺寸见图 5 和表 5。

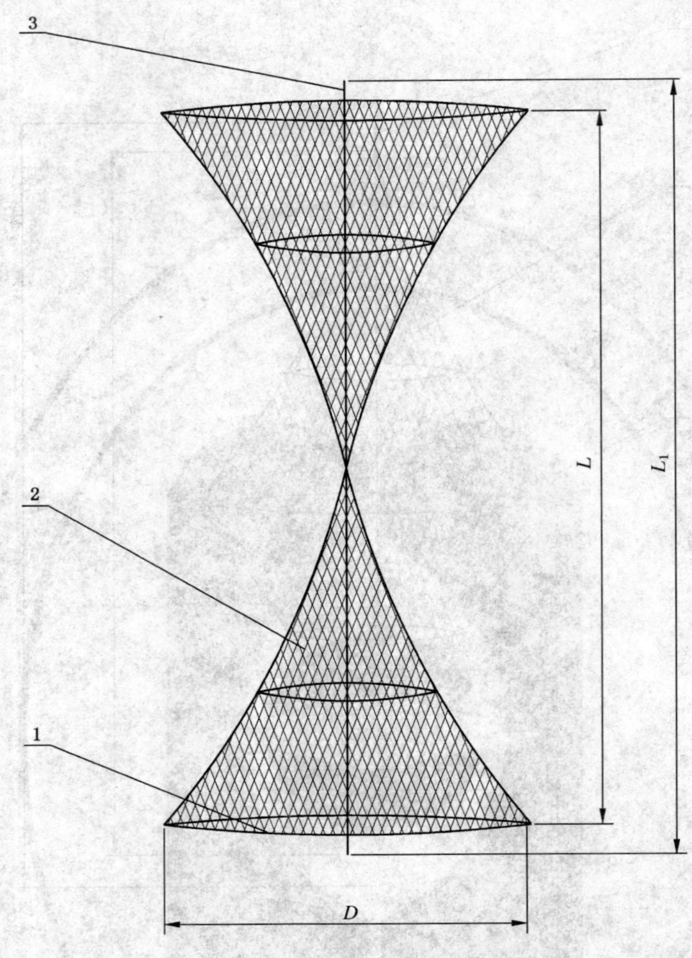

1——骨架；
2——线网；
3——中心索。

图 5 E 型号型的结构

表 5 E 型号型的基本尺寸

单位为毫米

型号	主要尺寸			质量/kg
	D	L	L_1	
E300	300	600	700	0.42
E400	400	800	900	0.65
E600	600	1 200	1 300	1.15
E900	900	1 800	1 900	3.4

3.3 标记示例

直径 D=600 mm、骨架材料为碳素钢的球体号型标记为：

GB/T 10841—2008　A600T

直径 D=300 mm、骨架材料为不锈钢的菱形体号型标记为：

GB/T 10841—2008　D300B

4 要求

4.1 材料

号型的零件材料见表 6。

表 6　号型的材料

零件名称	材料		
	名称	牌号	标准号
骨架	优质碳素结构钢丝	10	YB/T 5303—2006
	不锈钢丝	1Cr18Ni9	GB/T 4240—1993
线网、中心索	黑色锦纶绳	3×10 股	FZ 347—1985
托　板	优质碳素结构钢	10	GB/T 699—1999

4.2 尺寸与公差

4.2.1　号型的骨架钢丝直径应不小于 3 mm。

4.2.2　号型的线网索和中心索直径为 3 mm，编织网眼应不大于 15 mm×15 mm。

4.2.3　号型的托板直径为 65 mm，厚度为 0.5 mm。

4.2.4　号型的骨架采用铆接或氧-乙炔焊制完成并校圆成形。号型尺寸偏差应为 $^{+10}_{0}$ mm。

4.3 防锈

4.3.1　号型的托板应清除锈蚀；骨架焊后应清除焊渣。

4.3.2　清除后的托板和骨架应镀锌。

4.3.3　镀锌后的托板和骨架及不锈钢骨架均应涂以黑漆两道。

4.4 功能

号型的线网应与骨架编织在一起，号型应能折叠。

4.5 颜色

各类号型均为黑色。

4.6 形状

4.6.1　A 型号型应为球状。

4.6.2　B 型号型的高度应与底部直径相等。

4.6.3　C 型号型的高度为直径的两倍。

4.6.4　D 型号型的两个圆锥体应合用一个底。

4.6.5　E 型号型的两个圆锥体应合用一个顶。

5 试验方法

5.1　用检查材料的牌号和质量证明书的方法检验号型的材料。结果应符合 4.1 的要求。

5.2　用通用量具测量号型的主要尺寸。结果应符合 4.2 的要求。

5.3　用目测检查号型的防锈处理。结果应符合 4.3 的要求。

5.4 用手拉检查号型的制作性能。结果应符合 4.4 的要求。

5.5 用目测检查号型的颜色和形状。结果应符合 4.5 和 4.6 的要求。

6 检验规则

6.1 检验分类

号型的检验分为型式检验和出厂检验。

6.2 型式检验

6.2.1 检验项目和顺序

号型的型式检验项目和顺序见表 7。

表 7 号型型式检验和出厂检验的项目

序号	检验项目	要求的章条号	试验方法的章条号	型式检验	出厂检验
1	材料	4.1	5.1	●	●
2	尺寸与公差	4.2	5.2	●	●
3	防锈	4.3	5.3	●	●
4	性能	4.4	5.4	●	●
5	外观	4.5	5.5	●	●
注：●为必检项目。					

6.2.2 检验样品数量

号型型式检验的样品数量为每一规格 1 个。

6.2.3 判定规则

号型所有样品全部检验项目符合要求，判定号型的型式检验合格。若有不符合要求的项目，允许加倍取样复验。若复验符合要求，仍判定号型的型式检验合格。若复验仍有不符合要求的项目，则判定号型的型式检验不合格。

6.3 出厂检验

6.3.1 检验项目和顺序

号型的出厂检验项目和顺序见表 7。

6.3.2 检验样品数量

号型的出厂检验应逐个产品进行。

6.3.3 判定规则

全部检验项目符合要求的号型判定出厂检验合格；材料检验不符合要求的号型，则判定出厂检验不合格；外观检验不符合要求的号型，允许返修后进行复验。若复验符合要求，仍判定号型的出厂检验合格。若复验仍不符合要求，则判定该号型出厂检验不合格。

7 标志、包装和贮存

7.1 标志

每个号型应系有产品标签，标签上应标志下列内容：

a） 制造厂名称；

b） 标记和标准号；

c） 生产批号；

d）检查合格印章。

7.2 包装

每个号型应用塑料袋分别包装，成批号型应用纸箱包装。

7.3 贮存

号型应存放在干燥房间内的架子上。

ICS 21.200
J 17

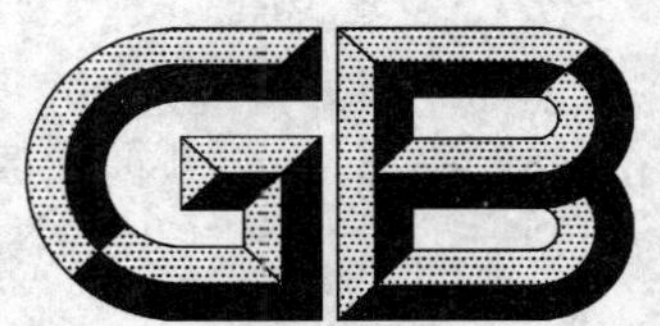

中华人民共和国国家标准

GB/T 10853—2008
代替 GB/T 10853—1989

机构与机器科学词汇

Terminology for the mechanism and machine science

2008-06-19 发布

2009-01-01 实施

中华人民共和国国家质量监督检验检疫总局
中国国家标准化管理委员会 发布

前　言

本标准修改采用国际机构学与机器科学联合会 IFToMM(International Federation for the Promotion of Mechanism and Machine Science)2003 年制定的《机构与机器科学词汇》(《Terminology for the Mechanism and Machine Science》)。

为方便使用,本标准作了下列修改:

——对“范围”进行章的编号,编号为“1”,因此,本标准中的第 2 章、第 3 章、第 4 章、第 5 章、第 6 章、第 7 章、第 8 章、第 9 章分别等同于《Terminology for the Mechanism and Machine Science》的第 0 章、第 1 章、第 2 章、第 3 章、第 4 章、第 5 章、第 6 章及第 13 章;

——删除了《Terminology for the Mechanism and Machine Science》的其他章,以避免与其他相关国家标准重复;

——相应修改了英文索引,增加了汉语索引。

本标准是对 GB/T 10853—1989《机器理论与机构学术语》的修订。与 GB/T 10853—1989 相比,主要修改内容如下:

——标准名称改为“机构与机器科学词汇”;

——将传统的机构,如凸轮、连杆和组合机构合并为一章;

——为适应研究和发展的需要,将机器人作为单独一章,并增加了检测与振动方面的内容;

——增加了动力学方面的内容。

本标准由全国齿轮标准化技术委员会(SAC/TC 52)提出。

本标准由郑州机械研究所归口。

本标准起草单位:中国机械工程学会机械传动分会机构学专业委员会。

本标准主要起草人:邹慧君、蓝兆辉、余跃庆、高峰、高媛、张宪民、王德伦、郭为忠、赵韩、张玉茹。

本标准所代替标准的历次版本发布情况为:

——GB/T 10853—1989。

机构与机器科学词汇

1 范围

本标准规定了机器与机构结构、运动学、动力学、机器控制和测量、机器人、机电一体化等领域中应用的术语。

本标准适用于机构与机器科学、机械原理、机械设计、测试技术、控制理论、机器人学和机械电子学，供制定标准和指导性技术文件及编写和翻译教材、书籍、产品说明书等出版物时使用。

在本标准的术语中，凡允许使用的英文同义词以分号隔开，英文缩写在括号中给出。允许使用的中文同义词(一般有英文词条对应)另行给出。少量以宋体给出的中文同义词应避免采用。

2 总则 generalities

2.1

机构与机器科学 mechanism and machine science(MMS)

研究机器、机构及其元件和系统的几何学、运动学、动力学和控制的理论及其在工业和其他方面(如生物力学和环境)应用的学科，包括对能量和信息的转化和传递过程的研究。

2.2

机器 machine

完成特定任务(如材料成型)、实现运动和力的传递和转换的机械系统。

2.3

机构 mechanism

a) 设计用以将一个或多个物体的运动和力转化为其他物体上的约束运动和力的物体系统。

b) 有一个构件被固定为机架的运动链。

2.4

机电一体化 mechatronics

机械电子学

机械工程、电气工程和信息技术的有机结合，用于智能技术系统特别是机构和机器的集成设计。

3 机器与机构的结构 structure of machines and mechanisms

3.1 元件 components

3.1.1

机构元件 mechanism element

机构的固体或流体组成元件。

3.1.2

构件 link

a) 携带运动副元素的机构元件。

b) 低副运动链的单元。

3.1.3

输入构件 input link

主动件 driving link

机构中输入运动和动力的构件。

3.1.4

输出构件 output link

从动件 driven link;follower

所需的力和运动从其中获得的构件。

3.1.5

机架 frame

被视为固定的机构元件。

3.1.6

杆 bar

只携带转动副的构件。

3.1.7

曲柄 crank

能绕固定轴线整周转动的构件。

3.1.8

摇杆 rocker

绕固定轴线在有限转角内摆动的构件。

3.1.9

连杆 coupler;floating link

不与机架直接相连的构件。

3.1.10

滑块 slider

与一构件构成移动副,又与其他构件构成转动副的构件。

3.1.11

滑动块 sliding block

沿着导引元件(例如槽)滑动的移动副紧凑元件。

3.1.12

导路 guide

固定在机架上、限制滑块运动的移动副元素。

3.1.13

十字头 crosshead

连接活塞与连接杆的元件。

3.1.14

连接杆 connecting rod

连接活塞与曲轴或十字头与曲轴的连杆。

3.1.15

凸轮 cam

具有曲线或曲面轮廓并以此与凸轮从动件作点接触或线接触而输出预定位移的构件。

3.1.16

盘形凸轮 disk cam

绕垂直其平面的轴转动,通过其轮廓接触驱动从动件的盘形构件。

3.1.17

端面凸轮 face cam

通过垂直其轴线平面上的凹槽或凸肋与从动件接触的转动凸轮。

3.1.18

圆柱凸轮　cylindrical cam;barrel cam

在圆柱面上带有曲线凹槽或曲线凸肋并以此与从动件接触的转动圆柱。

3.1.19

球面凸轮　spherical cam

在其内表面带有凹槽或凸肋与从动件接触的旋转空心球。

3.1.20

等宽凸轮　Yoke cam

与等宽凸轮从动件配对的等宽径向凸轮。

3.1.21

凸轮从动件　cam follower

直接从凸轮处获得运动的构件。

3.1.22

等宽凸轮从动件　Yoke follower

具有两个互连的表面,且各自与同一凸轮接触的凸轮从动件。

3.1.23

凸轮轴　camshaft

装有一个或多个凸轮的轴。

3.1.24

齿轮　gear

表面带齿的轮子,用于与其他齿轮或齿条啮合。

3.1.25

圆柱齿轮　cylindrical gear

在圆柱表面形成轮齿的齿轮。

3.1.26

外齿轮　spur gear

带外齿的圆柱齿轮。

3.1.27

内齿轮　annulus

带内齿的圆柱齿轮。

3.1.28

扇形齿轮　gear sector;gear segment

外齿轮或内齿轮的一部分。

3.1.29

斜齿轮　helical gear

轮齿螺旋地绕在圆柱面上的齿轮。

3.1.30

人字齿轮　herring-bone gear;double-helical gear

由两个旋向相反的固结在一起的斜齿轮构成的齿轮。

3.1.31

锥齿轮　bevel gear;conical gear

在圆锥表面形成轮齿的齿轮。

3.1.32

准双曲面锥齿轮　hypoid gear

齿轮轴线间有偏置的曲齿锥齿轮。

3.1.33

蜗杆　worm

由一个或多个齿螺旋地绕在圆柱面或球状面上形成的齿轮，螺旋线的导程比齿轮的直径小。

3.1.34

蜗轮　worm wheel

与蜗杆啮合的齿轮。

3.1.35

行星齿轮　planetary gear；planet gear

绕轴线转动且其轴线自身绕另一轴线转动的齿轮。

3.1.36

小齿轮　pinion

a）一对相啮合的圆柱齿轮中较小的齿轮。

b）与齿条啮合的圆柱齿轮。

3.1.37

齿条　rack

半径无穷大的圆柱齿轮的一部分。

3.1.38

惰轮　idler

主动齿轮和从动齿轮之间的齿轮，它影响从动齿轮的转向但不影响速比。

3.1.39

摩擦轮　friction wheel

通过接触点或接触线处的摩擦将驱动力传递到下一个部件表面的轮子。

3.1.40

带　belt

在张紧状态下用于传递运动和动力的诸如带或绳的柔性元件。

3.1.41

带轮　pulley

部分周边绕有带的轮子，用于改变带的运动方向。

3.1.42

链条　chain

由若干短刚性构件铰接而成的机构元件，以带的方式使用。

3.1.43

链轮　sprocket wheel

边缘带齿，与链条的链节啮合的轮子。

3.1.44

传动轴　drive shaft

用于传递转矩的轴。

3.1.45

中间轴　Cardan shaft

连接两个万向联轴节的传动轴。

3.1.46

枢轴 pivot

a) 绕其进行回转运动的固定轴线。

b) 转动副的内元素。

3.1.47

轴瓦 journal

构成转动副或圆柱副的内元素。

3.1.48

轴承 bearing

相邻零件之间允许相对运动(转动、移动)并传递力的机器零件。

3.1.49

棘爪 pawl;click;detent

在两个构件之间的一种爪形中介构件,用于阻止这两个构件在某一方向的相对运动。

3.1.50

掣子 latch

通过插入另一构件的凹槽或孔腔中使得该构件保持位置不动的一种可动元件,如棘轮的锁紧装置。

3.1.51

棘轮 ratchet

具有齿形表面或摩擦表面,与棘爪啮合的元件。

3.1.52

挡块 stop

与其他构件间歇性地接触的构件,用于限制构件之间的相对运动。

3.2 组件 sub-assemblies

3.2.1

组件 sub-assembly

形成机器一个部分的可确认元件组。

3.2.2

关节 joint

a) 运动副的物理实现,包括通过中间机构元件的连接。

b) 运动副。

3.2.3

运动副 kinematic pair

运动副元素连接的机械模型,具有某种相对运动和自由度。参见同义词"关节"。

3.2.4

运动副元素 pairing element

固体上可能与其他固体接触的面、线或点的集合。

3.2.5

运动副的自由度 degree of freedom(or connectivity)of kinematic pair

描述运动副元素相对位置所需的独立坐标的数目。

3.2.6

运动副封闭 closure of kinematic pair

通过力(力封闭)、几何形状(形封闭)或弹性材料(材料封闭)促使两刚体形成运动副的方式。

3.2.7

力封闭运动副　force-closed pair; open pair

利用外力来保持运动副两元素相互接触的运动副。

3.2.8

形封闭运动副　form-closed pair

利用特殊几何形状来保持运动副两元素相互接触的运动副。

3.2.9

低副　lower pair

运动副元素面接触形成的运动副。

3.2.10

高副　higher pair

运动副元素点或线接触形成的运动副。

3.2.11

转动副　revolute pair

铰链　hinge

两构件之间只允许旋转运动的运动副。

3.2.12

移动副　prismatic pair

两构件之间只允许直线移动的运动副。

3.2.13

螺旋副　helical pair; screw pair

两构件之间只允许螺旋运动的运动副。

3.2.14

圆柱副　cylindrical pair

允许绕一特定轴线转动及沿该轴线独立移动的两自由度运动副。

3.2.15

球面副　spherical pair

允许绕相互垂直的三轴线独立相对转动的三自由度运动副。

3.2.16

平面副　planar contact pair; sandwich pair

允许平行面内相对运动的三自由度运动副。

3.2.17

凸轮副　cam pair

由凸轮和凸轮从动件直接接触形成的运动副。

3.2.18

万向联轴器　universal joint; universal coupling; Hooke's joint; Cardan joint

连接两相交轴的运动副。

3.2.19

销铰　pin joint

用销作为两个刚体之间的连接元件的运动副。

3.2.20

齿轮副　gear pair

由两个构件的接续接触元素(齿)形成的高副。

3.2.21

联轴器　coupling

将两个运动构件(如两根轴)端部连接的装置。

3.2.22

离合器　clutch

沿一轴传递转矩,运行时便于离合的联轴器。

3.2.23

飞轮　flywheel

用于贮存动能的转子。

3.2.24

驱动器　actuator

按照信号使其所安装的构件之间产生相对运动的组件。

3.2.25

驱动　drive

使机器或机构中一个或几个构件产生运动的相互连接装置的系统。

3.2.26

间隙　backlash clearance

允许两个配合零件产生无约束运动的零件尺寸差值。

3.3　机构　mechanisms

3.3.1

机构的结构　structure of mechanism

机构中元素(构件和运动副)的数量和类型及其接触的顺序。

3.3.2

同构　isomorphism

关于构件和运动副数量及其相互连接顺序的结构等同性。

3.3.3

等效机构　equivalent mechanism

结构不同,运动性质在某些方面等效的机构。

3.3.4

同源机构　cognate mechanism

几何上不同,但具有相同传递函数的机构。

3.3.5

运动链　kinematic chain

构件和运动副的装配。

3.3.6

闭式运动链　closed kinematic chain

每个构件至少与其他两个构件连接的运动链。

3.3.7

开式运动链　open kinematic chain

至少有一个构件只有一个运动副元素的运动链。

3.3.8

运动关节　kinematic joint

运动特性在某些方面等同运动副的运动链。

3.3.9

环 loop

形成封闭环路的构件子集。

3.3.10

树状运动链 tree;mobile

无闭环的运动链。

3.3.11

运动链或机构的自由度 degree of freedom(or mobility)of kinematic chain or mechanism

确定机构或运动链的构形所需独立坐标的数目。

3.3.12

阿苏尔杆组 Assur group

基本杆组

最小的运动链,当它联接到机构上或从机构上拆去时,机构的自由度与原机构的自由度相同。

3.3.13

约束 constraint

减少系统自由度的各种限制条件。

3.3.14

运动倒置 kinematic inversion

通过选择不同构件作为机架实现的机构变换。

3.3.15

机构的极限位置 limit position of mechanism

机构某一构件处于极限位置时的机构位置。

3.3.16

构件的极限位置 limit position of a link

描述构件相对相邻构件位置的坐标达到最大或最小时构件的位置。

3.3.17

平面机构 planar mechanism

机构中构件上各点的轨迹均位于平行平面上的机构。

3.3.18

球面机构 spherical mechanism

机构中各运动构件上所有点都在同心球面上运动的机构。

3.3.19

空间机构 spatial mechanism

机构中某些构件的某些点具有非平面轨迹,或其轨迹不在平行平面内的机构。

3.3.20

导引机构 guidance mechanism

引导构件通过给定顺序位置的机构。

3.3.21

再现函数机构 function-generating mechanism

输入和输出构件的位移再现给定函数关系的机构。

3.3.22

再现轨迹机构 path-generating mechanism

构件上某一点再现给定轨迹的机构。

3.3.23

步进机构　step mechanism

输出运动单向且具有周期性停歇的机构。

3.3.24

进退式步进机构　pilgrim-step mechanism

输出运动整体单向但伴有周期回退的机构。

3.3.25

间歇机构　dwell mechanism

输出构件往复运动且具有周期性停歇的机构。

3.3.26

差动机构　differential mechanism

具有两个自由度的机构。可接受两个独立的输入运动而产生一个输出运动，或将一个输入运动分解为两个输出运动。

3.3.27

自锁机构　self-locking mechanism

不能从输出构件向输入构件传递运动和动力的机构。

3.3.28

可调机构　adjustable mechanism

基本尺度可以改变的机构。

3.3.29

低副运动链　linkage linkwork

构件间的连接只等效于低副的运动链。

3.3.30

四杆运动链　four-bar linkage

具有四个双副构件的低副运动链。

3.3.31

四杆机构　four-bar mechanism

具有四个双副构件的机构。

3.3.32

曲柄摇杆机构　crank-and-rocker mechanism

具有一个曲柄和一个摇杆的四杆机构。

3.3.33

双曲柄机构　double-crank mechanism;drag-link mechanism

具有两个曲柄的四杆机构。

3.3.34

平行曲柄机构　parallel-crank mechanism

连杆与机架长度相等且两个曲柄长度相等的四杆机构。

3.3.35

双摇杆机构　double-rocker mechanism

具有两个摇杆的四杆机构。

3.3.36

曲柄滑块机构　slider-crank mechanism

具有一个曲柄和一个滑块的四杆机构，其中机架构成移动副的一个元素。

3.3.37

双滑块机构　double-slider mechanism

具有两个滑块的四杆机构，其中机架构成每个移动副的一个元素。

3.3.38

曲柄移动导杆机构　scotch-yoke mechanism

四杆机构，其中曲柄通过一滑块连接另一个与机架构成移动副的构件。

3.3.39

凸轮机构　cam mechanism

至少含有一个凸轮的机构。

3.3.40

螺旋机构　screw mechanism

至少含有一个螺旋副的机构。

3.3.41

楔块机构　wedge mechanism

仅含有移动副的机构。

3.3.42

轮系　gear train

包含不止一对齿轮的系统。

3.3.43

等径锥齿轮　mitre gear

轴线正交的相同齿轮组成的锥齿轮副。

3.3.44

周转轮系　epicyclic gear train；planetary gear train

行星轮与两个同轴线齿轮啮合，并且行星轮中心也绕该轴线回转的轮系。

3.3.45

齿轮连杆机构　geared linkage

低副运动链和齿轮机构的组合。

3.3.46

槽轮机构　Geneva mechanism；Geneva drive

曲柄的销与从动构件（例如形如马耳他十字形）的槽间歇啮合的机构。

4　运动学　kinematics

4.1　概述　general

4.1.1

运动学　kinematics

不考虑产生运动的原因，研究运动几何学的理论力学分支。

4.1.2

运动分析　kinematic analysis

机构运动学方面的分析。

4.2　运动（量、状态）　motion（quantities，states）

4.2.1

运动　motion

物体相对于参考系的变化的位置。

4.2.2

绝对运动　absolute motion

相对于定参考系的运动。

4.2.3

相对运动　relative motion

相对于动参考系的运动。

4.2.4

逆运动　inverse motion

参考系相对于运动物体的运动。

4.2.5

牵连运动　frame motion; transportation

动参考系的运动。

4.2.6

位移　displacement

物体相对于定参考系的位置变化。

4.2.7

相对位移　relative displacement

相对于动参考系的位移。

4.2.8

角位移　angular displacement

刚体的转动位移。

4.2.9

速度　velocity

位移对于时间的变化率。

4.2.10

绝对速度　absolute velocity

相对于定参考系的速度。

4.2.11

相对速度　relative velocity

相对于动参考系的速度。

4.2.12

牵连速度　frame velocity; transportation velocity

动参考系上特定点的绝对速度。

4.2.13

角速度　angular velocity

角位移对于时间的变化率。

4.2.14

加速度　acceleration

速度对于时间的变化率。

4.2.15

法向加速度　normal acceleration

点的加速度在垂直其速度方向的分量。

4.2.16

切向加速度　tangential acceleration

点的加速度沿其速度方向的分量。

4.2.17

绝对加速度　absolute acceleration

绝对速度对于时间的变化率。

4.2.18

相对加速度　relative acceleration

相对速度对于时间的变化率。

4.2.19

牵连加速度　frame acceleration;transportation acceleration

动参考系上特定点的绝对加速度。

4.2.20

向心加速度　centripetal acceleration

点沿固定曲线运动时,指向轨迹曲率中心的加速度。

4.2.21

哥氏加速度　Coriolis acceleration

由于点相对于转动参考系的速度而产生的绝对加速度分量,它等于动参考系的角速度与该点相对速度的向量积的两倍。

4.2.22

角加速度　angular acceleration

角速度对于时间的变化率。

4.2.23

减速度　retardation

与其速度方向相反的点的切向加速度。

4.2.24

跃度　jerk

a)　加速度对于时间的变化率。

b)　加速度的突然变化。

4.2.25

平动　translation

固结于刚体上的每一条直线保持与其起始方向平行的刚体的运动或运动分量。

4.2.26

直线平动　rectilinear translation

刚体上各点的轨迹均为直线的平动。

4.2.27

转动　rotation

所有点在同一轴线的圆弧上运动的刚体运动或运动分量。

4.2.28

转角　angle of rotation

固结在转动物体上且垂直于转动轴线的任一直线转过的角度。

4.2.29

进动　precession

刚体绕空间某定轴线转动,同时又绕固结于物体的某一轴线转动,且此两轴线相交;其中绕空间定轴线的转动称为进动。

4.2.30

规则进动　regular precession

绕动轴和定轴匀速转动的进动。

4.2.31

章动　nutation

当刚体转动轴线与进动轴线间的夹角随时间变化时，与进动同时发生的刚体运动。

4.2.32

向心运动　central motion

点的加速度方向始终通过固定点(称为运动中心)的运动。

4.2.33

平面运动　planar motion;plane motion

各点的轨迹均位于平行平面上的刚体运动。

4.2.34

空间运动　spatial motion

至少一个点的轨迹为空间曲线的刚体运动。

4.2.35

螺旋运动　screw motion

转动与平行于转动轴线的移动组合而成的运动。

4.2.36

球面运动　spherical motion

物体上所有点在同心球面上运动的空间运动。

4.2.37

滚动　rolling motion

绕着两接触物体公切线的相对角位移。

4.2.38

自旋运动　spin motion

绕着两接触物体公法线的相对角位移。

4.2.39

滑动　sliding motion

两物体接触点在其接触点切平面内的相对位移。

4.2.40

机器的启动阶段　starting regime of a machine

机器由静止至稳态运动之间的瞬态运动。

4.2.41

机器的停车阶段　stopping regime of a machine

机器由稳态运动至停止之间的瞬态运动。

4.2.42

机器的稳态运动　steady-state motion of a machine

机器当其动能为常数或以运动频率周期性变化时的运动。

4.2.43

匀速运动　uniform motion

等速的运动。

4.2.44

运动不均匀系数　coefficient of non-uniformity of motion

广义速度最大值与最小值之差与广义速度在稳定运动一个周期内的平均值的比值。

4.2.45

周期性运动　periodic motion

一组时间间隔后重复其自身的运动序列。

4.2.46

(运动的)周期　period(of a motion)

最短的时间或另一独立变量的间隔,此后运动重复自身。

4.2.47

非周期运动　aperiodic motion

趋向一平衡位置的单向运动。

4.2.48

简谐运动　simple harmonic motion

位移随时间呈正弦函数变化的运动。

4.2.49

相位角　phase angle

简谐函数的瞬时自变量。

4.2.50

步进运动　step motion

具有周期性停歇的单向运动。

4.2.51

停歇　dwell

在有限时间间隔内,点或构件处于速度为零或近似为零的状态。

4.2.52

瞬时停歇　instantaneous dwell;momentary dwell

在无限小的时间间隔内,点或构件的速度与加速度均为零的状态。

4.2.53

进退式步进运动　pilgrim-step motion

伴有周期性回退的单向运动。

4.2.54

传递函数　transfer function

描述输出运动依赖于输入运动的函数。

4.2.55

传动比　transmission ratio

输入速度与输出速度的比值。

4.2.56

轮系的传动比　gear ratio

轮系的输入角速度与输出角速度的比值。

4.2.57

死点　dead point

不辅助其他构件运动,输入构件就不能运动的机构构形。

4.2.58

极限位置　limit position

特定构件(如输出构件)的位置在某种意义下处于极大或极小时机构的构形。

4.2.59

导程　lead pitch

螺旋回转一整周的平动位移。

4.2.60

周节　pitch

分度圆上相邻廓线对应点间的弧长。

4.2.61

线位移　lift

凸轮从动件的线位移。

4.3　运动几何学　kinematic geometry

4.3.1

轨迹　path trajectory

动点在给定参考系描绘的路线。

4.3.2

回转轴　axis of rotation

在有限时间间隔或无限小的时间间隔内,转动刚体上相对参考系位移为零的直线 。

4.3.3

(速度)瞬心　instantaneous centre(of velocity)

平面运动刚体在给定瞬时相对参考系的速度为零的点。

4.3.4

螺旋轴　screw axis

刚体上的直线,其上各点在有限或无限小的时间间隔内相对参考系的位移与直线本身共线。

4.3.5

瞬时螺旋轴　instantaneous screw axis

作一般空间运动的刚体上,给定瞬时线速度与刚体角速度向量平行的点的连线。

4.3.6

加速度瞬心　instantaneous centre of acceleration

平面运动刚体上,给定瞬时加速度等于零的点。

4.3.7

瞬心线　centrode

两刚体作相对平面运动中,速度瞬心在一刚体或另一刚体上的轨迹。

4.3.8

定瞬心线　fixed centrode

平面运动刚体的速度瞬心在固定平面上走出的轨迹。

4.3.9

动瞬心线　moving centrode

平面运动刚体的速度瞬心在其自身平面上走出的轨迹。

4.3.10

卡丹圆　Cardan circles

圆形动瞬心线和定瞬心线,直径比为 1∶2。

4.3.11

瞬轴面　axode

物体在相对其他物体的运动中，瞬时螺旋轴在一物体上形成的空间直纹曲面。

4.3.12

定瞬轴面　fixed axode

在定参考系上形成的瞬轴面。

4.3.13

动瞬轴面　moving axode

在固结于运动物体的动参考系上形成的瞬轴面。

4.3.14

转动极　pole

刚体作平面位移时，其上位置不变的点。

4.3.15

瞬心线公切线　centrode tangent

两瞬心线在速度瞬心处的公切线。

4.3.16

极点速度　pole velocity

速度瞬心的位置对时间的变化率。

4.3.17

法向圆　Bresse normal circle

在给定瞬时，平面运动刚体上切向加速度等于零的各点连成的曲线。

4.3.18

拐点圆　inflection circle

给定瞬时平面运动刚体上这样的点连成的曲线，这些点在其轨迹的拐点上，因而其法向加速度为零。

4.3.19

拐点　inflection point

轨迹或曲线上曲率半径为无穷大的点。

4.3.20

转折极点　inflection centre

拐点圆上各点速度向量方位线的交点。

4.3.21

曲率驻点曲线　cubic of stationary curvature

在给定瞬时，平面运动刚体上其轨迹的曲率半径具有极值的点所连成的曲线。

4.3.22

曲率中心点曲线　centring-point curve; pivot-point curve

曲率驻点曲线上各点轨迹的曲率中心所连成的曲线。

4.3.23

鲍尔点　Ball point

拐点圆与曲率驻点曲线的交点，但其中不包括速度瞬心。

4.3.24

连杆点　coupler point

固连在机构连杆上的点。

4.3.25

连杆(点)曲线　coupler (point) curve

连杆点的轨迹。

4.3.26

极三角形　pole triangle

平面运动刚体通过三个位置位移定义的三个转动极构成的三角形。

4.3.27

镜极　image pole; mirror pole

极三角形中的一个转动极对于由其他两个转动极所确定的直线的对称点。

4.3.28

对极　opposite pole

平面运动刚体通过四个分离位置,任意两位置位移的转动极称为与其余两位置转动极的对极。

4.3.29

对极四边形　opposite-pole quadrilateral

连接两组对极(四个转动极),使对极不直接相连,由此构成的四边形。

4.3.30

圆点　circle point

对应于平面运动刚体的四个位置,同一点的四个位置位于一固定圆周上的点。

4.3.31

圆点曲线　circle-point curve

平面运动刚体上各圆点所连成的曲线。

4.3.32

圆心点　centre point

一个圆点的四个位置所在固定圆周的中心。

4.3.33

圆心点曲线　centre-point curve

各圆心点在定参考系上所连成的曲线。

4.3.34

布尔梅斯特点　Burmester point

平面运动刚体通过五个分离位置,若其上的点的五个位置处于一固定圆周上,则该圆周的圆心称为布尔梅斯特点。

注:平面刚体任意五个位置对应的布尔梅斯特点数目是 0、2 或 4。

5　动力学　dynamics

5.1　概述　general

5.1.1

动力学　dynamics

研究在力作用下物体及机械系统的运动与平衡的理论力学分支。

5.1.2

静力学　statics

研究在力作用下物体平衡的理论力学分支。

5.1.3

发动机　engine

原动机　prime mover

用于将任何其他形式的能量转换成机械能的机器。

5.2 力与力矩 force and moment

5.2.1

力 force

外部对物体施加的使之趋于改变其静止或运动状态的作用。

5.2.2

力的作用线 line of action of a force

表示给定力的向量所在的直线。

5.2.3

力的大小 magnitude of a force

与标准单位力相比所得到的力之单位数。

5.2.4

主动力 active force;applied force

能产生运动的力。

5.2.5

反作用力 reaction

由主动力作用在物体上而产生于约束中且作用在受约束物体上的力。

5.2.6

法向反力 normal reaction

反力在垂直于物体表面方向的分量。

5.2.7

切向反力 tangential reaction

反力在相切于物体表面方向的分量。

5.2.8

向心力 centripetal force

使质点产生向心加速度的力。

5.2.9

惯性力 inertial force

质点质量与其加速度负值的乘积。依据达朗贝尔原理,可以认为惯性力与作用在质点上所有力的合力相平衡。

5.2.10

离心力 centrifugal force

质点沿着圆形轨迹等速运动的惯性力。

5.2.11

哥氏力 Coriolis force

其值等于质点质量与其哥氏加速度负值之乘积的惯性力。

5.2.12

相对力 relative force

其值等于质点质量与其相对于动参考系的加速度负值之乘积的惯性力。

5.2.13

牵连力 transportation force

其值等于质点质量与其牵连加速度负值之乘积的惯性力。

5.2.14

中心力 central force

在任何时间和任何所经过的空间点上其作用线总是通过一固定点(中心)的力。

5.2.15

外力 external force

另一物体或系统作用在所研究物体或系统上的力。

5.2.16

内力 internal force

同一给定系统中的某一质点或质点系受到另一质点或质点系作用的力。

5.2.17

弹性力 elastic force

弹性变形物体中产生的内力。

5.2.18

集中力 concentrated force

其作用可被认为是施加在一点的力。

5.2.19

分布力 distributed force

连续力 continuous force

分布在一条线或某个表面上的力。

5.2.20

体积力 body force

作用在物体体积各单元上的力。

5.2.21

表面力 surface force

其作用分布在物体整体或部分表面上的力。

5.2.22

压力 compressive force

作用在物体表面并指向物体内部之力的法向分量。

5.2.23

张力 tensile force

作用在物体表面并指向物体外部之力的法向分量。

5.2.24

轴向力 axial force

纵向力 longitudinal force

垂直作用于杆件给定横截面并通过其中心的力。

5.2.25

剪切力 shear force;shearing force

横向力 transverse force

垂直于杆件中心轴作用的力。

5.2.26

(受压杆的)临界力 critical force(for a bar in compression)

一杆件保持稳定状态可承受的最大压力。

5.2.27

等效力 equivalent force

简化力 reduced force

作用在机构上任意点,其功率与给定力系功率相等的力。

5.2.28

轴承力　bearing force

在轴承处机构上某一构件对另一构件的作用。

5.2.29

震动力(力矩)　shaking force(moment)

机构上所有运动构件的惯性力(惯性力矩)之合成。

5.2.30

冲力　impulsive force

与其所作用系统的时间常量相比,存在于一个很短的时间间隔内的力。

5.2.31

冲量　impulse

力在其所作用期间对时间的积分。

5.2.32

确定力　deterministic force

在任何瞬时都完全确定的力。

5.2.33

随机力 stochastic force

其大小和(或)方向按平稳随机方式变化,但其本身并非完全随机的力。

5.2.34

力对轴之矩　moment of a force about an axis

对给定轴上任意点的力矩沿该轴向的分量。

5.2.35

力对点之矩　moment of a force about an point

从一点到力作用线的向径与力本身的向量积。

5.2.36

力臂　moment arm

从给定点到力作用线的最短距离。

5.2.37

力偶　couple

a)　一对大小相等但方向相反的平行力。

b)　两大小相等但方向相反的平行力之向量矩。

5.2.38

力偶矩　moment of couple

在一给定力偶构成的力空间内,对任意点之矩的向量和。

5.2.39

合力矩　resultant moment

其值等于一力系中所有力对选定点之矩的向量和的力矩。

5.2.40

弯矩　bending moment

作用于杆件横截面上的力对其质心之矩在横截面内的分量。

5.2.41

转矩　torsional moment;twisting moment;torque

作用于杆件横截面上的力对其质心之矩在横截面法线上的分量。

5.2.42

输入转矩　input torque

作用于机构驱动(或输入)构件上的转矩。

5.2.43

输出转矩　output torque

由机构输出构件给出的转矩。

5.2.44

等效力矩　equivalent moment

简化力矩　reduced moment

作用在机构中一选定构件上,其功率与作用在机构上的实际力和力偶之功率相等的力偶。

5.2.45

惯性力偶　inertia couple

达朗贝尔力偶　Dalembert couple

其值等于物体转动惯量与角加速度负值之乘积的力矩。

5.2.46

等效力系　equivalent force system

其对某一选定点之合力及合力矩与原始力系对同一点之合力及合力矩相等的力系。

5.2.47

合力　resultant force

一力系的向量和。

5.2.48

平行力系　parallel force system

作用线都平行的力系。

5.2.49

共面力系　coplanar force system

作用线都位于一个平面内的力系。

5.2.50

汇交力系　concurrent force system

作用线相交于一点的力系。

5.2.51

空间力系　spatial force system

作用线不在一个平面内的力系。

5.2.52

力旋量　wrench

可以简化成为一个合力和一个向量方向与该力平行之力偶的力系。

5.2.53

平衡　equilibrium

当其合力和合力偶同时为零的力和力偶系统的状态。

5.2.54

配平　balancing

为使施加在机架上的合惯性力及力偶为零而采取的机构构件质量分配方式。

5.2.55

(转子)静平衡　static balance(of a rotating body)

使其质心位于转动轴上的转子质量分布状态。

5.2.56

(转子)动平衡 dynamic balance(of a rotating body)

使其转动轴与惯性主轴之一共线的转子质量分布状态。

5.2.57

平衡机构 balanced mechanism

其惯性力处于平衡状态的机构。

5.2.58

载荷 load

施加在物体或系统上的作用力系。

5.2.59

连续载荷 continuous load

分布载荷 distributed load

其作用点连续分布在给定片段或表面上的载荷。

5.2.60

均匀载荷 uniform load

均布载荷 uniformly distributed load

其值在单位面积或长度上为常数的分布载荷。

5.2.61

静载荷 dead load

固定载荷 fixed load

永久载荷 permanent load

由作用在给定物体上,其大小、方向和作用点都不变的力构成的载荷。

5.2.62

变载荷 live load

作用点变化和(或)随时间变化的载荷。

5.2.63

动载荷 dynamic load

变化之快以至于惯性力不可忽略的载荷。

5.2.64

交变载荷 alternating load

在绝对值相等但符号相反的两极限间周期性变化的载荷。

5.2.65

脉动载荷 pulsating load

在两同号极限之间周期性变化的载荷。

5.2.66

滚动载荷 rolling load

由大小和方向不变,但作用点改变,使得其相对于给定物体的位置发生变化的力系构成的载荷。

5.2.67

随动载荷 follower load

当结构偏转时,其相对所作用物体结构的方向保持不变的载荷。

5.2.68

临界载荷 critical load

造成结构失稳的最小载荷。

5.2.69

力场　field of force

力为位置函数的空间区域。

5.2.70

力函数　force function

其偏导数能够表示出各微分方向之力分量的函数。

5.2.71

保守力场　conservative field of force

有势力场。

5.2.72

保守力　conservative force

有势力场中的力。

5.2.73

非保守力　non-conservative force

具有给系统增加或消耗能量之分量的力。

5.2.74

耗散力　dissipative force

在系统运动过程中，由于转化为其他形式能量而造成系统总机械能损失的力。

5.2.75

广义力　generalized force

当其他广义坐标保持不变，被某一个广义坐标的虚增量相乘就能够表示出系统所有力之虚功的量。

5.2.76

（瑞利）耗散函数　(Rayleigh)dissipation function

系统的广义坐标和广义速度的函数，其对广义速度的偏导数及其负值与相应的广义耗散力相等。

5.3　动量、能、功和功率　momentum, energy, work and power

5.3.1

动量　momentum

线动量　linear momentum

一个或多个质点的系统中各质点速度与质量乘积的向量和。

5.3.2

广义动量　generalized momentum

系统动能关于广义速度的偏微分。

5.3.3

动量矩　moment of momentum

对某点取矩的动量向量之向径与动量向量本身的向量积。

5.3.4

（物体的）角动量　angular momentum(of a body)

其值等于物体绕给定主轴的转动惯量与绕该轴角速度之积的向量。

5.3.5

正则变量　canonical variable

哈密顿变量　Hamiltonian variable

广义坐标或广义动量。

5.3.6

循环坐标　cyclic coordinate;cyclic ignorable coordinate

不在运动势函数中显现却以其对时间的微分形式表达的广义坐标。

5.3.7

显式运动　apparent motion

非循环坐标变化的运动。

5.3.8

隐式运动　concealed motion

仅循环坐标变化的运动。

5.3.9

扰动　perturbation

相对于参考状态的系统变量偏离。

5.3.10

初始条件　initial condition

在初始瞬间,系统中像位移、速度等因变量的取值。

5.3.11

哈密顿函数　Hamiltonian function

通过正则变量表达的系统总(机械)能。

5.3.12

拉格朗日函数　Lagrangian function

动势　kinetic potential

系统动能与势能之差。

5.3.13

(质点的)势能　potential energy(of a particle)

其值等于在保守力场中将一质点从一给定位置移动到通常定义为零势能的参考点所做的功之标量。

5.3.14

(系统的)势能　potential energy(of a system)

系统中所有质点的势能总和。

5.3.15

应变能　strain energy

弹性体从变形状态恢复到非变形状态,其内力所做的功。

5.3.16

(质点的)动能　kinetic energy(of a particle)

质量为 m,速度为 v 的质点运动之能量,它等于$\frac{1}{2}mv^2$。

5.3.17

(系统的)动能　kinetic energy(of a system)

系统中所有质点的动能总和。

5.3.18

机械能　mechanical energy

动能和势能的总和。

5.3.19

功　work

在有限位移上各单元功的积分。

5.3.20

单元功　elementary work

在其作用点上，力和单元位移的标量积。

5.3.21

虚功　virtual work

力在其作用点处沿虚位移所做的功。

5.3.22

变形功　work of deformation

在物体变形过程中，外力所做的功。

5.3.23

功率　power

功对时间的变化率。

5.3.24

力的功率　power of a force

力与其作用点速度的标量积。

5.3.25

有效功率　effective power

有用功率　useful power

机器在其稳态时的平均输出功率。

5.3.26

机械效率　mechanical efficiency

机器的有效功率与所需的驱动功率之比。

5.3.27

(机器的)循环效率　cyclic efficiency(of a machine)

在稳定运动的一个完整循环内，机器的净输出功与所需的驱动功之比。

5.4　定理　principle

5.4.1

功能原理　principle of work and energy

系统在一段运动时间内的动能和势能总变化量等于所有作用该系统上的外力所做的功之和。

5.4.2

机械能守恒定理　principle of conservation of(mechanical)energy

在保守力场运动的系统其机械能保持不变。

5.4.3

动量定理　principle of momentum

系统在一段给定时间间隔内的动量变化量等于在相同时间间隔内作用于系统的总冲量。

5.4.4

动量守恒定理　principle of conservation of momentum

如果在某一时间内作用于系统的合外力为零，那么该系统的动量保持不变。

5.4.5

动量矩定理　principle of moment of momentum

系统关于某一固定点或轴的动量矩对时间的导数等于作用于该系统上的所有外力对该点或轴的力

矩之和。

5.4.6

动量矩守恒定理　principle of conservation of moment of momentum

角动量守恒定理　principle of conservation of moment of angular momentum

当作用于系统的外力之合力矩等于零时，该系统相对于某一固定点的动量矩为常量。

5.4.7

质心运动定理　principle of motion of centre of mass

系统质心的运动可以视为与系统质量相等的一个质点的运动，并且合外力作用在该质点上。

5.4.8

叠加原理　superposition principle

线性系统对各独立激励所产生的响应是可以叠加的。

5.4.9

虚功原理　principle of virtual work

系统平衡的充要条件是作用于系统上的力在任意虚位移上所做的虚功为零。

5.4.10

达朗贝尔原理　Dalambert's principle

作用于物体上的外力可以被看作是与惯性力平衡的。同样，外力矩也可以被看作是与惯性力偶平衡的。

5.4.11

哈密顿原理　Hamilton's principle

相对于一个给定系统中所有其他可能的运动，真实运动的拉格朗日函数对时间的积分达到极值。

5.4.12

伽利略相对定律　Galileo'law of relativity

相对于某一给定惯性系统作匀速直线移动的各个参考系也都是惯性系统。

5.4.13

万有引力定律　law of(universal)gravitation

任何质点之间都存在引力，它与质点质量的乘积成正比，与它们之间距离的平方成反比。

5.4.14

牛顿第一(运动)定律　Newton's first law(of motion)

动力学第一定律　first principle of dynamics

仅受平衡力作用时，质点将继续保持静止或匀速直线运动状态。

5.4.15

牛顿第二(运动)定律　Newton's second law(of motion)

动力学第二定律　second principle of dynamics

在任一给定瞬时，质点的质量与其加速度的乘积等于施加在该质点上的合力。

5.4.16

牛顿第三(运动)定律　Newton's third law(of motion)

动力学第三定律　third principle of dynamics

相互接触物体之间的作用力和反作用力大小相等，作用在同一直线上，但方向相反。

5.5　结构性能与特征　structural behaviour and characteristics

5.5.1

密度　density

a)　均质物体的质量与其体积之比。

b） 质量对体积的微分。

5.5.2

弹性 elasticity

在使之变形的外力移开后，物体能立即恢复原来形状和大小的属性。

5.5.3

弹性滞后 elastic hysteresis

固体中变形能的不完全可恢复性。

5.5.4

杨氏弹性模量 Young's modulus of elasticity

符合胡克定理的材料，其应力与应变的变化之比。

5.5.5

胡克定理 Hooke's law

对于线性弹性材料，其应力和应变成比例。

5.5.6

塑性 plasticity

当造成变形的外力移开后，物体仍然具有一些变形的属性。

5.5.7

刚度 stiffness

物体或结构抵抗因外力作用而产生变形之能力的度量。

5.5.8

柔度 compliance；flexibility

物体或结构在外力作用下所表现出的变形能力的度量。（与刚度相对）

5.5.9

刚度（系数） stiffness（coefficient）

一弹性单元受力的（或扭矩）变化量与相应移动（或转动）位移之比。

5.5.10

各向异性 anisotropy

物体内各方向上物理属性的差异。

5.5.11

各向同性 isotropy

物体的物理属性与方向无关。

5.5.12

轴向刚度 longitudinal rigidity

作用在杆件上的轴向力与其所引起的长度变形之比值。

5.5.13

扭转刚度 torsional rigidity

作用在杆件上的轴向扭矩与其所引起的扭转角之比值。

5.5.14

抗弯刚度 bending stiffness

抗挠刚度 flexural rigidity

作用在杆件上的弯矩与其所造成的曲率变化之比值。

5.5.15

刚度模量 modulus of rigidity

剪切模量 shear modulus

剪切应力与其所造成的剪切应变之比。

5.5.16

应变　strain

由应力引起的物体尺寸或形状的变化。

5.5.17

弹性应变　elastic strain

弹性变形　elastic deformation

造成应变的静外力系移除后就消失的应变。

5.5.18

塑性应变　plastic strain

塑性变形　plastic deformation

永久性趋势　permanent set

造成应变的静外力系移除后仍不消失的应变。

5.5.19

扭转　torsion;twist

由轴或杆上绕其轴线的外加转矩所引起的轴或杆绕其轴线的转动变形。

5.5.20

线应变　direct strain

轴向应变　longitudinal strain

长度上的局部变化。

5.5.21

扭转角　angle of twist;angle of torsion

杆或轴的两个横截面对其纵轴的相对转动角度。

5.5.22

剪切应变　shear strain

变形角　angle of deformation

物体未变形时物体上相互垂直的两条直线之间的夹角(弧度)因变形而发生的变化。

5.5.23

(梁的)挠度　deflection(of a beam)

弯曲梁纵轴上某点在该轴法向上的位移。

5.5.24

(板的)挠度　deflection(of a plate)

板的中间面上一点在该面法向上的位移。

5.5.25

(梁或板的)屈曲　buckling(of a bar or a plate)

当压应力超过临界值时,原本直或平的构件由于失稳所产生的弯曲。

5.5.26

(杆的)等效屈曲长度　equivalent buckling length(of a bar)

与具有相同材料和横截面的给定杆件有同样临界载荷的两末端铰接的杆的杆长。

5.5.27

(杆的)长细比　slenderness ratio(of a bar)

杆的等效屈曲长度与屈曲时关于产生弯曲的轴之横截面回转半径的比。

5.5.28

(梁的)侧向屈曲　lateral buckling(of a beam)

梁在某一个横向的弯曲失稳,导致在另一个横轴上发生弯曲。

5.5.29

虚变形　virtual deformation

当力和应力的大小和方向都被看作不变时，某一物体或结构的任意变形。

5.5.30

应力　stress

当作用面积趋近于零时，力与其作用面积之比的极限。

5.5.31

法向应力　normal stress

应力在其作用单元表面法线方向上的分量。

5.5.32

剪应力　shear stress

应力在其作用表平面内的分量。

5.5.33

拉伸　tension

作用于杆件两端的外力使其伸长的状态。

5.5.34

轴向拉伸　axial tension

合力作用通过杆件横截面中心的拉伸。

5.5.35

压缩　compression

作用于杆件两端的外力使其长度减小的状态。

5.5.36

强度极限　ultimate strength

固体抵抗作用在其上之外力的极限内力。

5.5.37

弯曲　bending

使杆的纵轴或板的中心平面的曲率发生改变的应力状态。

5.5.38

剪切　shearing

剪切应力为非零合力的杆件横截面上应力状态。

5.5.39

剪切中心　shear centre

弯曲中心　flexural centre

弯曲梁横截面上的点，剪切应力之合力通过该点才能使扭转角为零。

5.5.40

扭转中心　centre of twist

扭转杆件横截面绕之旋转的点。

5.5.41

弹性轴　elastic axis

弹性线　elastic line

梁横截面上剪切中心的连线。

5.5.42

中性轴 neutral axis

位于弯曲梁横截面上且法向应力为零的直线。

5.5.43

摩擦　fiction

产生于两物体接触区、阻碍彼此之间任何相对运动的复杂现象。

5.5.44

滑动摩擦　sliding friction

动摩擦　kinetic friction

当两物体接触面相互滑动时所发生的摩擦。

5.5.45

滚动摩擦　rolling friction

当一可变形物体在另一物体上滚动时所产生的对运动的阻抗。

5.5.46

旋转摩擦　pivoting friction

自旋摩擦　spin friction

由于两物体绕接触点公法线相对转动而产生的摩擦。

5.5.47

静摩擦　static friction

两相对静止物体间的摩擦。

5.5.48

临界摩擦　limiting friction

即将发生滑动时的静摩擦。

5.5.49

摩擦力　frictional force

阻碍表面接触的两物体作相对运动的切向反作用力。

5.5.50

(静)摩擦系数　coefficient of (static) friction

极限摩擦力与法向反作用力的比值。

5.5.51

摩擦角　angle of friction

两接触物体间的反作用力与接触面在接触点的公法线之间的最大可能夹角。

5.5.52

摩擦锥　cone of friction

两接触物体之间的反作用力必须落于其中的锥面。

5.5.53

机械冲击　mechanical shock

以力、位置、速度或加速度突变形式出现的激励,伴随着迅速的瞬时机械能转换。

5.5.54

碰撞　impact

两物体间的短促接触。

5.5.55

碰撞力　impact force

在碰撞过程中,两接触物体之间的力。

5.5.56

对心碰撞　central impact

碰撞力通过碰撞体质心的碰撞。

5.5.57

偏心碰撞 eccentric impact

两碰撞体上的碰撞力至少不通过一个质心的碰撞。

5.5.58

正碰撞 direct impact

两碰撞物体质心的相对速度沿着物体表面接触点公法线方向的碰撞。

5.5.59

斜碰撞 oblique impact

两物体质心的相对速度不沿着物体表面接触点公法线方向的碰撞。

5.5.60

纵向碰撞 longitudinal impact

碰撞力沿着杆件中心线方向的碰撞。

5.5.61

横向碰撞 transverse impact

碰撞力垂直于杆件中心线的碰撞。

5.5.62

弹性碰撞 elastic impact

在两碰撞物体接触区域内仅发生弹性变形的碰撞。

5.5.63

非弹性碰撞 inelastic impact

在两碰撞物体接触区域内仅发生塑性变形的碰撞。

5.5.64

压缩期 compression period

碰撞力不断增长的时间间隔。

5.5.65

恢复期 restitution period

碰撞力不断减少至零的时间间隔。

5.5.66

恢复系数 coefficient of restitution

恢复期碰撞力冲量与压缩期碰撞力冲量的比值。

5.5.67

撞击中心 centre of percussion

欲使物体绕一固定轴自由转动而在该轴上不产生撞击反作用力，所施加的撞击的作用线必须通过的物体上的点。

5.5.68

重力 force of gravity

满足引力定律的吸引力。

5.5.69

重量 weight

作用在物体上之重力的值。

5.5.70

重力场 gravitational field

其中质点受重力作用的力场。

5.5.71

重力加速度　acceleration due to gravity

由重力产生的加速度(说明:国际公认的重力加速度标准值选定为:$g=9.806\ m/s^2$)。

5.5.72

陀螺效应　gyroscopic(gyro) effect;gyrostatic action

转动刚体自旋轴角度被改变后,由其进动表现出的惯性效应。

5.6　结构概念　structural concepts

5.6.1

刚体　rigid body

无论受到任何力的作用,质点间距离都保持常量的固体理论模型。

5.6.2

弹性体　elastic body

可弹性变形的物体。

5.6.3

均匀体　homogeneous body

所有点的物理属性都相同的物体。

5.6.4

各向同性体　isotropic body

其物理属性与方向无关的物体。

5.6.5

非均质体　heterogeneous body

各点物理属性不完全相同的物体。

5.6.6

杆　bar rod

与长度相比,横向尺寸显得很小的物体。

5.6.7

弦　string

具有无限柔性且仅能承受张力的物体。

5.6.8

支柱　strut column

受压的直杆。

5.6.9

曲杆　curved bar

未加载荷时中心线为曲线的杆件。

5.6.10

弓型杆　arch

主要用于压缩的曲杆。

5.6.11

弹簧　spring

为能承受大弹性变形而成型的弹性体。

5.6.12

桁架　truss

框架　frame work

杆的末端相连形成刚性结构的杆系统。

5.6.13

梁　beam

受垂直于纵轴载荷的杆。

5.6.14

简支梁　simply-supported beam

在两个仅阻止横向运动支撑上的梁。

5.6.15

连续梁　continuous beam

在三个或三个以上支撑上的梁。

5.6.16

悬臂梁　cantilever beam

一端完全受限而另一端自由的梁。

5.6.17

(梁的)跨距　span(of a beam)

梁上两相邻支撑点之间的距离。

5.6.18

栅格　grid

格床　grillage

两组或两组以上共面且轴线相交的平行梁。

5.6.19

厚板　thick plate

厚度与其他尺寸为同一数量级的板。

5.6.20

薄板　thin plate

与其他所有尺寸相比,厚度都显得很小的板。

5.6.21

膜　membrane

可以忽略抗挠刚度的薄板或壳。

5.6.22

(板的)中面　middle surface(of plate)

平分板厚度的表面。

5.6.23

盘　disk

中面为圆形的板。

5.6.24

圆柱形壳　cylindrical shell

中面为圆柱形的壳。

5.6.25

三层叠合结构　sandwich structure

其中间层与其他外层性质不同的三层结构梁、板或壳。

5.6.26

多层结构　multi-layered structure

具有两个或两个以上不同物理属性层的梁、板或壳。

5.6.27

光滑支撑　smooth support

无摩擦约束的支撑。

5.6.28

简支　simple support

自由支撑　free support

只允许绕特定轴线转动的支撑。

5.6.29

弹性支撑　elastic support

在被支撑体的载荷作用下产生弹性变形的支撑。

5.6.30

滚子支撑　roller support

允许绕某一轴转动和垂直于该轴线方向移动的支撑。

5.6.31

基础　foundation

支撑结构。

5.6.32

弹性基础　elastic foundation

为梁或板构成连续支撑的弹性体。

5.7　动力学概念　dynamical concepts

5.7.1

质点　particle point mass

赋予有限质量的几何点。

5.7.2

(质点的)质量　mass(of a particle)

质点中物质的量,用使质点产生单位加速度所需的力来计量。

5.7.3

(物体的)质量　mass(of a body)

构成物体的各质点的质量之和。

5.7.4

质心　centre of mass

物体或质心系中这样的点,由该点到每个质点所作的向量与质点质量乘积的总和(或积分)等于零。

5.7.5

重心　centre of gravity

物体上各质点重力的合力的作用点。

5.7.6

机构的等效质量　equivalent mass of a mechanism

机构的简化质量　reduced mass of a mechanism

附加在机构特定点上的质量,其动能等于机构所有构件的动能之和。

5.7.7

惯性矩　moment of inertia

固体上各质点(或质量元素)的质量与其到给定轴距离平方的乘积之总和(或积分)。

5.7.8

截面的极惯矩　polar moment of inertia of a lamina

截面上各质点(或质量元素)质量与其到质心距离平方乘积之总和(或积分)。

5.7.9

物体的极惯矩　polar moment of inertia of a body

轴对称物体对于对称轴的惯性矩。

5.7.10

惯性积　product of inertia

固体上各质点(或质量元素)质量与其到两个相互垂直平面距离的乘积之总和(或积分)。

5.7.11

(惯性)主轴　principal axis(of inertia)

相互垂直相交于一给定点的三个轴线之一,固体对其惯性积为零。

5.7.12

主惯性矩　principal moment of inertia

相对惯性主轴的惯性矩。

5.7.13

惯性张量　inertia tensor

一对称张量,对刚体而言,其分量是绕连体坐标系坐标轴的三个惯性矩和三个惯性积的负值。

5.7.14

(机构的)等效惯性矩　equivalent moment of inertia(of a mechanism)

(机构的)简化惯性矩　reduced moment of inertia(of a mechanism)

赋予机构某一构件的、绕其固定转动轴线的惯性矩,使其动能等于实际机构的总动能。

5.7.15

回转半径　radius of gyration

表示某一点到轴的距离,假设物体的质量集中到该点,产生的惯性矩与原始物体对该轴的惯性矩相等。

5.7.16

惯量椭圆　ellipsoid of inertia

动量椭圆　momental ellipsoid

惯量潘索椭圆　Poinsot ellipsoid of inertia

给定点向量沿每个轴的轨迹,向量的长度与回转半径成反比。

5.7.17

中心惯量椭圆　central ellipsoid of inertia

质心的惯量椭圆。

5.7.18

形心　centroid

其直角坐标是构成线、面或实体的所有点坐标平均值的点。

5.7.19

中心轴　central axis

杆的横截面形心的连线。

5.7.20

约束　constraint

在任意时刻对系统的位置和速度施加的限制。

5.7.21

单面约束　unilateral constraint

要求指定变量不小于(或不大于)某一给定值。

5.7.22

双面约束　bilateral constraint

和系统中质点的坐标(可能还有坐标对时间的导数)和时间有关的等式约束。

5.7.23

几何约束　geometric constraint

其约束等式仅与系统内各点的坐标有关(也可能与时间有关)的约束。

5.7.24

微分约束　differential constraint

与系统内各点的坐标和坐标对时间的一阶导数有关,还可能与时间有关的约束。

5.7.25

时变约束　rheonomic constraint

与时间相关的约束。

5.7.26

定常约束　scleronomic constraint

与时间无关的约束。

5.7.27

完整约束　holonomic constraint

几何约束或方程式可积分的微分约束。

5.7.28

非完整约束　non-holonomic constraint

方程式不可积分的微分约束。

5.7.29

(机械系统的)自由度　degree of freedom(of a mechanical system)

在任意时间完全确定系统位形所需的独立广义坐标数。

5.7.30

机械随动度　mechanical mobility

系统中某一点对在同一点或不同点施加单位激振力产生的复速度响应。

5.7.31

直接随动度　direct mobility

驱动点随动度　driving-point mobility

线性系统中某一点对在同一点或不同点施加单位激振力在该力方向上产生的复速度响应。

5.7.32

直接位移响应　direct receptance

在线性系统的某一点施加单位激振力后,在同一点产生的响应。

5.7.33

交叉位移响应　cross receptance

在线性系统的某一点施加单位激振力后,在不同点产生的响应。

5.7.34

平衡位形　equilibrium configuration

作用于系统的力处于平衡状态时的系统几何形态。

5.7.35

稳定平衡　stable equilibrium

系统在微小扰动后一直接近于其平衡位形的状态。

5.7.36

不稳定平衡　unstable equilibrium

系统在微小扰动后有不确定地离开其平衡位形趋势的状态。

5.7.37

不确定平衡　neutral equilibrium

系统的平衡位形在某种程度上不确定的状态。

5.7.38

平衡方程　equations of equilibrium

平衡条件的数学表达式。

5.7.39

虚位移　virtual displacement

质点或系统从给定状态开始的任意位移，其间所有力的大小和方向视为常量。

5.7.40

激励　excitation; stimulus

随时间变化的外力(或其他的输入)，它给系统输入能量。

5.7.41

复激励　complex excitation

用复数表征的谐波激励。

5.7.42

复响应　complex response

a)　用复数表征的响应。

b)　阻尼线性系统对谐波激励的响应。

5.7.43

次谐波响应　subharmonic response

在激振频率整数分之一处，系统呈现出的某种共振特性的响应。

5.7.44

传递函数　transfer function transmittance

系统输出输入的拉普拉斯变换之比。

5.7.45

可传递性　transmissibility

在稳态受迫振动中，系统的响应振幅与激振振幅的无量纲之比。该比值可能是力、位移、速度或加速度。

5.7.46

动刚度　dynamic stiffness

弹簧常数　spring constant

在线性系统的简谐受迫振动中，激励力振幅与位移振幅的比值。

5.7.47

阻抗　impedance

以复数形式表达的线性系统的谐波输入和输出的比值。

5.7.48

过程　process

见 8.25。

5.7.49

随机过程　random process stochastic process

可用统计特性来描述的时间函数族。

5.7.50

稳定过程　stationary process

统计特性不随时间变化的时间历程的集合。

5.7.51

各态历经过程　ergodic process

包含一组时间历程的稳定过程,各时间历程的平均时间相同。

5.8　动力系统和特性　dynamical systems and characteristics

5.8.1

系统　system

见 8.21。

5.8.2

机械系统　mechanical system

主要特性为质量、刚度和阻尼的系统。

5.8.3

单摆　simple pendulum

在重力作用下,从一固定点上用一根不可伸长、不计质量的线悬挂下来,并且能够在过支承点的给定垂直平面内运动的质点。

5.8.4

球摆　spherical pendulum

在重力作用下,从一固定点上用一根不可伸长、不计质量的线悬挂下来的质点。

5.8.5

复摆　compound pendulum

在重力作用下,能绕过其重心的某固定水平轴自由摆动的刚体。

5.8.6

双摆　double pendulum

铰接在一起的两个摆,其中一个摆为另一个摆提供运动支撑。

5.8.7

陀螺仪　gyroscope

绕某一固定点转动的圆柱形刚体,其绕自转轴的角速度远大于其余部分的角速度。

5.8.8

完整系统　holonomic system

所有约束都是完整约束的系统。

5.8.9

非完整系统　non-holonomic system

至少有一个非完整约束的机械系统。

5.8.10

时变约束系统　rheonomic system

至少有一个约束取决于时间的约束系统。

5.8.11

非时变约束系统　sceleronomic system

所有的约束都与时间无关的约束系统。

5.8.12

不变系统　invariant system

质点之间距离不变的系统。

5.8.13

平面系统　planar system

共面系统　coplanar system

只能在一个平面上加载和(或)运动的系统。

5.8.14

空间系统　spatial system

能受空间力系作用和(或)能在三维空间中运动的系统。

5.8.15

静定系统　statically determinate system

内力分布只根据静力学原理来确定的系统。

5.8.16

静不定系统　statically indeterminate system

超静定系统　hyper-static system

内力分布依赖于系统构件的材料特性的系统。

5.8.17

线性系统　linear system

响应的大小与激励的大小成比例的系统。

5.8.18

离散系统　discrete system

多自由度系统　multi-degree-of-freedom system

集中参数系统　lumped-parameter

仅需要有限的坐标就能定其结构的系统。

5.8.19

连续系统　continuous system

连续体　continuum

物理属性连续分布的系统。

5.8.20

变质量系统　variable-mass system

由于质量的增加或者减少导致总质量随时间变化的系统。

5.8.21

惯性系统　inertial system

适用经典力学基本原理的参考坐标系。

5.9　振动　vibrations

5.9.1

振动　vibration

机械振荡。

5.9.2

周期 period

事件重复出现的时间间隔。

5.9.3

频率 frequency

单位时间内的周期数。

5.9.4

(周期量的)基频 fundamental frequency(of a periodic quantity)

周期量谐波成分中的最低频率。

5.9.5

循环 cycle

周期量在一个周期中出现的全部序列。

5.9.6

振荡 oscillation

一个量的大小相对于平均值的变动,通常随时间而变。

5.9.7

振幅 amplitude

a) 周期量的瞬间值离平均值的最大偏差。

b) 简谐量的最大值。

5.9.8

简谐量 simple harmonic quantity

独立变量的正弦函数。

5.9.9

谐波 harmonic

傅立叶成分 Fourier component

频率是周期量基频整数倍的正弦曲线。

5.9.10

次谐波 subharmonic

其周期是系统基本周期整数倍的正弦量。

5.9.11

超谐波 superharmonic

其频率是系统基频整数倍的正弦量。

5.9.12

频谱 spectrum

描述谐波成分的一组量,表示为频率和波长的函数。

5.9.13

峰峰值 peak-to-peak value

振荡量极值之间的代数差。

5.9.14

简谐振动 harmonic vibration

正弦振动 sinusoidal vibration

运动为时间正弦函数的振动。

5.9.15

基频振动 fundamental vibration

以最低频率振动的谐波成分。

5.9.16

稳态振动 steady-state vibration

持续的周期振动。

5.9.17

瞬态振动 transient vibration

稳态振动除外的系统的振动。

5.9.18

随机振动 random vibration

对于任意给定时刻都不能精确预知其大小的振动。

5.9.19

自由振动 free vibration

系统没有受到激励的时间间隔内的振动。

5.9.20

正则振动 normal vibration

正则模态的自由振动。

5.9.21

受迫振动 forced vibration

系统受到持续的激励而产生的振动。

5.9.22

同步振动 synchronous vibration

具有与另一个周期量相同频率的振动。

5.9.23

节拍 beat

由两个频率略有不同的正弦振动叠加引起的，振动振幅随时间的周期性变化。

5.9.24

轴向振动 longitudinal vibration

平行于纵轴的振动。

5.9.25

横向振动 transverse vibration

垂直于纵轴或中心平面的振动。

5.9.26

扭转振动 torsional vibration

包含扭转的振动。

5.9.27

振动模态 mode of vibration

系统在简谐振动中变形不全为零时，其特征点距其平均位置位移的构形。

5.9.28

正则模态 normal(or natural，characteristic，eigen-，principal)mode(of vibration)

模态向量 modal proper vector；modal latent vector

无阻尼线性系统在某一固有频率下自由简谐振动的模态。

5.9.29

基频模态　fundamental mode

振动系统最低固有频率所对应的振动模态。

5.9.30

耦合模态　coupled modes

由于模态之间能量的传递而互相影响的非独立模态。

5.9.31

非耦合模态　uncoupled modes

相互之间没有能量传递，可同时存在于系统中的独立振动模态。

5.9.32

节点　node

周期振动模态或驻波的静止点。

注：这些点的全部构成了节点线或节点面。

5.9.33

波节　antinode

相对相邻点，周期振动模态或驻波的峰峰值最大的点。

注：这些点的全部构成了波节线或波节面。

5.9.34

共振　resonance

简谐激励频率等于或接近系统固有频率时产生的大振幅的响应。

5.9.35

共振频率　resonance frequency

发生共振时受迫振动的频率。

5.9.36

临界速度　critical speed

系统产生共振的特征速度。

5.9.37

品质因子　quality factor

q-因子　q-factor

用于评价共振锐度或单自由度共振振荡系统(机械的或电气的)的频率选择性的品质。

5.9.38

对数衰减率　logarithmic decrement

在单一频率振动衰减中，两个接续的最大类似信号比值的自然对数。

5.9.39

固有频率　natural frequency

无阻尼线性系统的自由简谐振动的频率。

5.9.40

阻尼　damping

使系统能量消耗的影响。

5.9.41

黏性阻尼　viscous damping

当振动系统中两物体间的相对运动受到其大小与相对速度成正比的力阻抗时所产生的能量耗散。

5.9.42

等效黏性阻尼　equivalent viscous damping

为分析振动运动而假设的线性黏性阻尼，其每个周期内耗散的能量与实际阻尼耗散的能量相等。

5.9.43

阻尼系数　damping coefficient

阻尼力大小和相对速度的比值系数。

5.9.44

阻尼比　damping ratio

实际的阻尼系数和临界阻尼系数的比值。

5.9.45

临界阻尼　critical damping

允许一个移位系统回到平衡位置而不产生振荡的最小黏性阻尼。

5.9.46

波　wave

通过介质传播的物理状态的变化。

5.9.47

横波　transverse wave

对介质扰动的方向和传播的方向垂直的波。

5.9.48

纵波　longitudinal wave

对介质扰动的方向和传播的方向平行的波。

5.9.49

剪切波　shear wave

由剪切应力形成的波。

5.9.50

冲击波　shock wave

与冲击通过介质或结构传播有关、由在无限小距离上发生有限应变变化的波前描述的冲击运动(位移、压力或其他变量)。

5.9.51

压缩波　compression wave

在弹性介质中由压应力或拉应力形成的波。

5.9.52

驻波　standing wave

在空间中具有固定振幅分布的周期波。

5.9.53

波前　wave front

在给定时刻具有相同相位的行进波的点的轨迹。

注：波前对表面波为一连续的线，对空间波为一连续的面。

5.9.54

波长　wavelength

波上两个相邻周期对应点间的距离。

6 机器控制与测量 machine control and measurements

6.1 信号与函数 signals and functions

6.1.1

被控变量 controlled variable

一个过程中被测量和被控制的量或条件。

6.1.2

操作变量 manipulated variable

自动控制器施加于被控系统的量或条件。

6.1.3

参考输入 reference input

控制系统中建立的被控制变量跟随的标准信号。

6.1.4

偏差值 bias

固定一个操作点或初始响应点的常数参考信号

6.1.5

指令 command

输入 input

由自动控制系统以外的某种方法建立或改变的输入。

6.1.6

调频信号 frequency modulated signal

其信息被包含在相对于中心频率的偏差内的信号。

6.1.7

主反馈 primary feedback

对系统输出进行直接测量而得到,并与其输入直接进行比较的信号。

6.1.8

误差信号 error signal

激励信号 actuating signal

参考输入与主反馈信号之差。

6.1.9

频响函数 frequency response function

系统在正弦输入下增益频率和输出移相的变化。

6.1.10

误差信号比 error signal ratio

激励信号比 actuating signal ratio

误差信号对输入信号的频率响应。

6.1.11

闭环谐波响应 closed-loop harmonic response

控制比 control ratio

输出信号对输入信号的频率响应。

6.1.12

开环谐波响应 open-loop harmonic response

环路比 loop ratio

输出信号对误差信号的频率响应。

6.1.13

增益 gain

线性系统对单位振幅正弦输入的响应输出幅值。

6.1.14

环路相位 loop phase

开环谐波响应的相位角。

6.1.15

环路增益 loop gain

开环谐波响应的模。

6.1.16

增益裕度 gain margin

a) 为引起闭环系统不稳定,环路增益必须放大的倍数。

b) 在增益交越点处的环路增益。

6.1.17

增益交越点 gain crossover

环路增益图上环路增益幅值为单位值的点。

6.1.18

相位交越点 phase crossover

环路增益图上相位角为180°的点。

6.1.19

相角裕度 phase margin

在增益交越点被引入到开环频率响应、从而引起闭环系统不稳定的附加相位滞后。

6.1.20

时间响应 time response

系统在基准输入信号激励下,输出相对时间的函数关系。

6.1.21

响应时间 response time

在阶跃输入信号激励下,系统输出第一次达到特定值所需的时间。

6.1.22

上升时间 rise time

在阶跃输入信号激励下,系统输出从终值某一特定比例增加到达另一特定比例所需的时间。

6.1.23

调节时间 settling time

在阶跃输入信号激励下,系统输出值与它的稳态值之差的绝对值达到并保持小于某一规定值所需的时间。

6.1.24

阶跃函数 step function

在某一时间前为零而后保持定值的函数。

6.1.25

衰减 attenuation

在波形保持不变的同时,信号振幅的减小。

6.1.26

衰变 decay

随时间的推进而加速衰减。

6.1.27

滞后 lag

延迟 delay

一个波形的某一相位与另一个波形的相应相位之间的时间间隔。

6.1.28

开环控制 open-loop control

没有使用反馈的控制方式。

6.1.29

闭环控制 closed-loop control

利用一个其执行器的输入信号是误差信号的函数的系统进行控制。

6.1.30

比例控制 proportional control

利用一个其执行器的输入信号与误差信号成比例的系统进行控制。

6.1.31

微分控制 derivative control

利用一个其执行器的输入信号与误差信号的微分成比例的系统进行控制。

6.1.32

积分控制 integral control

驱动执行器的信号等于误差信号的时间积分的控制方式。

6.2 准确度与误差 accuracy and errors

6.2.1

准确度 accuracy

仪器再现一个给定现象的真值的能力。

6.2.2

精确度 precision

在指定条件下,对同一真值进行多次独立测量的重复程度。

6.2.3

灵敏度 sensitivity

确定其比例因子的仪器特性。

6.2.4

增益稳定性 gain stability

仪表的灵敏度随时间保持不变的范围。

6.2.5

漂移 drift

系统特性或系统对恒定输入的响应随时间的渐变。

6.2.6

零线稳定性 zero-line stability

仪表指示零点时没有漂移。

6.2.7

分辨率 resolution

产生仪器输出可测变化的输入最小变化值。

6.2.8

无限分辨率 infinite resolution

容许无级调节的分辨率。

6.2.9

死区　dead band

不会引起输出响应的系统输入值的变化范围。

6.2.10

系统误差　system error

被控变量的理想值与实际值之差。

6.2.11

结构误差　structural error

因近似设计所引起的，机构实际生成的函数与期望生成的函数之间的误差。

6.2.12

超调量(欠调量)　overshoot(undershoot)

由于输入从一个稳态值变换到另一个稳态值所引起的系统最大(最小)瞬态响应。

6.2.13

瞬态误差　transient error

特定激励下，瞬时系统误差与稳态误差之差。

6.2.14

稳态误差　steady-state error

瞬态响应终止后保留的误差。

6.2.15

偏移误差　offset error

零位输出　offset error

输入为零而设备输出不为零的常值误差。

6.2.16

静态误差带　static error band

当输入为零时，示值设备无法回零的误差范围。

6.2.17

动态误差带　dynamic error band

当常值振幅正弦波的频率在频谱某一指定部分变化时，输出振幅偏离的范围。

6.2.18

量程　full scale

仪表可测量范围。

6.2.19

带宽　bandwidth

给定设备在所需标准下工作的频率范围。

6.2.20

比例因子　scale factor

真实值与模拟值之比。

6.3　装置与元件　devices and components

6.3.1

控制元件　control element

控制系统中用来产生操作变量或激励信号的元件。

6.3.2

自动控制器　automatic controller

反馈控制系统中测量误差并调节功率以减少或消除误差的装置。

6.3.3

反馈元件 feedback element

根据被控变量产生主反馈的元件。

6.3.4

自动控制系统 automatic control system

反馈控制系统 feedback control system

闭环控制系统 closedloop control system

一个或多个自动控制器由一个或多个过程连接而成的可操作组合。

6.3.5

伺服系统 servosystem

基准输入是时间函数的反馈控制系统。

6.3.6

伺服机构 servomechanism

被控变量是机械量的伺服系统。

6.3.7

调节器 regulator

主要功能是保持被控变量值不变的反馈控制系统。

6.3.8

调速器 governor

用来保持发动机转速恒定的调节器。

6.3.9

减震器 absorber

减小冲击或振动量的装置。

6.3.10

阻尼器 damper

利用能量耗散进行控制的减震器。

6.3.11

解调器 detuner

修正振动系统固有频率的装置。

6.3.12

缓冲器 snubber

当位移大于规定值时用来增加弹性系统刚度(通常显著增大)的装置。

6.3.13

游标尺 vernier

在测量量程的刻度间进一步细分的装置。

6.3.14

变换器 transducer

将一种量的改变量变换成另一种量的相应改变量的装置。

6.3.15

位移变换器 displacement transducer

输出量与位移输入成正比的变换器。

6.3.16

速度变换器 velocity transducer

输出量与速度输入成正比的变换器。

6.3.17

加速度变换器　accelerometer

输出量与加速度输入成正比的变换器。

6.3.18

闪光仪　stroboscope

通过调节能够按所需频率来闪光的光源。

6.3.19

干涉仪　interferometer

能将光束分成两部分的光学设备，这两部分光沿不同路径传播后又重新会合形成干涉条纹。

6.3.20

接地　ground

测量电压时电路中用作基准点或参考点的一点。

6.3.21

传感器　sensor

用作控制目的的感知、选择和传输信号的装置。

7　机器人学　robotics

7.1　系统　systems

7.1.1

机器人学　robotics

研究机器人设计、构造及应用的科学与工程领域。

7.1.2

机器人　robot

完成诸如操作和移动等作业的自动控制的机械系统。

7.1.3

人形机器人　android

外表像人的机器人。

7.1.4

仿人机器人　anthropomorphic robot

带有包含与人类手臂关节类似的转动关节的机械手的机器人。

7.1.5

远程操作器　teleoperator

受人遥控的机器人，该人观察机器人动作、达到控制过程的反馈环节的作用。

7.1.6

取放型机器人　pick-and-place robot

将物体从一处移动到另一处的简单机器人。

7.1.7

固定停止点机器人　fixed-stop robot

只在每个执行器行程的两端停止的机器人

7.1.8

智能机器人　intelligent robot

由人工智能控制的机器人。

7.1.9

示教再现机器人 playback robot

在示教程序控制下操作的机器人。

7.1.10

移动机器人 mobile robot

安装于自动控制的移动平台上的机器人。

7.1.11

步行机 walking machine

一种具有类似于动物或人的行走功能的机器人。

7.1.12

机械腿 pedipulator

步行机的关节铰接腿。

7.1.13

机械手 manipulator

用于抓放物体并进行可控运动的装置。

7.1.14

手动机械手 manual manipulator

手动的无动力辅助的机械手。

7.1.15

主从机械手 master-slave manipulator

从机械手模仿具有相似几何结构的主机械手运动的远程操作器。

7.1.16

双向主从机械手 bilateral manipulator

主机械手运动所需要的力与从机械手产生的力相等的主从机械手。

7.1.17

可编程机械手 programmable manipulator

由存储器中存储的程序控制的机械手。

7.1.18

固定顺序机械手 fixed-sequence manipulator

只完成预设的运动,且物理结构不改变时运动模式无法变更的机械手。

7.1.19

机器人系统 robot system

机器人的软硬件,包括操作和移动装置,末端执行器,动力源,控制器,以及任何与机器人直接相关的设备。

7.1.20

义肢装置 prosthetic device

用来替代人肢体丧失的操作能力或丧失的活动能力的装置。

7.1.21

外骨骼 exoskeleton

带有与人体关节相当的,且随其所依附的机体一起运动的关节的机构。

7.2 元件 components

7.2.1

基座 base

装有机械手或机械腿运动链中第一个关节的机器人构件。

7.2.2

门架　gantry

悬挂式机器人在其上面运动的桥式结构。

7.2.3

肩关节　shoulder

机械手基座与手臂间的关节。

7.2.4

臂　arm

用于支撑、定位和移动机械手末端执行器的由动力关节铰接的一组构件。

7.2.5

上臂　upper arm

与肩关节直接相连的铰接臂连杆。

7.2.6

前臂　forearm

与腕直接相连的铰接臂连杆。

7.2.7

肘关节　elbow

上臂和前臂间的关节。

7.2.8

腕关节　wrist

机械手臂和末端执行器之间的一组转动关节。

7.2.9

末端执行器　end-effector

连接在机器人臂末端的用以抓取或操作物体的装置。

7.2.10

夹持器　gripper

用以抓取、夹持和释放物体的末端执行器。

7.2.11

模块　module

机器人元件自成体系的组合体，可以以不同方式与其他（未必是相同的）模块连接，以构成一个机器人。

7.2.12

示教盒　teach pendent

手持式控制单元。

7.2.13

远中心顺应装置　remote center compliance

用作末端执行器与其所操作（特别是装配操作）物体间的起连接作用的柔顺装置。

7.2.14

并联机械手　parallel manipulator

在末端执行器与机架之间至少采用两条运动链来控制末端执行器运动的机械手。

7.3　运动　motion

7.3.1

世界坐标系　world coordinate system

与地球相对静止的坐标系。

7.3.2

相对坐标系 relative coordinate system

与地球具有相对运动的坐标系。

7.3.3

基座坐标系 base coordinate system

与基座固结的坐标系。

7.3.4

任务坐标系 task coordinate system

相对于机器人所执行任务的坐标系。

7.3.5

关节坐标系 joint coordinate system

与关节的某一构件相固结的坐标系。

7.3.6

笛卡尔坐标机器人 Cartesian coordinate robot

其主轴构成笛卡尔坐标系的机器人。类似的定义有:圆柱坐标机器人和球坐标机器人。

7.3.7

(机器人的)冗余自由度 redundant mobility(of a robot)

机器人自由度超出定义所需完成任务的独立变量数的数量。

7.3.8

可操纵性 manoeuvrability

具有冗余自由度的机器人采用不同的构件运动组合完成任务的能力。

7.3.9

主轴 major axes;primary axes

用于将腕关节上的一个参考点移动到工作范围内任意位置所需的机器人臂关节轴。

7.3.10

次轴 minor axes;secondary axes

用于将末端执行器调整到相对机器人臂的任意姿态所需的腕关节轴。

7.3.11

关节空间 joint space

由关节变量构成的向量所定义的空间。

7.3.12

工作空间包络面 working envelope

限定工作空间的曲面。

7.3.13

工作范围 working range

机器人能正常运行的任一变量的范围。

7.3.14

工作空间 working space;working volume

机器人臂参考点所能到达的所有点的集合。

7.3.15

参考点 reference point

用于定义姿态的位置参考点。

7.3.16

危险区　pinch zone

机器人两个部件之间或机器人与其他结构之间，有可能碰撞到人或其他物体的区域。

7.3.17

内旋　pronation

趋向面向下或向内姿态的运动。

7.3.18

仰角　elevation

视线与水平面之间的夹角。

7.3.19

方位角　azimuth

视线与水平参考线之间夹角的水平投影。

7.3.20

定向　orientation

刚体进入预设姿态的运动或操作。

7.3.21

位姿　pose

位置和姿态的总称。

7.3.22

位置精度　positional accuracy

理想位置和实际位置的一致程度。

7.3.23

再现精度　playback accuracy

示教位置与再现位置的一致程度。

7.3.24

锁定　hold

机器人在操作过程中，动力源维持而所有运动都暂停。

7.3.25

颤振　shake

机器人臂在运行中或终了处的振动。

7.3.26

回弹　springback

移去载荷时末端执行器的变形。

7.3.27

关节变量　joint variable

描述机械手相邻两构件之间相对运动的量。

7.3.28

奇异位形　singular configuration

引起末端执行器自由度减少的机器人构件的特殊位置。

7.3.29

障碍映射　obstacle mapping

机械手从工作空间到笛卡尔空间或关节空间的几何变换。在此笛卡尔空间或关节空间中，机械手由一个点表示，障碍物由禁区表示。

7.4 控制 control

7.4.1

示教控制 teach control

引导末端执行器通过预期的位姿序列,并在存储器中存储其位姿坐标的机器人控制方式。

7.4.2

自适应控制 adaptive control

系统的程序或参数自动地随系统运行条件的变化而变化的控制方式。

7.4.3

点位控制 point-to-point control

参考点依次取一系列离散点位置的控制方法。

7.4.4

位姿到位姿控制 pose-to-pose control

对象依次取一系列离散位姿的控制方法。

7.4.5

连续路径控制 continuous-path control

参考点沿给定连续路径的控制方法。

7.4.6

顺序控制 sequential control

通过依次驱动机器人驱动器来实现末端执行器的控制

7.4.7

分解运动速度控制 resolved-motion rate control

通过计算得到的驱动器速度实现参考点速度矢量的控制

7.4.8

学习控制 learning control

依据先前任务周期中获得的经验自动改变程序和/或参数的控制

7.4.9

传感器控制 sensory control

根据外部传感器信息来调整自身行为的机器人控制方法。

7.4.10

阻抗控制 impedance control

根据被执行任务来调整机器人机械阻抗的控制方法。

7.4.11

力(反馈)控制 force(feedback)control

由机械手末端执行器与环境之间的接触力作为被控变量的控制方法。

7.4.12

位置-力控制 position-force control

通过位置反馈和力反馈实现机械手末端执行器运动的控制。

7.5 杂项 miscellaneous

7.5.1

示教编程 teach-in programming

通过移动末端执行器经过机器人运行时所要求到达的位姿序列,从而把程序存入机器人存储器。

7.5.2

示教限制 teach restrict

在示教过程中将机器人的速度限制在保证正常操作时系统安全或者恰当的一定范围内。

7.5.3

离线编程　off-line programming

在机器人控制计算机以外的计算机上编写，校验机器人控制用的计算机程序。

7.5.4

主动适从　active accommodation

基于检测力的自适应控制。

7.5.5

被动适从　passive accommodation

在机器人臂的末端执行器上应用机械柔顺。

7.5.6

近端　proximal

靠近机器人臂的基座(远离末端执行器)的部分。

7.5.7

远端　distal

远离机器人基座(靠近末端执行器)的部分。

7.5.8

正向计算　direct task

给定驱动器力、位移、速度及加速度，计算机器人臂末端执行器的位姿、运动及力。

7.5.9

逆向计算　inverse task

给定机器人末端执行器的力、位姿和运动，计算驱动器力、位移、速度及加速度。

7.5.10

触觉　tactile sense

末端执行器和物体之间的接触感。

7.5.11

力觉　force sense

物体和机器人末端执行器之间相互作用的力感觉。

7.5.12

滑觉　slip sense

末端执行器和物体接触表面间的滑移感觉。

7.5.13

接近觉　proximity sense

检测物体是否在限定区域内的感觉。

7.5.14

视觉传感器　visual sensor

将环境信息转换为光学图像的传感器。

7.5.15

人工智能　artificial intelligence

机器人在模仿人类智能的算法中利用传感器数据的能力。

8　机构与机器科学的一般词汇　general terms used in MMS

8.1

标量　scalar;scalar quantity

由一个实数定义的量。

8.2

向量　vector

a） 有向线段。

b） 行矩阵或列矩阵。

8.3

向量(值)　vector quantity

几何上由向量表示,按平行四边形或三角形法则求和的量。

8.4

向量场　vector field

其中每一点都对应一个确定向量的区域。

8.5

向量函数　vector function

为每一个特定标量参数值确定一个向量的关系。

8.6

梯度　gradient

在给定点沿直角坐标系各轴的分量等于给定标量函数对坐标偏导数的向量。

8.7

势　potential

其梯度与给定向量场中的向量方向相反的标量函数。

8.8

速度向量端图　velocity hodograph

动点速度向量端点的轨迹,各速度向量从共同的原点画起。

8.9

峰值　peakvalue

某一量在给定区间的最大值。注意,振荡量的峰值通常取偏离平均值的最大偏离量。

8.10

均方值　mean-square value

在给定区间上函数值平方的平均值。

8.11

均方根值　root-mean-square[r. m. s.]value

均方值的平方根。

8.12

时间历程　time history

表示为时间函数的量的大小。

8.13

时间常数　time constant

驰豫时间　relaxation time

按指数衰减的量,幅值降到比值为 1/e=0.367 9 所需的时间。

8.14

信号　signal

用以传递信息的扰动。

8.15

输入　input

施加于系统的扰动或信号。

8.16

输出　output

系统对输入的响应。

8.17

噪声　noise

在理论模型上没有考虑其影响而被强加于输出上的扰动，通常具有随机性。

8.18

主动装置(或系统)　active device/system

具有独立动力源的装置或系统。

8.19

被动装置(或系统)　passive device/system

输出能量完全由其输入提供的装置或系统。

8.20

广义坐标　generalized coordinate

唯一确定系统构形的一组独立变量中的一个变量。

8.21

系统　system

作为一个整体运作的部件的总和。

8.22

技术系统　technical system

系统的实际实现。

8.23

模型　model

系统的理想化的、通常是简化的表达。

8.24

装置　device

用于完成一个或多个(简单)任务的机器或其部件。

8.25

过程　process

系统和(或)其行为随时间发生的任何变化。

8.26

物理模型　physical model

考虑物理特性的模型。

8.27

比例模型　scale model

考虑了与原型相关的相似性原理的物理模型。

8.28

数学模型　mathematical model

描述系统物理特性的一组数学方程。

8.29

机械模型　mechanical model

只考虑机械特性的物理模型。

8.30

离散模型　discrete model

由有限个常(微分)方程描述的系统模型。

8.31

连续模型　continuous model

由有限个偏微分或积分方程描述的模型。

8.32

混合模型　hybrid model

同时包含离散和连续模型元素的机械模型。

8.33

压力角　pressure angle

力和力作用点速度向量之间的夹角。

8.34

传动角　transmission angle

压力角的余角。

9　机电一体化　mechatronics

9.1

驱动　actuating

对过程的物理作用或施加力。

9.2

驱动器　actuator

a)　见 3.2.24。

b)　对过程、其他机械设备或者周围环境产生直接的物理作用以实施某种有用功能的装置。

9.3

智能驱动器　intelligent actuator

用于控制、传感和感知,以及通讯,由伺服驱动、硬件和软件构成的、自主运行的驱动器。

9.4

机电一体化方法　mechatronic approach

机电一体化系统设计中的多学科集成方法。

9.5

智能(面向目标的)行为　intelligent(goal-oriented)behaviour

实现人工智能的行为。

9.6

自适应行为　adaptive behaviour

主动适应不确定的环境和状况,并持续实现预期功能的行为。

9.7

仿生学　biomimetics

利用生物系统的信息和功能原理指导技术系统发展的学科。

9.8

控制　control

使得一个变量值或一组变量值符合预设的规则(以获得预设值或补偿干扰)的方法。

9.9

智能控制　intelligent control

基于人工智能技术的控制。

9.10

模糊控制　fuzzy control

基于模糊逻辑推理的控制。

9.11

进化　evolution

通过复制群体实现的变化过程。复制群体中有多种不同个体,一些个体可遗传,一些个体的适应度(复制成功率)不同。

9.12

进化算法　evolutionary algorithm

技术系统中包含了模拟进化方法的算法。

9.13

反馈　feedback

将任务域中系统运行状况的传感器信息返回到控制器(闭环控制)。

9.14

前馈　feedforward

为改变操作点而进行的从控制器到过程(或系统)的信息传递(开环控制)。

9.15

人工智能功能　artificial intelligence functions

计算机控制的机器执行诸如学习、预测、自修复、自组装、自适应等通常与智能人类相关的任务的能力。

9.16

人工智能　artificial intelligence

a) 见 7.5.15。

b) 计算机控制的机器执行诸如推理、规划、问题求解、模式识别、感知、认知、理解和学习等通常与人类智慧相关的功能的能力。

9.17

人工智能的特征　features of artificial intelligence

反应、冗余、备用、反馈和类似的其他特征。

9.18

拟人智能　human like intelligence

模拟人的思考与认知过程以自动解决复杂问题。

9.19

机器智能　machine intelligence

机器或者机器系统执行与人工智能相关的功能的能力。

9.20

学习　learning

基于经验对环境或状态的自适应。

9.21

活性材料(结构)　active material(structure)

由于内部能量交换或参数改变而能够对激励做出反应的材料(结构)。

9.22

机敏材料(系统、产品)　smart material(system,product)

由于融合了人工智能的特征而具有相对复杂行为能力的材料(系统、产品)。

9.23

智能材料　intelligent material

具备初级智能功能的复合材料(结构)。

9.24

自适应机械学　adaptive mechanics

机电一体化学科的组成部分,主要研究能根椐环境和内部状态的改变修正其行为的智能设备和自适应结构。

9.25

自适应机器　adaptive machine

具有自适应智能功能的智能机器。

9.26

智能机器　intelligent machine

以人工智能为特征的机器。

9.27

变结构(参数)机构　mechanism of variable structure(parameters)

结构(参数)可变的可调机构。

9.28

微控制器　microcontroller

基于专门用来运行特定程序的嵌入式计算机的自动控制器系统。

9.29

微机电一体化　micromechatronics

有关几毫米或者更小尺寸的设备及其系统的机电一体化分支。

9.30

微处理器　microprocessor

通过可编程存储器存储指令并实现逻辑序列、计时和控制事件算法等功能的微型电子设备(处理器——根据指令操作或修改数据的设备)。

9.31

监控　monitoring

对功能、性能或环境的变化进行不间断的检定。

9.32

多功能性　multi-functionality

同时完成一种以上任务或在不同条件下执行不同功能的能力。

9.33

纳米机械电子学　nanomechatronics

有关分子尺度的设备及其系统的机电一体化分支。

9.34

神经网络　neural network

由很多相关单元构成的网络,各单元实现其输入的加权求和(更一般的情况:数学范数)。

9.35

处理　processing

应用机械、电子、计算机或其他方式改变数据的格式。

9.36

推理　reasoning

由已知得出未知的过程。

9.37

冗余　redundancy

存在一种以上的方法可以完成预期的功能。

9.38

工作冗余　active redundancy

所有的冗余项同时工作的冗余。

9.39

备用冗余　standby redundancy

一些或者全部的冗余项并不持续工作,仅在主项不能正常行使功能时才被激活的冗余。

9.40

鲁棒性　robustness

系统在存在干扰或者过程(或系统)参数变化的情况下保持预定功能的能力。

9.41

尺度效应　scale effect

对象尺寸变化对对象行为或性质的影响。

9.42

调度(在智能机器中)　scheduling(in intelligent machines)

决定要执行的活动顺序。

9.43

自组装　self-assembly

将部件组装成结构的能力中所体现出的自组织。

9.44

自诊断　self-diagnosis

机器检查并评估其自身工作性能的能力。

9.45

自改进　self-improvement

机器改善其自身性能的能力。

9.46

自维护　self-maintenance

机器运行时维持其良好状态的能力。

9.47

自组织　self-organization

无任何外力时构造结构的能力,是系统的一种应急特性。

9.48

自调节　self-regulation

当工作环境随着时间在一定范围内变化时,机器获得与维持期望行为的能力。

9.49

自修复　self-repair

机器恢复工作能力的能力。

9.50

自校正　self-tuning

基于对自身参数的监控而作出的系统参数校正。

9.51

感知　sensing

利用与被研究的物体或现象实际接触或接近的仪器来获取物体或现象的信息。

9.52

传感器融合　sensor fusion

同时应用多种传感器确定同一物体的不同属性。

9.53

智能传感器　intelligent sensor

集成了感知和认知、模拟与数字信号处理、自动化及自标定、补偿等功能的自治元件。

9.54

多传感器　multiple sensors

用一个以上的传感器，以实现一个传感器数据对另一个传感器数据的补充。

9.55

可调结构　adjustable structure

为改善功能可改变参数或部件组装方式的结构。

9.56

自适应系统　adaptive system

自适应控制的系统。

9.57

机电一体化系统的体系结构　architecture of mechatronical system

机电一体化系统组成部件的层次性和布置。

9.58

认知系统　cognition system

机电一体化系统中评估由感知系统收集的信息并作出动作规划的组成部分。

9.59

自动控制器系统　automatic controller system

自动控制器的系统，通常是基于计算机的。

9.60

执行系统　execution system

机电一体化系统中基于从认知或直接感知子系统获取的指令控制机器动作的组成部分。

9.61

机电一体化系统　mechatronical system

根据机电一体化原理而设计的系统。

9.62

感知系统　perception system

机电一体化系统中收集、存储、处理和发送有关机器及其环境当前状态信息的组成部分。

9.63

自组织系统　self-organizing system

通过自组织过程，全部或部分地形成其自身形态的系统。

中 文 索 引

D

F

K

L

M

N

T

W

X

Y

Z

英 文 索 引

A

C

D

E

F

G

H

I

J

K

L

M

P

S

T

U

V

W

Y

Z

ICS 25.160.20
J 33

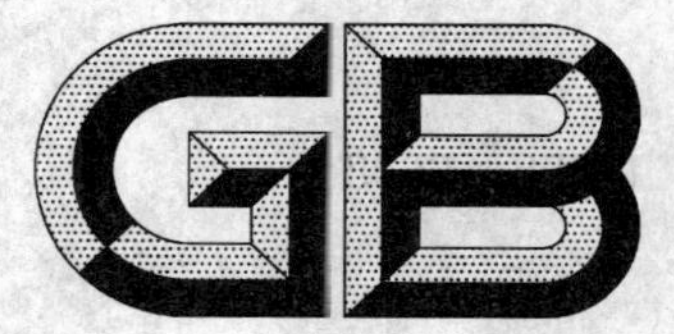

中华人民共和国国家标准

GB/T 10858—2008
代替 GB/T 10858—1989

铝及铝合金焊丝

Aluminium and aluminium alloy wires and rods

(ISO 18273:2004, Welding consumables—Wire electrodes, wires and rods for welding of aluminium and aluminium alloys—Classification, MOD)

2008-04-16 发布　　2008-10-01 实施

中华人民共和国国家质量监督检验检疫总局
中国国家标准化管理委员会　发布

前　言

本标准修改采用 ISO 18273:2004《焊接材料　铝和铝合金实心焊丝和填充丝　分类》(英文版)。本标准根据 ISO 18273:2004 重新起草。

考虑我国铝及铝合金焊丝的实际情况,对 ISO 18273:2004 做如下技术内容修改:

——删除了规范性引用文件 EN ISO 544、ISO 31-0:1992 和 ISO 14344;

——增加了附录 A,国际上主要标准型号对照表;

——增加了表 2、表 3、表 4 和图 1。

为便于使用,本标准还做如下编辑性修改:

——标准名称改为"铝及铝合金焊丝";

——标准结构方面,增加了检验规则、标志和品质证明书内容;

——将"本国际标准"改为"本标准";

——用小数点"."代替作为小数点的逗号",";

——删除了国际标准的前言。

本标准是对 GB/T 10858—1989《铝及铝合金焊丝》的修订。与 GB/T 10858—1989 相比,主要修改内容如下:

——焊丝分类、型号划分采用 ISO 18273:2004 中的表示方法,焊丝型号增加了 23 个;

——焊丝化学成分与 ISO 18273 要求一致;

——焊丝尺寸与包装形式按 ISO 18273 要求,做了相应的调整;

——附录 A 说明了国际上主要标准型号的对应关系。

本标准从实施之日起,代替 GB/T 10858—1989。

本标准的附录 A 为资料性附录。

本标准由全国焊接标准化技术委员会提出并归口。

本标准起草单位:哈尔滨焊接研究所、常州华通焊丝有限公司、上海斯米克焊材有限公司、林德工程(大连)有限公司。

本标准主要起草人:储继君、李春范、李振华、吴斌、史振春。

本标准所代替标准的历次版本发布情况为:

——GB/T 10858—1989。

铝及铝合金焊丝

1 范围

本标准规定了铝及铝合金实心焊丝和填充丝的分类和型号、技术要求、试验方法、检验规则、包装、标志及品质证明书。

本标准适用于熔化极气体保护电弧焊、钨极气体保护电弧焊、气焊及等离子弧焊等焊接用铝及铝合金实心焊丝和填充丝(以下简称焊丝)。

2 规范性引用文件

下列文件中的条款通过本标准的引用而成为本标准的条款。凡是注日期的引用文件,其随后所有的修改单(不包括勘误的内容)或修订版均不适用于本标准,然而,鼓励根据本标准达成协议的各方研究是否可使用这些文件的最新版本。凡是不注日期的引用文件,其最新版本适用于本标准。

GB/T 6987(所有部分) 铝及铝合金化学分析方法

3 分类和型号

3.1 焊丝分类

焊丝按化学成分分为铝、铝铜、铝锰、铝硅、铝镁等5类。

3.2 型号划分

焊丝型号按化学成分进行划分(参见表1)。

3.3 型号编制方法

焊丝型号由三部分组成。第1部分为字母“SAl”,表示铝及铝合金焊丝;第2部分为四位数字,表示焊丝型号;第3部分为可选部分,表示化学成分代号。国际上主要标准型号的对应关系参见附录A。

本标准中完整焊丝型号示例如下:

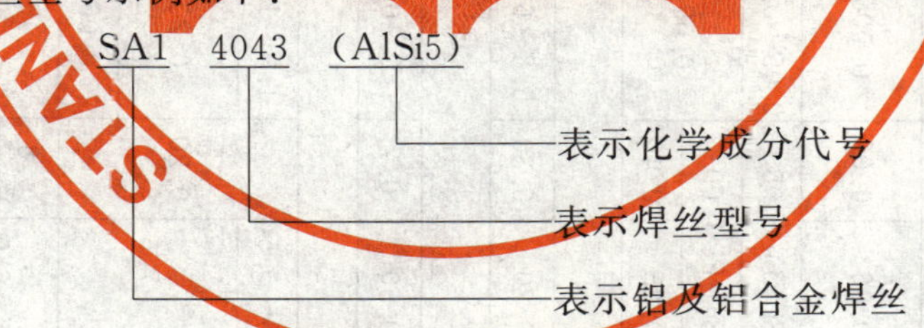

4 技术要求

4.1 化学成分

焊丝化学成分应符合表1规定。

4.2 尺寸及允许偏差

4.2.1 圆形焊丝尺寸及允许偏差应符合表2规定。直条焊丝长度为500 mm～1 000 mm,允许偏差为±5 mm。

4.2.2 扁平焊丝尺寸应符合表3规定。焊丝长度为500 mm～1 000 mm,允许偏差为±5 mm。

4.2.3 根据供需双方协议,可生产其他尺寸、偏差的焊丝。

表 1 焊丝化学成分

<table>
<tr><th rowspan="3">焊丝型号</th><th rowspan="3">化学成分代号</th><th colspan="14">化学成分(质量分数)/%</th></tr>
<tr><th rowspan="2">Si</th><th rowspan="2">Fe</th><th rowspan="2">Cu</th><th rowspan="2">Mn</th><th rowspan="2">Mg</th><th rowspan="2">Cr</th><th rowspan="2">Zn</th><th rowspan="2">Ga、V</th><th rowspan="2">Ti</th><th rowspan="2">Zr</th><th rowspan="2">Al</th><th rowspan="2">Be</th><th colspan="2">其他元素</th></tr>
<tr><th>单个</th><th>合计</th></tr>
<tr><td colspan="16">铝</td></tr>
<tr><td>SAl 1070</td><td>Al 99.7</td><td>0.20</td><td>0.25</td><td>0.04</td><td>0.03</td><td>0.03</td><td rowspan="6">—</td><td>0.04</td><td>V 0.05</td><td>0.03</td><td rowspan="6">—</td><td>99.70</td><td rowspan="6">0.000 3</td><td>0.03</td><td rowspan="3">—</td></tr>
<tr><td>SAl 1080A</td><td>Al 99.8(A)</td><td>0.15</td><td>0.15</td><td>0.03</td><td>0.02</td><td>0.02</td><td>0.06</td><td>Ga 0.03</td><td>0.02</td><td>99.80</td><td>0.02</td></tr>
<tr><td>SAl 1188</td><td>Al 99.88</td><td>0.06</td><td>0.06</td><td>0.005</td><td>0.01</td><td>0.01</td><td>0.03</td><td>Ga 0.03
V 0.05</td><td>0.01</td><td>99.88</td><td>0.01</td></tr>
<tr><td>SAl 1100</td><td>Al 99.0Cu</td><td colspan="2">Si+Fe 0.95</td><td>0.05～0.20</td><td rowspan="3">0.05</td><td rowspan="2">—</td><td rowspan="2">0.10</td><td rowspan="3">—</td><td>—</td><td rowspan="2">99.00</td><td rowspan="2">0.05</td><td rowspan="2">0.15</td></tr>
<tr><td>SAl 1200</td><td>Al 99.0</td><td colspan="2">Si+Fe 1.00</td><td rowspan="2">0.05</td><td>0.05</td></tr>
<tr><td>SAl 1450</td><td>Al 99.5Ti</td><td>0.25</td><td>0.40</td><td>0.05</td><td>0.07</td><td>0.10～0.20</td><td>99.50</td><td>0.03</td><td>—</td></tr>
<tr><td colspan="16">铝铜</td></tr>
<tr><td>SAl 2319</td><td>AlCu6MnZrTi</td><td>0.20</td><td>0.30</td><td>5.8～6.8</td><td>0.20～0.40</td><td>0.02</td><td>—</td><td>0.10</td><td>V0.05～0.15</td><td>0.10～0.20</td><td>0.10～0.25</td><td>余量</td><td>0.000 3</td><td>0.05</td><td>0.15</td></tr>
<tr><td colspan="16">铝锰</td></tr>
<tr><td>SAl 3103</td><td>AlMn1</td><td>0.50</td><td>0.7</td><td>0.10</td><td>0.9～1.5</td><td>0.30</td><td>0.10</td><td>0.20</td><td>—</td><td colspan="2">Ti+Zr 0.10</td><td>余量</td><td>0.000 3</td><td>0.05</td><td>0.15</td></tr>
<tr><td colspan="16">铝硅</td></tr>
<tr><td>SAl 4009</td><td>AlSi5Cu1Mg</td><td>4.5～5.5</td><td rowspan="4">0.20</td><td>1.0～1.5</td><td rowspan="4">0.10</td><td>0.45～0.6</td><td rowspan="9">—</td><td rowspan="7">0.10</td><td rowspan="11">—</td><td rowspan="2">0.20</td><td rowspan="11">—</td><td rowspan="11">余量</td><td rowspan="2">0.000 3</td><td rowspan="11">0.05</td><td rowspan="11">0.15</td></tr>
<tr><td>SAl 4010</td><td>AlSi7Mg</td><td rowspan="3">6.5～7.5</td><td rowspan="2">0.20</td><td>0.30～0.45</td></tr>
<tr><td>SAl 4011</td><td>AlSi7Mg0.5Ti</td><td>0.45～0.7</td><td>0.04～0.20</td><td>0.04～0.07</td></tr>
<tr><td>SAl 4018</td><td>AlSi7Mg</td><td>0.05</td><td>0.50～0.8</td><td rowspan="2">0.20</td><td rowspan="8">0.000 3</td></tr>
<tr><td>SAl 4043</td><td>AlSi5</td><td rowspan="2">4.5～6.0</td><td>0.8</td><td rowspan="5">0.30</td><td>0.05</td><td>0.05</td></tr>
<tr><td>SAl 4043A</td><td>AlSi5(A)</td><td>0.6</td><td>0.15</td><td>0.20</td><td rowspan="2">0.15</td></tr>
<tr><td>SAl 4046</td><td>AlSi10Mg</td><td>9.0～11.0</td><td>0.50</td><td>0.40</td><td>0.20～0.50</td></tr>
<tr><td>SAl 4047</td><td>AlSi12</td><td rowspan="2">11.0～13.0</td><td>0.8</td><td rowspan="3">0.15</td><td rowspan="2">0.10</td><td rowspan="3">0.20</td><td>—</td></tr>
<tr><td>SAl 4047A</td><td>AlSi12(A)</td><td>0.6</td><td>0.15</td></tr>
<tr><td>SAl 4145</td><td>AlSi10Cu4</td><td>9.3～10.7</td><td>0.8</td><td>3.3～4.7</td><td>0.15</td><td>0.15</td><td>—</td></tr>
<tr><td>SAl 4643</td><td>AlSi4Mg</td><td>3.6～4.6</td><td>0.8</td><td>0.10</td><td>0.05</td><td>0.10～0.30</td><td>—</td><td>0.10</td><td>0.15</td></tr>
</table>

表 1（续）

<table>
<tr><th rowspan="3">焊丝型号</th><th rowspan="3">化学成分代号</th><th colspan="14">化学成分(质量分数)/%</th></tr>
<tr><th rowspan="2">Si</th><th rowspan="2">Fe</th><th rowspan="2">Cu</th><th rowspan="2">Mn</th><th rowspan="2">Mg</th><th rowspan="2">Cr</th><th rowspan="2">Zn</th><th rowspan="2">Ga、V</th><th rowspan="2">Ti</th><th rowspan="2">Zr</th><th rowspan="2">Al</th><th rowspan="2">Be</th><th colspan="2">其他元素</th></tr>
<tr><th>单个</th><th>合计</th></tr>
<tr><td colspan="16">铝镁</td></tr>
<tr><td>SAl 5249</td><td>AlMg2Mn0.8Zr</td><td rowspan="2">0.25</td><td rowspan="2">0.40</td><td>0.05</td><td>0.50～1.1</td><td>1.6～2.5</td><td>0.30</td><td>0.20</td><td rowspan="15">—</td><td>0.15</td><td>0.10～0.20</td><td rowspan="15">余量</td><td rowspan="3">0.000 3</td><td rowspan="15">0.05</td><td rowspan="15">0.15</td></tr>
<tr><td>SAl 5554</td><td>AlMg2.7Mn</td><td>0.10</td><td>0.50～1.0</td><td>2.4～3.0</td><td>0.05～0.20</td><td>0.25</td><td>0.05～0.20</td><td rowspan="12">—</td></tr>
<tr><td>SAl 5654</td><td>AlMg3.5Ti</td><td colspan="2" rowspan="2">Si+Fe 0.45</td><td rowspan="2">0.05</td><td rowspan="2">0.01</td><td rowspan="2">3.1～3.9</td><td rowspan="2">0.15～0.35</td><td rowspan="3">0.20</td><td rowspan="2">0.05～0.15</td></tr>
<tr><td>SAl 5654A</td><td>AlMg3.5Ti</td><td>0.000 5</td></tr>
<tr><td>SAl 5754[a]</td><td>AlMg3</td><td>0.40</td><td rowspan="11">0.40</td><td rowspan="8">0.10</td><td>0.50</td><td>2.6～3.6</td><td>0.30</td><td>0.15</td><td rowspan="2">0.000 3</td></tr>
<tr><td>SAl 5356</td><td>AlMg5Cr(A)</td><td rowspan="6">0.25</td><td rowspan="2">0.05～0.20</td><td rowspan="2">4.5～5.5</td><td rowspan="6">0.05～0.20</td><td rowspan="2">0.10</td><td rowspan="2">0.06～0.20</td></tr>
<tr><td>SAl 5356A</td><td>AlMg5Cr(A)</td><td>0.000 5</td></tr>
<tr><td>SAl 5556</td><td>AlMg5Mn1Ti</td><td rowspan="2">0.50～1.0</td><td rowspan="2">4.7～5.5</td><td rowspan="2">0.25</td><td rowspan="4">0.05～0.20</td><td>0.000 3</td></tr>
<tr><td>SAl 5556C</td><td>AlMg5Mn1Ti</td><td>0.000 5</td></tr>
<tr><td>SAl 5556A</td><td>AlMg5Mn</td><td rowspan="2">0.6～1.0</td><td rowspan="2">5.0～5.5</td><td rowspan="2">0.20</td><td>0.000 3</td></tr>
<tr><td>SAl 5556B</td><td>AlMg5Mn</td><td>0.000 5</td></tr>
<tr><td>SAl 5183</td><td>AlMg4.5Mn0.7(A)</td><td rowspan="2">0.40</td><td rowspan="2">0.50～1.0</td><td rowspan="2">4.3～5.2</td><td rowspan="4">0.05～0.25</td><td rowspan="4">0.25</td><td rowspan="4">0.15</td><td>0.000 3</td></tr>
<tr><td>SAl 5183A</td><td>AlMg4.5Mn0.7(A)</td><td>0.000 5</td></tr>
<tr><td>SAl 5087</td><td>AlMg4.5MnZr</td><td rowspan="2">0.25</td><td rowspan="2">0.05</td><td rowspan="2">0.7～1.1</td><td rowspan="2">4.5～5.2</td><td rowspan="2">0.10～0.20</td><td>0.000 3</td></tr>
<tr><td>SAl 5187</td><td>AlMg4.5MnZr</td><td>0.000 5</td></tr>
<tr><td colspan="16">注 1：Al 的单值为最小值，其他元素单值均为最大值。
注 2：根据供需双方协议，可生产使用其他型号焊丝，用 SAlZ 表示，化学成分代号由制造商确定。</td></tr>
<tr><td colspan="16">[a] SAl 5754 中(Mn+Cr)：0.10～0.60。</td></tr>
</table>

表 2　圆形焊丝尺寸及允许偏差

单位为毫米

<table>
<tr><th>包装形式</th><th>焊丝直径</th><th>允许偏差</th></tr>
<tr><td>直条[a]</td><td rowspan="2">1.6、1.8、2.0、2.4、2.5、2.8、3.0、3.2、4.0、4.8、5.0、6.0、6.4</td><td>±0.1</td></tr>
<tr><td>焊丝卷[b]</td><td rowspan="3">+0.01
−0.04</td></tr>
<tr><td>直径 100 mm 和 200 mm 焊丝盘</td><td>0.8、0.9、1.0、1.2、1.4、1.6</td></tr>
<tr><td>直径 270 mm 和 300 mm 焊丝盘</td><td>0.8、0.9、1.0、1.2、1.4、1.6、2.0、2.4、2.5、2.8、3.0、3.2</td></tr>
<tr><td colspan="3">注：根据供需双方协议，可生产其他尺寸、偏差的焊丝。</td></tr>
<tr><td colspan="3">a 铸造直条填充丝不规定直径偏差。
b 当用于手工填充丝时，其直径允许偏差为±0.1。</td></tr>
</table>

表 3　扁平焊丝尺寸

单位为毫米

当量直径	厚　度	宽　度
1.6	1.2	1.8
2.0	1.5	2.1
2.4	1.8	2.7
2.5	1.9	2.6
3.2	2.4	3.6
4.0	2.9	4.4
4.8	3.6	5.3
5.0	3.8	5.2
6.4	4.8	7.1

4.3　表面质量

焊丝表面应光滑，无毛刺、凹坑、划痕、裂纹等缺陷，也不应有其他不利于焊接操作或对焊缝金属有不良影响的杂质。

4.4　送丝性能

缠绕的焊丝应适于在自动和半自动焊机上连续送丝。

5　试验方法

5.1　化学成分

5.1.1　焊丝化学成分分析应在成品焊丝或制造产品的原料上取样，仲裁试验时应取自成品焊丝。

5.1.2　焊丝化学成分分析可采用任何适宜的方法，仲裁试验应按 GB/T 6987 进行。

5.2　尺寸及表面质量

5.2.1　焊丝尺寸检验用精度为 0.01 mm 的量具，按表 2、表 3 要求，在同一横截面互相垂直方向测量，测量部位不少于两处。

5.2.2　焊丝表面质量按 4.3 要求，对焊丝任一部位进行目测检验。

6　检验规则

成品焊丝由制造厂质量检验部门按批检验。

6.1　批量划分

每批焊丝应由同一炉号、同一形状、同一尺寸、同一交货状态的焊丝组成。每批焊丝的最大质量不应超过 10 t。

6.2 取样方法

盘(卷)焊丝每批按盘(卷)数任选3%,但不少于两盘(卷),直条焊丝每批抽取100根,进行焊丝尺寸和表面质量检验。

6.3 验收

6.3.1 每批焊丝化学成分应符合表1规定。

6.3.2 每批焊丝尺寸、表面质量应符合4.2和4.3的规定。

6.3.3 每批焊丝也可按供需双方协商的验收项目进行验收。

6.4 复验

任何一项检验不合格时,该项检验应加倍复验。对于化学分析,仅复验那些不满足要求的元素。加倍复验结果均应符合该项检验规定。

7 包装、标志和品质证明书

7.1 包装

焊丝应采用适当的内外包装,以防止在运输和存放过程中损坏。

7.2 包装质量

每种包装形式的净质量应符合表4规定。

表4 焊丝包装质量

包装形式	尺寸/mm	净质量/kg
直条	—	2.5、5、10、25
焊丝卷	a	10、15、20、25
焊丝盘	100	0.3、0.5
	200	2.0、2.5
	270、300	5~12
注:根据供需双方协议,可包装其他净质量的焊丝。		
[a] 焊丝卷尺寸由供需双方协商确定。		

7.3 包装形式

7.3.1 焊丝可采用为直条、焊丝卷和焊丝盘包装。

7.3.2 焊丝盘的设计和制造,应能防止在正常的搬运和使用中变形,并应清洁和干燥,以保持焊丝的清洁。焊丝盘的尺寸见图1。

7.3.3 根据供需双方协议,允许采用其他包装形式。

7.4 焊丝缠绕

每个焊丝盘(卷)上的焊丝应为同一批号的连续焊丝,焊丝不应有扭结、折弯、搭接或嵌接等缺陷。焊丝缠绕的外端应牢固,明显易找。成盘焊丝的最外层与焊丝盘外缘的距离至少3 mm以上。

7.5 标志

每件焊丝的内外包装至少应标记下列内容:

——标准号、焊丝型号及焊丝牌号;

——制造厂名及商标;

——规格及净质量;

——批号及生产日期。

7.6 品质证明书

制造厂应对每批焊丝,根据实际检验结果出具品质证明书。当用户提出要求时,制造厂应提供检验报告的副本。

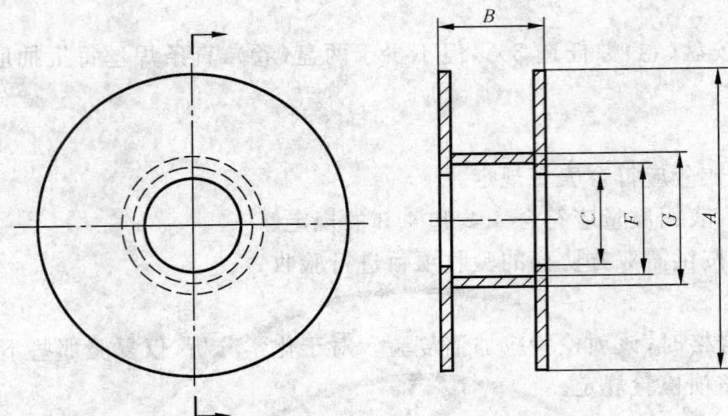

直径 100 mm 焊丝盘尺寸

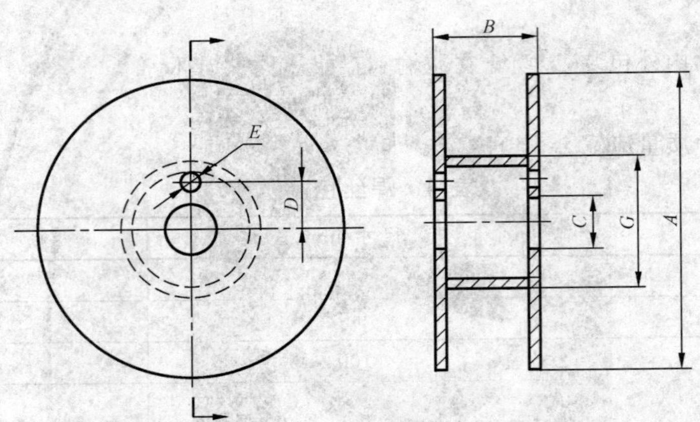

直径 200 mm、270 mm 和 300 mm 焊丝盘尺寸

单位为毫米

焊丝盘直径		100	200	270	300
A	直径[a] 及允许偏差	100^{+2}_{0}	200^{+3}_{0}	270^{+5}_{0}	300^{+5}_{0}
B	幅宽及允许偏差	45^{0}_{-2}	55^{0}_{-3}	100^{0}_{-3}	100^{0}_{-3}
C	法兰内径及允许偏差	16^{+1}_{0}	$50.5^{+2.5}_{0}$	$50.5^{+2.5}_{0}$	$50.5^{+2.5}_{0}$
D	驱动孔轴间距及允许偏差	—	$44.5^{+0.5}_{-0.5}$	$44.5^{+0.5}_{-0.5}$	$44.5^{+0.5}_{-0.5}$
E	驱动孔[b] 直径及允许偏差	—	10^{+1}_{0}	10^{+1}_{0}	10^{+1}_{0}
F	芯轴内径	焊丝盘膨胀或芯轴与法兰对不准时，芯轴内径应以大于 *C* 来确定			
G	芯轴外径	应以能使焊丝顺利送进来确定			

[a] *A* 尺寸取最大值。

[b] 每个法兰上有孔，但它们不必对准。对于直径 100 mm 焊丝盘，不要求驱动孔。

图 1 焊丝盘尺寸

附 录 A
（资料性附录）
焊丝型号对照

表 A.1 焊丝型号对照表

序号	类别	焊丝型号	化学成分代号	GB/T 10858—1989	AWS A5.10:1999
1	铝	SAl 1070	Al 99.7	SAl-2	
2		SAl 1080A	Al 99.8(A)		
3		SAl 1188	Al 99.88		ER1188
4		SAl 1100	Al 99.0Cu		ER1100
5		SAl 1200	Al 99.0	SAl-1	
6		SAl 1450	Al 99.5Ti	SAl-3	
7	铝铜	SAl 2319	AlCu6MnZrTi	SAlCu	ER2319
8	铝锰	SAl 3103	AlMn1	SAlMn	
9	铝硅	SAl 4009	AlSi5Cu1Mg		ER4009
10		SAl 4010	AlSi7Mg		ER4010
11		SAl 4011	AlSi7Mg0.5Ti		R4011
12		SAl 4018	AlSi7Mg		
13		SAl 4043	AlSi5	SAlSi-1	ER4043
14		SAl 4043A	AlSi5(A)		
15		SAl 4046	AlSi10Mg		
16		SAl 4047	AlSi12	SAlSi-2	ER4047
17		SAl 4047A	AlSi12(A)		
18		SAl 4145	AlSi10Cu4		ER4145
19		SAl 4643	AlSi4Mg		ER4643
20	铝镁	SAl 5249	AlMg2Mn0.8Zr		
21		SAl 5554	AlMg2.7Mn	SAlMg-1	ER5554
22		SAl 5654	AlMg3.5Ti	SAlMg-2	ER5654
23		SAl 5654A	AlMg3.5Ti	SAlMg-2	
24		SAl 5754	AlMg3		
25		SAl 5356	AlMg5Cr(A)		ER5356
26		SAl 5356A	AlMg5Cr(A)		
27		SAl 5556	AlMg5Mn1Ti	SAlMg-5	ER5556
28		SAl 5556C	AlMg5Mn1Ti	SAlMg-5	
29		SAl 5556A	AlMg5Mn		
30		SAl 5556B	AlMg5Mn		
31		SAl 5183	AlMg4.5Mn0.7(A)	SAlMg-3	ER5183
32		SAl 5183A	AlMg4.5Mn0.7(A)	SAlMg-3	
33		SAl 5087	AlMg4.5MnZr		
34		SAl 5187	AlMg4.5MnZr		

ICS 25.160.50
J 33

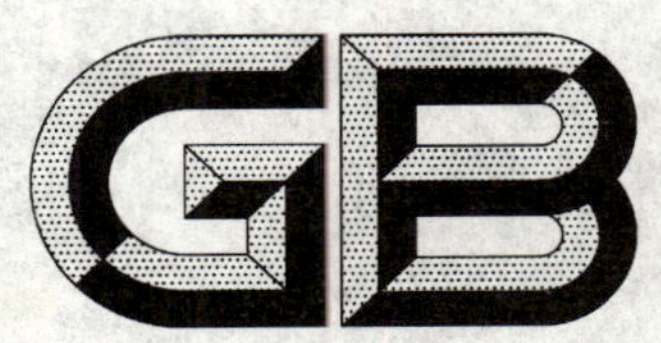

中华人民共和国国家标准

GB/T 10859—2008
代替 GB/T 10859—1989

镍基钎料

Nickel base brazing filler metals

2008-06-26 发布　　　　2009-01-01 实施

中华人民共和国国家质量监督检验检疫总局
中国国家标准化管理委员会　发布

前言

本标准代替 GB/T 10859—1989《镍基钎料》，与 GB/T 10859—1989 相比主要变化如下：

——在适用范围中将原标准的“炉中钎焊、感应钎焊和电阻钎焊等方法”一并改为“硬钎焊”；

——将“引用标准”改为“规范性引用文件”；

——在第 3 章钎料分类和型号中，增加了 8 种国外广泛使用的钎料；

——增加了钎料型号表示方法和钎料标记的要求（本标准中第 3 章）；

——将“规格和极限偏差、技术要求”合并为第 5 章“技术条件”一章；

——增加了 7.3“产品质量证明书”；

——增加了附录 A（资料性附录）“钎料型号对照表”。

本标准中附录 A 为资料性附录。

本标准由全国焊接标准化技术委员会（SAC/TC 55）提出并归口。

本标准起草单位：北京航空材料研究院、上海斯米克焊材有限公司、哈尔滨工业大学、哈尔滨焊接研究所。

本标准主要起草人：程耀永、吴斌、何鹏、杜兵。

本标准所代替标准的历次版本发布情况为：

——GB/T 10859—1989。

镍 基 钎 料

1 范围

本标准规定了镍基钎料的分类和型号、化学成分、技术条件、检验、包装、标志、质量证明书等要求。

本标准适用于硬钎焊使用的镍基钎料。

2 规范性引用文件

下列文件中的条款通过本标准的引用而成为本标准的条款。凡是注日期的引用文件,其随后所有的修改单(不包括勘误的内容)或修订版均不适用于本标准,然而,鼓励根据本标准达成协议的各方研究是否可使用这些文件的最新版本。凡是不注日期的引用文件,其最新版本适用于本标准。

GB/T 1480 金属粉末粒度组成的测定 干筛分法

GB/T 5314 粉末冶金用粉末的取样方法(GB/T 5314—1985,eqv ISO 3954:1977)

GB/T 8170 数值修约规则

GB/T 13393 抽样检查导则

YS/T 539(所有部分) 镍基合金粉化学分析方法

3 分类和型号

3.1 钎料的分类和型号见表1及附录A。

表1 钎料的分类和型号

分类	型号	分类	型号
镍铬硅硼	BNi73CrFeSiB(C)	镍铬硅	BNi73CrSiB
	BNi74CrFeSiB		BNi77CrSiBFe
	BNi81CrB	镍硅硼	BNi92SiB
	BNi82CrSiBFe		BNi95SiB
	BNi78CrSiBCuMoNb	镍磷	BNi89P
镍铬钨硼	BNi63WCrFeSiB	镍铬磷	BNi76CrP
	BNi67WCrSiFeB		BNi65CrP
镍铬硅	BNi71CrSi	镍锰硅铜	BNi66MnSiCu

3.2 钎料型号由两部分组成,第一部分用“B”表示硬钎焊,第二部分由主要合金组分的化学元素符号组成。在第二部分中,第一个化学元素符号表示钎料的基本组分,第一个化学元素后标出其公称质量百分数(公称质量百分数取整数误差±1%,若其元素公称质量百分数仅规定最低值时应将其取整),其他元素符号按其质量百分数由大到小顺序列出,当几种元素具有相同的质量百分数时,按其原子序数顺序排列。公称质量百分数小于1%的元素在型号中不必列出,如某元素是钎料的关键组分一定要列出时,可在括号中列出其化学元素符号。

3.3 钎料标记中应有标准号“GB/T 10859”和“钎料型号”的描述。一种镍基钎料含铬13.0%~15.0%、硅4.0%~5.0%、硼2.75%~3.50%、铁4.0%~5.0%、碳0.60%~0.90%、镍为余量,钎料标记如图1所示。

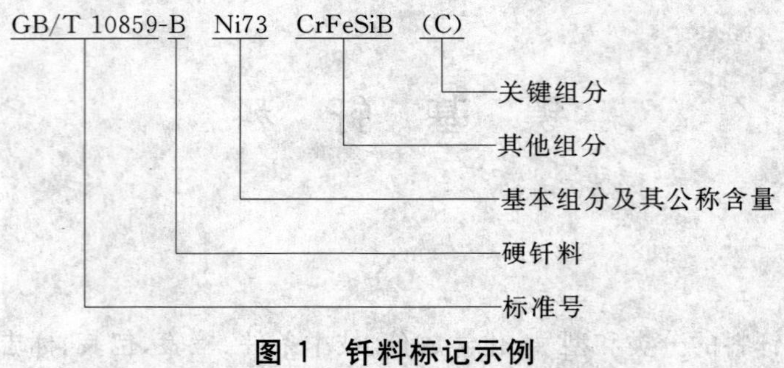

图 1 钎料标记示例

4 化学成分

4.1 钎料的化学成分应符合表 2 的规定。

4.2 化学分析所得数值保留位数与表 2 中要求一致，数值修约规则按 GB/T 8170 的规定进行。

表 2　镍基钎料的化学成分

型　号	化学成分(质量分数)/%													熔化温度范围/℃(参考值)	
	Ni	Co	Cr	Si	B	Fe	C	P	W	Cu	Mn	Mo	Nb	固相线	液相线
BNi73CrFeSiB(C)	余量	≤0.1	13.0～15.0	4.0～5.0	2.75～3.50	4.0～5.0	0.60～0.90	≤0.02	—	—	—	—	—	980	1 060
BNi74CrFeSiB	余量	≤0.1	13.0～15.0	4.0～5.0	2.75～3.50	4.0～5.0	≤0.06	≤0.02	—	—	—	—	—	980	1 070
BNi81CrB	余量	≤0.1	13.5～16.5	—	3.25～4.0	≤1.5	≤0.06	≤0.02	—	—	—	—	—	1 055	1 055
BNi82CrSiBFe	余量	≤0.1	6.0～8.0	4.0～5.0	2.75～3.50	2.5～3.5	≤0.06	≤0.02	—	—	—	—	—	970	1 000
BNi78CrSiBCuMoNb	余量	≤0.1	7.0～9.0	3.8～4.8	2.75～3.50	≤0.4	≤0.06	≤0.02	—	2.0～3.0	—	1.5～2.5	1.5～2.5	970	1 080
BNi92SiB	余量	≤0.1	—	4.0～5.0	2.75～3.50	≤0.5	≤0.06	≤0.02	—	—	—	—	—	980	1 040
BNi95SiB	余量	≤0.1	—	3.0～4.0	1.50～2.20	≤1.5	≤0.06	≤0.02	—	—	—	—	—	980	1 070
BNi71CrSi	余量	≤0.1	18.5～19.5	9.75～10.50	≤0.03	—	≤0.06	≤0.02	—	—	—	—	—	1 080	1 135
BNi73CrSiB	余量	≤0.1	18.5～19.5	7.0～7.5	1.0～1.5	≤0.5	≤0.10	≤0.02	—	—	—	—	—	1 065	1 150
BNi77CrSiBFe	余量	≤1.0	14.5～15.5	7.0～7.5	1.1～1.6	≤1.0	≤0.06	≤0.02	—	—	—	—	—	1 030	1 125
BNi63WCrFeSiB	余量	≤0.1	10.0～13.0	3.0～4.0	2.0～3.0	2.5～4.5	0.40～0.55	≤0.02	15.0～17.0	—	—	—	—	970	1 105
BNi67WCrSiFeB	余量	≤0.1	9.0～11.75	3.35～4.25	2.2～3.1	2.5～4.0	0.30～0.50	≤0.02	11.5～12.75	—	—	—	—	970	1 095
BNi89P	余量	≤0.1	—	—	—	—	≤0.06	10.0～12.0	—	—	—	—	—	875	875
BNi76CrP	余量	≤0.1	13.0～15.0	≤0.10	≤0.02	≤0.2	≤0.06	9.7～10.5	—	—	—	—	—	890	890
BNi65CrP	余量	≤0.1	24.0～26.0	≤0.10	≤0.02	≤0.2	≤0.06	9.0～11.0	—	—	—	—	—	880	950
BNi66MnSiCu	余量	≤0.1	—	6.0～8.0	—	—	≤0.06	≤0.02	—	4.0～5.0	21.5～24.5	—	—	980	1 010

注：表中钎料最大杂质含量(质量分数/%)：Al 0.05、Cd 0.010、Pb 0.025、S 0.02、Se 0.005、Ti 0.05、Zr 0.05。最大杂质总量 0.50。如果发现除表和表注中之外的其他元素存在时，应对其进行测定。

5 技术条件

5.1 产品类型

钎料产品类型由供需双方商定。

5.2 产品尺寸规格及公差

5.2.1 粉状钎料为200目(74 μm),复检时筛上物应小于6%,其他规格可由供需双方协商确定。

5.2.2 棒状、箔带状及粉状加填料制成的粘带状钎料的规格及允许偏差由供需双方协商确定。

5.3 状态

5.3.1 棒状钎料表面应光洁,不应有影响钎焊性能的夹杂物及氧化皮等缺陷。粉状钎料外观应呈金属光泽,不应有其他夹杂物和油污。

5.3.2 每批钎料由同一品种、型号、熔次和供货状态组成。

6 试验方法和检验规则

6.1 粉状钎料取样方法按照GB/T 5314的规定进行,化学元素的分析方法按GB/T 8638的规定进行或由供需双方协商确定的分析方法进行。

6.2 粉状钎料的粒度测定按GB/T 1480的规定进行。

6.3 每批钎料采用的取样方法、取样位置以及化学分析方法应做记录,其化学成分应符合表2的规定。在化学分析中如发现有其他元素存在时,须作进一步分析,以便确定杂质总量是否符合表2中的规定。生产厂家可以不对杂质元素逐一分析,但应保证杂质总量满足表2中的规定。

6.4 钎料应按5.2.1、5.2.2、5.3.1和5.3.2的规定进行尺寸规格测量和外观检查。抽样检验方案按照GB/T 13393中的相应规定进行。

6.5 钎料按6.3及6.4进行检验时,如不合格应加倍取样,对不合格项目进行复验,如复验结果仍不合格,则该批钎料不能作为符合本标准的成品交货。

7 包装、标志、产品质量证明书

7.1 包装

7.1.1 应采用适当形式的内包装,以防止钎料的污染和损伤。

7.1.2 为防止钎料在运输和存放过程中损坏,必须采用适当形式的外包装。

7.2 标志

每件钎料的最小单元包装上应清楚地标示如下信息:

a) 与第3章一致的钎料标记;

b) 制造商名称;

c) 商品名称、商标;

d) 钎料尺寸规格、净重;

e) 钎料批号、生产日期;

f) 健康和安全警告(按照国家规范的要求)。

7.3 产品质量证明书

制造厂对每一批钎料,根据实际检验结果出具产品质量证明书。当用户提出要求时,制造厂应提供检验结果的副本。

附 录 A
（资料性附录）
钎料型号对照

表 A.1 国家标准与 ISO 钎料型号对照表

分 类	GB/T 10859—2008	GB/T 10859—1989	ISO
镍铬硅硼	BNi73CrFeSiB(C)	BNi74CrSiB	Ni 600
	BNi74CrFeSiB	BNi75CrSiB	Ni 610
	BNi81CrB		Ni 612
	BNi82CrSiBFe	BNi82CrSiB	Ni 620
	BNi78CrSiBCuMoNb		Ni 810
镍硅硼	BNi92SiB	BNi92SiB	Ni 630
	BNi95SiB	BNi93SiB	Ni 631
镍铬硅	BNi71CrSi	BNi71CrSi	Ni 650
	BNi73CrSiB		Ni 660
	BNi77CrSiBFe		Ni 661
镍铬钨硼	BNi63WCrFeSiB		Ni 670
	BNi67WCrSiFeB		Ni 671
镍磷	BNi89P	BNi89P	Ni 700
镍铬磷	BNi76CrP	BNi76CrP	Ni 710
	BNi65CrP		Ni 720
镍锰硅铜	BNi66MnSiCu		Ni 800

ICS 27.100;23.060.30
J 98

中华人民共和国国家标准

GB/T 10869—2008
代替 GB 10869—1989

电站调节阀

Control valves for power station

2008-01-31 发布　　　　2008-07-01 实施

中华人民共和国国家质量监督检验检疫总局
中国国家标准化管理委员会　发布

前　言

本标准代替 GB 10869—1989《电站调节阀技术条件》。

本标准与 GB 10869—1989 相比主要变化如下：

——本标准的名称改为《电站调节阀》；

——增加了规范性引用文件的导语部分和增减了规范性引用文件(1989 版和本版的第 2 章)；

——按照 GB/T 17213.1《工业过程控制阀　第 1 部分：控制阀术语和总则》对术语进行了修订和增减(1989 版和本版的第 3 章)；

——增加了订货要求(本版的第 4 章)；

——增加了性能要求(本版的第 5 章)；

——修改了技术要求(1989 版的第 4 章和本版的第 6 章)；

——修改了检验与试验(1989 版的第 5 章和本版的第 7 章)；

——增加了质量证明书(本版的第 8 章)；

——修改了标志、包装、保管和运输(1989 版的第 6 章和本版的第 9 章)；

——增加了检验规则(本版的附录 A)；

——增加了调节阀订货指南(本版的附录 B)；

——增加了泄漏量试验方法(本版的附录 C)；

——增加了额定流量系数的测量(本版的附录 D)；

——增加了基本误差、回差、死区和额定行程偏差试验方法(本版的附录 E)。

本标准的附录 A 为规范性附录，附录 B、附录 C、附录 D、附录 E 为资料性附录。

本标准由全国锅炉压力容器标准化技术委员会(SAC/TC 262)提出并归口。

本标准由全国锅炉压力容器标准化技术委员会锅炉分技术委员会(SC 1)组织修订。

本标准起草单位：哈尔滨哈锅阀门股份有限公司、上海发电设备成套设计研究院。

本标准主要起草人：宋一新、张瑞、王泽清、万胜军、陈秀彬。

本标准所代替标准的历次版本发布情况为：

——GB 10869—1989。

电站调节阀

1 范围

本标准规定了电站调节阀的术语、订货要求、性能要求、技术要求、检验与试验、质量证明书、标志、包装、保管和运输等方面的要求。

本标准适用于火力发电机组汽水系统及燃油系统用调节阀(汽轮机调速系统用调节阀不在此范围内)。

2 规范性引用文件

下列文件中的条款通过本标准的引用而成为本标准的条款。凡是注日期的引用文件,其随后所有的修改单(不包括勘误的内容)或修订版均不适用于本标准,然而,鼓励根据本标准达成协议的各方研究是否可使用这些文件的最新版本。凡是不注日期的引用文件,其最新版本适用于本标准。

GB/T 1047 管道元件 DN(公称尺寸)的定义和选用(GB/T 1047—2005,ISO 6708:1995,MOD)

GB/T 1048 管道元件 PN(公称压力)的定义和选用(GB/T 1048—2005,ISO /CD 7268:1996,MOD)

GB/T 4213 气动调节阀

GB/T 12221 金属阀门 结构长度(GB/T 12221—2005,ISO 5752:1982,MOD)

JB/T 3595 电站阀门 一般要求

JB/T 5223 工业过程控制系统用气动长行程执行机构

JB/T 8219 工业过程测量和控制系统用电动执行机构

3 术语

下列术语适用于本标准。

3.1

调节阀 control valve

过程控制系统中由动力操纵来调节流体流量的装置。它由执行机构和阀门组成。执行机构能按照控制系统发出的信号,改变阀门内部节流件的位置。

3.2

执行机构 actuator

将信号转换成相应的运动,改变控制调节阀内部调节机构(节流件)位置的装置或机构。该信号或驱动力可以是气动、电动、液动或它们的任何一种组合。

3.3

基本误差 intrinsic error

调节阀的实际上升、下降特性曲线与规定的特性曲线之间的最大偏差。用调节阀额定行程的百分数表示。

3.4

回差 hysteresis error

同一输入信号上升和下降的两相应行程值间的最大差值。用调节阀额定行程的百分数表示。

3.5

死区 dead ban

输入信号正、反方向的变化不致引起阀门流量有任何可察觉变化的有限区间。死区用调节阀输入信号量程的百分数表示。

3.6

行程 travel

阀内节流件从关闭位置起的位移。

3.6.1

额定行程 rated travel

节流件从关闭位置到指定全开位置上的位移。

3.6.2

相对行程 relative travel

h

某一指定开度上的行程与额定行程之比。

3.6.3

额定行程偏差 deviation of rated travel

实际行程与额定行程之差，用额定行程的百分数表示。

3.7

额定流量 rated flow

在规定的试验条件下，流体通过调节阀额定行程时的流量。

3.8

泄漏量 leakage

在规定的试验条件下，流体通过安装后处于关闭状态的阀的流量。

3.9

流量系数 flow coefficient

在规定条件下，即阀的两端压差为 0.1 MPa，温度为 5℃～40℃的水，某给定行程时流经调节阀以 t/h 或 m^3/h 计的流量数。

3.9.1

额定流量系数 rated flow coefficient

K_V

额定行程时的流量系数值，调节阀给定的流量系数通常是指额定流量系数。

3.9.2

相对流量系数 relative flow coefficient

Φ

相对行程下的流量系数与额定流量系数之比。

3.10

固有流量特性 inherent flow characteristic

相对流量系数与对应的相对行程之间的关系。

3.11

可调比 inherent rangeability

R

在规定的偏差内，阀门最大流量系数与最小流量系数之比。

3.12

阻塞流 choked flow

不可压缩或可压缩流体在流过调节阀时所能达到的一种极限或最大流量状态。无论何种流体，在固定的入口条件下，压差增大而流量不进一步增大就表明是阻塞流。

3.13

液体压力恢复系数　liquid pressure recovery factor

F_L

在阻塞流条件下，实际最大流量与理论的非阻塞流的流量之比。

3.14

液体临界压力比系数　liquid critical pressure ratio coefficient

在阻塞流条件下，节流处压力与调节阀入口温度下的液体饱和蒸汽压力之比。

3.15

斜率偏差　slope deviation

流量特性曲线上相邻两点连线斜率的允许偏差。

4　订货要求

为便于买方订货，附录B给出了调节阀的基本订货要求指南。

5　性能要求

5.1　总则

除买方特殊要求外，在规定条件下，调节阀的基本误差、回差、死区、额定行程偏差、固有流量特性、噪声水平、泄漏量等性能指标应分别符合5.2～5.5的规定。

5.2　基本误差、回差、死区、额定行程偏差

除非有特殊要求，调节阀的整机基本误差、回差、死区及额定行程偏差应不超过表1的规定。

表1　调节阀的整机基本误差、回差、死区、额定行程偏差　　以%表示

项　目	电动调节阀	气动调节阀
基本误差	±2.5	±2
回　　差	1.5	2
死　　区	3	0.8
额定行程偏差	2	2.5

5.3　固有流量特性偏差

5.3.1　斜率偏差

在相对行程 $h=0.1\sim0.9$ 之间，实测的固有流量特性曲线每相隔10%额定行程对应两点连线的斜率的允许偏差，为制造厂在流量特性中规定的该两点连线斜率的0.5倍～2倍。

5.3.2　流量系数偏差

在相对行程 $h=0.1\sim0.9$ 之间，各相对行程 h 的实测流量系数与制造厂在流量特性中规定值的偏差不应超过 $\pm10(1/\Phi)^{0.2}\%$。

5.3.3　额定流量系数偏差

额定流量系数(K_V)的实测值与规定值的偏差应不超过±10%。

5.4　噪声

调节阀正常运行时，在调节阀出口中心线同一水平面下游1 m并距管壁1 m处，其噪声声压级应不大于85 dB(A)。

5.5　泄漏量

调节阀的泄漏量应符合表2的规定。

表 2 调节阀的泄漏等级及试验方法

泄漏等级	阀座最大泄漏量	试验方法
等级Ⅰ	—	—
等级Ⅱ	0.5%×额定流量	A 型
等级Ⅲ	0.1%×额定流量	A 型
等级Ⅳ	0.01%×额定流量	A 型
等级Ⅴ	每毫米通径[a]压差 0.1 MPa 允许泄漏量(水)5×10^{-12} m^3/s	B 型

[a] 通径是指阀座的内径。

6 技术要求

6.1 调节阀的技术要求应符合 JB/T 3595 的有关规定。

6.2 调节阀的公称压力应符合 GB/T 1048 的规定。

6.3 调节阀的公称尺寸应符合 GB/T 1047 的规定。

6.4 调节阀的固有流量特性推荐直线、等百分比、快开和抛物线特性。其他特殊流量特性应由制造厂和买方协商确定,但制造厂应给买方提供流量特性曲线。

6.5 制造厂应提供调节阀的额定流量系数(K_V)。

6.6 调节阀的额定流量按表 3 中公式计算,计算燃油的额定流量时应在液体额定流量公式中增加黏度修正系数。

表 3 流体额定流量公式

条件	$p<p_c$	$p\geqslant p_c$
液体额定流量	$Q_L=\sqrt{10}K_V\sqrt{\Delta p/\gamma}$	$Q_L=\sqrt{10}K_V\sqrt{\Delta p_c/\gamma}$
条件	$p<0.5F_L^2p_1$	$p\geqslant0.5F_L^2p_1$
水蒸气额定流量	$Q_S=136.7K_V\sqrt{p(p_1+p_2)}/K$	$Q_S=119p_1K_V/K$

式中:

Q_L——液体流量,单位为立方米每小时(m^3/h);

Q_S——水蒸气流量,单位为千克每小时(kg/h);

p_c——阻塞流时的极限压差,单位为兆帕(MPa);

$p_c=F_L^2(p_1-F_Fp_v)$;

F_L——液体压力恢复系数;

F_F——液体临界压力比系数;

p_v——介质在入口温度下的饱和蒸汽压力,单位为兆帕(MPa);

T_{sh}——过热温度,单位为摄氏度(℃);

K_V——额定流量系数;

γ——液体密度,单位为克每立方厘米(g/cm^3);

p——阀前、后压差,单位为兆帕(MPa);

$p=p_1-p_2$;

p_1——阀前绝对压力,单位为兆帕(MPa);

p_2——阀后绝对压力,单位为兆帕(MPa);

K——$1+(0.0013\times T_{sh})$。

6.7 调节阀推荐配用电动和气动执行机构。执行机构的输出力应分别满足阀门开启、关闭以及调节所需的力,并符合 GB/T 4213、JB/T 5223 和 JB/T 8219 的规定。其他执行机构由制造厂与买方协商,其防护等级、控制信号等由双方商定。

6.8 除买方特殊要求外,调节阀结构长度应符合 GB/T 12221 中截止阀的有关规定。

7 检验与试验

7.1 调节阀的出厂检验和型式试验应遵照附录 A 的规定进行。

7.2 调节阀外观质量检验、材料检验及无损检测应符合 JB/T 3595 的规定。

7.3 调节阀装配好后，应逐台进行壳体强度试验，试验压力、持续时间及合格要求应符合 JB/T 3595 的规定。

7.4 调节阀填料函和其他连接处应保证在 1.1 倍公称压力下无泄漏现象；如按工作压力考虑，则应保证在 1.25 倍的工作压力下无泄漏现象。

7.5 气动执行机构气室的密封性试验应符合 GB/T 4213 的有关要求。

7.6 泄漏等级为Ⅱ级～Ⅴ级的调节阀应进行泄漏试验，各泄漏等级阀门所允许的泄漏量应符合表 2 的规定。泄漏量试验方法应参见附录 C 的规定进行。

7.7 调节阀额定流量系数的测量应参见附录 D 的规定进行。

7.8 调节阀的基本误差、回差、死区和额定行程偏差试验应参见附录 E 的规定进行。

8 质量证明书

产品质量证明书包含下列内容：

a) 阀门承压件材料的牌号、化学成分和力学性能报告；

b) 无损检测报告；

c) 壳体强度试验报告；

d) 泄漏量及密封试验报告；

e) 阀门外观质量检验报告。

9 标志、包装、保管和运输

9.1 调节阀的标志、涂漆、包装、保管和运输按 JB/T 3595 的有关规定。

9.2 调节阀出厂时应附带下列技术文件，并封闭在能防潮、防水的袋内：

a) 产品合格证；

b) 产品质量证明书；

c) 产品使用说明书；

d) 装箱清单。

附　录　A
（规范性附录）
检　验　规　则

A.1　检验要求

调节阀的出厂检验、型式试验按表 A.1 规定的技术要求和相应的试验方法进行。执行机构和调节阀单独出厂时按表 A.1 中相应的规定进行检验与试验。

表 A.1　调节阀出厂检验与型式试验

序号	项目	调节阀整机联动				执行机构		阀		技术要求	检验和试验方法
		调节型		切断型							
		出厂检验	型式试验	出厂检验	型式试验	出厂检验	型式试验	出厂检验	型式试验		
1	基本误差		△			△	△			5.2	附录 E
2	回差		△			△	△			5.2	附录 E
3	死区		△			△	△			5.2	附录 E
4	额定行程偏差		△		△					5.2	附录 E
5	泄漏量	△	△	△	△					7.6	附录 C
6	填料函及其他连接处密封性	△	△	△	△			△	△	7.4	JB/T 3595
7	气室密封性	△	△	△	△	△	△			7.5	GB/T 4213
8	强度	△	△	△	△			△	△	7.3	JB/T 3595
9	外观	△	△	△	△	△	△	△	△	7.2	JB/T 3595
10	额定流量系数		△		△				△	5.3.3(DN＞300 mm 免试)	附录 D
11	固有流量特性		△						△	5.3	附录 D

A.2　型式检验

有下列情况之一者，调节阀应进行型式试验：

a）新产品或老产品转厂生产的试制定型鉴定；

b）正式生产后，如结构形式、尺寸等有较大改变可能影响产品性能时；

c）出厂检验结果与上次型式试验有较大差异时；

d）国家质量监督机构提出进行型式试验要求时。

附 录 B
（资料性附录）
订 货 指 南

用户名称			项 目		
阀门型号		阀门规格		数量/台	
阀门用途					
工 况	最 大		正 常	最 小	
流量/(t/h)					
介质温度/℃					
入口压力/MPa					
出口压力/MPa					
关闭压差/MPa					
设计压力/MPa			设计温度/℃		
流量特性	直线□ 等百分比□ 抛物线□ 快开□			泄漏等级	
结构形式	角 式□		直 通□	其 他□	
驱动方式	手 动□	电 动□	气 动□	其 他□	
执行机构要求[a]					
配管材质[a]	入 口		出 口		
连接方式[a]	对焊连接□		入口配管尺寸：		
			出口配管尺寸：		
	法兰连接□		入口法兰 DN	;PN	
			出口法兰 DN	;PN	
噪声等级/dB(A)[a]					
执行标准[a]					
特殊要求[a]					
[a] 如果用户未提出要求，按制造厂标准提供。					

附 录 C
（资料性附录）
泄漏量试验方法

C.1 A型试验方法

C.1.1 试验介质为5℃～40℃的清洁气体(空气或氮气)或液体(水或煤油)。

C.1.2 试验介质压力为0.35 MPa,当阀的允许压差小于0.35 MPa时用规定的允许压差。

C.1.3 压力的测量精度为±2%。

C.1.4 泄漏量的测量精度为±5%。

C.1.5 试验介质应从规定的阀体入口端进入,出口端应通向大气或与压头损失低的测量装置连接。

C.1.6 执行机构应调整到规定的工作条件下,如果使用的气体对正常关闭产生强烈冲击力时,应当采用弹簧或其他措施。如果试验压差低于阀门最大工作压差时,不应对阀座负荷作任何增值补偿。

C.1.7 用水做试验时,应当注意排除阀体和管道中的气体。

C.2 B型试验方法

C.2.1 试验介质为5℃～40℃洁净的水或煤油。

C.2.2 试验时,介质压差应为最大工作压差或根据协议确定,最小压力降不得小于0.7 MPa。

C.2.3 压力测量精度按C.1.3的规定,泄漏量的测量精度按C.1.4的规定。

C.2.4 试验介质应从规定的阀体入口端进入阀体。阀门关闭件处于开启状态,阀体组件包括出口部分及其连接管应全部充满介质,然后急速关闭。

C.2.5 调整执行机构,使其符合规定的工作条件,按照C.2.2的规定进行泄漏量试验,执行机构的有效关闭力应是规定的最大值,但不得超过最大值。

C.2.6 当泄漏介质流量稳定时,应对其观察一段时间,以便得到C.1.3规定的精度。

附　录　D
（资料性附录）
额定流量系数的测量

D.1　试验设备

D.1.1　流量试验装置

流量试验装置的安装按图 D.1。

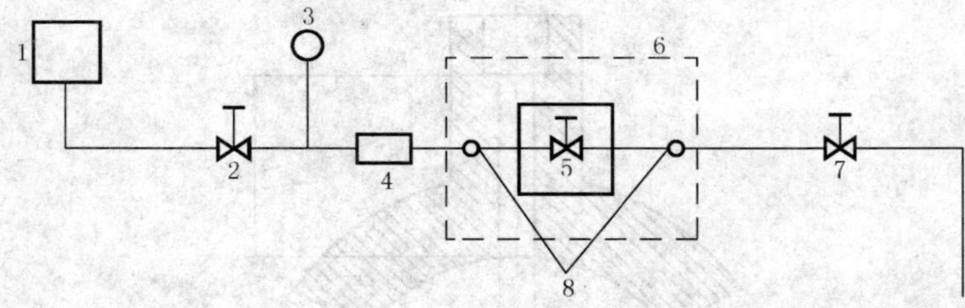

1——压力源；
2——试验段前节流阀；
3——温度传感器；
4——流量传感器；
5——试验阀门；
6——试验段管路；
7——试验段后节流阀；
8——压力测点。

图 D.1　流量试验装置

D.1.2　标准试验段管路

a)　标准试验段管路由阀前后的两个直管段组成，直管段应有足够的长度，以保证液体流速均匀，具体要求参见表 D.1。试验段管路的公称尺寸应与试验调节阀的公称尺寸一致。

表 D.1　标准试验管段的布置及参数

标准试验管段的布置	阀前直管段 l_1	阀前取压孔距 l_2	阀后取压孔距 l_3	阀后直管段 l_4
流向　D　试验调节阀　l_1　l_2　l_3　l_4	≥20D	2D	6D	≥10D

b)　试验段管路的内表面应无铁锈、氧化皮及任何足以引起激烈紊流的不规则形状。

c)　试验段管路的中心线应对准试验阀门的入口与出口的中心线，其同轴度应符合表 D.2 的要求。

表 D.2 试验段管子同轴度

管子尺寸 D/mm	同轴度
25～50	0.8
51～159	1.6
160 以上	1%管子直径

d) 试验管路不应有收缩，入口和出口应一样。

D.1.3 取压孔

取压孔应按表 D.1 的要求和图 D.2 的结构设置，其孔径 d 为公称尺寸的 1/10，最小为 3 mm，最大为 12 mm，长度 L 为 2.5 d～5 d。阀前后取压孔径应相同。

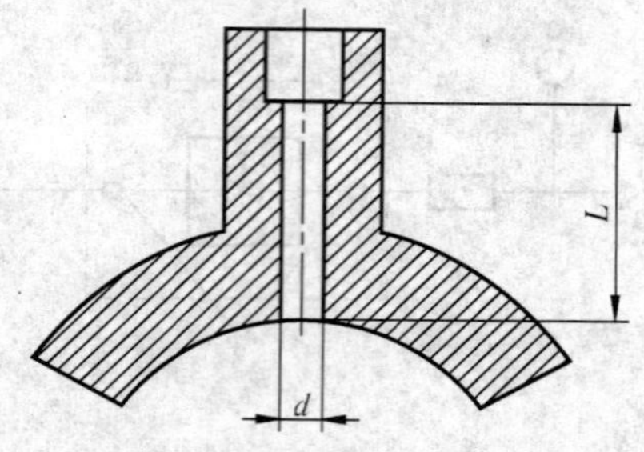

图 D.2 取压孔示意图

D.1.4 压力表接点

a) 压力表在任何情况下都不应插入管子内部，试验阀前后的两个压力测点的接点应当保持水平；
b) 阀前测压点应距试验阀入口 $2D$，见表 D.1；
c) 阀后测点应距试验阀出口 $6D$，见表 D.1。

D.2 流量测量

a) 可以用流量孔板、电磁流量计、涡轮流量计或其他仪表测量流量，测量精度应符合 D.3 的规定；
b) 流量计可安装在试验阀前或试验阀后，但当试验管路有泄漏和吸入空气时，安装点应能保证流量测量精度。

D.3 测量精度

a) 流量的测量精度为±2%；
b) 调节阀前后压差的测量精度为±2%；
c) 试验流体的入口温度的测量精度为±2%；
d) 阀门行程测量精度为额定行程的±0.5%。

D.4 试验介质

试验介质为 5℃～40℃的清洁水。

D.5 试验压差

调节阀前后的试验压差应在 0.035 MPa～0.1 MPa 范围内。为使阀后的管路充满介质和防止介质突然汽化，试验阀前压力应高于或等于表 D.3 所列的最小值。

表 D.3 阀前最小试验压力

压差/MPa	0.035	0.040	0.055	0.070	0.080	0.095	0.100
F_L(按本标准 D.8)	阀入口压力 p_1/MPa						
0.5	0.280	0.320	0.440	0.560	0.640	0.760	0.800
0.6	0.190	0.220	0.300	0.380	0.440	0.520	0.550
0.7	0.150	0.160	0.220	0.280	0.320	0.380	0.400
0.8	0.150	0.160	0.170	0.210	0.250	0.290	0.310
0.9	0.150	0.160	0.170	0.190	0.200	0.230	0.240

D.6 额定流量系数(K_V)的计算公式(D.1)

$$K_V = \frac{Q}{\sqrt{10p/\gamma}} \qquad \text{(D.1)}$$

式中：

K_V——额定流量系数；

Q——流量，单位为立方米每小时(m^3/h)；

p——阀前、后压差，单位为兆帕(MPa)；

γ——液体密度，单位为克每立方厘米(g/cm^3)(水为1)。

D.7 试验方法

D.7.1 试验阀门应在三个不同的压差下进行试验，压差应符合 D.5 的规定，每次增量不少于 0.015 MPa。

D.7.2 在下述阀门行程下分别测定流量和压差值。

a) 在100%额定行程；

b) 每隔10%额定行程测一次；

c) 在到达最低调节点时。

D.7.3 将测量数据代入式(D.1)求得流量系数，取三次试验的算术平均值即为该阀相应的流量系数。

D.7.4 将额定行程时的测量数据代入式(D.1)，取三次试验的算术平均值即为该阀的额定流量系数。

D.8 压力恢复系数 F_L 的测定

D.8.1 使试验阀处于100%额定行程上，测定最大体积流量 Q_{max}。

D.8.2 阀前压力 p_1 固定，系统后的节流阀全开，测出试验阀的最大压差。

D.8.3 第二次试验压差为第一次试验时最大压差的90%，此时测出的流量与第一次最大压差下测出的流量应相差在±2%范围内，则在最大压差下测出的流量为 Q_{max}。如超出上述范围，应取更高的阀前压力，将试验重复进行一次。

D.8.4 按式(D.2)计算 F_L。

$$F_L = \frac{Q_{max}}{0.1K_V\sqrt{(p_1 - 0.9p_v)/\gamma}} \qquad \text{(D.2)}$$

式中：

F_L——液体压力恢复系数；

Q_{max}——最大体积流量，单位为立方米每小时(m^3/h)；

K_V——额定流量系数；

p_1——阀前压力，单位为兆帕(MPa)；

p_v——阀入口温度下的液体饱和蒸汽压力，单位为兆帕(MPa)；

γ——液体密度(水为1)，单位为克每立方厘米(g/cm^3)。

附 录 E
（资料性附录）
基本误差、回差、死区和额定行程偏差试验方法

E.1 基本误差试验

将规定的输入信号平稳地按增大和减小方向输入执行机构，测量各点所对应的行程值，并按式(E.1)计算实际“信号—行程”关系与理论关系之间的各点误差，其最大值即为基本误差。

$$\delta_i = \frac{l_i - L_i}{L} \times 100\% \qquad \cdots\cdots (\text{E.1})$$

式中：

δ_i——第 i 点的误差；

l_i——第 i 点的实际行程；

L_i——第 i 点的理论行程；

L——调节阀的额定行程。

除非另有规定，试验点应至少包括信号范围的 0%、25%、50%、75%、100% 五个点。

测量仪表的基本误差应小于试验调节阀基本误差的 1/4。

E.2 回差试验

试验程序与 E.1 相同，在同一输入信号上所测得的正、反行程的最大差值的绝对值即为回差。

E.3 死区

a) 缓慢改变(增大或减小)输入信号，直到观察出一个可察觉的流量变化，记下这时的输入信号值；

b) 按相反方向缓慢改变(减小或增大)输入信号，直到观察出一个可察觉的流量变化，记下这时的输入信号值；

c) 上述 a)、b)两项输入信号之差即为死区，死区应在输入信号量程的 25%、50%和 75% 三点上进行试验。其最大值不得大于 5.2 的规定。

E.4 额定行程偏差

将输入信号输入执行机构，使阀杆走完全行程，按式(E.1)计算额定行程偏差。